西北工业大学精品学术著作培育项目资助出版

智能空间操控理论与应用

朱战霞　贺　亮　郑子轩　编著
孙　冲　宋　婷　袁　静

国防工业出版社

·北京·

内 容 简 介

航天是高新技术聚集的领域,一直都处于科学技术、国家战略、社会发展的前沿。人工智能的发展和最新成果的广泛应用为航天技术研究开创了新的领域。本书介绍了人工智能在航天操控领域的应用技术以及未来可能的应用与发展趋势,主要以智能航天器、空间智能机器人等为对象,面向近地应用、载人航天、月球/深空探测、天文观测等领域,通过阐释相关基础理论与最新研究成果,展示了如何利用人工智能技术解决智能空间操控的相关问题,例如环境感知、故障容错、决策规划、多智协同等。本书体现了"人工智能+空间操控"的深度融合,并为空间操控的智能化提供理论指导和方法支撑,以促进人工智能在航天领域的实际应用。

本书适用于对航天领域感兴趣的本科生、研究生以及科研工作者。

图书在版编目(CIP)数据

智能空间操控理论与应用/朱战霞等编著. —北京:
国防工业出版社,2024.6. —ISBN 978 – 7 – 118 – 13170 – 3

Ⅰ. V448.2 – 39

中国国家版本馆 CIP 数据核字第 2024PQ6530 号

※

国防工业出版社出版发行

(北京市海淀区紫竹院南路23号 邮政编码100048)
天津嘉恒印务有限公司印刷
新华书店经销

*

开本 710×1000 1/16 插页 4 印张 22¾ 字数 412 千字
2024年6月第1版第1次印刷 印数 1—2000 册 定价 138.00 元

(本书如有印装错误,我社负责调换)

国防书店:(010)88540777   书店传真:(010)88540776
发行业务:(010)88540717   发行传真:(010)88540762

前　言

航天是高新技术聚集的领域，一直都处于科学技术、国家战略、社会发展的前沿。人工智能与航天的结合无疑是二者互动的最好契机：由于航天学科专业独特的时空无限性、环境复杂性、任务多变性等，它不仅是人工智能赋能的极大吸附体，也是其深度广度发展的强力牵引载体。人工智能是实现各类航天器自主环境感知、自主路径规划、自主任务决策、自主控制执行、自主环境适应、人机交互、多机协同、故障容错、自主学习进化等的前提，是智能操控的根本支撑。

人工智能的发展和最新成果的广泛应用为航天技术研究开创了新的领域。在达摩院 2022 十大趋势科技分析中，AI for Science 成为第一大趋势，人工智能必将催生科研新范式。世界航天界见证了人工智能的许多新应用，包括人工智能飞行控制、故障分析、多智能体行星探测车、火星自主导航、载人任务的辅助及卫星、空间平台和空间站的辅助工作系统、对新型探测和回避系统的研究等。然而，国内在人工智能的航天应用方面还处于起步阶段，缺少深度交叉融合。为此，急需建立"人工智能+航天"的理论基础和技术框架，以引导和促进智能航天技术的发展。

本书正是基于以上需求而撰写的，主要从两个方面进行了重点介绍。一方面，对空间操控中涉及的人工智能及其发展趋势进行了详细介绍，包括智能航天器、空间智能机器人等研究对象，涉及单航天器系统、多航天器编队飞行、空间机器人、群体智能等，涵盖了任务规划、资源调度、故障检测、目标识别等典型任务，面向载人航天、月球/深空探测、天文观测等应用领域，较为系统全面地对人工智能在这些方面的已有应用进行了阐述，并对未来发展和应用趋势进行了分析。另一方面，对如何利用人工智能解决空间操控问题进行了详细介绍，包括空间智能飞行和操控所涉及的人工智能基本理论与方法（机器学习、专家系统、图像识别、机器人学等），在此基础上结合具体操控问题（任务规划、资源调度、故障检测、目标识别），介绍如何利用和结合人工智能相关技术与方法解决问题,并通过典型案例的分析,重点讲述解决问题过程中如何进行相关方法设计和技术实现,以便为读者提供如何研究的思路和方法路线。

全书共9章。第1章引言,由朱战霞和贺亮完成,主要介绍人工智能的基本概念及其对航天科研手段、航天军事和航天科技发展的重要影响与作用。第2章由孙冲和贺亮完成,主要介绍空间非合作目标参数智能识别方法。第3章由贺亮、宋婷和袁静完成,主要介绍人工智能在航天器故障检测、隔离与恢复领域的理论和应用。第4章由宋婷和袁静完成,主要介绍智能方法在空间任务规划领域的理论和应用。第5章由袁静和郑子轩完成,主要介绍人工智能在航天测控、遥操作与空间靶场方面的理论与应用。第6章由郑子轩和孙冲完成,介绍人工智能在群体智能与多航天器编队中的理论和应用。第7章由朱战霞和郑子轩完成,介绍人工智能在载人航天与月球探测中的理论和应用。第8章由朱战霞和孙冲完成,主要介绍人工智能在深空探测和天文观测领域的应用,包括深空制导控制、深空目标检测、天文观测数据处理等几个方面。第9章由贺亮和袁静完成,总结归纳了人工智能的航空航天应用赋能,介绍了西北工业大学航天飞行动力学技术重点实验室在人工智能应用方面的部分研究工作进展,以及进一步研究发展趋势等。

本书是"人工智能+空间操控"的深度融合,可以为空间飞行的智能化及自主可控提供理论指导和方法的有力支撑,以促进人工智能在航天领域的实际应用,推动空间智能化快速发展。本书适用于对航天领域感兴趣的本科生、研究生以及科研工作者。

编著者
2024年3月29日

目 录

第1章 引言 ... 1

1.1 人工智能概述 ... 1
- 1.1.1 人工智能的定义 ... 2
- 1.1.2 人工智能的研究范畴 ... 3
- 1.1.3 人工智能历史进展 ... 3
- 1.1.4 各国人工智能发展趋势 ... 6

1.2 人工智能的研究分支 ... 12
- 1.2.1 专家系统 ... 13
- 1.2.2 机器学习 ... 16
- 1.2.3 图像识别 ... 19
- 1.2.4 自然语言处理 ... 22
- 1.2.5 机器人学 ... 24

1.3 应用案例简介 ... 27
- 1.3.1 AlphaGo 简介 ... 27
- 1.3.2 Siri 简介 ... 28
- 1.3.3 无人驾驶汽车 ... 29
- 1.3.4 城市大脑 ... 30
- 1.3.5 智能物流机器人 ... 32

1.4 人工智能与航天发展 ... 32
- 1.4.1 基于人工智能的航天新科研手段 ... 32
- 1.4.2 人工智能的航天应用 ... 34
- 1.4.3 人工智能与航天军事 ... 37

参考文献 ... 40

第2章 空间非合作目标参数智能识别 ············ 48

2.1 空间非合作目标特征辨识概述 ············ 49
2.2 基于机器学习图像信息的空间非合作目标位姿参数识别 ············ 51
2.2.1 空间非合作目标位姿测量技术 ············ 51
2.2.2 空间非合作目标位姿估计方法 ············ 52
2.3 基于 AI 识别光流信息的空间非合作目标载荷识别 ············ 54
2.4 空间非合作目标的运动参数滤波估计与智能识别 ············ 57
2.4.1 基于深度混合神经网络的空间非合作目标参数识别 ············ 58
2.4.2 空间非合作目标三维重建识别自由翻滚空间非合作目标 ············ 69
2.5 本章小结 ············ 82
参考文献 ············ 82

第3章 故障检测、隔离与恢复 ············ 87

3.1 航天器 FDIR 技术 ············ 87
3.1.1 FDIR 概念 ············ 87
3.1.2 航天器故障特点 ············ 89
3.1.3 航天器 FDIR 技术内涵 ············ 91
3.2 航天器 FDIR 技术中的人工智能方法 ············ 93
3.2.1 基于知识的 FDIR 智能算法 ············ 93
3.2.2 基于浅层机器学习的数据驱动 FDIR 智能算法 ············ 100
3.2.3 基于深度机器学习的数据驱动 FDIR 智能算法 ············ 104
3.2.4 基于迁移机器学习的数据驱动 FDIR 智能算法 ············ 106
3.3 航天器故障诊断的人工智能方法应用案例 ············ 107
3.3.1 基于卷积神经网络的航天器飞轮轴承故障诊断方法 ············ 107
3.3.2 基于迁移学习的航天器姿态控制系统故障诊断方法 ············ 109
3.4 本章小结 ············ 112
参考文献 ············ 113

第4章 空间任务规划与碎片清除 ············ 117

4.1 空间任务规划概念 ············ 117
4.2 空间任务规划发展 ············ 119
4.3 空间碎片清除任务规划 ············ 120

  4.3.1 面向空间碎片清除的任务规划问题描述 …………………… 120
  4.3.2 基于智能仿生学算法的优化求解 ………………………… 124
  4.3.3 基于强化学习算法的优化求解 …………………………… 128
  4.3.4 基于深度强化学习算法的优化求解 ……………………… 134
 4.4 智能方法在碎片清除任务规划中的应用案例 ………………………… 135
  4.4.1 基于 APSO 和 IGA 的碎片清除任务规划方法 ………… 135
  4.4.2 基于强化学习的碎片清除任务规划方法 ………………… 140
 4.5 本章小结 ……………………………………………………………… 143
参考文献 ………………………………………………………………………… 143

第 5 章 航天测控、遥操作与空间靶场 …………………………………… 148

 5.1 人工智能在航天测控中的应用 ………………………………………… 149
  5.1.1 基于人工智能的测控资源优化调度 ……………………… 150
  5.1.2 人工智能在轨道预报与优化中的应用 …………………… 157
 5.2 遥操作系统 …………………………………………………………… 160
  5.2.1 空间机器人遥操作系统 …………………………………… 161
  5.2.2 虚拟现实技术在遥操作中的应用 ………………………… 162
  5.2.3 人工智能技术在遥操作中的应用 ………………………… 164
  5.2.4 典型案例 …………………………………………………… 169
 5.3 太空靶场 ……………………………………………………………… 170
  5.3.1 赛博空间与网络靶场 ……………………………………… 170
  5.3.2 太空靶场技术 ……………………………………………… 171
  5.3.3 人工智能在太空靶场中的应用 …………………………… 175
 5.4 本章小结 ……………………………………………………………… 188
参考文献 ………………………………………………………………………… 189

第 6 章 群体智能与多航天器编队 ……………………………………… 199

 6.1 群体智能 ……………………………………………………………… 199
  6.1.1 概念简介 …………………………………………………… 200
  6.1.2 群体智能的社会性 ………………………………………… 201
  6.1.3 粒子群研究的当前进展 …………………………………… 203
 6.2 多航天器系统 ………………………………………………………… 204
  6.2.1 多航天器系统概述 ………………………………………… 205

    6.2.2 自主任务、资源分配技术 ··· 206
    6.2.3 自主任务规划技术 ··· 208
    6.2.4 自主协商技术 ·· 210
 6.3 同构与异构多智能体系统博弈技术 ·· 212
    6.3.1 博弈论简述 ··· 212
    6.3.2 多智能体合作博弈技术 ··· 213
    6.3.3 多智能体非合作博弈技术 ·· 214
 6.4 本章小结 ·· 218
 参考文献 ··· 218

第7章 载人航天与月球探测 ·· 227

 7.1 载人航天与月球探测发展趋势 ·· 227
 7.2 智能机器人运动规划 ·· 230
    7.2.1 智能机器人运动规划概述 ··· 230
    7.2.2 机器人运动规划基本算法 ··· 233
    7.2.3 人工智能与机器人运动规划算法 ································ 257
 7.3 载人航天与空间智能机器人发展 ··· 259
    7.3.1 舱内智能机器人 ··· 259
    7.3.2 辅助工作机器人 ··· 262
    7.3.3 生活陪伴机器人 ··· 263
 7.4 载人航天与智能可穿戴装备发展 ··· 264
    7.4.1 智能可穿戴装备概念 ··· 264
    7.4.2 智能可穿戴装备特点 ··· 265
    7.4.3 外骨骼可穿戴智能装备 ·· 266
    7.4.4 基于智能可穿戴装备的载人航天训练 ·························· 269
 7.5 月球探测与月面智能机器人概念 ··· 271
    7.5.1 月面巡视机器人 ··· 272
    7.5.2 月面挖掘机器人 ··· 272
    7.5.3 月面搭建机器人 ··· 274
    7.5.4 月面搬运机器人 ··· 276
    7.5.5 月面服务机器人 ··· 276
    7.5.6 月面群体智能机器人 ··· 277
 7.6 本章小结 ·· 279

参考文献 ……………………………………………………………………… 280

第8章 深空探测与天文观测 ……………………………………………… 287

8.1 机器学习与深空飞行 ……………………………………………… 288
  8.1.1 深空飞行轨道设计 …………………………………………… 289
  8.1.2 深空探测器姿态控制 ………………………………………… 292
  8.1.3 天体着陆制导控制 …………………………………………… 295

8.2 图像识别与目标检测 ……………………………………………… 298
  8.2.1 传统图像识别 ………………………………………………… 298
  8.2.2 智能图像识别 ………………………………………………… 302
  8.2.3 目标检测 ……………………………………………………… 306

8.3 大数据处理与天文观测 …………………………………………… 312
  8.3.1 天文观测手段及数据库类型 ………………………………… 312
  8.3.2 大数据处理方法 ……………………………………………… 315
  8.3.3 典型数据挖掘算法 …………………………………………… 316
  8.3.4 人工智能与天文观测数据处理 ……………………………… 318

8.4 智能方法应用案例 ………………………………………………… 319
  8.4.1 智能大数据处理与行星发现 ………………………………… 319
  8.4.2 智能图像识别与行星探测 …………………………………… 320
  8.4.3 智能图像识别的其他航天应用 ……………………………… 322

8.5 本章小结 …………………………………………………………… 326

参考文献 ……………………………………………………………………… 327

第9章 空间智能操控发展趋势 …………………………………………… 334

9.1 基于神经网络的空间非合作目标运动推演与特征识别方法 …… 335
9.2 人工智能在空间机器人装配任务中的应用 ……………………… 337
9.3 基于机器学习的柔顺消旋动力学模型简化方法 ………………… 340
9.4 基于新型自适应动态规划方法的航天器强化学习控制 ………… 344
9.5 基于机器学习的空间翻滚目标运动预测与抓捕规划 …………… 347
  9.5.1 空间非合作目标智能抓捕框架 ……………………………… 347
  9.5.2 目标运动状态和运动意图预测 ……………………………… 348
  9.5.3 空间机器人抓捕动作决策与抓捕轨迹规划 ………………… 350

参考文献 ……………………………………………………………………… 353

第 1 章
引　言

智能技术伴随着1941年计算机的问世备受关注,并随着计算机科学的发展而发展。1956年,以麦卡锡(McCarthy)、闵斯基(Minsky)、罗切斯特(Rochester)和香农(Shannon)等为首的一批有远见卓识的年轻科学家,在达特茅斯会议上首次提出了 Artificial Intelligence(AI)这一术语,标志着"人工智能"(AI)这门新兴学科的正式诞生。之后人工智能获得了迅速的发展,在20世纪后期,与空间技术、能源技术一起成为世界三大尖端技术,进入21世纪以后,又和基因工程、纳米科学一起成为新的世界三大尖端技术。60多年来,研究者们发展了众多理论和原理,使人工智能的内涵不断更新和扩展,理论和技术也日益成熟,应用领域不断扩大。例如,人工智能正在汽车行业实现自动驾驶,机器学习和大数据分析被用于机械系统的预测性维护和健康预测。

人工智能理论和技术的广泛应用,促使工业制造、生物医药、天文气象等科技迅猛发展。在阿里巴巴达摩院公布的2022年《十大科技趋势》中,AI for Science 被排在首位,而另外九大科技趋势也都与 AI 密切相关[1]。人工智能在航天领域的应用也不断扩展,正逐渐从理论探索走向应用部署。无论是哪个行业和领域,人工智能应用研究都是以人工智能基本理论和方法为基础的,只有深刻理解了理论和方法的本质,才有可能将其用于解决相关领域的实际问题。对于航天领域来说,也不例外。为此,本章从人工智能基本概念开始,简要介绍人工智能的定义、研究范畴以及典型应用案例。

1.1　人工智能概述

人工智能是研究、开发用于模拟、延伸和扩展人的智能的理论、方法、技术及应用系统的一门新的技术科学,它企图了解智能的实质,并生产出一种新的能以人类智能相似的方式做出反应的智能机器。从1956年正式提出人工智能学科算起,60多年来,人工智能取得了长足的发展,成为一门广泛的交叉和前沿科学,也逐渐加速了其在各行各业的实际应用。

1.1.1 人工智能的定义

人工智能的定义可以分为"人工"和"智能"两部分。"人工"就是通常意义下的人力所能制造的。"智能",涉及的内容比较多,诸如意识、自我、思维、决策、执行等。人工智能,字面上的意思就是,"人工"制造的"智能"。目前,研究普遍认为,人唯一了解的智能是人本身的智能,但对构成人的智能的必要元素了解有限,所以就很难定义什么是"人工"制造的"智能"了[2]。

人工智能是一门交叉学科,应用于不同的领域,也就有了不同的认识和定义。这里,借鉴《人工智能——一种现代的方法》(第3版)[3]中的论述,列举人工智能的8种定义:1978年,贝尔曼(Bellman)认为人工智能是"与人类思维相关的活动的自动化,诸如决策、问题求解、学习等";1985年,霍格兰德(Haugerland)将人工智能评价为"使计算机思考的令人激动的新成就,按完整的字面意思就是有头脑的机器";而查尼克(Charniak)和麦克德莫(McDemott)则认为人工智能就是"通过使用计算模型来研究智力";1990年,库兹威尔(Kurzweil)将人工智能定义为"创造能执行一些功能的机器的技艺,当由人来执行这些功能时需要智能";1991年,里奇(Rich)和奈特(Knight)提出了"研究如何使计算机能做那些目前人比计算机更擅长的事情";1992年,温斯顿(Winston)认为人工智能是"使感知、推理和行为成为可能的计算的研究";1998年,普尔(Poole)等认为人工智能就是"计算智能研究智能Agent的设计",而尼尔森(Nilsson)则认为"AI关心人工制品中的智能行为"。这8种定义分别从"像人一样思考""像人一样行动""合理地思考""合理地行动"几个方面对人工智能进行阐释,反映了人工智能学科的基本思想和基本内容。

人工智能的核心目的是用机器模拟人的思维过程,进而代替人完成相应的工作。直至目前,对人工智能的定义尚无统一的意见,主要分歧在于对"智能范畴"的理解不统一,但基本可概括为:"使机器可以像人类一样地感知世界、思考、认知、行动,让机器做只有人类的智能才可以做的事情。"正如我国《人工智能标准化白皮书(2018版)》中所指出的,人工智能是利用数字计算机或者数字计算机控制的机器模拟、延伸和扩展人的智能,感知环境、获取知识并使用知识获得最佳结果的理论、方法、技术及应用系统[4]。

基于以上定义,可以将人工智能理解为,是对计算机系统和机器中存在的智能的研究,是一种方法、算法和程序的集合,使系统能够复制人类智能的特征,如学习、推理、感知、解决问题和交流。更进一步地理解,人工智能就是能够感知环境,正确解读收集到的数据并提取知识,从中学习并利用获得的知识做出决策,采取行动解决问题并使成功实现目标的机会最大化的设备。

1.1.2 人工智能的研究范畴

人工智能是计算机学科的一个分支,因为在计算机出现后,人类才开始真正有了一个可以模拟人类思维和行为的工具,计算机成为研究人工智能的主要物质基础,以及能够实现人工智能技术平台的机器。目前,全世界几乎所有大学的计算机系都有人在研究人工智能这门学科,学习计算机的大学生也学习人工智能相关课程。人工智能始终是计算机科学的前沿学科,计算机编程语言和其他计算机软件都因为有了人工智能的发展而得以存在。

同时,人工智能也是一个边缘交叉学科,属于自然科学和社会科学的交叉,不仅涉及计算机科学,也涉及哲学和认知科学、数学逻辑、神经生理学、心理学、医学、信息论、控制论、语言学等学科。

人工智能的研究范畴非常广泛,涵盖了专家系统、知识获取、自动推理、智能搜索、机器学习、神经网络、模式识别、计算机视觉、智能机器人、自动程序设计等方面。可用于处理的问题也很多,如语言的学习与处理、知识表现和获取、组合调度、模式识别、逻辑程序设计、软计算、不精确和不确定的管理、人工生命、复杂系统等。应用也非常广泛,如机器翻译、语言理解、机器视觉、图像识别(指纹/人脸/视网膜/虹膜/掌纹)、大数据储存与管理、自动规划、定理证明、博弈、智能控制、机器人学、遗传编程等。

通过对人工智能所涵盖的知识和能够解决的问题进行分析归纳,总结出了如图 1-1 所示的人工智能知识图谱。在坐标轴上,有两个宏观的基团:人工智能技术范例和人工智能问题域。人工智能技术范例(x 轴)是人工智能研究人员用来解决特定的人工智能问题的方法(包括最新的方法)。人工智能问题域(y 轴)是人工智能可以解决的问题类型。从某种意义上说,它表明了人工智能技术的潜在能力。

1.1.3 人工智能历史进展

1956 年夏季,以麦卡锡、闵斯基、罗切斯特和香农等为首的一批有远见卓识的年轻科学家,在达特茅斯会议上共同探讨用机器模拟智能的有关问题,并首次提出了"人工智能"这一术语,标志着人工智能学科的正式诞生。之后,人工智能研究随着技术水平的发展,在瓶颈与突破中曲折前进。

按照技术成熟度,人工智能的发展可以分为孕育和萌芽阶段、形成和发展阶

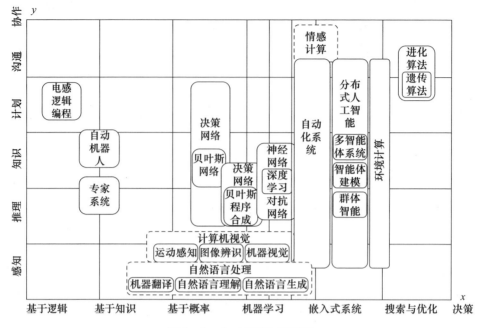

图1-1 人工智能知识图谱

段、飞跃和应用阶段。

1. 孕育和萌芽阶段

人工智能是计算机学科的一个分支,计算机出现后,人类开始探索用计算机代替或扩展人类的部分脑力劳动。计算机成为研究和实现人工智能技术的机器平台。因此,可以说智能技术是随着1941年第一台可运转的可编程计算机的问世而开始发展的。一般认为,人工智能最早期的理论包括基础生理学知识、脑神经元知识、罗素和怀特海德的命题逻辑以及图灵的计算理论。基于这些理论,1949年,Donald Hebb提出人工神经网络概念,并建立了Hebbian learing模型[5]。1950年,A. M. Turing[6]提出了机器能够思维的论述,并创造了图灵测试来判定计算机是否智能。此后,在IBM,一些初级的人工智能程序逐渐诞生。例如,1952年,Samuel Arthur[7]开发了一系列西洋跳棋程序,首次证明了程序可以学习,而且可以迅速学到比其创造者玩得更好。之后做出突出贡献的包括科学家冯·诺伊曼(Von Neumann)、数学家维纳(N. Wiener)以及香农。他们创制的计算机、控制法和信息论,均为以后人工智能的研究奠定了坚实的基础。但这个时期,人工智能概念和学科还没有形成,计算机被看成只能做简单运算,且编程工具非常限制。

2. 形成和发展阶段

1956年,在美国达特茅斯学院举办的讨论会上,"人工智能"这一术语被首次提出,标志着人工智能学科的正式诞生,之后人工智能研究快速发展。

20世纪60年代,人工智能研究集中在数学领域,主要研究方向是博弈、定理证明等。这一时期的代表性成果包括:1956年,纽厄尔(Newell)和西蒙(Simon)等在定理证明方面取得突破,开辟了计算机程序模拟人类思维的道路;1957年,"通用解题机"程序的测试,验证了通过计算机程序可以解决很多常识问题;同年,弗兰克·罗森布拉特(Frank Rosenblatt)设计出计算机神经网络-感知机数学模型;1958年,约翰·麦卡锡创立了LISP(List Processing)高级语言,同年他还发表了题为《有常识的程序》(Programs with Common Sense)的论文,设想了第一个完整的人工智能系统;1959年,奥利弗·塞弗里奇(Oliver Selfridge)推出字符识别程序;1963年,詹姆斯·斯莫(James Slagle)的程序SAINT可以求解典型的闭合式微积分问题;1965年,罗伯茨(Roberts)编制出可以分辨积木三维构造的程序;1968年,汤姆·伊万斯(Tom Evans)的程序ANALOGY可以求解智商测试中的集合类推问题;1969年,第一个成功的知识密集系统DENDRAL程序的出现,是利用推理和通用搜索机制进行问题求解的开始[8-9]。

20世纪70年代,基于知识的人工智能理论逐步发展,并在专家系统、自然语言理解等方面取得新突破。1975年,斯坦福大学推出基于知识的科学推理程序Meta-DENDRAL,并启动了启发式程序设计项目HPP,以研究新的专家系统方法论。1977年,爱德华·艾伯特·费根鲍姆(Edward Albert Feigenbaum)在第五届国际人工智能联合会上提出了"知识工程"的概念,标志着人工智能研究新的转折点,即实现了从获取智能的基于能力的策略到基于知识的方法研究的转变。这一时期的代表性成果包括[9]:ELIEA、MACSMA、MYCIN、LUNAR、SHRDLU、STUDENT、MARGIE、EARSAY-I。其中:STUDENT不仅可以解决代数问题,而且对处理语言理解和逻辑也有所帮助;医学领域的专家系统MYCIN,利用了确定性因素的不确定性验算,以适应医生评估诊断证据的方式;Winogtad的自然语言理解系统SHRDLU,展示了如何在机器翻译中克服歧义并理解代词指代;在此基础上,尤金·查尔尼克(Eugene Charniak)提出,稳健的语言理解将需要关于世界的一般知识和实用知识的一般方法。

一系列的突破使人工智能科学家相信,通过研究人类思维的普遍规律,计算机最终可以模拟人类思维,从而创造一个万能的逻辑推理体系。

3. 飞跃和应用阶段

20世纪80年代之后,人工智能进入了飞跃发展的时代,机器学习逐渐成为研究热点,出现了大量机器学习新方法,如自组织映射神经网络[10]、多层感知器[11]、Hopfield 循环神经网络玻耳兹曼机[12]、决策树算法[13]、反向传播 BP(Back Propagation)算法[14]、多层感知器(Multi-Layer Perceptron,MLP)与 BP 训练相结合方法[15]、支持向量机(Support Vector Machine,SVM)算法[16]、Adaboost 算法[17]等。这期间,机器学习理论研究的丰硕成果也逐渐实用化,如 DEC 公司将人工智能系统用作 VAX 计算机的建构,斯坦福大学研制的专家系统 PROSPECTOR 在 1982 年预测了华盛顿州的一个钼矿位置,数字电气公司在 1986 年用 XCON 专家系统为 VAX 大型机编程等。

20 世纪 90 年代末,深度学习研究兴起,并逐渐发展了卷积神经网络(Convolutional Neural Network,CNN)、基于多层神经元的自编码神经网络、深度置信网络(Deep Belief Network,DBN)三类具有代表性的方法。但是,20 世纪八九十年代,由于计算机计算能力有限和相关技术的限制,可用于分析的数据量太小,深度学习在模式分析中并没有表现出优异的识别性能。2006 年,辛顿(Hinton)等提出快速计算受限玻耳兹曼机(Restricted Boltzmann Machine,RBM)网络权值及偏差的对比散对算法(Contrastive Divergence-k,CD-k)算法,使得受限玻耳兹曼机成为增加神经网络深度的有力工具,出现了 DBN 等深度网络且开始被广泛应用。例如,2016 年谷歌开发出 AlphaGo 程序,其围棋水平已经能够超过人类的顶尖水平,2017 年 5 月,AlphaGo Master 与世界排名第一的棋手柯洁对弈,最终连胜三盘,都表明了人工智能实用化水平和技术的飞跃。

进入 21 世纪以来,大数据、云计算等信息技术给人工智能发展带来了新的机遇,大规模并行计算、大数据、深度学习算法、人脑芯片等使人工智能的发展出现上升趋势,同时,人工智能发展也给新一代信息技术与工业各领域渗透融合提供了新的动力。2018 年以来,美国、欧盟等进一步扩展人工智能战略布局,各国相继发布"国家人工智能战略"。据预测,到 2030 年,人工智能将推动全球国内生产总值增长 14%,对全球经济的贡献高达 13 万亿美元,足以比肩 19 世纪的蒸汽机、20 世纪的工业机器人等带来的变革性影响。

1.1.4　各国人工智能发展趋势

目前,全球人工智能发展和领导地位争夺已进入白热化阶段。近年来,美国、德国、英国、法国、日本、印度、中国等陆续发布了国家人工智能战略,积极推动人工智能研究开发和产业应用。随着现代科学与技术的迅猛发展,机器的算力、算法和海量场景数据等方面获得重大突破,使人工智能重获新生,呈现出井喷爆发之势。

1. 美国

美国在人工智能发展方面具有明显的优势,从政府到企业对人工智能带来的变革都极为重视,科研机构对人工智能重视程度也在不断加强,相关创新型产品迭代迅速。美国在人工智能方面的发展趋势和特点主要体现在:

(1)战略层面高度重视,国家层面政策支持。2016年,奥巴马政府针对人工智能发展现状、应用领域以及社会公共政策问题,在10月推出《为人工智能的未来做好准备》,之后发布《国家人工智能研究和发展战略计划》,提出优先发展的人工智能七大研发战略及两大建议,12月在《人工智能、自动化与经济报告》文件中对人工智能驱动的自动化对美国就业市场和经济的影响,以及建设性的政策回应等方面进行系统研究与深入分析。2019年2月,特朗普总统签署了《保持美国在人工智能领域的领导地位》,启动了美国人工智能倡议行动,标志着美国正式将人工智能上升为国家战略。特朗普政府强调,要继续保持美国在人工智能领域的领导地位,就必须齐心协力促进技术和创新的进步,保护美国的技术、经济安全和国家安全,加强与外国伙伴和盟国之间的合作。2021年3月1日,美国人工智能国家安全委员会(National Security Commission on Artificial Intelligence,NSCAI)向国会递交了一份长达756页的建议报告,主要建议包括为美国人工智能领域的发展设定2025年目标,以实现"军事人工智能准备就绪";在白宫成立一个由副总统领导的技术竞争力委员会,帮助提升人工智能在各个领域的地位并大力培养技能人才等。

(2)资本与政策共同发力,挖掘最具潜力的创业企业。美国硅谷是当今人工智能发展的重点区域,聚集了从人工智能芯片到下游应用产品的全产业链企业。在人工智能融资规模上,美国在全球占主导地位,比重在60%以上。美国的科技巨头早已展开一系列收购暗战,如近5年来,谷歌成为人工智能领域最活跃的收购者,相继收购了DNNresearch、DeepMind和Nest。

(3)巨头企业形成集团式发展,共建人工智能生态圈。以谷歌、微软、亚马逊、Facebook、IBM五大巨头为代表,自发形成人工智能伙伴关系,通过合作的方式推进人工智能的研究和推广。这种新型的巨头集团式发展模式,成为人工智能时代的亮点,能保证技术方案的效益最大化。在未来,还会有更多企业和机构加入其中,用户组织、非营利组织、伦理学家和其他利益相关者,也都会围绕生态圈进行更大范围的研究和开发。

(4)推动软硬件系统协同演进,全面开发人机协作智能系统。美国更加关注长期投资具有潜力的高风险高回报项目,以此补充社会和企业短期内不愿涉足的领域。在软件方面,提升人工智能系统的数据挖掘能力、感知能力并探索其局限性,同时推动系统革新,包括可扩展、类人的、通用的人工智能系统的研发。在硬件方面,优化针对人工智能算法和软件系统硬件处理能力,并改进硬件体系架构,同时推动开发更强大和更可靠的智能机器人。

(5)注重人工智能人才建设,加快高水平领军型人才培养。美国的人工智能政策中,将专业人才培养和人才队伍打造持续作为重点任务,通过资金扶持、研发投资、平台建设等措施加以支持。2019年发布的《维护美国人工智能领导地位的行政命令》要求,提供教育补助金被视为现有联邦奖学金和服务计划的优先事项,提高在计算机及相关领域的群体参与度,培养跨学科和技能类别的人工智能研发人员的专业人才等。同时,美国提出了"全方位培养一批多元化、有道德的人工智能队伍,维持美国领导地位"的人才培养目标。

2. 德国

德国"脑科学"战略重点是机器人和数字化。德国拥有人工智能研发的雄厚基础,拥有全球最大的人工智能研究中心,其首都柏林囊括了将近54%人工智能企业,是德国机器人和数字化技术研发的重要基地。2012年,德国马普脑科学研究所和美国开展计算神经科学合作研究,并与以色列、法国开展多边合作,产业需求引领德国工业机器人向智能化、轻量化、灵活化和高能效化方向发展。德国在人工智能方面的发展趋势和特点主要体现在:

(1)德国政府的人工智能发展战略。2012年,德国发布《高科技战略》,推行以"智能工厂"为重心的"工业4.0计划",促进工业机器人发展,促使生产制造向灵活化和个性化方向转型;2016年,德国发布《数字化战略2025》,提出发展数字经济,以适应"智能、高生产率、高度联网"的世界;2018年,发布《人工智能战略》,以期保持德国的国际竞争力,应对人工智能技术带来的挑战。

(2)DFKI研发仍领先全球。德国人工智能研究中心(Deutsches Forschungszntrum für Künstliche Intelligenz,DFKI)是目前全球最大的AI研究中心,有包括谷歌、英特尔等23个股东以及超过80家的衍生公司。在DFKI的研究路线图中,排在首要位置的便是机器学习系统,即让人工智能自己去创造新的人工智能,它可以适应环境并改变自己。目前,DFKI在人工智能领域已经进行了30多万次的研究,为其他国家以及相关产业发展提供了技术基础和丰富经验。

(3)以服务机器人为重点的智能机器人研发。德国联邦教研部在"信息和通信技术2020-为创新而科研"计划中,安排了服务机器人的相关项目。联邦经济部的"工业4.0自动化计划",在其15个项目中,涉及机器人项目的有6个。另外,德国科学基金会也通过计划和项目资助大学开展机器人基础理论研究,如神经信息学、人机交互通信模式、机器人自主学习和行为决策模式等,以加快智能机器人的研发进程。

（4）推动"自动与互联汽车"产业革命。2015年9月，联邦政府内阁通过了联邦交通部提交的"自动与互联汽车"国家战略。同时，德国以设备制造商和大学的紧密科研合作为特点，通过公共补贴项目，支持更高水平的自动驾驶大规模研发。目前，德国顶尖大学和研究机构对传感器、车载智能系统、联通性、数字基础和验证测试进行的广泛研发，使德国在技术领域又一次走在前沿。

3. 英国

英国人工智能注重实效性，强调"综合施治、合力发展"。在产学研的转换周期上，更加快速落地。在政策资金支持上，英国政府拟斥资约2亿英镑，建立新的"技术学院"，针对雇主需求提供高技能水平的人工智能培训。英国在人工智能方面的发展特点主要体现在：

（1）科学人才供给充足，英国具备领先的发展优势。人工智能最早的计算理论，就是由英国著名科学家阿兰·图灵提出的，英国拥有牛津大学、剑桥大学、英国帝国理工学院以及伦敦大学学院、爱丁堡大学为代表的高等学府，以及以阿兰·图灵研究所为代表的众多智能研究机构，其创新型成果不断在全球范围内得到推广应用。英国人工智能的研发生态优良，研究人员、企业主、投资人、开发商、客户以及创新网络平台等，共同构成了一个丰富完善、良性循环的人工智能生态系统。

（2）创新企业活力十足，高新技术产业转化率高。过去几年，英国也诞生了大量优秀的人工智能初创企业，如享誉全球的AlphaGo的研发公司DeepMind，就是来自伦敦大学的初创公司。同时，2013年，亚马逊用2600万美元收购英国语音识别创业公司True Knowledge。2014年，Goolge收购了Dark Blue Labs、Vision Factory两家与深度学习相关的公司。英国存在大量的科技孵化机构，助力早期的人工智能初创企业，或者提供退出途径，以此形成产业链良性发展。牛津的Isis Innovations和剑桥的Cambridge Enterprise就是有名的技术转让公司，通过帮助大学里的创新技术商业化，确保学校或者个人获得回报。

4. 法国

2017年3月，法国经济部与教研部发布《人工智能战略》，旨在把人工智能纳入原有创新战略与举措中，谋划未来发展。法国在人工智能方面的发展趋势主要体现在：

（1）引导人工智能前沿技术研发，培育后备力量。例如，发起长期资助计划、人工智能+X（相关领域）合作计划、建设大型科研基础设施、新建法国人工智能中心、设立领军人才计划、普及人工智能知识等。

（2）促进人工智能技术向其他经济领域转化，充分创造经济价值。例如，设立技术转化项目与奖金、设立人工智能公共服务项目、建设云数据共享平台及数据和软件等资源集成与展示平台、设立投资基金和人工智能基金会、推动人工智能在智能汽车及金融投资等领域应用、扶持人工智能在安全及监测异常行为等冷门研究方向的新创企业、共同起草人工智能研发路线图等。

（3）结合经济、社会与国家安全问题考虑人工智能发展。例如，开发自主集成软件平台、数据存储与处理平台、自动学习技术平台、网络安全平台等，预见人工智能对社会尤其是就业的影响，评估人工智能对现有工作任务的替代性等。

5. 日本

日本的人工智能研究，首先是从大学校园开始的。有"日本机器人之父"之称的早稻田大学教授加藤一郎，早在20世纪70年代就开始研发人工肌肉驱动之下的下肢机器人。20世纪90年代又研发出以液压和电机驱动的下肢机器人。而大阪大学智能机器人学教授石黑浩带领的研究小组，在2010年就开发出了可以模仿人类表情的女性替身机器人。在战略上，日本政府将人工智能定位为增长战略的支柱。

日本政府和企业界高度重视人工智能的发展，不仅将物联网（Internet of Things, IoT）、人工智能和机器人作为第四次产业革命的核心，还在国家层面建立了相对完整的研发促进机制，并将2017年确定为人工智能元年。日本希望通过大力发展人工智能，保持并扩大其在汽车、机器人等领域的技术优势，逐步解决人口老化、劳动力短缺、医疗及养老等社会问题，扎实推进超智能"社会5.0"建设。

日本人工智能发展的三个阶段目标：

第一阶段（—2020年），确立无人工厂和无人农场技术，普及新药研制的人工智能支持，实现生产设备故障的人工智能预测。

第二阶段（2020—2030年），达到人与物输送及配送的完全自动化，机器人的多功能化及相互协作，实现个性化的新药研制，以及家庭与家电人工智能的完全控制。

第三阶段（2030—），使护理机器人成为家族的一员，实现出行自动化及无人驾驶的普及（人为原因交通事故死亡率降为零），能够进行潜意识的智能分析并实现本能欲望的可视化。

6. 印度

尽管印度目前在人工智能方面还落后于许多其他G20国家，但随着政府对人工智能应用的兴趣日益浓厚,印度各行各业对人工智能的兴趣水平都有了显著增长。印度在人工智能方面的发展特点和趋势主要体现在:

(1)印度具有成为人工智能大国不可或缺的优势。例如,拥有庞大的科技人员队伍,目前,印度有800多家公司已经或正在部署人工智能,拥有近2.9万名人工智能专业人才;迅速成长的创业环境,自2011年以来人工智能初创公司的数量以年复合增长率86%的速度在增长;越来越多人拥有智能手机和上网产生的大数据,塔塔咨询、威普罗、印孚瑟斯这三大巨头代表着印度强大的互联网技术(Internet Technology,IT)外包产业,在印度雇用了数百万技术人员,至今都在为跨国银行、制造业巨头、跨国科技公司提供着各种各样的服务。

(2)政府的人工智能战略蓝图。印度政府于2015年发布了"数字印度"战略,旨在为农村地区提供高速互联网网络,以单独的数字基础设施作为核心工具,建设数字化社会。2017年,印度政府组建了一支人工智能工作组。2018年2月,印度电子和信息技术部成立了4个委员会,起草人工智能的政策框架。2018年6月,印度政府智库"改造印度国家研究院"发布了《人工智能的国家战略》报告认为,应用人工智能后,印度将会有5个领域最为受益:医疗保健、农业、教育、"智慧城市"和城市交通等基础设施。

(3)印度政府对人工智能的投入。莫迪政府提高了近几年对人工智能的拨款。2018年12月,印度政府批准了对网络物理系统技术的4.8亿美元的投资,其中涉及广泛使用AI、机器学习、深度学习、大数据分析、量子计算、量子通信、量子加密、数据科学和预测分析。2019年5月,印度国家转型研究所提议为印度建立AI框架,预算10亿美元,以期推动更大规模的AI技术创新与发展,该提议随后获得印度政府批准。印度联邦政府成立了特别委员会,以研究人工智能在各个领域内应用的可能性,以及广泛应用人工智能后可能会产生的问题。

7. 中国

我国人工智能行业政策出台要较美国稍晚,但是很快就从国家层面上将其发展上升到了战略高度。我国在人工智能方面的发展特点和趋势主要体现在:

(1)国家政策是主要推动力。2015年,国家发布了实施制造强国战略的第一个十年行动纲要——《中国制造2025》,其核心是加快新一代信息技术与制造业深度融合,推进智能制造。紧接着又将人工智能行业纳入国家"十三五"规划,说明我国已经把人工智能放到了一个很重要的位置。2017年7月20日,国务院印发《新一代人工智能发展规划》,这是中国首个面向2030年的人工智能发展规划。2017年12月,发布《促进新一代人工智能产业发展三年行动计划(2018—2020年)》,从推动产业发展角度出发,结合《中国制造2025》,提出以新一代人工智能技术的产业化和集成应用为重点,推动人工智能和实体经济深度融合。2019年3月19日,中央全面深化委员会审议通过了《关于促进人工智能和实体经济深度融合的指导意见》,提出构建数据驱动、人机协同、跨界融合的智能经济形态。

(2)人工智能发展三步走战略目标。第一步,到2020年人工智能总体技术和应用与世界先进水平同步,人工智能产业成为新的重要经济增长点,人工智能技术应用成为改善民生的新途径,有力支撑进入创新型国家行列和实现全面建成小康社会的奋斗目标。第二步,到2025年人工智能基础理论实现重大突破,部分技术与应用达到世界领先水平,实现人工智能核心产业规模达4000亿元,带动相关产业规模超5万亿元。第三步,到2030年,我们的人工智能务必要占据全球人工智能制高点。我国的人工智能理论、技术与应用总体达到世界领先水平,成为世界主要人工智能创新中心,其智能经济、智能社会取得明显成效,从而为跻身创新型国家前列和经济强国奠定重要基础,实现人工智能核心产业规模达1万亿元,带动相关产业规模超10万亿元。

(3)人工智能芯片进入高速增长阶段。人工智能芯片是人工智能产业的核心硬件,也是支撑人工智能技术和产业发展的关键基础设施。我国正加速推进5G基站、人工智能、工业互联网等新型基础设施建设。艾媒咨询(iMedia Research)数据显示,2020年,我国人工智能芯片市场规模达183.8亿元,预计2023年将突破千亿元级别。全球人工智能芯片发展还在起步阶段,我国凭借诸多利好因素有望领先全球,具有巨大发展潜力。未来行业发展将催生对大量高端芯片、专用芯片的需求,人工智能芯片行业将迎来新一轮的高速增长阶段。

(4)人工智能产业规模爆发式增长。随着国家政策的倾斜和5G等相关基础技术的发展,我国人工智能产业在各方的共同推动下进入爆发式增长阶段,市场发展潜力巨大。目前,我国人工智能技术层中语音识别、自然语言处理等应用已渐入佳境,广泛应用于金融、教育、交通等领域。数据显示,2019年我国人工智能核心产业规模就已超过510亿元,2020年上半年就达到770亿元。未来人工智能的应用场景范围将持续扩大,深度渗透到各个领域,有效支撑产业实现智能化生产、营销、决策等环节,同时也为改善民生起到重要作用。

1.2 人工智能的研究分支

人工智能是一个边缘交叉学科,涵盖的研究领域也非常广泛,对其研究分支的划分并没有非常明确和确定的规范,不同研究领域(不同的人)关注的人工智能的研究分支也不同。有的是从基础理论进行的划分,如知识表示、搜索与问题求解、逻辑推理、规划调度、不确定性推理等;有的是从算法角度进行的划分,如神经计算、进化计算、机器学习、深度学习等;有的是从应用领域角度进行的划分,如专家系统、机器人学、自然语言处理、计算机视觉(图像识别)、生物信息学等。

本书要介绍的重点在于航天领域的人工智能,包括航天器操作、空间探测和对地观测等领域的自主智能,将涉及航天器以及智能空间机器人的任务规划、运动控制、故障检测、目标识别、自主飞行、智能博弈、集群智能等,因此,下面简要介绍与之紧密相关的几个研究分支,包括算法中的机器学习和应用中的专家系统(推理)、图像识别(感知/识别)、自然语言处理(感知/沟通)和机器人学(规划与操作)。

1.2.1 专家系统

1982年,美国斯坦福大学教授费根鲍姆给出了专家系统的定义:专家系统是一种智能的计算机程序,这种程序使用知识与推理过程,求解那些需要杰出人物的专业知识才能求解的复杂问题。也可以这样理解专家系统:它是一种可以在某一领域中,利用给定专业知识,模拟人类推理过程,像人类专家一样解决困难的和复杂的实际问题的计算机程序[18-19]。

专家系统有三个主要组成部分:人机交互界面、知识库和推理机[19]。人机交互界面即专家系统的用户交流界面,根据用户输入的需求给出相应的解决方案并展示。知识库是关于专家系统所针对领域的事实和启发式(经验法则)的集合,即专家知识在计算机系统中的映射,是专家系统做出判断的依据,因此,其完整性、一致性和准确性至关重要。推理机是专家系统的问题处理部分,对于给定问题,推理机基于知识库信息,根据推理策略和机制进行问题求解,从而得出专家系统的结论。推理机是专家系统的核心,同时也是最难实现的部分,推理机的好坏在一定程度上决定了专家系统的优劣。

专家系统主要分为基于规则、基于框架、基于案例、基于模型和基于Web 5类[20]。

1. 基于规则的专家系统

基于规则的专家系统是目前使用最广泛的类型。基于规则推理(Rule-Based Reasoning,RBR)的系统又称为产生式系统,它包含从人类专家处获得的信息,并以规则(如 IF-THEN 形式)表示该信息[21],将专家诊断的经验归纳为一条条的规则,通过启发式经验知识进行推理。该方法得到的规则具有相同的结构,便于进行管理,同时便于推理机的设计。但单一的表现形式也使规则间的互相关系不明显,难以把握知识的整体形象。此外,还存在与真正专家的知识结构不同、推理缺乏灵活性、处理效率低等问题[22]。且对于复杂系统而言,难以用结构化的数据表达,若使用规则的形式表达则难以提炼规则,且得到的规则库将十分庞大和复杂。

2. 基于框架的专家系统

框架是将某类对象的所有知识组织在一起的一种通用数据结构,而相互关联的框架连接组成框架系统。1975 年,闵斯基提出框架理论,在该理论中,框架被视为表示知识的一个基本单位。框架包含某个概念的名称、知识、槽。当遇到这个概念的特定实例时,就向框架中输入这个实例的相关特定值[20]。框架表示法最突出的特点是善于表达结构性的知识,且具有良好的继承性和自然性。基于框架的表示工具有助于知识系统的推理能力,并可以帮助系统设计者确定控制系统推理的策略。

3. 基于案例的专家系统

案例推理(Case – Based Reasoning,CBR)又称援例推理,推理循环由 4 个基本过程组成,即4R 循环[23],如图 1 – 2 所示。

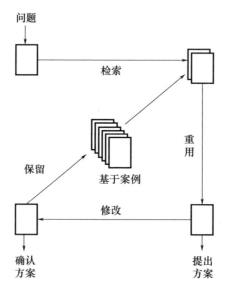

图 1 – 2　CBR 环

(1) 检索最相似的案例。
(2) 重用案例中的信息和知识以尝试解决问题。
(3) 必要时修改解决方案。
(4) 保留经验中可能对将来解决问题有用的部分。

对于给定的问题，基于 CBR 专家系统搜索知识库中类似问题的成功解决方案，通过重用或参考成功的解决方案来解决新的问题，并将新经验合并至知识库，以保留可能有助于新问题解决的经验。与 RBR 相比，CBR 无须进行规则匹配，通过索引检索类似案例进而得到解决方案，提高了系统解决问题的能力。此外，还具有无须显式领域知识、开放体系、增量式学习、实例库的覆盖随系统的不断使用而增加等优点[24]。但随着知识库中案例的增加，搜索时间也会随之增加。

4. 基于模型的专家系统

传统专家系统的主要缺点在于"缺乏知识的重用性和共享性"，而基于模型的专家系统则可以通过元模型清晰定义、设计原理概念化和知识库标准三个方面来获得系统的重用和共享。基于模型的专家系统中一个常见的分支是基于神经网络模型的专家系统。神经网络模拟仿生物体信息处理系统，获得柔性信息处理能力，具有容错性好、响应快、学习能力强大、自适应性强、可进行非线性逼近等优势[24]。神经网络通过对经验样本的学习，将专家知识以权值形式分布到网络内部，并且利用神经网络的信息保持性来完成不确定性推理。

与传统的产生式专家系统相比，神经网络模型中知识表示从显式变为隐式，知识通过学习算法自动获取而非通过人的加工，推理机制从传统的归纳推理变为网络上隐含模式对输入的竞争。神经网络模型很好地解决了专家系统中知识获取的瓶颈问题，能使专家系统具有自学习能力，且对于实际中难以建立数学模型的复杂系统，神经网络模型也表现出其独特的优势。但基于神经网络模型的专家系统也受限于神经网络本身的缺陷，系统性能受训练样本集的质量和数量影响。此外，神经网络没有解释自己推理过程和依据的能力，且通常只能采用数字化的知识，利用知识和表达知识的方式单一。

5. 基于 Web 的专家系统

基于 Web 的专家系统是随着信息技术发展而产生的，将人机交互定位于网络层次，使用者通过网络访问专家系统服务器，服务器通过调用云端的知识库来推理结果[25]。该系统本质上只是改变了知识库的存储位置。

专家系统在故障诊断领域得到了广泛应用。例如，文献[26]基于故障类型利用层次分类法建立知识库,利用判定树建立推理机制,在基于规则的专家系统上得到用于房间空调器故障分析的专家系统。文献[27]选取电机的转子故障为研究对象构建其神经网络模型,进行故障诊断时,系统首先进行故障信号采集,得到电机故障现象的特征值,系统对采集到的数据进行处理计算、频谱分析,当某一输出值大于阈值时,输出诊断结果。文献[28]中结合基于规则和基于案例的专家系统,得到航天器地面热实验故障分析的专家系统,对于发生的故障,首先利用专家系统中基于案例的推理进行案例匹配,若无可用案例则转向基于规则的推理,利用提前构造的规则库进行故障分析,实现基于规则和实际案例的地面热实验故障诊断分析。关于利用专家系统进行航天器故障检测的方法将在第3章进行较为详细的介绍。

1.2.2 机器学习

作为人工智能的一个子集,通俗地讲,机器学习(Machine Learning,ML)就是让计算机从数据中进行自动学习,得到某种知识(或规律)。它基于样本数据建立数学模型以便做出预测或决策,而无须明确编程执行任务。对于这里提到的"学习",米切尔(Mitchell)于1997年给出定义:对于某类任务 T 和性能度量 P,一个计算机程序被认为可以从经验 E 中学习是指,通过经验 E 改进后,它在任务 T 上由性能度量 P 衡量的性能有所提升。

机器学习有多种分类标准,按学习形式可分为监督学习、无监督学习、半监督学习和强化学习。

1. 监督学习

监督学习是指利用一组已知类别的样本调整分类器的参数,使其达到所要求性能的过程。监督学习是从标记的训练数据来推断一个功能的机器学习任务。监督学习的训练集中每个样本数据都有一个标签(类别标签、对应输出等),通过算法学习一个可以表征样本与其标签之间对应关系的一般规则,然后利用学习到的规则解决相似的问题。例如,基于 Iris 数据集(鸢尾花卉数据集,包含150个鸢尾花卉植物不同部分测量结果的集合,每个单独的植物为一个样本,标记其花瓣长度、宽度、植物品种等),通过监督学习得到植物品种与数据集中数据的映射关系,则对于一个新的测量结果,就可以利用训练好的算法判断其所属品种。

根据标签类型,监督学习又可分为回归和分类两类。回归问题中的标签是连续值,分类问题中的标签是离散的类别。其中,支持向量机[29]是解决分类问题最有影响力的方法之一,理论上,它能够实现对线性可分数据的最优分类[30-31]。

监督学习方法已经在航空航天领域得到了应用。例如,德国空间操作中心开发的自动遥测健康监测系统[32],就使用了监督学习方法,将过去的标称数据分为最近的标称数据和历史标称数据,使用测试数据和这些分类数据库之间的比较技术组合,利用该监测系统并结合工程师的反馈,为每个新的数据点分配一个标签,以进行后续监测数据分析。

2. 无监督学习

现实生活中常常会有这样的问题:缺乏足够的先验知识,因此,难以人工标注类别或进行人工类别标注的成本太高。很自然地,人们希望计算机能代人类完成这些工作,或者至少提供一些帮助。根据类别未知(没有标签)的训练样本来解决问题,称为无监督学习。

与监督学习相对应,无监督学习所用到的训练集数据不含标签,学习算法没有外界指导,通过"自学"得到数据集中有用的结构性质。通俗地讲,无监督学习的大多数尝试是指从无须人为注释的样本分布中抽取信息。

无监督学习中一个典型的问题是聚类。聚类的目的在于把相似的东西聚在一起,但并不关心这一类是什么。因此,一个聚类算法通常只需要知道如何计算相似度就可以开始工作了。由麦克奎因(MacQueen)提出的 K 均值算法是解决无监督学习中聚类问题的一种经典方法,该算法取定 k 个类别和 k 个初始聚类中心,按最小距离原则将各样本分配到 k 类中的某一类,之后不断地计算类心并调整各模式的类别,最终使各样本到其判属类别中心的距离平方之和最小[33]。目前,已经提出一些检验聚类有效性的函数指标,用于确定最佳聚类数字 k_{opt},如 K - means 聚类算法,被用于柑橘红蜘蛛图像的分割检测[34]。在航天遥测数据监控方面,NASA - Ames 开发的感应监测系统(Inductive Monitoring System, IMS)[35],利用聚类来提取标称遥测数据的数据模型。

另一个典型的无监督学习问题是降维,即在某些限定条件下,降低随机变量个数,得到一组"不相关"主变量的过程。解决该问题的经典方法是主成分分析(Principal Component Analysis,PCA),算法将数据通过投影映射到新空间,使其在一些空间中的方差更大,在另一些维度的方差更小,抛弃方差较小的维度即可得到输入数据在低维空间的表示,方差较大的维度使得在新空间中特征的区分能力提高[36]。

3. 半监督学习

半监督学习是机器学习中考虑同时使用带标签和未带标签的数据来完成特

定学习任务的方法[37]。在许多机器学习的应用中,如网页分类、文本分类、基因序列比对等,很容易得到大量无标签数据,但标记数据的过程往往需要使用特殊设备或耗费大量人力来进行,然而基于进行训练的学习算法难以拥有可靠的效果,因此引入半监督学习。

在实际应用中,当标签数据足够,但无标签数据提供了与预测相关的额外信息时,可使用半监督学习进一步提高算法性能[38]。半监督分类问题是半监督学习中最常见的问题,通过引入大量无标签数据,改进监督分类方法的性能,训练得到分类性能更优的分类器,从而预测测量数据的类别。针对这一问题,常用的解决方法有半监督支持向量机[39]、熵正则化法[40]等。半监督支持向量机在目标函数中同时考虑两类数据,并赋予不同的权重以权衡两类数据的复杂度和实际误差。熵正则化法则采用香农熵来度量类之间的重叠程度。

4. 强化学习

前面三种机器学习都是基于固定的数据集,在模型训练的过程中没有与环境的交互过程。强化学习(Reinforcement Learning, RL)是一种从环境状态映射到动作的学习,用于描述和解决智能体在与环境的交互过程中通过学习策略以达成回报最大化或实现特定目标的问题,智能体必须通过与动态环境的试错-交互来学习行为[41]。其基本思想是通过最大化智能体从环境中获得的累计奖赏值,以学习到完成目标的最优策略[42-43],适用于各种各样的任务,能够体现人工智能的许多基本特征,如因果感、不确定性和非确定性等。

不同于监督学习,强化学习中由环境提供的强化信号是对产生动作的好坏作一种评价(通常为标量信号),而不是告诉强化学习系统(Reinforcement Learning System, RLS)如何去产生正确的动作。由于外部环境提供的信息很少,RLS必须依靠自身的经历进行学习。通过这种方式,RLS在行动-评价的环境中获得知识,改进行动方案以适应环境[44]。与监督机器学习方法不同,强化学习方法在训练过程中不需要标记数据作为解决方案的参考。

强化学习的常见模型是标准的马尔可夫决策过程(Markov Decision Process, MDP),它基于以下马尔可夫性假设:将来的状态不依赖于过去的状态,即从当前状态转换到下一状态仅与当前状态有关,不依赖于之前的状态。通常将 MDP 定义为一个四元组$\langle S, A, R, P \rangle$,其中 S 为环境状态空间($s \in S$ 为其状态),A 是智能体可执行动作空间($a \in A$ 为其动作),$r \in R(s,a)$ 为奖励函数(其中 r 为即时奖励),$P(s'|s,a)$ 为状态转移概率分布(给出了在状态 s 下采取动作 a 进入状态 s' 的概率)。在强化学习中,智能体的策略 $\pi(\cdot|s) := S \to \Delta_A$ 是从状态到概率分布的映射,如 Δ_A 在整个动作空间 A 中完全确定控制策略。该定义包括确定性策

略的情况,即 $\pi(\cdot|s) := S \to A$。

对于给定的强化学习问题,如果在学习过程中智能体无须学习马尔可夫决策模型知识,而直接学习最优策略的方法,则称为模型无关法;而在学习过程中先学习模型知识,然后根据模型知识推导优化策略的方法,称为基于模型法。

模型无关法不对马尔可夫决策过程相关模型进行考虑,直接利用采样对值函数或策略函数进行评估。常见方法有瞬时差分法(Temporal Difference, TD)[45]和 Q-Learning[46]。最简单的 TD 算法为一步 TD 算法,即 TD(0)算法,获得的瞬时奖励仅向后回退一步,也就是只迭代修改了相邻状态的估计值。Q-Learning 又称离线策略 TD 学习,不同于 TD 中使用状态值函数作为估计函数,Q-Learning 中采用状态-动作对的奖励作为估计函数,即在智能体每次学习迭代时对行为进行考察,确保学习过程收敛。例如文献[47]利用 Q-Learning 在线学习功能设计了无功电压控制设备的最优控制策略。

基于模型法又称为间接强化学习法,有了模型基础后通过动态规划(Dynamic Programming, DP)法进行求解。在众多 DP 方法中,策略迭代和价值迭代受到广泛使用。策略迭代即对于给定的初始策略 π,进行策略评估和策略提升,得到一个更好的策略 π',迭代该过程使得策略和价值函数不断优化至最优策略和最优价值函数。其中,在一次迭代后停止策略评估的算法为价值迭代[48]。

在强化学习方法中使用深度神经网络(Deep Neural Network, DNN)催生了深度强化学习(Deep Reinforcement Learning, DRL),使得基于强化学习的解决方案可通过低维函数逼近来表示高维且连续的状态和行动空间。

1.2.3 图像识别

图像识别是人工智能的一个重要领域,是指利用计算机视觉、模式识别、机器学习等技术方法,自动识别图像中存在的一个或多个语义概念,广义的图像识别还包括对识别的概念进行图像区域定位等。而计算机视觉是指用计算机及相关设备对生物视觉进行模拟,即通过对采集到的图片、视频进行处理,以获得相应信息,实现物体识别、形状方位确认、运动判断等功能,以适应、理解外界环境和控制自身运动[49]。计算机视觉包含图像分类、目标检测、语义分割、目标跟踪等重要任务,而这些任务的解决均需进行图像识别,图像识别可以满足用户在不同场景下的视觉应用需求[50]。

通俗来讲,图像识别就是对采集到的图片信息进行处理,根据图像的特征进行识别,也就是说图像识别以图像的主要特征为基础,其关键步骤为图像分割、图像特征提取、图像分类。

图像分割是指根据一定的相似准则,将图像分成若干个不同区域的过程。现有的图像分割方法很多,如阈值分割方法、边缘检测方法、区域提取方法等。从图像的类型来分,有灰度图像分割、彩色图像分割和纹理图像分割等。从使用的理论工具来分,有基于数学形态学的图像分割、基于小波变换的图像分割、基于遗传算法的图像分割、基于神经网络的图像分割等。其中,基于神经网络的图像分割方法,先利用训练样本集对神经网络进行训练,以确定节点间的连接权值,再用训练好的神经网络对新输入的图像数据进行分割,根据不同的图像类型可以选用不同的网络模型,如细胞神经网络[51]、概率自适应神经网络[52]、BP神经网络[53]等。

图像特征提取是指使用计算机提取图像中属于特征性的信息的方法及过程。作为特征提取的一个前提运算,输入图像一般通过高斯模糊核在尺度空间中进行平滑,之后通过局部导数运算计算图像的一个或多个特征。常用的图像特征有颜色特征、纹理特征、形状特征、空间关系特征。特征提取算法也非常多,如方向梯度直方图法、局部二值模式法、SIFT(Scale Invariant Feature Transform)特征提取法、Haar-like特征法等。图像特征提取是一个异常高维问题,直接进行特征运算会产生过大计算量,且难以把握关键特征,非线性降维[54]是常用降维手段之一,通过提取高维图像数据中存在的相对较低维的特征表达空间以及一些非线性降维方法,来降低计算量并获得图像特征中的关键特征。

图像分类,顾名思义,就是为输入图像打上固定类别的标签,这是一项非常复杂的工作。现有的图像分类算法很多,大致分为五大类:邻近算法(K-Nearest Neighbor,KNN)、SVM、反向传播神经网络(Back-Propagation Neural Network,BPNN)、卷积神经网络(Convolutional Neural Network,CNN)和迁移学习。

KNN是一种基于实例学习的方法,其核心思想是,如果一个样本在特征空间中的K个最相邻的样本中的大多数属于某一个类别,则该样本也属于这个类别,并具有这个类别上样本的特性[55-56]。KNN方法在类别决策时,只依据最邻近的一个或者几个样本的类别来决定待分样本所属的类别,只与极少量的相邻样本有关,主要靠周围有限的邻近的样本,而不是靠判别类域的方法来确定所属类别的,因此,对于类域的交叉或重叠较多的待分样本集来说,KNN方法较其他方法更为适合。但是该方法计算量较大,因为对每一个待分类的样本,都要计算它到全体已知样本的距离,才能求得它的K个最近邻点。另外,当样本不平衡时,如一个类的样本容量很大,而其他类的样本容量很小时,有可能导致当输入一个新样本时,该样本的K个邻居中大容量类的样本占多数[57]。

SVM是一种基于统计学习理论的机器学习算法,按监督学习方式对数据进行二元分类的广义线性分类器,其决策边界是对学习样本求解的最大边距超平面。SVM 使用铰链损失函数计算经验风险,并在求解系统中加入了正则化项以优化结构风险,是一个具有稀疏性和稳健性的分类器。理论上,SVM 能够实现对线性可分数据的最优分类。SVM 优化问题为凸优化问题,可通过序列最小优化(Sequential Minimal Optimization,SMO)等优化方法得到全局最优解,因此比其他分类器的学习效率更高;且其决策函数只依赖于支持向量,与训练样本总数无关,分类速度较快;对于非线性可分的学习样本,通过核函数隐式地将原始特征空间中学习样本变换到高维空间,在该空间中学习样本线性可分[58],是常见的核学习方法之一。SVM 在小样本训练集上能够得到比其他算法好很多的结果,成为目前最常用、效果最好的分类器之一,主要原因在于其优秀的泛化能力。SVM 允许决策边界很复杂,即使数据只有几个特征,它在低维数据和高维数据上都表现很好,但对样本个数的缩放表现不好。

利用 BP 神经网络算法也可以实现图像分类[59-60]。BP 神经网络是一种按误差反向传播训练的多层前馈网络,它利用梯度搜索技术,以期使网络的实际输出值和期望输出值的误差均方差为最小。BP 算法的基本思想为:①先计算每一层的状态和激活值,直到最后一层,即信号是前向传播的;②计算每一层的误差,误差的计算过程是从最后一层向前推进的;③更新参数,目标是误差变小,迭代前面两个步骤,直到满足停止准则。BP 神经网络算法具有较强的非线性映射能力、自学习和自适应能力、泛化能力和容错能力,在计算机图像处理和分类中得到了比较广泛的应用[61]。但是这种方法也存在局部极小化、收敛速度慢、学习复杂性以及样本依赖性等问题。

CNN 是一类特别设计用来处理二维数据的多层神经网络,主要由卷积层、池化层、全连接层三类常见的模块组成。卷积层利用卷积核对前一层的输入特征进行卷积计算,并利用激活函数构建并输出特征图,每一层的输出都是对多输入特征进行卷积。池化层的作用是进行特征选择,降低特征维数,从而减少参数的数量。卷积层和池化层提取的特征被向量化并发送到全连接层,全连接层根据这些特征生成输出。在图像分类时,CNN 可以采用不同的神经元和学习规则的组合形式,能从一个二维图像中提取其拓扑结构,采用反向传播算法来优化网络结构,求解网络中的未知参数。图像中的小块区域被当作层次结构中底层的输入数据,信息通过前向传播经过网络中的各个层,在每一层中都由过滤器构成,以便能够获得观测数据的一些显著特征。因为局部感知区域能够获得一些基础的特征,如图像中的边界和角落等,这种方法能够提供一定程度对位移、拉伸和旋转的相对不变性。CNN 中层次之间的紧密联系和空间信息使得其特别适用于图像的处理和理解,并且能够自动地从图像抽取出丰富的相关特性。CNN 中卷积层的权值共享使网络中可训练的参数变少,降低了网络的复杂度,减少过拟合,提高了泛化能力;CNN 结构中的池化操作大大减少了模型中神经元的个数;且 CNN 将原始数据直接输入网络中,然后隐性地从训练数据中进行网络学习,避免了手工提取特征,从而导致误差累积的缺点[62]。利用 CNN 建立模式分类器,将 CNN 作为通用的模式分类器,可以直接用于灰度图像[63]。

迁移学习算法通常用于处理工业中的图像分类问题[64]。迁移学习,顾名思义就是把已训练好的模型(预训练模型)参数迁移到新的模型来帮助新模型训练,目的是迁移已有的知识来解决目标领域中没有或者只有少量有标签样本数据的学习问题。迁移学习可以将已习得的强大技能迁移到相关的问题上,即把为任务 A 开发的模型作为初始点,重新使用在为任务 B 开发模型的过程中。两个不同的领域共享的因素越多,迁移学习就越容易[65]。迁移学习专注于存储已有问题的解决模型,并将其利用在其他不同但相关问题上。比如说,用来辨识汽车的知识(或者是模型)也可以被用来提升识别卡车的能力。由于利用了已有模型,因此,迁移学习具有在微调之前模型的初始性能更高、训练过程中模型提升的速率更快、训练结束后得到的模型收敛更好的优势,而且可以节约时间资源和计算资源。

另外,模式识别也是图像识别方面的另一种常用手段。传统模式识别将不同样本在特征空间中的最佳划分作为目标。在模型识别基础上发展出的仿生模式识别[66],其特点是一种以一类样本在特征空间分布的最佳覆盖为目标。仿生模式识别在人脸识别中得到了应用[67],它们通过提取人脸图像中的特征,选用 2 个自由度的神经元(三角形神经元)构造覆盖人脸样本的神经网络,并利用仿生模式识别进行人脸图像识别训练。

针对航空航天中的目标识别问题,文献[68]基于专家系统对对象结构边界进行细化,即计算实例属性图的相似度和识别差异,在知识库中搜索相关实例,借助检索到的实例,对对象结构和边界形状进行了细化,并在地区航空航天图像上进行实验,进行图像颜色分割和颜色段边界检测、计算颜色段特征、构造颜色段邻接图、将颜色段分类作为目标对象类别。

1.2.4 自然语言处理

自然语言处理(Natural Language Processing,NLP),即使用计算机技术来学习、理解和生成人类语言内容[69],以实现人与机器通过自然语言的形式进行有效沟通,是人工智能的主要研究方向之一。一个完整的自然语言处理系统包含语音识别、语义识别、语音合成三部分[70]。

语音识别是指让计算机"听到"人的语音。最早的语音识别系统是1952年贝尔实验室研发的10个孤立数字的识别系统[71]。隐马尔可夫模型(Hidden Markov Model,HMM)方法[72]能够很好地描述语音信号的短时平稳特性,并且将声学、语言学、句法等知识集成到统一框架中,在语音识别研究中应用广泛。GMM – HMM[73]框架中利用高斯混合模型(Gaussian Mixture Model,GMM)对语音的观察概率进行建模,同时利用HMM对语音时序进行建模。随着人工智能的发展,深度学习理论在语音识别的声学模型中得到了广泛应用。基于DNN – HMM[74](Deep Neural Network – Hidden Markov Model)声学模型,用DNN替换GMM模型对语音观察概率进行建模,使得更长时的结构信息得以描述,且不需对语音数据分布进行假设。

语义识别要求计算机拥有理解人类语言,尤其是口语化表达的能力,文本分类是语义识别的一个常见场景。文本分类可分为文本预处理、文本表示、特征提取、分类器训练等过程。特征提取是文本分类的一个重要过程,常用的方法有基尼指数[75]、主成分分析等。深度学习的发展与文本分类的融合,可以获得更高层、更抽象的语义表征,并将特征提取工作融合于模型的构建过程中,减少人为设计特征的不完备性和冗余。借助卷积神经网络从局部到全局相关性特征的学习能力,对文本向量进行深度学习,可以得到较好的分类效果[76]。

语音合成是指计算机将准备"回复"给人类的语句合成音频的形式并通过扬声器外放,是语音识别的逆过程。传统基于统计参数的语音合成中,对输入的训练语音进行参数分解,然后对声学参数建模,构建参数化训练模型,生成训练模型库,最后在模型库的指导下,预测待合成文本的语音参数,将参数输入声码器合成目标语音。在该方法中,利用深度学习网络对输入文本和对应的声学参数之间的关系建模,解决了传统方法中上下文建模的低效率、上下文空间和输入空间分开聚类而导致的训练数据分裂、过拟合和音质受损问题[77]。此外,将内部模块统一到一个模型中并直接连接输入和输出的端到端学习,近年来在语音合成领域也引起了广泛的研究,如一种基于WaveNet网络架构的端到端语音合成方法[78],采用基于注意力机制的Seq2Seq架构作为特征预测网络,将输入文本转化为梅尔声谱图,结合WaveNet架构实现了多语种的语音合成。

值得一提的是,目前应用广泛的机器翻译是自然语言处理的一个常见场景,研究如何利用计算机实现自然语言之间的自动翻译,如谷歌翻译、百度翻译等。另外,近年来智能化家居的发展迅速,家居语音控制也成为自然语言处理的一个场景,智能家居接收指令时,通过语音识别和语义分析对输入的语音指令进行理解,并进行所要求的操作。例如,2013 年 8 月 4 日,日本科学家将一个名为"Kirobo"的机器人送上天空,成为日本航天员若田光一的"搭档",可用日语同若田光一进行交流,并记录对话内容,在 Kirobo 与人类对话的过程中,需先通过语音识别接受人类的信息,通过语义识别理解对方含义,通过语音合成实现真正的说话[79]。

1.2.5 机器人学

机器人学是一门通过计算机控制装置感知并操纵客观世界的学科,又称为机器人技术或机器人工程学。现今已被应用于各个领域,如行星探索中的移动平台、空间机械臂、无人机、自动驾驶汽车等(图 1-3)。

(a) "祝融号"火星车

(b) 空间站上装配的机器臂

(c) 送货途中的无人机

(d) 自动驾驶汽车

图 1-3 典型的机器人系统

设想这样的场景:一架无人机正在高楼耸立的城市中穿行,未知环境要求其应利用新接收到的信息不断修正它的运动;杂乱的障碍物要求其应避免与众多物体发生碰撞;传感器误差、阵风干扰、模型误差、控制约束等则要求真实运动与规划运动间的误差应尽量小。为了能在充满未知性和不确定性的真实世界中可靠地完成任务,机器人必须具有自主感知、快速决策、运动规划与控制的能力。因此,机器人学除了研究机器人的系统结构、运动学和动力学,还涉及机器视觉、触觉、听觉等信息传感技术,以及语言和智能控制等,是一门涉及运动学、动力学、系统结构、传感技术、运动规划、智能控制、生物和应用工程等的综合性学科。下面简要介绍规划与控制,感知与决策见 1.3.3 节中的介绍。

运动规划是机器人学的一个重要研究领域,目的是在给定的位置 A 与位置 B 之间为机器人找到一条符合约束条件的路径或者轨迹,约束可以是无碰撞、路径最短、机械功最小等。机器人运动规划作为上层决策与底层控制的连接模块,负责将决策序列转化为控制器可执行的参考路径(轨迹)。人工智能在诸多领域的应用使其与机器人学建立了密切的相互促进的发展关系,推动了机器人运动规划、智能控制方法的发展,如学习、推理、神经网络与规划控制相结合,可以使机器人更加智能自主。

对机器人而言,路径规划一般在构型空间(Configuration Space,C 空间)内进行,轨迹规划则在状态空间内进行。但无论构型空间抑或状态空间,都是无限不可数的,故一般采取将连续空间离散化,进而借助人工智能领域的离散搜索思想[80],将运动规划问题的求解视为在高维自由构型空间(Free Configuration Space, C_{free})或自由状态空间中的搜索过程。

机器学习方法与传统运动规划算法的结合,能更有效地找到近优路径,且可直接基于原始图像进行路径规划。例如,将深度学习技术如收缩自编码器(Contractive AutoEncoder,CAE)[81]、条件变分自编码器(Conditional Variational AutoEncoder,CVAE)[82]、卷积神经网络、图神经网络(Graph Neural Networks,GNN)[83]及它们的变体应用于运动规划中,用神经网络编码 C 空间,并改善基于采样的运动规划的采样点分布,从而实现直接端到端的生成路径。

除深度学习外,强化学习在运动规划领域也有一些成功应用的案例。例如,Q – function sampling RRT(QS – RRT)[84]根据学习到的状态 – 行为值函数(Q – function),提出 Softmax 节点选择方法,加速了快速搜索随机树(Rapidly – exploring Random Tree,RRT)的规划过程并避免陷入局部极小值;基于 Tabular Q – learning[85]和值迭代网络(Value Iteration Networks,VIN)[86]的可学习神经扩展算子,成为基于树的运动规划算法学习有潜力的搜索方向;针对 Lazy 搜索中边的选择问题,将其建模为马尔可夫决策过程[87],并引入模仿学习(Imitation Learning)[88]进行求解;利用 MDP 建立拒绝采样模型[89],并通过策略梯度方法优化采样分布以降低如碰撞检测次数和树的尺寸之类的规划代价,从而得以加速现有的最优运动规划器。

机器人运动控制是其完成特定任务的前提和保障,是机器人关键技术之一。机器人需要能够处理不确定和复杂的环境,同时减少人在回路中的干预,因此要求其具有自主控制能力。传统基于优化的控制方法依赖于底层动力学模型的准确性,已经不能满足需求,特别是在机器人所执行的任务可能面临复杂且时变的动力学环境,在任务设计阶段可能无法完全建模的情况下,就需要使用稳健且自适应的方法来解决问题。

为此,将传统控制方法与人工智能相结合也得到了许多智能控制方法,如神经网络控制、专家控制、强化学习等。

神经网络控制是20世纪80年代末期发展起来的自动控制领域的前沿学科之一,是智能控制的一个分支,可以解决复杂的非线性、不确定、不确知系统的控制问题。神经网络控制是神经网络理论与控制理论相结合的产物,它将神经网络的学习和优化能力与控制方法相结合,来改善传统控制的性能。例如,神经网络PID(Proportional Integral Derivative)控制中[90],输出层神经元的输出状态对应于PID控制器的三个可调参数,通过神经网络的自身学习、加权系数调节,从而使其稳定状态对应于某种最优控制规律下的PID控制器参数,以改善控制过程的响应速度、调节时间、误差等性能,且可提升抗扰能力[91]。除此之外,数十年来,神经网络一直以各种方式用于控制领域,主要用于处理系统不确定性和实现在线自适应控制器,最终学习到的策略被证明对外部干扰/噪声具有稳健性,并能适应新的情景。

专家控制即将专家系统的理论和技术同控制理论方法与技术相结合,在未知环境下,仿效专家的智能,实现对系统的控制。专家控制在医疗领域已有应用[92],近年来在机器人和自动驾驶领域也逐渐有了应用。例如,一种基于前馈神经网络的自动驾驶智能系统(Intelligent Autopilot System,IAS)[93],通过从专家演示控制飞机中收集飞行数据建立数据库,利用神经网络将人类飞行员飞行的存储状态轨迹映射成特定的控制命令,实现自动驾驶。针对无人机着陆过程中由于传感器故障等原因,飞行控制系统无法正确控制着陆的问题,利用基于卷积神经网络的端到端的深度学习模型,以原始图像作为输入进行网络训练,通过专家控制,可以实现飞机相对于机场跑道的飞行控制[94]。

正如1.2.2节中所述,强化学习是机器学习的一个子类,它为目标导向学习提供了一个原则性的数学框架,其中智能体通过直接与所处的潜在变化的环境进行交互来学习如何解决任务。基于强化学习的方法具有泛化能力,可以解决模型不确定等问题。它的主要思想是具有一个完全自主的智能体,自主随着时间的推移和反复试验学习合适的控制策略(即将状态或观察映射到动作的函数)。更具体来讲,智能体通过在与环境交互时最大化预期的累积奖励(回报)来改善行为。奖励函数必须根据智能体需要完成的目标来设置,是智能体学习过程发挥作用的关键。事实上,在强化学习智能体的离线训练阶段,强化学习算法可以用于计算针对广泛操作场景的策略。此外，训练好的策略也具有泛化能力，可以实时地适应变化的环境条件和动力学。

1.3 应用案例简介

人工智能在医疗、农业、汽车、电子商务、金融等产业中都已有应用，包括异常检测、分类、健康监控、数据挖掘以及趋势分析。目前，人们最熟知的人工智能系统是谷歌的 AlphaGo 和苹果的 Siri。当然，人工智能在无人驾驶、智慧城市、智能物流领域的应用也正逐步被人们熟知。

1.3.1 AlphaGo 简介

AlphaGo（阿尔法围棋）是谷歌旗下 DeepMind 公司戴密斯·哈萨比斯领衔的团队开发的，AlphaGo 与李世石的对决是创造历史的事件，也是人工智能探索的里程碑。

在技术创新方面，AlphaGo 并没有创造出新的人工智能概念或者方法，然而，它最大的贡献在于大规模集成和应用最新的数据驱动的人工智能方法，特别是深度学习和先进搜索技术。

基于深度学习的深度神经网络对 AlphaGo 的成功起到了至关重要的作用。深度学习特征空间的形成不能直观地解释，在很大程度上，其不可理解性可能正是 AlphaGo 在围棋中拥有击败人类智力的原因，这也和许多人工智能专家的观点相符，即智能是从计算和交互过程中产生的。人工智能的创始人之一闵斯基教授曾说："是什么让我们变得聪明？诀窍是没有诀窍，智慧的力量来自多样性，而不是任何一个完美的原则。"

AlphaGo 使用启发式搜索算法，即蒙特卡洛（Monte Carlo）树搜索来搜索其策略空间，这与复杂性理论和近年来解决复杂问题的计算研究成果相吻合。与其他围棋程序相比，AlphaGo 的独特之处在于它能够通过价值网络将即时的行动与最终的结果相联系，利用策略网络提供决策的闭环反馈机制，与控制中的自适应动态规划很相似，不同的是自适应动态规划使用正常的神经网络，而 AlphaGo 用的是深度神经网络。

AlphaGo 中另一个不可忽视的要素是基于中央处理器（Central Processing Unit，CPU）和图形处理器（Graphics Processing Unit，GPU）的大规模并行计算。此外，通过大量自我游戏强化学习所产生的数据和获得的改进也非常重要，Alpha-

Go 的自棋局数甚至有可能超过自围棋诞生以来全人类的棋局数。

随着人工智能历史上所有元素的大规模整合，AlphaGo 在围棋中成功拥有了智能，可以说，AlphaGo 的许多成功都是各个领域的人才努力和智慧相结合的自然结果。

随着 AlphaGo 的成功，相应的 AlphaGo 理论和方法也得以提出与发展，即当且仅当一个类 AlphaGo 程序可以处理智能决策问题时，人类可以利用有限的资源来处理它。这里的类 AlphaGo 程序，是指使用与 AlphaGo 类似的系统架构、方法和资源的计算机程序。

深度学习和蒙特卡洛树搜索是 AlphaGo 的关键，深度神经网络为 AlphaGo 提供了足够数量的参数，使其能够在特定任务上进行人类智能水平的复杂计算，这是通过其在决策空间和搜索过程中的缩减与学习能力实现的。事实上，如果可调参数的数量足够大，并且学习和搜索的方法与步骤是有效的，那么只使用深度神经网络、深度学习或蒙特卡洛树搜索是没有限制的。人们可以找到其他类似的模型和方法来复制 AlphaGo 的成功，为此，产生了扩展 AlphaGo 理论：当且仅当一个具有足够数量可调参数的类网络系统可以处理一个决策问题时，这个问题才可以由资源有限的人来处理，更多关于这方面的讨论可以参考文献[95-96]。

显然，AlphaGo 方法可以应用于除围棋之外的许多其他领域，它通过数据和计算的关联来确认决策，这种由新信息技术支持的计算思维将对人类计算能力的填补具有很重要的意义。

1.3.2 Siri 简介

Siri 是苹果公司在 iPhone、iPad、iPod Touch、HomePod 等产品上应用的一个语音助手，作为人工智能技术的一种现实应用，Siri 用户可以通过手机查找信息、拨打电话、发送信息、获取路线、播放音乐、查找苹果设备等。

Siri 是苹果公司新推出的一种新型人工智能框架，是一个功能繁复的综合 AI 框架，主要有资源和计算两类，资源是指它的记忆系统、模型等，计算是指语音识别、服务系统等。Siri 的输入系统支持多模态输入，即不仅仅支持众所周知的语音识别，也允许用户进行文本输入、GUI 界面操作以及事件触发等。Siri 的输入系统一方面可以利用语言解释器对早期输入进行歧义消除，另一方面还可以对用户输入进行有意识的引导，将用户输入尽量映射到 Siri 能够提供的服务上来。这对于用户和 Siri 来说才可相得益彰，Siri 可体现其价值，用户可获得帮助。

Siri 是语音识别和语义识别的结合,这两个都属于人工智能的范畴,本质上,Siri 是服务导向的用户意图识别系统,无论是对话流控制,还是任务流控制,其根本目的还是将用户引导到 Siri 能够提供的某项具体服务,以此达到帮助用户完成某些任务或者解决一些问题的目的。

目前,Siri 可以提供多种领域的服务,这里面涉及服务管理的问题,即如何进行管理才能使得系统可用性高、可维护性强等。具体而言,Siri 中有三个子部分涉及服务功能,即服务模块、服务能力模块和多服务集成模块。其中,服务模块记录了可供 Siri 使用的各种服务的详细信息;服务能力模块则存储了哪些服务可以提供什么类型的服务等映射关系;服务系统中最重要的是服务集成模块,其调用另外两个服务模块提供给用户最终服务内容。因为往往完成用户某项需求要调用分布在各处的多项服务,每项服务能够提供部分信息,而且服务之间有些顺序需要遵守,所以如何调用所需的多种功能、调用顺序如何确定以及如何根据部分信息拼合成最终用户所需服务是其核心内容。Siri 的输出系统会将最终提供的服务结果或者在会话过程的中间内容展示给用户,其不仅支持语音、电邮、文本等多模态输出,还支持界面定制等个性化功能。

尽管 Siri 最初是依附在 iPhone 平台上的,但是依附性并不强,这套系统在不断扩展到更多种硬件类型的智能控制等。

1.3.3 无人驾驶汽车

无人驾驶汽车是一个复杂的软硬件结合的智能自动化系统,是一种通过计算机实现自动驾驶的智能汽车,其实现主要依赖于人工智能技术。

无人驾驶系统是无人驾驶汽车的核心,是对人类驾驶员在长期驾驶实践中,对"环境感知—决策与规划—控制与执行"过程的理解、学习和记忆的物化,其架构通常分为感知系统、决策系统和控制执行系统三个主要部分[97]。感知系统通常分为多个子系统,负责自动汽车定位、静态障碍测绘、道路测绘、移动障碍检测与跟踪、交通信号检测与识别等任务。决策系统通常也分为许多子系统,负责路线规划、路径规划、行为选择、运动规划、避障和控制等任务。控制执行系统是根据所规划的行驶轨迹,以及当前行驶的位置、姿态与速度,产生对油门、制动器、方向盘和变速杆等的控制命令。

环境感知是无人驾驶的基础,处于无人驾驶汽车与外界环境信息交互的关键位置。环境感知系统利用摄像机、激光雷达等车载传感器获取汽车所处的交通环境信息和车辆状态信息等多源信息,为无人驾驶汽车的决策规划进行服务。目前,环境感知有两种技术路线:一种是以摄像机为主导的多传感器融合方案,典型代表是特斯拉;另一种是以激光雷达为主导,其他传感器为辅助的技术方案,典型企业代表有谷歌等。无论哪一种方案,计算机视觉、深度学习等都已经被用于处理环境感知信息,可以使汽车获得接近于人的感知能力。

决策系统负责将汽车从最初的位置导航到用户定义的最终目标,同时考虑到汽车当前的状态和内部环境的表现,以及交通规则和乘客的安全与舒适度。为了在环境中导航汽车,决策制定系统需要知道自动驾驶汽车的位置,与环境感知系统是相辅相成的。行为决策、路径规划等是人工智能在无人驾驶汽车领域的另一重要应用。目前,无人驾驶汽车主要使用的行为决策算法有:基于神经网络确定具体的场景并做出适当的行为决策;基于"if-then"规则的技术路线对汽车的决策系统进行编程;结合以上两种决策方式的混合决策。深度卷积神经网络与深度强化学习能通过大量学习实现对复杂情况的决策,并能进行在线学习优化,是研究无人驾驶汽车决策与规划的热门技术。

感知与决策技术的核心是人工智能算法与芯片,人工智能算法的实现需要强大的计算能力作支撑,特别是深度学习算法的大规模使用。目前,市场上采用的无人驾驶主流芯片主要有两种:一种是英特尔-Mobileye 开发的 Mobileye® Eye-QX™芯片,另一种是英伟达提供的 NVIDIA Drive PX 系列车载计算平台。

控制执行系统是无人驾驶汽车能够行驶的基础,一般采用反馈控制,包括 PID 控制、滑模控制、模糊控制、模型预测控制等。人工智能算法的不断引入,给无人驾驶汽车控制系统的设计带来了多种参考。人工智能技术有效地运用于汽车驾驶过程中,通过先进的控制系统对汽车进行系统全面的有效控制,尤其是驾驶过程中的不安全因素,进而确保汽车的安全行驶,为人们的安全出行提供可靠保障。

1.3.4 城市大脑

人工智能时代,政府需要利用人工智能技术推动城市治理的革新,城市大脑就是此类革新的一个典型代表。城市大脑是一个巨大的数据共享与处理平台,以数据为核心,利用人工智能技术,依托深度学习、科学算法、智能建模和快速分析,将数据分析结果实时呈现,实现城市治理的数据共享、公共资源的优化配置,为政府决策人员提供参考。

具体来说,政府数据、全网公开数据、IoT 感知数据和成像设备数据接入平台后,通过数据的存储、分类、融合和计算,最终实现城市中自然资源、水电资源、道路资源、政务资源、医疗资源和警务资源的智能配置(图 1-4)[98]。

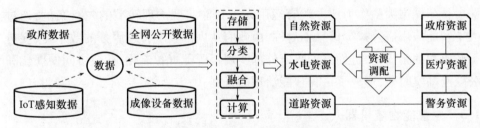

图 1-4 城市大脑运行机制

以杭州城市大脑为例,其内核依托的是阿里云的人工智能技术,经过不断技术攻关,已成为杭州市的人工智能中枢。政府将与城市治理相关的数据通过归集、分类和平台接入后,城市大脑平台便可通过算法建模进行快速分析,实时将结果传入城市相关基础设施,促进公共资源优化配置,实现城市智能运行,最终演化为治理城市的超级人工智能。

从组成上来说,杭州城市大脑由数据采集系统、数据交换中心、开放算法平台、超大规模计算平台和数据应用平台5个系统组成。与人类大脑类似,城市大脑具有信息传递、执行、决策、运输等作用。数据采集系统是输送数据的执行层"小脑",开放算法平台是算法建模的决策"皮质层",数据交换中心是数据融合的基础"脑核",数据应用平台负责决策输送,超大规模计算平台类似供血的心脏,提供强大的算力(图 1-5)[98]。其中超大规模计算平台依托的是阿里云自研的飞天系统,这个系统可将百万级的服务器连接成一台超级计算机。城市大脑涉及数据量巨大,仅视频摄像头便有5万多路,算法决定其聪明程度,而超快的反应力则需要强大的计算能力。

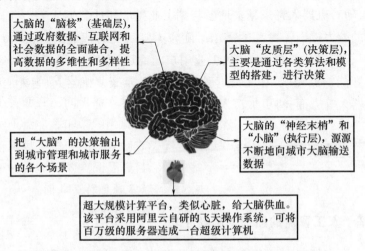

图 1-5 杭州城市大脑的五大组成系统

杭州城市大脑作为地方政府运用人工智能实现治理转型的先行案例,通过人工智能应用嵌入减少信息不对称,由政府从内部实现管理服务的数字化,促进行政流程的精简化,进而推动政府外部实现资源配置智能化、社会协同便捷化和公众互动实时化,形成了一套智能治理的机制。

1.3.5 智能物流机器人

人工智能技术已经在智能物流领域得到了广泛应用,其中以智能自动导向车(Automated Guided Vehicle,AGV)为代表的现代仓储机器人在生产应用中发挥着越来越大的作用。

传统的 AGV 利用电磁轨道设立行进路线,根据传感器进行避障,保障系统在不需人工引导的情况下沿预定路线自动行驶。而现代仓储机器人融合了射频识别、激光引导、无线通信和模型特征匹配技术,使机器人更加精确地完成定位、引导和避障操作。结合大数据、物联网技术与智能算法,路径规划和群体调度的效率也大大提高。

在国内,天猫、京东、申通等纷纷尝试应用仓储机器人。在天津的阿里菜鸟仓库中,部署了 50 台由北京极智嘉科技有限公司开发的 Geek+仓储机器人,用于协助商品分拣工作,日出货能力超过 2 万件,节约人力 40 多人/日。在申通临沂仓库分拣区,投入了由海康机器人设计开发的"阡陌"智能仓储系统,与工业相机的快速读码技术及智能分拣系统相结合,实现 5kg 以下小件快递包裹称重/读码后的快速分拣,并根据机器人调度系统的指挥,基于二维码和惯性导航,以最优路径投递包裹,能实现每小时处理包裹 2 万单。

未来,随着机器人越来越多地参与到工业生产和社会生活中,人们对机器人执行任务的能力提出了更高的需求。随着人工智能时代的开启,机器人、信息、通信、人工智能进一步融合,并从工业用户向商用、家庭、个人等领域逐步推广,不仅仅是智能物流领域,在无人驾驶、医疗手术及康复机器人、智能服务机器人和特种机器人等方面,将更加深入地融入人类社会。

1.4 人工智能与航天发展

1.4.1 基于人工智能的航天新科研手段

在航天研究领域,以数据驱动的开普勒范式和以第一性原理驱动的牛顿范式是科学研究的两大基本范式[1]，如小天体和行星的发现多是基于开普勒范式，而航天工程应用多是基于牛顿范式。

可以说，在计算机出现之前，这两种范式之间几乎没有过多联系和交叉融合，而且都存在各自的不足。以开普勒定律和牛顿定律举个例子。开普勒定律是开普勒从天文学家第谷观测火星位置所得大量数据资料中分析总结出来的，第一和第二定律发表于1609年，第三定律发表于1619年。开普勒定律是关于行星环绕太阳的运动，是用几何语言，或者是用方程，将行星的坐标及时间跟轨道参数相联结。然而由于数据局限性，或者人工分析经验和手段的不足，开普勒定律无法预测到"抛物线轨道或双曲线轨道或者多体运动特性"。牛顿运动定律是由艾萨克·牛顿于1687年在《自然哲学的数学原理》一书中提出的，是关于几个质量体因万有引力相互吸引而产生的运动规律的描述，根据牛顿定律，行星轨道既可以是椭圆也可以是抛物线或双曲线，同时依照其对广义二体问题的解答，多体系统中的天体将环绕它们的共同质心运动。可以说，牛顿范式对自然现象的阐释更加全面。然而基于牛顿范式，原理所对应的数学问题可能过于复杂，使得用基本原理来解决实际问题非常困难。

计算机的出现，改变了科学研究的路径，使得数据与模型、原理与应用建立了密切联系。计算机对大量数据的分析处理能力，使得分析与归纳更为方便快捷，结论更加丰富准确。20世纪40年代计算机的投入使用，以及微分方程数值方法的出现，人类第一次大规模实现了从基本原理出发解决实际问题的能力，并由此构建起了现代工业和技术赖以生存的基础。对于复杂数学模型描述的物理问题，科学计算改变了模型求解的方式，使得物理规律的发现更加方便。对于难以用数学模型描述的原理，将实验研究与模型研究相结合是必要手段，科学计算改变了实验研究的方式，用计算机进行实验模拟可以得到大量实验数据，有利于快速准确地发掘数据与模型的内在联系，验证模型、发现新模型、发现新规律。

人工智能的发展进一步丰富了科学研究的手段。基于牛顿范式的研究，在复杂性高、变量因子多的领域，即使利用计算机和科学计算，很多问题依然非常难以求解，比方说各类多体问题、塑性力学和非牛顿流体力学等，这些难题的根本根源是"维数灾难"。然而，人工智能和数据驱动给此类问题的解决带来了方法上的革命性变革，对于人脑难以发现的原理或者难以归纳总结的规律，人工智能和机器学习可发挥优势，在海量多维的数据中找到科学规律，发现新现象甚至辅助形成新定理。例如，三体问题是天体力学中的基本力学模型，最早的概念由牛顿提出的，迄今为止三体问题还无法被精确求解，而深度神经网络提供了一种全新的方式来解决这个经典问题，爱丁堡大学、剑桥大学等的论文表明，训练人工神经网络能在固定计算成本内提供准确的解,速度提升了 1 亿倍;DeepMind 公司使用人工智能来帮助证明或提出新的数学定理,辅助数学家形成对复杂数学的直觉;AlphaFold2 运用生命科学积累的大量数据,通过基因序列预测蛋白质结构,对泛生命科学领域产生了深远的影响。可以说,人工智能将成为科学家继计算机之后的新科研工具,在达摩院 2022 十大趋势科技分析中,AI for Science 成为第一大趋势,人工智能必将催生科研新范式[1]。

1.4.2 人工智能的航天应用

在航天领域,人工智能在目标识别、态势感知、远程控制、数据处理、任务规划、故障检测等的自动化和自主化建设过程中,发挥着重要作用。

航天任务是一个典型的知识处理过程,人工智能在解决航天任务的复杂逻辑推理和众多约束条件时具有天然优势,航天领域的人工智能应用研究始于 20 世纪 70 年代末,经过近 50 年的发展,人工智能在航天领域应用的广度和深度都得到了拓展,主要表现在目标识别、态势感知、远程控制、星上数据处理、自主任务规划、自主故障检测、空间机器人等方面。

在目标识别方面,通过结合人工智能技术,可实现快速、准确的自动目标识别。例如,初创公司深度学习分析(Deep Learing Analytics)已为美国国防高级研究计划局(Defense Advanced Research Prosects Agency,DARPA)开发了基于机器学习的 ATR 程序原型,用于试验系统,以帮助飞行员寻找目标,这是 DARPA 的 TRACE 研究计划(在竞争环境中识别和适应目标)的一部分,该计划旨在提供准确、实时和节能的信息,是可以与现有雷达系统配合使用的高效目标识别系统,为战术机载监视提供远程目标瞄准能力;谷歌的人工智能技术将"卷积神经网络"应用于开普勒望远镜收集的数据中,对 2009—2013 年观测到的 670 颗恒星的数据集进行处理,通过微小的特征变化检测发现了新结果,发现了"开普勒-90i"和"开普勒-80g"两颗小行星。

在星上数据处理和故障检测方面,人工智能可以通过卫星的数据档案实现对卫星预测性维修和远程监控。卫星是支持人们当代生活方式至关重要的基础设施,制导、定位、定时、通信和天气预报都依赖于卫星设备,然而卫星要经受任何人造设备中最恶劣的条件,在强辐射和充满碎片的空间高速环绕地球飞行,及时了解卫星何时以及如何发生不利事件或退化,对于提高任务性能并节省大量资金非常重要。利用人工智能、大数据处理、机器学习等技术,可以实现数据驱动的实时预测,用于故障检测和预测的自主解决。例如,RS21 是一家面向太空领域的数据科学公司,正在开发 SPAICE(Space Prognostic AI Custodian Ecosystem),

旨在改善卫星系统和网络的预测性维护与远程监控,并用于卫星和航天器的相关自主技术。

在态势感知意图预测和作战规划方面,人工智能可以增强无人系统的自主和生存能力。人工智能系统可以预测敌人行动的概率,并提出应对策略,利用数据来检查影响战场的因素并评估不同行动的可行性。对于多目标任务,基于机器学习的系统可以根据装备的能力测试结果及其过往的任务表现数据集,制定详尽作战分配的模型,并优化协同策略或者特定编队。2016年,Psibemetix公司的人工智能战斗机飞行员Alpha击败了美国空军上校Gene Lee,Alpha能够在一系列模拟混战中基于"模糊逻辑"系统在1ms以内处理传感器数据,并对战斗动作做出规划,而所需的计算能力却非常低,与Raspberry Pi相当即可。

在航天远程控制方面,人工智能技术可以提高航天器的自主性和高效率。例如,智能体技术是代理人工的计算机智能,是一种具有智能的实体。这种实体可以是智能软件、智能机器人、智能计算机或智能设备等。智能体技术可以连接每个知识域库,分析与处理好域库中的信息数据,并提升传统航天器的自主性和时效性,让航天器能够自主运行,减少其对地面站的依赖。另外,利用航天器对地观测,其分辨率越高,数据量也就越大,导致对信息数据进行提取时的难度随之加大,单纯只是依靠人工和地面软件很难满足解读信息数据的需求,而在航天器中运用智能体技术,可以遥控卫星,让图像系统中的智能进行自主识别和决策,可以有效对任务进行规划,提高任务执行效率。

在对地遥感方面,基于人工智能,可以提高数据处理与应用的时效性。例如,美国2000年发射的地球观测卫星1号,星上携带了自主决策软件自主飞船试验系统(Autonomous Spacecraft Experiment,ASE),能够快速自主地选择通信链路将实验数据快速传回地面,同时,可以在星上直接对观测图像进行分析和识别,自动发现地面环境的变化,并自主选择时机对兴趣点区域进行成像,将最有价值的观测信息传回地面,实现更快预警。2017年,我国首颗商业遥感卫星"吉林一号"发射入轨,具有一定的星上图像处理能力,可实现机动路径自主规划。2019年,我国发射的软件定义卫星"天智一号",可进行在轨数据处理,并根据地面需求下传处理后的结果。

在空间任务规划与操作控制方面,利用人工智能,可以减少对地面控制中心的过度依赖,不再受制于地面测控资源和通信带宽等限制,实现智能自主规划和控制。针对模型和环境不确定性问题,基于人工智能技术使系统具备与人类相似的能力,能够执行信息不完全、环境不确定、高动态的复杂任务。机器视觉、神经网络、机器学习、深度学习等算法,在基于经验知识库的全局规划、基于局部状态约束的智能规划与决策、多目标访问任务规划、空间非合作目标特征识别和飞行路径规划、多智能体协同规划和操作控制等方面得到了应用。例如，美国航空航天局（National Aeronautics and Space Administration，NASA）从 2017 年开始就开展了基于人工智能技术的月球探测多机器人智能协调、规划、调度和控制技术研究，使机器人在无法与月表探测器保持持续通信情况下进入更深的月坑实现科学探测。

在空间智能机器人研究方面，人工智能技术成为必然。无论是空间站舱内机器人、舱外机械臂、月球机器人，或者结合了增强现实/虚拟现实（Augmented Reality/Virtual Reality，AR/VR）的可穿戴智能装备，在其研制和应用过程中，包括任务规划与决策、目标与地形识别、感知定位、操作控制、自然语言理解与处理等方面，要实现智能自主，都将涉及人工智能技术和方法，并以人工智能技术和方法为核心。2012 年 8 月美国"好奇号"火星车成功登陆火星表面，2016 年 NASA 在该火星车上验证了用于收集科学信息的自主探测（Autonomous Exploration for Gathering Increased Science，AEGIS）系统具有智能选取岩石并调度激光器射击岩石进行成分分析的能力[99]，2019 年 10 月"好奇号"火星车在火星盖尔陨石坑内发现了富含矿物盐的沉积物[100]。2019 年，"玉兔 2 号"月球车背面成功着陆，代表了我国行星探测机器人技术的重要进展。

人工智能技术为深空探测提供了新手段。深空探测和天文观测数据量庞大，要从中发现和得到正确且准确的信息，必将涉及大数据的处理和分析技术。天文学家使用人工智能对多年来开普勒望远镜获得的数据进行筛选，以识别遥远的太阳系，如 2017 年 NASA 采用了谷歌提供的人工智能模型对开普勒探测器拍摄的天文图像进行分析，宣布发现了第二个"太阳系"。这种基于人工智能的大数据处理方法，无疑为天文观测和深空发现提供了新手段，可以提高天文数据处理效率，提高深空发现概率。同时，人工智能技术在深空目标侦测及定位、空间环境监测、空间场景识别、天体发现、天体表面地形识别、着陆点优化等方面的应用，将加速深空探测的智能化进程。例如，美国"漫游者"号火星探测器搭载了机器视觉算法模块，能够在下降段进行特征地形的跟踪；AEGIS 被用于 Mars2020，能够自主瞄准、自主避障、自主选择目标，制订最佳探测方案，更好地对火星进行调查。

值得一提的是，在阿里巴巴达摩院公布的 2022 年《十大科技趋势》中，有几项都是与航空航天密切相关的技术。其中的柔性感知机器人，将兼具柔性和类人感知，可自适应完成多种任务，当然也包括像月球探测这样的空间任务。而星地计算，将发展卫星及地面一体化的通信与计算，促进空天地海全面数字化，不仅为人类生活提供快捷方便,而且在信息化网络化的空、天、海、地一体化战争模式研究中必将发挥重要作用。还有扩展现实技术(Extended Reality,XR)眼镜,会成为重要交互界面,不仅引领下一代互联网发展,而且可以为飞行训练、空战演习、航天员训练、空间操作模拟等提供低成本高效率的沉浸式训练环境。

1.4.3 人工智能与航天军事

近年来,人工智能在军事方面的应用逐渐显现,各种各样的自主智能武器系统应运而生。例如,自主多用途作战机器人系统,可以自主完成侦察、运送弹药、扫雷、射击、投弹、救护伤员等任务;军用飞机"副驾驶员"系统,能够智能协助驾驶员完成监控及操纵各种机载电子系统的工作;自主多用途军用飞控系统,能够自主控制和调整飞行器飞行轨迹与姿态;自动故障诊断与排除系统,利用人工智能专家系统自动诊断飞行器各种故障,再下达指令给机器人维修系统将故障及时排除;军用人工智能机器翻译系统,利用自然语言理解技术,可用于搜集情报、破译密码、处理作战文电、协调作战指挥和提供战术辅助决策等;舰船作战管理系统,可用于局部海域作战指挥、辅助战术决策、海上目标敌我识别、岸-舰一体化作战管理等;智能电子战系统,可自动分析并掌握敌方雷达的搜索、截获和跟踪工作顺序,发出有关敌方导弹发射的警告信号,并确定出最佳防卫和干扰措施;自动情报与图像识别系统,通过情报分析和图像处理技术,对敌方情报及图像进行识别、分类和信息处理,自动提供辅助决策意见;人工智能武器,具有自主敌我识别、自主分析判断和决策的能力,如发射后"不用管"的全自动制导的智能导弹、智能地雷、智能鱼雷和水雷、水下军用作业系统等。

在航天军事方面,早在1977年,美国就开始关注人工智能的应用,当时由NASA机器智能与机器人学研究小组对人工智能在整个航天领域的影响进行过研究[101]。近年来,人工智能逐步影响着美国国防部的每一个决策,包括人员招聘培训、行动实施、武器升级、设备维护、医疗保健等许多方面。美国国防部十分重视人工智能对关键任务的支持,认为人工智能对于美军增强态势感知能力、提高操作设备安全性、实施预测性维护和简化业务流程意义重大。人工智能的图像分析能力可以从大量原始数据中提取有用的信息,增强军事指挥官的态势感知能力和决策能力;人工智能可以帮助指挥官选择最佳的行动方案,从而最大限度地降低部署军队的风险;通过警告操作人员潜在的危险,人工智能可以增强在复杂情况下人类操作飞机、舰船和车辆的安全性;人工智能可以自动预测关键军事部件的故障,并根据相关数据和设备状况提供维修保养方案,这不仅可以预防因设备突发事故而影响军事行动,而且可以优化零部件的库存水平,有利于指挥官以较低的成本快速部署部队。

为了维护美军在人工智能领域的领导地位,美国国防部努力推动人工智能的技术进步和实际军事应用。美国的航天军事,一直在发展和利用人工智能技术,特别是进入21世纪以来,从已经开展的一系列智能航天系统技术的飞行验证可见一斑。举几个例子:①XSS计划,其目的是研制一种全自主控制的微小卫星,这种卫星具有在轨检查、交会对接以及围绕轨道物体的近距离机动的能力。2003年发射的XSS-10卫星的星载软件可以自主控制卫星的相对位置和路径。2005年发射的XSS-11卫星对自主逼近与交会进行了在轨演示,验证了自寻的制导敏感器和自主制导算法。②TechSat-21卫星,其上安装的智能软件ASE,用于实现在轨任务规划、调度与执行以及在轨观测规划分配等,2006年发射并验证了编队飞行及在轨自主运行技术。③轨道快车项目,2007年实施,运用了智能自主控制技术,完成了对合作目标的自主交会、接近、捕获、对接等在轨飞行试验。④TacSat-3卫星,2009年发射,可以自动判断如何更好地收集并处理数据,在其进行的运载管理试验中,对自动推理系统的行为问题进行了研究和测试,主要用于故障检测和诊断。⑤天基太空监视系统,2010年开始发射部署,可以快速扫描、发现、识别、跟踪低轨至高轨目标,探测更小的目标、自动跟踪感兴趣目标,大大提高了美军的空间态势感知能力。⑥"地球同步空间态势感知计划"系列空间监视卫星,2014年开始发射,能够对地球静止轨道目标进行巡视探测和抵近侦察,该卫星同时还搭载了微型技术试验卫星,用于局部空间自动导航与制导实验。美国不仅在相关航天计划中逐步利用人工智能技术,而且积极推进人工智能在未来航空航天中的深度应用研究。在2015年DARPA未来技术论坛上,他们专门成立了太空机器人主题和自主人工智能主题,并对与之相关的航空航天技术和应用领域进行了讨论;之后,同年发布的《美国国家创新战略》[102]将"太空探索和高性能计算"列为人工智能优先发展的九大领域之一,足见人工智能在航空航天中的重要程度。

美国在其深空计划发展过程中,也逐步验证并使用了人工智能技术。例如,1998年发射的Deep Space-1探测器验证了部分自主技术,包括自主导航、远程代理、自主软件测试和自动代码生成等相关技术,实现了一定程度的自主规划、诊断和恢复能力;其中,远程代理模块利用规划引擎进行多约束任务规划的求解,实现指令生成、分发和执行,并借助自主故障诊断系统Livingstone,进行模式识别与系统重构。2003年,美国"漫游者"号火星探测器搭载了机器视觉算法模块,能够在下降段进行特征地形的跟踪,并基于图像对水平速度进行估计,以应对下降过程切向风对落点精度的影响。2017年,NASA采用谷歌提供的人工智能模型,对开普勒探测器拍摄的天文图像进行分析,宣布发现了第二个"太阳系"。2020年发射的Mars2020,安装了一套人工智能软件AEGIS,具备自主瞄准能力,能够自主避障,自主选择兴趣目标、探测条件和最佳探测方案,能够更好地对火星进行调查[103-104]。

而目前还在研制中的"阿尔忒弥斯计划",则更加强调和依赖无人系统、人工智能等,是美国月球探索计划的重要组成部分。2019年5月23日,NASA发布《飞向月球:NASA月球探测战略计划》,概述了美国2024年重返月球的"阿尔忒弥斯",并将于2028年实现在月球及其周围长期可持续的人类探索。这项计划的完成,美国将大力依赖无人系统和人工智能,通过预先部署移动营地、侦察机器人等,以建立月球社区和永久性基地。

值得一提的是,近年来,随着我国探月工程的顺利实施,美国在太空领域频频动作:退出《开放天空条约》,宣布太空新战略,制定太空作战规划,重新部署月球探测计划,组建太空基地,其军事意图不言而喻。例如,"阿尔忒弥斯计划"将着陆点选在月球南极地区(因为在月球的南极和北极地区可能存储着大约4.5亿吨固态水),目的之一是登上月球之后生活方便,而另一个更深层次的目的就是制造液氢和液氧,为未来进一步深空探测任务提供燃料。随着地球资源逐渐匮乏,在月球上建立永久性基地,开发和占领月球资源,甚至火星资源,形成制太空权。

2020年8月,美国天军还发布了《太空顶层出版物:天权》,提出新建轨道战、太空电子战、太空进入与维护、军事情报、网络作战、太空作战管理、工程/采办7种专业力量,构建太空安全、作战力量投射、太空机动与后勤、信息机动、太空域感知5项核心能力,其中强调,要通过大数据分析、人工智能行为关联等技术改变未来战争游戏规则。

另外,美国正在建设的"国防太空架构"试验系统,充分利用大数据和人工智能,快速构建具有广域实时感知、多域泛在互联、智能认知决策的国防太空基础设施体系,在数百个武器平台之间高速共享Link16战术数据链,赋能多域联合作战,其目的是全面抢夺空间频率、轨位等战略性资源。

综上可见,美国已经把人工智能技术应用并融合到了航天技术的发展中,力图在新一轮的航天和太空竞争中掌握主导权,并最终将人工智能转化为航天军事优势,用于提升国家竞争力。当然,人工智能在航天军事方面的应用不止以上列举的这些方面,可以说,在航天军事理论和技术的未来发展过程中,人工智能将得到越来越广泛的应用。越来越多智能化武器装备、智能机器人、智能航天器的应用,将对航天军事装备的发展和作战方式产生重大影响,也必将对未来战争的战略、战术带来重大影响。可以预见,人工智能是引领未来的战略性技术,是新一轮航天产业革命和空间技术发展的重要驱动力量。

参考文献

[1] 达摩院 2022 十大科技趋势发布:硅光芯片将突破摩尔定律限制[EB/OL]. 钱江晚报,(2021-12-28)[2022-02-13]. http://baijiahao. baidu. com/s? id = 17203575188936610498cwfr = spider8cfor = pc.

[2] 科普中国-科学百科. 人工智能(计算机科学的一个分支)[EB/OL]. [2022-02-13]. https://baike. baidu. com/item/人工智能/9180? fr = aladdin. html.

[3] RUSSELL S J, NORVIG P. 人工智能:一种现代的方法:第 3 版[M]. 殷建平,祝恩,刘越,等译. 北京:清华大学出版社,2013.

[4] 中国电子技术标准化研究院. 人工智能标准化白皮书(2018 版)[R]. 北京:中国电子技术标准化研究院,2018.

[5] PETER M A. Brief History of the Hebbian Learning Rule[J]. Canadian Psychology/Psychologie Canadienne,2003,44(1):5-9.

[6] TURING A M. Computing Machinery and Intelligence[C]. Oxford University Press on behalf of the Mind Association,1950.

[7] SAMUEL A I. Some Studies in Machine Learning Using the Game of Checkers[J]. IBM Journal,1959. 3(3):210-229.

[8] 姜国睿,陈晖,王姝歆. 人工智能的发展历程与研究初探[J]. 计算机时代,2020(9):7-10,16.

[9] 胡昌昊. 浅析人工智能的发展历程与未来趋势[J]. 经济研究导刊,2018(31):33-35,196.

[10] 人工智能之 SOM 算法[EB/OL]. (2018-06-18)[2022-02-13]. https://mp. ofweek. com/ai/ a545673021216.

[11] WERBOS P J. Applications of Advances in Nonlinear Sensitivity Analysis[C]//Proceedings of the 10th IFIP Conference,31.8-4.9,NYC,1981:762-770.

[12] ACKLEY D H,HINTON G E,SEJNOWSKI T J. A Learning Algorithm for Boltzmann Machines[J]. Cognitive Science,1985,9(1):147-169.

[13] RUMELHART D E,HINTON G E,Williams R J. Learning Internal Representations by Error Propagation[M]//Parallel Distributed Processing:Explorations in the Microstructure of Cognition:Foundations. Cambridge:MIT Press,1987:318－362.

[14] RUMELHART D E,HINTON G E,WILLIAMS R J. Learning Representations by Back－Propagating Errors[J]. Nature,1986,323(6088):533－536.

[15] QUINLAN J R. Induction of decision trees[J]. Machine Learning,1986,1(1):81－106.

[16] CORINNA C,VAPNIK V. Support－Vector Networks[J]. Machine learning,1995,20(3):273－297.

[17] FREUND Y,ROBERT S,et al. A short Introduction to Boosting[J]. Journal of Japanese Society For Artificial Intelligence,1999,14(15):771－780.

[18] 杨兴,朱大奇,桑庆兵. 专家系统研究现状与展望[J]. 计算机应用研究,2007(5):4－9.

[19] LIEBOWITZ J. Expert Systems:A short Introduction[J]. Engineering Fracture Mechanics,1995,50(5/6):601－607.

[20] 张煜东,吴乐南,王水花. 专家系统发展综述[J]. 计算机工程与应用,2010,46(19):43－47.

[21] LIAO S H. Expert System Methodologies and Applications—A Decade Review from 1995 to 2004[J]. Expert Systems with Applications,2005,28(1):93－103.

[22] 曲明,郝红卫. CBR 与 RBR 相结合的实时专家系统设计与实现[J]. 计算机工程,2004(18):144－145,156.

[23] AAMODT A,PLAZA E. Case－Based Reasoning:Foundational Issues,Methodological Variations,and System Approaches[J]. AI Communications,1994,7(1):39－59.

[24] 吴明强,史慧,朱晓华,等. 故障诊断专家系统研究的现状与展望[J]. 计算机测量与控制,2005(12):1301－1304.

[25] 刘华敏,吕倩,余小玲,等. 基于人工智能的往复式压缩机故障诊断研究综述[J]. 流体机械,2020,48(9):65－70,82.

[26] 吴昊,江志斌. 基于规则的专家系统在制冷空调故障分析中的应用[J]. 制冷学报,2001(1):63－68.

[27] 黄丹,黄采伦. 基于 BP 神经网络模型的电机故障诊断专家系统[J]. 自动化仪表,2003(3):15－17.

[28] 魏传锋,李运泽,王浚,等. 航天器热故障诊断专家系统推理机的设计[J]. 北京航空航天大学学报,2005(1):60-62.

[29] BOSER B E,GUYON I M,VAPNIK V N. A Training Algorithm for Optimal Margin Classifiers[C]//Proceedings of the fifth annual workshop on computational learning theory,1992:144-152.

[30] 丁世飞,齐丙娟,谭红艳. 支持向量机理论与算法研究综述[J]. 电子科技大学学报,2011,40(1):2-10.

[31] 郑含博,王伟,李晓纲,等. 基于多分类最小二乘支持向量机和改进粒子群优化算法的电力变压器故障诊断方法[J]. 高电压技术,2014,40(11):3424-3429.

[32] OMEARA C,SCHLAG L,FALTENBACHER L,et al. ATHMoS:Automated Telemetry Health Monitoring System at GSOC using Outlier Detection and Supervised Machine Learning[C]//14th International Conference on Space Operations,2016:2347.

[33] 周世兵,徐振源,唐旭清. 新的K-均值算法最佳聚类数确定方法[J]. 计算机工程与应用,2010,46(16):27-31.

[34] 李震,洪添胜,曾祥业,等. 基于K-means聚类的柑橘红蜘蛛图像目标识别[J]. 农业工程学报,2012,28(23):147-153,299.

[35] IVERSON D L. Inductive System Health Monitoring[C]//Proceedings of The 2004 International Conference on Artificial Intelligence,2004:605-611.

[36] MARTINEZ A M,KAK A C. PCA Versus LDA[J]. IEEE Transactions on Pattern Analysis and Machine Intelligence,2001,23(2):228-233.

[37] VAN ENGELEN J E,HOOS H H. A Survey on Semi-Supervised Learning[J]. Machine Learning,2020,109(2):373-440.

[38] YAROWSKY D. Unsupervised Word Sense Disambiguation Rivaling Supervised methods[C]//Proceedings of the 33rd Annual Meeting of the Association for Computational Linguistics,1995:189-196.

[39] BENNETT K,DEMIRIZ A. Semi-Supervised Support Vector Machines[C]//Proceedings of the 1998 Conference on Advances in Neural Information processing systems,1999:368-374.

[40] GRANDVALET Y,BENGIO Y. Semi-supervised Learning by Entropy Minimization[C]//Proceedings of the 17th International Conference on Neural Information Processing Systems,2004:529-536.

[41] KAELBLING L P, LITTMAN M L, MOORE A W. Reinforcement Learning: A Survey[J]. Journal of Artificial Intelligence Research, 1996, 4(1): 237-285.

[42] 刘全, 翟建伟, 章宗长, 等. 深度强化学习综述[J]. 计算机学报, 2018, 41(1): 1-27.

[43] 高阳, 陈世福, 陆鑫. 强化学习研究综述[J]. 自动化学报, 2004, 30(1): 86-100.

[44] FRANÇOIS-LAVET V, HENDERSON P, ISLAM R, et al. An Introduction to Deep Reinforcement Learning[J]. Foundations and Trends in Machine Learing, 2018, 11(3/4): 219-354.

[45] SUTTON R S. Learning to Predict by the Methods of Temporal Differences[J]. Machine Learning, 1988, 3(1): 9-44.

[46] WATKINSC J C H, DAYAN P. Technical Note: Q-learning[J]. Machine Learning, 1992, 8(3/4): 279-292.

[47] 刁浩然, 杨明, 陈芳, 等. 基于强化学习理论的地区电网无功电压优化控制方法[J]. 电工技术学报, 2015, 30(12): 408-414.

[48] SUTTON R S, BARTO A G. Reinforcement Learning: An Introduction[M]. Cambridge: MIT press, 2018.

[49] 李雅琪, 冯晓辉, 王哲. 计算机视觉技术的应用进展[J]. 人工智能, 2019(2): 18-27.

[50] 蒋树强, 闵巍庆, 王树徽. 面向智能交互的图像识别技术综述与展望[J]. 计算机研究与发展, 2016, 53(1): 113-122.

[51] VILARINO D L, BREA V M, CABELLO D, et al. Discrete-Time CNN for Image Segmentation by Active Contours[J]. Pattern Recognition Letters, 1998, 19(8): 721-734.

[52] WANG Y, ADAII T, KUNG S Y, et al. Quantification and Segmentation of Brain Tissues from MR Images: A Probabilistic Neural Networks Approach[J]. IEEE Transactions on Image Processing, 1998, 7(8): 1165-1181.

[53] DEKRUGER D, HUNT B R. Image Processing and Neural Networks for Recognition of Cartographic Area Feature[J]. Pattern Recognition, 1994, 27(4): 461-483.

[54] 谭璐, 易东云, 吴翊, 等. 基于非线性降维的图像识别[J]. 计算机工程, 2005(13): 54-55.

[55] 侯玉婷, 彭进业, 郝露微, 等. 基于KNN的特征自适应加权自然图像分类

研究[J]. 计算机应用研究,2014,31(3):957-960.

[56] 余肖生,周宁,张芳芳. 基于 KNN 的图像自动分类模型研究[J]. 中国图书馆学报,2007(1):74-76.

[57] 闭小梅,闭瑞华. KNN 算法综述[J]. 科技创新导报,2009(14):31.

[58] 邱锡鹏. 神经网络与深度学习[J]. 中文信息学报,2020,34(7):4.

[59] 陈建坤,范春年. 一种基于神经网络的车牌定位方法[J]. 辽宁工程技术大学学报,2005(1):97-100.

[60] 万国红,王敏,黄心汉,等. 基于神经网络的汽车牌照自动识别技术研究[J]. 计算机工程与应用,2002(6):204-205,226.

[61] 耿小庆,和金生,于宝琴. 几种改进 BP 算法及其在应用中的比较分析[J]. 计算机工程与应用,2007(33):243-245.

[62] 李彦冬,郝宗波,雷航. 卷积神经网络研究综述[J]. 计算机应用,2016,36(9):2508-2515,2565.

[63] 张康,黑保琴,周壮,等. 变异系数降维的 CNN 高光谱遥感图像分类[J]. 遥感学报,2018,22(1):87-96.

[64] 何雪英,韩忠义,魏本征. 基于深度学习的乳腺癌病理图像自动分类[J]. 计算机工程与应用,2018,54(12):121-125.

[65] 庄福振,罗平,何清,等,迁移学习研究进展[J]. 软件学报,2015,26(1):26-39.

[66] 王守觉. 仿生模式识别(拓扑模式识别)——一种模式识别新模型的理论与应用[J]. 电子学报,2002(10):1417-1420.

[67] 周亮基,李庆武,霍冠英,等. 基于 NSCT 和仿生模式的人脸图像识别方法[J]. 激光与光电子学进展,2015,52(3):132-139.

[68] KUCHUGANOV A V, KASIMOV D R, KHVORENKOV D A, et al. Augmenting Reality in the Tasks of Classifying Objects in Aerospace Images[J]. Journal of Physics:Conference Series,2020,1582(1):012049.

[69] HIRSCHBERG J, MANNING C D. Advances in Natural Language Processing[J]. Science,2015,349(6245):261-266.

[70] 王海坤,潘嘉,刘聪. 语音识别技术的研究进展与展望[J]. 电信科学,2018,34(2):1-11.

[71] AVIS K H, BIDDULPH R, BALASHEK S. Automatic Recognition of Spoken Digits[J]. Journal of the Acoustical Society of America,1952,24(6):637-642.

[72] FERGUSON J D. Variable Duration Models for Speech[C]//Proceedings of the

1980 Symposium on the Application of Hidden Markov Models to Text and Speech,1980:143-179.

[73] LEE K F,HON H W,REDDY R. An Overview of the SPHINX Speech Recognition System[J]. IEEE Transactions on Acoustics,Speech,and Signal Processing,1990,38(1):35-45.

[74] MOHAMED A,DAHL G E,HINTON G. Acoustic Modeling Using Deep Belief Networks[J]. IEEE Transactions on Audio,Speech,and Language Processing,2012,20(1):14-22.

[75] 尚文倩,黄厚宽,刘玉玲,等. 文本分类中基于基尼指数的特征选择算法研究[J]. 计算机研究与发展,2006(10):1688-1694.

[76] 王根生,黄学坚. 基于Word2vec和改进型TF-IDF的卷积神经网络文本分类模型[J]. 小型微型计算机系统,2019,40(5):1120-1126.

[77] 张征. 基于深度神经网络的汉语语音合成的研究[D]. 北京:北京理工大学,2014.

[78] 邱泽宇,屈丹,张连海. 基于WaveNet的端到端语音合成方法[J]. 计算机应用,2019,39(5):1325-1329.

[79] 日本将首个会说话的"机器航天员"送上太空[J]. 传感器世界,2013,19(8):45.

[80] RUSSELL S,NORVIG P. Artificial Intelligence:A Modern Approach[M]. Upper Saddle River:Prentice Hall,2010.

[81] RIFAI S,VINCENT P,MULLER X,et al. Contractive Auto-encoders:Explicit Invariance During Feature Extraction[C]//Proceedings of the 28th International Conference on Machine Learning,2011:833-840.

[82] SOHG K,YAN X C,LEE H. Learning Structured output Representation Using Deep Conditional Generative Models[C]//Proceedings of the 28th International Conference on Neural Information Processing Systems. Cambridge:The MIT Press,2015:3483-3491.

[83] WU Z H,PAN S R,CHEN F W,et al. A Comprehensive Survey on Graph Neural Networks[J]. IEEE Transactions on Neural Networks and Learning Systems,2021,32(1):4-24.

[84] HUH J,LEE D D. Efficient Sampling with Q-Learning to Guide Rapidly-Exploring Random Trees[J]. IEEE Robotics and Automation Letters,2018,3(4):3868-3875.

[85] CHEN B H, DAI B LIN Q J, et al. Learning to Plan in High Dimensions via Neural Exploration – Exploitation Trees[C]. International Conference on Learning Representations(ICLR), 2020.

[86] TAMAR A, WU Y, THOMAS G, et al. Value Iteration Networks[C]//Proceedings of the 30th Inlernational Conference on Neural Information Processing Systems, 2016: 2154 – 2162.

[87] BHARDWAJ M, CHOUDHURY S, BOOTS B, et al. Leveraging Experience in Lazy Search[J]. Autonomous Robotics, 2021, 45: 979 – 996.

[88] CHOUDHURY S, BHARDWAJ M, ARORA S, et al. Data – driven Planning Via Imitation Learning[J]. The International Journal of Robotics Research, 2018, 37(13/14): 1632 – 1672.

[89] ZHANG C, HUH J, LEE D D. Learning Implicit Sampling Distributions for Motion Planning[C]//2018 IEEE/RSJ International Conference on Intelligent Robots and Systems(IROS). Piscataway, NJ: IEEE Press, 2018: 3654 – 3661.

[90] 晏刚, 周俊. 水下机器人智能控制技术研究综述[J]. 电子世界, 2013(24): 21 – 22.

[91] 蒋鼎国. 基于改进型 BP 神经网络 PID 控制器的温室温度控制技术[J]. 实验室研究与探索, 2015, 34(1): 9 – 13.

[92] 刘玲云, 鲁守银, 张营, 等. 中医按摩机器人专家控制系统的研究[J]. 计算机测量与控制, 2016, 24(4): 55 – 57.

[93] BAOMAR H, BENTLEY P J. An Intelligent Autopilot System that Learns Piloting Skills from Human Pilots by Imitation[C]//2016 International Conference on Unmanned Aircraft Systems(ICUAS), 2016: 1023 – 1031.

[94] BICER Y, MOGHADAM M, SAHIN C, et al. Vision – Based UAV Guidance for Autonomous Landing with Deep Neural Networks[C]//AIAA Scitech 2019 Forum, 2019: 0140.

[95] WANG F Y. Complexity and Intelligence: From Church – Turing Thesis to AlphaGo Thesis and beyond(1)[J]. Journal of Command and Control, 2016, 2(1): 1 – 4.

[96] WANG F Y, ZHANG J J, ZHANG X H, et al. Where Does AlphaGo Go: From Church – Turing Thesis to AlphaGo Thesis and Beyond[J]. IEEE/CAA Journal of Automatica Sinica, 2016, 3(2): 113 – 120.

[97] PADEN B, CAP M, YONG S Z, et al. A Survey of Motion Planning and Control

Techniques for Self-Driving Urban Vehicles[J]. IEEE Transactions on Intelligent Vehicles,2016,1(1):33-35.

[98] 本清松,彭小兵. 人工智能应用嵌入政府治理:实践、机制与风险架构——以杭州城市大脑为例[J]. 甘肃行政学院学报,2020(3):29-42,125.

[99] ROTHROCK B,KENNEDY R,CUNNINGHAM C,et al. SPOC:Deep Learning-based Terrain Classification for Mars Rover Missions[C]//AIAA SPACE 2016,AIAA 2016-5539.

[100] JPL. Mars Science Laboratory-Curiosity:NASA's next Mars Rover[EB/OL]. (2019-09-16)[2022-02-13]. http://www.nasa.gov/mission_pages/msl/index.html.

[101] 冯健翔. 人工智能及其航天应用概论[M]. 北京:宇航出版社,1999:21-22.

[102] Strategy for American Innovation[R]. National Economic Council and Office of Science and Technology Policy. The White House,2015.

[103] 郝晓龙,白鹤峰,熊春晖,等. 人工智能技术在航天工程领域的应用体系研究[J]. 航天器工程,2020,29(5):26-31.

[104] 袁利,黄煌. 空间飞行器智能自主控制技术现状与发展思考[J]. 空间控制技术与应用,2019,45(4):7-18.

第 2 章
空间非合作目标参数智能识别

空间在轨服务目标航天器通常分为两类:第一类为携带辅助定位标识且动作系统正常运作的航天器,此类航天器统称为合作目标;第二类为不携带任何辅助定位标识,或者携带对抗性动作系统,或者失效目标,此类航天器统称为非合作目标。现阶段正攻关的在轨服务技术如空间燃料补给、空间航天器维修、失稳航天器恢复、失效航天器回收等,主要针对动作系统可被服务航天器控制的合作目标,或者不具备防御性载荷的我方失稳、失效航天器。然而针对空间非合作目标,上述在轨服务难度均将大大提升。

随着空间科学技术的快速发展,空间非合作目标操控技术已经成为争夺未来空间制高点的重点研究方向,并且引起了世界各航天大国和组织的广泛关注。面向空间失效卫星、空间碎片等非合作目标的抓捕技术作为空间碎片清除、失效卫星维修、在轨燃料加注等多项在轨服务任务的先决关键技术,在空间科学与应用方面有着至关重要的意义。

空间非合作目标的操控任务通常包括以下几个步骤:①空间非合作目标参数识别;②空间非合作目标消旋;③空间非合作目标逼近;④空间非合作目标抓捕。不同于传统的合作航天器,大多数空间非合作目标失去姿态轨道调整能力,而且长期处于失控状态运行,受到太阳光压、重力梯度等摄动力矩及失效前自身残余角动量的影响,往往会呈现出复杂旋转运动,最终趋向于自由翻滚运动。翻滚故障卫星的质量大小、质心位置、几何形状尺寸、转动惯量、转动角速度等信息均未知,运动规律较为复杂。通过外界测量手段得到的空间非合作目标状态参数通常存在不确定等特征。因此,在针对空间非合作目标的在轨操控过程中,空间非合作目标航天器的外形参数、动力学参数、载荷特征常为未知信息或非完备信息。而目标航天器外形、特征、轨道姿态参数以及载荷等信息辨识,是对其施加逼近、交会、对抗等操控的基础。因此,开展非合作目标在复杂空间环境下的自主目标发现、参数识别、态势感知以及特征辨识,是空间非合作目标操控的理论基础和关键技术。

第2章 空间非合作目标参数智能识别

如1.4.2节所述,在目标发现和参数识别方面,通过结合人工智能技术,可实现快速、准确的自动识别。本章主要介绍人工智能算法在空间非合作目标参数识别方面的应用研究,包括空间非合作目标特征辨识、基于机器学习的目标位姿参数识别、基于 AI 识别光流信息的空间非合作目标的特征载荷识别、空间非合作目标位姿参数识别滤波与智能识别等。

2.1 空间非合作目标特征辨识概述

空间非合作目标的非合作性程度主要是从测量和抓捕两方面来决定的,通常可把空间非合作目标分为4类,分类情况如表2-1所列[1]。

表2-1 空间非合作目标分类[1]

类别	测量特性	抓捕特性	样例
I	目标模型信息已知,可直接测量获取位姿信息	有对接环、喷管等可用于抓捕的机构	己方卫星
II	目标模型信息已知,可直接测量获取位姿信息	无可用于抓捕的机构	己方火箭末级
III	目标模型信息未知,需通过视觉系统在线建模	有对接环、喷管等可用于抓捕的结构	敌方航天器
IV	目标模型信息未知,需通过视觉系统在线建模	无可用于抓捕的机构	空间碎片

基于空间非合作目标的特性,对空间非合作目标的研究应从发现目标和识别目标开始;然后,基于所获得的空间非合作目标的表层信息(通常是空间非合作目标的图像、位置信息等)来挖掘空间非合作目标的深层信息(如质量、转动惯量等);在对空间非合作目标有一定认知和了解的基础上,开展一系列针对空间非合作目标的操控(如交会对接、捕获、在轨维修等)。

空间非合作目标可能携带防御性观测载荷,若观测到我方服务航天器,将进行规避或其他机动性动作;也可能携带防御性机动载荷,可在感知到被捕获后触发对抗动作,如大幅推进、快速自旋等;还可能携带攻击性载荷,如柔性绳索发射装置、高强度照灯等。即便非合作目标不携带上述防御性、攻击性载荷,由于其不携带在轨服务辅助定位标识,对其进行的诸如充能、消旋、柔性捕获等在轨服务仍具有较高难度。

对非合作航天器目标的观测和态势识别主要由作为硬件的光学传感器和作

为软件的观测和测量算法组成,其一般框架是先通过光学传感器对非合作航天器进行观测,然后利用观测信息解算空间非合作目标相对位姿参数,再结合滤波技术确定目标态势信息。在此过程中,一般利用图像分割和目标智能识别算法实现空间非合作目标特征辨识[2]。

考虑到复杂多变的操控任务环境,用于空间非合作目标感知任务的光学传感器不仅要能够实现目标状态感知,还需要克服目标运动、观测条件和资源限制的影响。目前,常用于非合作目标视觉测量任务的光学传感器以激光成像雷达和可见光相机两类传感器为主[3-4]。激光成像雷达通过发射和接收激光光束获取目标表面的点云数据,将其与存储的目标模板点云数据进行匹配,从而解算出相对位姿。虽然利用激光成像雷达无须进行特征提取等复杂的图像处理过程,但其体积、质量、能耗均较大,需要占用星上更多的资源配置,而且基于三维(3D)点云的位姿测量方法不仅计算量极大,还需依赖于已知的或者经由服务航天器绕飞观测并重构的目标三维模型。相比而言,可见光相机具有重量轻、体积小、功耗低、集成度高以及隐蔽性好等优点,且测量精度随着相对距离的减小越来越高。根据相机数目和测量原理,可以将视觉测量方法分为单目视觉、双目立体视觉和多目立体视觉。立体视觉测量能够恢复深度信息,因此在识别对象大致特征后,可直接建立相应的几何坐标系并求取位姿,而无须太多先验知识,但其系统设计相比单目视觉更为复杂。对于单目视觉而言,其缺点主要在于将三维物体投影到二维(2D)平面上会丢失深度信息,但其系统具有结构简单、易于标定,且不需要进行复杂的特征匹配等优点,目前已被广泛应用于摄影测量、机器人导航和航天工程领域。在实际工程中,由于单一传感器的局限性,往往难以应对复杂多变的太空环境。需要通过将多种类传感器进行融合来弥补不足,从而扩展测量能力、提高测量精度,以满足智能化的非合作目标感知需求,其中多传感器融合感知系统如表2-2所列[4]。

表2-2 多传感器融合感知系统

系统	组成	任务
Argon	两个相对导航传感器(Relative Navigation Sensor, RNS)相机、一台视觉导航传感器(Vision Navigation Sensor, VNS)激光雷达	捕获
DLR	单目相机、扫描式雷达、光子混频器(Photonic Mixer Devices, PMDs)相机	测量
VIBSNASS	立体视觉相机、单目相机	测量
Raven	可见光相机、红外相机、激光雷达	捕获

针对空间非合作目标可能携带的防御性与观测性载荷,基于服务航天器所携带的视觉或点云传感器,完成目标航天器关键载荷感知与辨识成为非合作目标成功在轨服务的关键。对观测性载荷如相机、激光雷达等关键载荷的智能辨识,可在服务航天器在轨服务远距离段分析目标视野盲区,进而完成抵近;以及在轨服务近距离、超近距离段进行合理的视场规避与路径规划,进而完成相关在轨服务操作。对机动性载荷如姿控喷嘴、轨控喷嘴等关键载荷的智能辨识,可用于在轨充能、消旋、柔性捕获等在轨服务中进行合理的贴附或接管,规避由于目标机动性带来的服务难度与危险性。对太阳帆板支架等结构性关键载荷的智能辨识,可为在轨服务提供相应的贴附位置与抓取位置的参考。对非合作目标关键载荷的全面感知与辨识,也可帮助服务航天器进行目标航天器性质与用途推测、相关结构与自身参数估计、在轨服务具体计划制订等,在顺利完成在轨服务任务中具备极高的重要性与必要性。

综上所述,空间非合作目标的位姿参数具有不确定特性,针对空间非合作目标的在轨服务或者接管,需要考虑目标信息不完备性,采用相机、雷达等传感器对目标进行在轨观测并识别目标的位姿参数,为进一步逼近、抓捕、控制任务做准备。

2.2 基于机器学习图像信息的空间非合作目标位姿参数识别

2.2.1 空间非合作目标位姿测量技术

根据先验信息,空间非合作目标位姿测量技术大致分为三类。

1. 已知目标航天器的结构信息,但目标航天器上没有标识信息

这类问题有两种解决方案:一种是利用角点等特征点信息,将空间非合作目标位姿估计问题转换为图像特征点的二维信息与三维结构信息匹配的 n 点透视投影(Perspective – n – Point,PnP)问题;或者使用目标的边缘轮廓信息,完成姿态测量。此外,针对模型已知的非合作目标,可以建立目标各个姿态角度的图像数据库,通过图像计算的投影与数据库匹配,构建姿态概率图,进而确定大致姿态,实现对姿态的粗略估计。

2. 目标航天器上的部分特殊部组件信息已知

针对这类问题,可以根据航天器上已知的特殊部组件信息,如普遍安装的对接环、航天器最大外轮廓、局部矩形特征等,通过从图像中提取相应的特征区域,

根据特征区域在图像中位置、尺寸和形状变化,解算空间非合作目标的相对位姿参数。Mahendrakar Trupti 等[5]结合使用 YOLOv5 算法,对空间非合作目标的太阳能帆板、天线、发动机喷口和卫星主体进行实时定位、识别和分类,通过对目标深度进行猜测的方式,实现对空间非合作目标的态势感知和导航规划。

3. 完全未知的非合作航天器

现有的方法是先对目标进行三维重建,获得目标的模型信息,将完全非合作问题转为不完全非合作问题,将位姿估计问题转换为特征点云与基本模型匹配的问题,利用基本模型姿态张量矩阵完成位姿初始化。出于降低运算复杂度的需求,除了基于整体三维点云重建的方式,目前也已有了许多诸如基于稀疏点云、基于水平和垂直特征线、基于边缘点云等方式推导基本矩阵的算法。

2.2.2 空间非合作目标位姿估计方法

根据目标的翻滚运动类型,空间非合作目标位姿测量方法同样可以分为以下三类。

1. 单轴稳定慢旋非合作目标

单轴稳定慢旋非合作目标,是指非合作目标绕其惯性主轴做慢旋运动(一般指旋转角速率小于 $5°/s$),处于一种相对稳定状态。同步定位与地图构建(Simultaneous Localization and Mapping,SLAM)方法可用于解决慢旋非合作目标位姿测量问题。SLAM 中环境一般为静止状态,相机在运动中恢复环境结果和实现自身定位,而单轴慢旋非合作目标位姿测量问题中,相机是静止的,目标是相对运动的,因此二者可以等效。ORB(Oriented FAST and Fotated BRIEF)特征算法在多个尺度空间下对图像特征点进行提取,并且赋予旋转不变特性的描述子,基于 ORB-SLAM 方法的慢旋非合作目标位姿测量也是目前的主流方案。在 ORB-SLAM 基础上,Tang 等[6]通过使用深度学习提取特征点和描述子,构建了 GCN-SLAM 算法,已成功应用于地面试验。但是,基于 ORB-SLAM 的测量方案存在累积误差增大问题,部分学者引入位姿图优化与闭环检测优化对测量进行校正[7]。

2. 单轴快旋非合作目标

相比于慢旋目标,单轴快旋非合作目标(一般指旋转角速率大于 $5(°)/s$)测量的困难之处在于特征提取困难与位姿递推过程中会产生较大的累计匹配误差。针对特征提取困难,通常有三种解决方法:图像增强方法,如基于低照度图像增强和基于图像超分辨等方法实现了以 $20°/s$ 旋转的非合作目标位姿测量[8-9];

多特征提取方法,通过对不同类型和维度的特征提取与集成,扩展可用的特征库集;多传感器融合,如采用相机与惯导融合或主被动相机融合等。针对累计匹配误差增大问题,常采用误差优化技术通过闭环检测与位姿优化的方式,缩减累计匹配误差。

3. 翻滚非合作目标

翻滚非合作目标在空中一般处于自由翻滚状态,既绕自旋轴旋转也沿着进动轴旋转。针对这类空间非合作目标,一般采用三维重建和点云匹配的方式进行姿态解算。例如,通过采集连续深度图数据流,将深度图转化为三维点云,对于相邻两幅三维点云,直接采用 ICP(Iterative Closest Point)算法对其进行配准,估计所有相邻两幅点云之间的位姿;或者将深度图像和已知或离线采样生成的模板进行匹配,进而利用闭环 ICP 算法实现姿态估计等。

近年来,随着深度学习技术的研究和发展,在各个行业和领域都有了广泛的应用,也有了诸多将其应用于空间非合作目标位置姿态估计的研究。基于深度学习的空间非合作目标姿态估计方法一般可分为离线训练阶段和飞行试验阶段。与基于模型或基于特征的目标参数算法相比,深度学习方法的优势在于提高了对不利光照条件等不良工况的稳健性,并降低了计算复杂度,提高了参数识别的响应速度。然而,与深度学习在地面上应用相比,空间图像往往具有高对比度、低信噪比和低分辨率的特点。因此,基于空间图像信息的深度学习参数估计算法的准确度会相对更低。此外,由于缺乏训练所需的大型空间图像合成数据集,在深度学习的离线训练阶段,往往需要使用仿真图像数据集或地面图像数据集来进行网络预训练,然后再利用迁移学习的方式,基于有限数量的实际数据集进行改良训练。

基于深度学习的非合作目标位姿估计可分为两类:将人工神经网络和传统滤波算法相融合的混合人工神经网络估计算法,如融合卷积神经网络的特征提取协变高效普鲁克 N 点透视问题(Covariant Efficient Procrustes Perspective – n – Point,CEPPNP)方法与扩展卡尔曼滤波的非合作目标位姿估计网络,利用惯性特性的虚拟观测改进滤波器性能的神经网络增强卡尔曼滤波器(Neural Network Enhanced Kalman Filter,NNEKF)等;以及对深度训练模型进行针对性改进的深度位姿估计算法。

Shi 等[10]对两种先进的 CNN 网络结构,Inception – ResNet – v2 和 ResNet – 101 进行了融合,并结合目标检测引擎来提高其可靠性。针对空间目标数据的小样本问题,使用 3DMax 软件构建目标的数据集。为了充分模拟空间光照环境,随机设置仿真环境的太阳光亮度,随机增加星空背景噪声以及对数据进行标准化等操作进行数据增强。将3DMax生成的合成图像与真实图像合并,构建了有400张图片的训练集和有100张图片的测试集,用于对两个CNN网络进行训练和测试。最后还进行了迁移学习,以使得预先训练的网络模型更好地适应目标航天器的姿态估计任务。

蒋邵阳[11]参考VGG(Visual Geometry Group)和DenseNet网络设计一种双通道的神经网络,用于定位特征点在图像中对应的像素,并给出其对应的像素坐标,提出神经网络的剪枝方法,实现网络的轻量化。文献[12]针对空间光照的干扰和小样本问题,提出了一种基于单目图像对空间非合作目标进行姿态估计的CNN网络结构。基于空间非合作目标航天器的三维纹理模型,创建了125000幅空间目标的合成图像数据集。然后采用AlexNet网络的体系结构作为基本体系结构,构建了一个分类训练器,以返回与每个图像相关的目标航天器的相对姿态。用于训练网络的合成图像充分考虑了航天器在轨的噪声、光照等因素,经过合成图像数据集训练—验证—测试后,最后基于目标航天器的实际图像数据集进行了迁移学习。S. Sharma[13]提出SPN(Secret Private Network)模型,该模型仅利用灰度图像训练网络。SPN模型包括三个分支,第一个分支利用检测器来检测输入图中目标的边界框,其他两个分支使用二维边界框内的区域来确定相对姿态。

文献[14]利用现有的目标检测网络和关键点回归网络预测二维关键点坐标,并结合多视点三角剖分重建三维模型,采用非线性最小二乘法最小化二维-三维坐标,预测位置和姿态。应用深度学习实现非合作目标的位姿估计,训练数据不足是必然会出现的问题。使用合成数据集难以完全模拟空间实际情况,此时,位姿估计的准确率完全依赖于数据集本身提供的信息,当新的任务样本与数据集本身样本差异度过大时,准确率可能急剧下降。

2.3 基于AI识别光流信息的空间非合作目标载荷识别

本节提出了根据图像信息对空间非合作目标载荷特征进行智能辨识的方法,该方法的主要内容包括以下两个方面。

1. 卷积神经网络设计

空间非合作目标载荷特征辨识的主要目的是从伴飞观测航天器捕获的目标视觉图像中检测出目标的太阳帆、天线等典型载荷并予以定位。传统检测模型通常采用人工特征提取方法获得目标的特征描述,然后输入一个分类器中学习分类规则。而卷积神经网络通过卷积运算让计算机自动从图像中提取目标特征,从而获得更自然、更具有通用性和稳健性的特征。

以典型 Faster R – CNN 算法流程为例,如图 2 – 1 所示,其网络分为两部分:第一部分用于区域候选网络(Region Proposal Network,RPN);第二部分用于对候选区域的检测并识别其中的目标(Fast R – CNN 网络)。这类网络结构有着鲜明的双阶段特点。整个目标检测流程可以分为以下 4 个步骤:

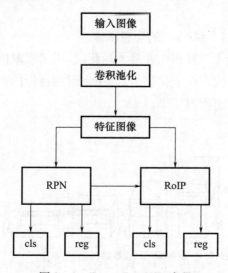

图 2 – 1　Faster R – CNN 流程

(1)步骤 1:将图像输入 CNN 模型中训练,通过卷积池化获得相应的特征图。

(2)步骤 2:用区域候选网络对提取后的特征图进行处理,寻找可能包含目标的区域。

(3)步骤 3:用感兴趣区域池化(Region of Interest Pooling,RoIP)处理,提取出与目标物相关的特征向量。

(4)步骤 4:由卷积层和全连接层得到目标物边界框的坐标和分类结果。

通过将候选区域生成、特征提取和分类、位置精修统一到一个深度网络框架内,避免了重复计算,Faster R – CNN 大幅度提高了训练和检测的速度。

在第一阶段,将获取的非合作目标视觉图像信息输入卷积神经网络,卷积池化后得到可被后续 RPN 网络和检测网络共享的特征图。不同的卷积神经网络模型结构并不相同,检测效果也不尽相同。获得候选区域后,将得到的候选区域信息和特征图共同送入池化层中,从而获得建议特征图并传递至检测网络中。第二阶段是位置精修阶段,检测网络包括边框分类网络和边框回归网络两个分支。其中,边框分类网络通过全连接层和分类器对载荷特征或背景做进一步判断,边框回归网络则通过全连接层进行位置精修,从而获取更高精度的边框区域。

不同于 Faster R – CNN 等双阶段算法,YOLO(You Only Look Once)作为单阶段算法,其核心思想是把目标检测转变成一个回归问题,利用整张图作为网络的输入,仅仅经过一个神经网络,得到边界框的位置及其所属的类别,实现对空间非合作目标载荷特征辨识与定位。

以最基础的 YOLOv1 为例,其网络结构如图 2 – 2 所示,主要由以下 4 个部分组成:

(1)网络输入:$448 \times 448 \times 3$ 的彩色图像。

(2)中间层:包括若干卷积层和最大池化层,用于提取图像的抽象特征。

(3)全连接层:由两个全连接层组成,用来预测目标的位置和类别概率值。

(4)网络输出:输出预测结果。

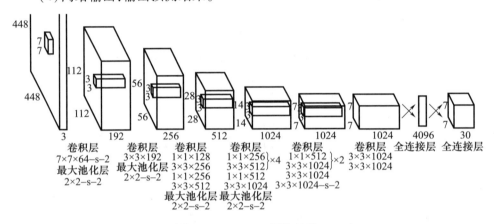

图 2 – 2　YOLOv1 网络结构

在 YOLOv1 的基础上,经过一系列改进,目前已经更新到了 YOLOv9,在检测精度、检测速度、误匹配率上都有了很大幅度的提升和改进。

根据非合作目标载荷特征辨识的任务需求,选择合适的卷积神经网络架构,并对神经网络结构配置与参数进行调整,进而结合图像数据集进行神经网络训练。使用测试集对神经网络进行测试,评估其图像分类辨识准确性,最终优化获得最优的卷积神经网络模型架构,实现基于图像信息的空间非合作目标载荷特征辨识与定位。

2. 仿真数据集生成、训练与迁移学习

针对空间非合作目标载荷特征辨识与定位任务难以获取实际工况图像数据的现状,为了构建深度学习所需的数据集,拟采用构建仿真模型、采用大量仿真数据集进行预训练、采用少量物理数据集对训练获得的模型进行迁移学习和训练改进,实现对未知空间非合作目标载荷特征的有效辨识与定位。

选取几款不同类型的卫星作为绘制目标进行模型构建,提取其主要特征,包括卫星主体、太阳帆板和支架,以及关键载荷部分,该载荷部分包括星敏感器、雷达、对接环、轨控喷嘴、姿控喷嘴等,在 Solidworks 中分别按照零件进行绘制,拼接形成装配体。

进而,将 Solidworks 绘制的装配体文件转为模型文件输出到仿真观测环境中,设计观测轨道、观测姿态和观测相机参数,对模型进行观测,获得不同光照、不同相对位姿状态下的视觉图像信息。

对获得的图像数据集中的目标载荷特征进行边界框和分类信息标注,并将数据集进行拆分,最终获得所需的训练、验证和测试集。

基于仿真训练-验证-测试集,使用深度卷积神经网络模型进行训练、验证和测试。对不同算法模型进行测试,并计算查准率(Precision)、查全率(Recall)和平均精度(Average Precision),有

$$\text{Precision} = \frac{TP}{TP + FP}, \text{Recall} = \frac{TP}{TP + FN} \quad (2-1)$$

式中,T 代表正确的;F 代表错误的;P 代表正的;N 代表负的。使用 T 或 F 来表征该样本是否被正确分类,使用 P 或 N 来表征该样本被预测为正样本还是负样本。TP、TN、FP、FN 分别表示正确的正样本、正确的负样本、错误的正样本和错误的负样本。

查准率是指分类器认为是正样本且其确实是正样本的部分,占所有分类器认为是正样本内容的比例。查全率是指分类器认为是正样本并且确实是正样本的部分占所有确实是正样本内容的比例。平均精度是指利用不同的查准率和查全率的点的组合描绘出来的坐标图中曲线包围的面积,用于衡量对一个类检测的好坏。

经过仿真数据集训练之后,对可获得的实物图像数据集、对目标载荷特征进行边界框和分类信息标注,并将数据集进行拆分,获得实物的训练、验证和测试集,以及引用仿真数据集训练获得的模型。在此基础上,进一步进行迁移学习和训练。

2.4 空间非合作目标的运动参数滤波估计与智能识别

空间非合作目标在空间中自由翻滚的特性,贸然触碰可能会导致服务航天

器损毁,因此在对空间非合作目标进行操作时,首先需要对其进行非接触式的参数估计[15-19]。即在非接触的情况下,服务航天器基于精确的数学模型,通过准确的测量以及合理可靠的参数估计算法,对空间目标的位置参数、姿态参数、转动惯量比值和质心位置(两者并称为质量参数)进行确定。准确的参数估计能够为后续操作任务,诸如接近路径规划、抓捕后参数辨识、抓捕后控制等任务提供可靠基础。

到目前为止,无论在理论研究或是工程应用领域,国内外对空间目标的参数估计技术都取得了丰硕的成果,然而,传统的参数估计方法还存在着位姿参数估计分离、合作性需求过高、忽略质量参数估计、抗干扰能力有限等诸多不足。因此,参数估计系统的可观测性分析、观测强非线性处理,以及稳健参数一体化估计算法等成为当前国内外研究的热点和难点问题。以空间非合作目标操控为研究背景,对空间非合作目标的位姿参数、质量参数的一体化估计问题进行系统的研究,具有重要的学术价值和工程意义。

2.4.1 基于深度混合神经网络的空间非合作目标参数识别

空间非合作目标自身不提供有效观测信息并且空间复杂光照环境极易对服务航天器的光学测量敏感器产生干扰,因此对空间非合作目标的观测量极易出现失效情况。若观测失效持续时间较短,则可以通过降低失效观测量权重的方式或者冗余数据融合的方式,降低失效观测量对系统状态参数的影响,实现对空间非合作目标的位姿质量参数的有效估计。然而,当系统的观测量存在长时间观测失效的情况时,这两种方式都不再有效:前者因为长时间观测失效导致大量失效状态估计量的出现,从而使有效状态估计量难以修正失效观测带来的影响;后者则因为长时间观测失效导致服务航天器均不能获得有效的非合作目标状态估计,不论信息以何种方式融合,由无效估计量所生成的融合后的状态估计量仍然处于无效状态。事实上,传统滤波方法(如 EKF、UKF、PF 等)均基于类似的框架,即先进行状态更新,再进行测量更新。其中,测量更新步骤必须有准确的观测量,否则该时刻的状态估计量就会出现偏差。虽然可以通过对卡尔曼滤波的基本框架进行改良,使其能够处理一些观测失效的情况,但这种数学改良方法终究不能改变其基本原理。因此,针对复杂空间环境可能引起的对空间非合作目标观测量的长时间干扰情况,必须跳出卡尔曼滤波的框架,寻找新的解决思路。

基于这一考虑,结合人工神经网络(Artificial Neural Network,ANN)、BP 神经网络以及深度卷积神经网络(Deep Convolutional Neural Networks,DCNN)的特点,并根据所涉及的空间非合作目标位姿质量参数一体化估计任务,本节提出了一种基于深度混合神经网络的空间非合作目标位姿质量参数一体化估计算法(Dual Vector Quaternions Based Mixed Artificial Neural Network Estimating Algorithm,DVQ – MANN)[20]。首先,针对24维的状态参数,设计一种典型的3层BP神经网络对其进行估计。该BP神经网络具有1个输入层(24个神经元)、一个隐藏层(10个神经元)以及一个输出层(24个神经元)。其次,针对(24×24)维的状态协方差矩阵,设计一个7层DCNN对其进行估计。该DCNN共包含1个输入层、3个卷积层以及3个池化层。并且,该DCNN的最后一层采用全局平均池化来代替传统的全连接层,从而有效减少DCNN中需要训练的参数个数,保证其在轨更新的可行性。在对空间非合作目标的位姿质量参数进行一体化估计时,首先采用训练数据对BP神经网络和DCNN进行训练。待训练完成后,当系统的观测量有效时,DVQ – MANN中的DVQ – EKF将对空间非合作目标的位姿质量参数进行一体化估计,并且有效的估计量将作为新的训练数据对BP神经网络和DCNN进行在线更新;当系统观测无效时,DVQ – MANN中的BP神经网络与DCNN将对空间非合作目标的位姿质量参数进行一体化估计,并且所获得的系统状态参数估计量以及状态参数协方差矩阵估计量将对DVQ – EKF进行更新。基于上述设计思想,DVQ – MANN在观测有效或观测无效的条件下都能够对空间非合作目标的位姿质量参数进行一体化估计。

1. BP神经网络设计

近年来,人工智能技术的兴起吸引了许多科研工作者的注意力。尤其是AI中的ANN,由于其能够将系统视为"黑箱",并且不依靠外界输入就能够对系统参数进行识别,在参数估计领域广受关注。在ANN中,最受关注且最为广泛使用的就是采用误差逆向传播算法训练的多层前馈神经网络,即BP神经网络。BP神经网络唯一需要的就是前期通过有效的输入数据,以及输出数据对其内部参数进行训练。当BP神经网络训练完成后,在相同的条件下,给定一组新的输入,BP神经网络就会根据其内部结构输出一组参数。由于BP神经网络这种在训练之后不需要额外数据辅助,仅凭输入数据就能够得到有效输出的特性,一些研究人员将BP神经网络用于系统状态参数的估计中。通过对BP神经网络进行良好的训练,训练好的BP神经网络即可在相同情况、新输入条件下进行相应的参数估计,而不管当前时刻的测量值是否有效。

1)BP神经网络结构设计

当观测失效情况发生时,DVQ – EKF由于缺乏有效观测量而不能对当前时刻的状态进行测量更新。在长时间观测失效的情况下,DVQ – EKF将由于长时间不能得到有效的测量更新状态量而精度降低,严重时会导致DVQ – EKF发散。DVQ-EKF 测量更新的输出量为状态参数 $X_{k/k}$ 以及状态参数的协方差矩阵 $P_{k/k}$。因此,将该时刻状态更新量以及其协方差矩阵 $X_{k/k-1}$,$P_{k/k-1}$ 作为输入量,将当前时刻的测量更新状态参数及其协方差矩阵 $X_{k/k}$,$P_{k/k}$ 作为输出量,并采用 ANN 建立输入输出之间的关系而直接跳过 DVQ-EKF 参数估计中必需的状态方程,观测方程以及有效观测的限制,是解决长时间观测失效问题情况下空间非合作目标位姿质量参数一体化估计的有效手段。本小节首先详细讨论如何设计 $X_{k/k-1}$ 与 $X_{k/k}$ 之间的 ANN 估计算法,即用于状态参数估计的 BP 神经网络算法。

空间非合作目标位姿质量参数一体化估计系统的状态参数共 24 维。因此,构建一个含有 24 个神经元的输入层,10 个神经元的隐藏层以及 24 个神经元的输出层的典型 3 层 BP 神经网络就能够模拟从 $X_{k/k-1}$ 到 $X_{k/k}$ 的映射关系。该 3 层 BP 神经网络首先将由训练数据组进行训练,待训练完成后即可在新的输入数据驱动下,输出当前时刻的状态参数估计量。该 3 层 BP 网络结构如图 2-3 所示。

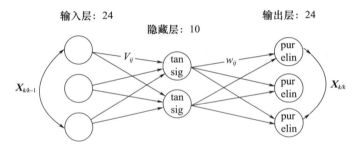

图 2-3　3 层 BP 神经网络结构

如图 2-3 所示,第 j 个输出 $X_{k/k,j}$ 与输入 $X_{k/k-1}$ 之间的关系为

$$X_{k/k,j} = O\left(\sum_{i=1}^{24} w_i f(V^T X_{k/k-1} + b_{1,i}) + b_{2,j}\right) \quad (2-2)$$

式中,$V \in R^{24 \times 10}$ 为隐藏层与输入层之间的权重矩阵;w_i 为第 i 个输出层的权重系数;$f(\cdot)$ 为隐藏层的激活函数;$O(\cdot)$ 为输出层的激活函数;$b_{1,i}$ 为第 i 个隐藏层神经元的偏置量;$b_{2,j}$ 为第 j 个输出层神经元的偏置量。

2) BP 神经网络激活函数

由于空间非合作目标位姿质量参数的状态估计量均含有正数与负数,对隐藏层及输出层的激活函数选择如下:

隐藏层激活函数为

$$\tan \text{sig}(m) = \frac{e^m - e^{-m}}{e^m + e^{-m}} \quad (2-3)$$

式中,m 为隐藏层神经元的输入。

输出层激活函数为

$$\text{purelin}(n) = n \tag{2-4}$$

式中,n 为输出层神经元的输入。

3) BP 神经网络训练

对该 BP 神经网络的训练数据采用离线获得的 DVQ – EKF 在观测有效情况下输出的测量更新状态参数 $\hat{X}_{k/k,\text{offboard}}$。当该 BP 神经网络完成离线训练后,在空间中将使用观测有效情况下的 DVQ – EKF 在线测量更新状态参数 $\hat{X}_{k/k,\text{onboard}}$ 进行在线更新,从而修正该 BP 神经网络的内部参数,使其更贴近真实空间环境。在离线训练以及在线更新过程中,对该 BP 神经网络进行训练的损失函数分别为

$$\text{MSE}_{\text{offboard}} = \frac{1}{N} \sum_{i=1}^{24} \| \hat{X}_{k/k,\text{offboard}} - X_{k/k} \|_2^2 \tag{2-5}$$

$$\text{MSE}_{\text{onboard}} = \frac{1}{N} \sum_{i=1}^{24} \| \hat{X}_{k/k,\text{onboard}} - X_{k/k} \|_2^2 \tag{2-6}$$

通过对式(2-5)、式(2-6)进行最小化,通过 $\hat{X}_{k/k,\text{offboard}}$ 与 $\hat{X}_{k/k,\text{onboard}}$ 对 BP 神经网络的权值进行迭代更新,即可完成对 BP 神经网络的离线训练或在线更新训练。在训练过程中,学习率设置为 $\eta = 0.025$。

BP 神经网络能否完全取代传统的贝叶斯滤波方法而成为参数估计领域的全新统治级算法呢?答案是否定的。首先 BP 神经网络是否具有有效的输出量取决于其训练数据的有效性,即在完全相同的条件下,获得良好训练的 BP 神经网络能够针对新输入量获得可靠的输出量。然而训练环境和真实的参数估计环境很难保持 100% 的一致。因此,在这种条件下,训练好的 BP 神经网络必须在线进行更新,从而消除真实参数估计环境与训练环境的差别。同时,BP 神经网络本身也存在其不可避免的问题,即当系统的维数较高时,所需要训练的 BP 神经网络参数会激增,从而导致在一定训练数据的驱动下 BP 神经网络会面临过饱和或者欠饱和的问题而失效。同时,当系统的状态维数过高时,对 BP 神经网络进行在线更新同样对计算平台是个巨大的挑战。针对空间非合作目标这类特殊的目标,BP 神经网络的直接使用会受到严重局限。首先,采用地面模拟的空间环境所获得的训练数据训练出的 BP 神经网络与空间真实环境中的系统有差距,训练好的 BP 神经网络必须在空间中依靠有效状态估计量进行在线更新。因此,在空间非合作目标参数估计任务中,BP 神经网络的应用离不开传统的滤波,可以说二者相辅相成。而对空间非合作目标而言,所需估计的状态参数数目

较多，其协方差矩阵的维数呈平方倍增长。针对如此多的参数，单纯使用 BP 神经网络显然极易出现过拟合或者欠拟合的现象，从而导致参数估计失效。因此，对于输入量维数较高的系统，BP 神经网络不能满足参数估计的需求，必须寻找其他形式的 ANN。

2. DCNN 网络设计

DCNN 是近期出现的一种与经典前馈神经网络有着完全不同架构的全新 ANN。基于其核心"卷积层"与"池化层"，DCNN 能够在采用很少待训练参数的同时处理高维输入数据。基于这种优良的特性，DCNN 被广泛应用于图像信息的处理当中，其中典型代表如 LENNET – 5、GOOGLE – NET 等拥有 10 层甚至数十层网络，是典型的 DCNN，常用来处理高维图像信息。而基于 DCNN 能够处理高维输入信息的优良特性，本小节针对空间非合作目标位姿质量参数一体化估计任务设计了相应的 DCNN，并且考虑到所针对的系统共有 24 维状态参数，从而具有 (24×24) 维的状态协方差矩阵，将该状态协方差矩阵看作 (24×24) 维的图像，以利用 DCNN 处理图像信息无可取代的优势对该状态协方差矩阵进行估计。

1）DCNN 网络结构设计

当网络的输入维度较高时，BP 神经网络将极有可能出现"过拟合"或者"欠拟合"问题，从而严重影响网络的输出精度。当系统状态参数维数为 24 时，其状态协方差矩阵的维数为 24×24。如此数量众多的高维输入采用 BP 神经网络将明显不能满足参数估计的可靠性、准确性需求。然而，(24×24) 维的状态协方差矩阵却可以被视为 (24×24) 维的灰度图像，从而针对性地设计 DCNN，以获得可靠准确的状态参数协方差矩阵估计量。针对状态参数协方差矩阵估计 DCNN 的结构如图 2 – 4 所示。

由图 2 – 4 可见，本小节设计的 DCNN 共有 7 层，其中包含 1 个输入层、3 个卷积层以及 3 个池化层。该 DCNN 的输入层为空间非合作目标状态参数的协方差矩阵状态更新量 $\boldsymbol{P}_{k/k-1}$，维数为 24×24。空间非合作目标的状态中每一个状态参数包含其向量实部与向量对偶部，且维数均为 3。因此，为了提取各个参数的特征，第一个卷积核的大小被设置为 3×3，对应的卷积步长也为 3，并且考虑到一共有 6 个参数需要估计，因此，一共选择 6 个卷积核对 $\boldsymbol{P}_{k/k-1}$ 进行卷积操作，从而生成 6 个特征图。对每一个特征图，第一个卷积层的输出为

$$C_{1,j} = f_1 \left(\sum_{i=j}^{j+2} \sum_{k=j}^{j+2} P_{k/k-1,ik} w_{1,ik} + b_1 \right) \quad (2-7)$$

式中，$C_{1,j}$ 为第一个卷基层第 j 个元素的值；$P_{k/k-1,ik}$ 为 $\boldsymbol{P}_{k/k-1}$ 的第 i 行，第 k 列的元

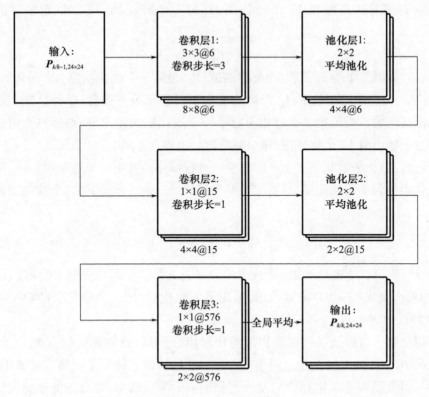

图 2-4 DCNN 的结构

素;$w_{1,ik}$ 为第一个卷积核第 i 行,第 k 列的权重;b_1 为第一个卷积核的偏置;f_1 为第一个卷积核的激活函数。

可以看到,经过第一层卷积层处理后,输入参数的维数由 24×24 降为 8×8。

在第一个卷积层之后,是第一个池化层,本小节设计 2×2 的平均池化层对第一层卷积层的输出进行处理。对第一个卷积层的每一个特征图,第一个池化层的输出为

$$P_{1,j} = \frac{1}{4} \left(\sum_{j}^{j+1} \sum_{i}^{i+1} C_{1,ji} \right) \qquad (2-8)$$

式中,$P_{1,j}$ 为第一个池化层第 j 个元素的值;$C_{1,ji}$ 为第一个卷积层输出的第 j 行、第 i 列的值。由式(2-8)可以看出,采用平均池化后,第一个池化层的输出共有 6 个特征图,每个特征图的维数为 4×4。

第二组卷积层和池化层的组合用来提取状态参数协方差矩阵状态更新值 $P_{k/k-1}$ 更深层的信息。第二个卷积层采用 1×1 的卷积核,并且卷积步长为 1。采用该卷积核能够对第一个池化层输出的每一个"像素"的信息进行提取。

第二个卷积层一共输出15个特征图,对每一个特征图,第二个卷积层的输出为

$$C_{2,j} = f_2(P_{1,j}w_2 + b_2) \tag{2-9}$$

式中,$C_{2,j}$为第二个卷积层第j个元素的值;$P_{1,j}$为第一个池化层第j个元素的值;w_2为第二层卷积层的权重;b_2为第二层卷积层卷积核的偏置;f_2为第二个卷积核的激活函数。采用第二个卷积层对第一个池化层的输出进行处理后,第二个卷积层的输出有15个特征图,每个特征图的维数为4×4。

之后,第二个池化层对上一层的输出进行操作。与第一个池化层一样,第二个池化层也为平均池化层,对第二个卷积层的每一个特征图,第二个池化层的输出为

$$P_{2,j} = \frac{1}{4}\left(\sum_{j}^{j+1}\sum_{i}^{i+1} C_{2,ji}\right) \tag{2-10}$$

式中,$P_{2,j}$为第二个池化层第j个元素的值;$C_{2,ji}$为第二个卷积层输出的第j行、第i列的值。由式(2-10)可以看出,采用平均池化后,第二个池化层的输出共有15个特征图,每个特征图的维数为2×2。

通过第一对以及第二对卷积层池化层组合,可以看到原始输入$\boldsymbol{P}_{k/k-1}$的维数已经由1个24×24的输入降至15个2×2的输出。接下来的第三对卷积层、池化层组合能够更深化DCNN,从而挖掘更多的深层信息,并且还能够替代传统的全连接层,从而大幅减少网络中待训练的参数个数。

同第二个卷积层一样,第三个卷积层采用1×1的卷积核,并且卷积步长为1。第三个卷积层一共输出576个特征图,对每一个特征图,第二个卷积层的输出为

$$C_{3,j} = f_3(P_{2,j}w_3 + b_3) \tag{2-11}$$

式中,$C_{3,j}$为第三个卷积层第j个元素的值;$P_{2,j}$为第二个池化层第j个元素的值;w_3为第三层卷积层的权重;b_3为第三层卷积层卷积核的偏置;f_3为第三个卷积核的激活函数。采用第三个卷积层对第二个池化层的输出进行处理后,第三个卷积层的输出有576个特征图,每个特征图的维数为2×2。

之后,第三个池化层对上一层的输出进行操作。第三个池化层为全局平均池化层,对第三个卷积层的每一个特征图,第三个池化层的输出为

$$P_{k/k,j} = \frac{1}{2}(C_{3,j,11} + C_{3,j,12}) \tag{2-12}$$

式中,$P_{k/k,j}$为第三个池化层输出的最终状态参数协方差矩阵更新量$\boldsymbol{P}_{k/k}$的第j个元素的值;$C_{3,j,11}$,$C_{3,j,12}$分别为第三个卷积层输出的第j个特征图的两个元素的

值。由式(2-12)可以看出,采用全局平均池化后,最终的输出量为(24×24)维的状态参数协方差矩阵更新量 $P_{k/k}$。

由式(2-7)~式(2-12)可以看到,采用 DCNN 的卷积层、池化层以及全局池化技术后,相对于传统全连接网络,DCNN 中待训练的参数数量大幅减少,因此能够进行在线实时更新。

2) DCNN 激活函数

对所设计的 DCNN 的卷积层采用相同的激活函数 tanh,有

$$\tanh(n) = \frac{\sinh(n)}{\cosh(n)} \tag{2-13}$$

式中,n 为激活函数的输入。

3) DCNN 网络训练

采用 BP 算法对 DCNN 网络进行训练。训练数据采用离线获得的 DVQ-EKF 在观测有效情况下输出的测量更新状态参数 $\hat{P}_{k/k,\text{offboard}}$。当该 DCNN 网络完成离线训练后,在空间中将使用观测有效情况下的 DVQ-EKF 在线测量更新状态参数 $\hat{P}_{k/k,\text{onboard}}$ 进行在线更新,从而修正该 DCNN 网络的内部参数,使其更贴近真实空间环境。在离线训练以及在线更新过程中,对该 DCNN 网络进行训练的损失函数分别为

$$\text{MSE}_{\text{offboard}} = \frac{1}{N} \sum_{i=1}^{N} \| \hat{P}_{k/k,\text{offboard}} - P_{k/k} \|_2^2 \tag{2-14}$$

$$\text{MSE}_{\text{onboard}} = \frac{1}{N} \sum_{i=1}^{N} \| \hat{P}_{k/k,\text{onboard}} - P_{k/k} \|_2^2 \tag{2-15}$$

采用 Adam 算法[21]对式(2-14)、式(2-15)进行最小化,通过 $\hat{P}_{k/k,\text{offboard}}$ 与 $\hat{P}_{k/k,\text{onboard}}$ 对 DCNN 网络的权值进行迭代更新,即可完成对 DCNN 网络的离线训练或在线更新训练。在训练过程中,学习率设置为 $\eta = 0.0001$。

3. DVQ-MANN 算法设计

DVQ-MANN 包括两部分,即 DVQ-EKF 以及基于人工神经网络的参数估计方法。当未发生测量失效时,DVQ-EKF 仍然是最佳参数估计算法,因为其运算量小且不用进行先期训练。当测量长时间失效情况发生时,基于人工神经网络的参数估计算法将会被用来进行参数估计。DVQ-MANN 结构图如图 2-5 所示。

由图 2-5 可知,在进行参数估计之前,首先 DVQ-MANN 对测量信息是否失效进行判定。若判定测量有效,则 DVQ-MANN 使用 DVQ-EKF 的估计量作为最终估计结果,并用此估计量对 DVQ-MANN 中的人工神经网络进行更新;

若判定测量失效,则选择人工神经网络对空间非合作目标的位姿质量参数进行估计,并基于该估计值对 DVQ – EKF 进行重置。

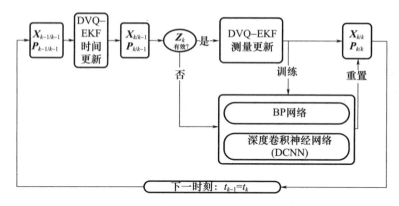

图 2 – 5　DVQ – MANN 结构

4. DVQ – MANN 仿真分析

为了对 DVQ – MANN 进行数学仿真验证,首先基于 600 组良好估计量的训练数据对所设计的人工神经网络进行离线训练。服务航天器与空间非合作目标的初始参数如下:

空间非合作目标质心到观测点距离为

$$\boldsymbol{\rho} = (0.5 \quad 0.5 \quad 0.5)^{\mathrm{T}} \mathrm{m} \qquad (2-16)$$

空间非合作目标的惯性张量矩阵为

$$\boldsymbol{J}_T = \begin{bmatrix} 70 & & \\ & 70 & \\ & & 40 \end{bmatrix} \mathrm{kg/m^2} \qquad (2-17)$$

服务航天器以及空间非合作目标的运行轨道高度为

$$\boldsymbol{h}_{T/I} = \boldsymbol{h}_{B/I} = 400 \mathrm{km} \qquad (2-18)$$

且服务航天器与空间非合作目标运行在同一平面的圆轨道内。

空间非合作目标相对角速度初值为

$$\boldsymbol{\omega}_{T/B}^{\mathrm{T}}(0) = (0.2 \quad 0.1 \quad 0.1)^{\mathrm{T}} \mathrm{rad/s} \qquad (2-19)$$

空间非合作目标相对线速度初值为

$$\boldsymbol{v}_{T/B}^{\mathrm{T}}(0) = (0.001 \quad 0.1 \quad 0.003)^{\mathrm{T}} \mathrm{m/s} \qquad (2-20)$$

服务航天器与空间非合作目标质心相对姿态四元数初值为

$$\boldsymbol{q}_{T/B}(0) = (1 \quad 0 \quad 0 \quad 0)^{\mathrm{T}} \qquad (2-21)$$

服务航天器与空间非合作目标质心相对距离初值为

$$r_{T/B}^{\mathrm{T}}(0) = (50 \quad 50 \quad 0)^{\mathrm{T}} \mathrm{m} \tag{2-22}$$

空间非合作目标受到空间环境干扰力矩对相对角速度与相对线速度的干扰误差强度为

$$\sigma_\omega^2 = 5 \times 10^{-4} (\mathrm{rad/s^2})^2 \tag{2-23}$$

$$\sigma_v^2 = 1 \times 10^{-3} (\mathrm{m/s^2})^2 \tag{2-24}$$

当观测有效时,服务航天器的观测干扰误差强度为

$$\sigma_q^2 = 0.01 \tag{2-25}$$

$$\sigma_r^2 = 0.01 \mathrm{m}^2 \tag{2-26}$$

且服务航天器上的测量敏感器的观测频率为2Hz。

假定观测失效发生在200~300s,观测失效设定为向理论观测噪声协方差矩阵中加入干扰量,并且观测在300s之后恢复正常。DVQ-MANN的仿真初值设置如表2-3所列。

表2-3 DVQ-MANN的仿真初值

状态参数	仿真初值
$q_{T/B}$	$(0.5 \quad 0.5 \quad 0.5 \quad 0.5)^{\mathrm{T}}$
$r_{T/B}^{\mathrm{T}}$	$(55 \quad 55 \quad 55)^{\mathrm{T}} \mathrm{m}$
$\omega_{T/B}^{\mathrm{T}}$	$(0.5 \quad 0.5 \quad 0.5)^{\mathrm{T}} \mathrm{rad/s}$
$v_{T/B}^{\mathrm{T}}$	$(0.1 \quad 0.1 \quad 0.1)^{\mathrm{T}} \mathrm{m/s}$
p	$(1 \quad 1 \quad 1)^{\mathrm{T}}$
ρ	$(0 \quad 0 \quad 0)^{\mathrm{T}} \mathrm{m}$
P	$I_{24 \times 24}$
$T_{\mathrm{simulation}}$	350s

图2-6和图2-7分别展示了姿态四元数误差eq曲线和相对位置误差er曲线,用来描述DVQ-MANN对空间非合作目标的相对位姿的估计量与真实值之间的误差。在长时间观测失效条件下,通过图2-6和图2-7可以看到,在设定的初始偏差条件下,采用DVQ-MANN对空间非合作目标相对姿态四元数的估计误差小于0.02,对相对位置估计误差小于0.5m。

相对角速度误差eω曲线和相对线速度误差ev曲线分别如图2-8和图2-9所示,用来描述DVQ-MANN对空间非合作目标的相对速度估计量与真实值之间的误差。通过图2-8和图2-9可以看到,在设定的初始偏差条件下,采用DVQ-MANN对空间非合作目标相对角速度的估计误差小于0.005rad/s,相对线速度估计误差小于0.1m/s。

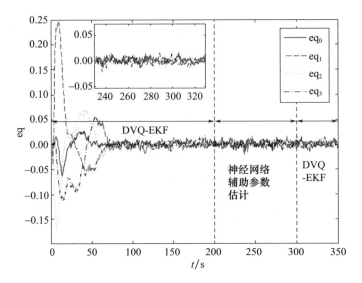

图 2-6 姿态四元数误差 eq 曲线（DVQ-MANN）

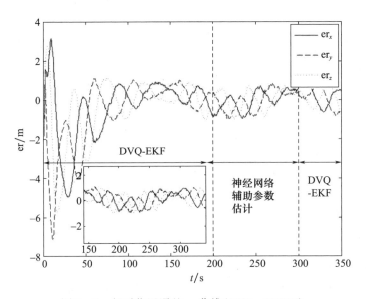

图 2-7 相对位置误差 er 曲线（DVQ-MANN）

图 2-10 和图 2-11 分别展示了转动惯量比值误差 ep 曲线和目标质心位置误差 eρ 曲线，用来描述 DVQ-MANN 对空间非合作目标的质量参数估计量与真实值之间的误差。通过图 2-10 和图 2-11 可以看到，在设定的初始偏差条件下，采用 DVQ-MANN 对空间非合作目标的转动惯量比值的估计误差小于 0.05，相对质心位置估计误差小于 0.02m。

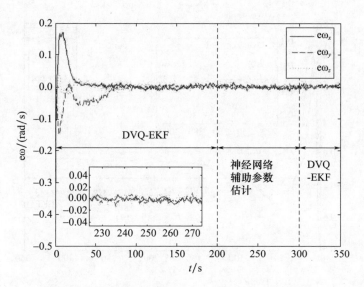

图 2-8 相对角速度误差 eω 曲线（DVQ - MANN）

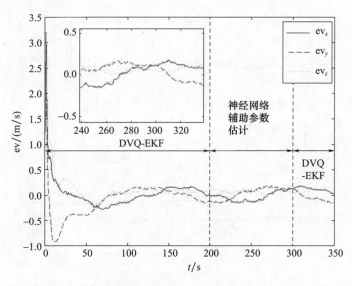

图 2-9 相对线速度误差 ev 曲线（DVQ - MANN）

2.4.2 空间非合作目标三维重建识别自由翻滚空间非合作目标

目前，针对已知目标模型或部分信息的"合作目标"的视觉测量已有了广泛的研究[22-25]，但应用于真正的非合作目标的算法却很少。Biondi[26]提出一种假定目标上存在合作的标识点或其三维几何构型已知的视觉观测方法。然而，该

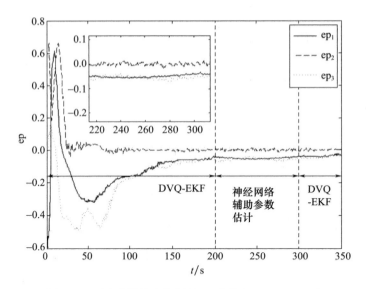

图 2-10 转动惯量比值误差 ep 曲线(DVQ-MANN)

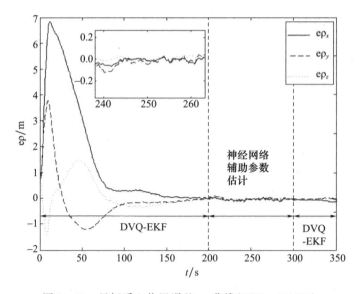

图 2-11 目标质心位置误差 eρ 曲线(DVQ-MANN)

方法需要特征点在目标坐标系中的坐标已知,只存在部分噪声,即假定已知目标的模型先验信息。Li[27]提出了一种基于连续点云的空间目标状态估计方法,在不知道空间目标结构的情况下,实现了交会过程中对空间翻滚目标的状态估计。但该方法假定目标点云姿态测量数据已通过立体视觉观测粗略测得,即假定可以持续性地对目标进行有效观测,没有考虑到观测量不足的情况。

对于空间非合作目标,考虑到空间环境干扰造成的不良观测工况存在,以及由于目标旋转运动引起的遮蔽问题,在观测过程中不可避免地会出现特征点丢失和测量缺失。而一旦出现这种情况,仅采用卡尔曼滤波方法只能基于系统的预测模型(状态方程)来预测系统状态,却无法基于观测值进行状态更新,从而会导致卡尔曼滤波器状态估计精度的不足。另外,对目标状态估计精度的不足又会反过来使得难以重新检测到并寻回跟踪丢失的特征。针对这一问题,Oumer[28]通过利用光流法和特征的立体匹配来预测目标相对于观测者的速度,从而实现了存在遮蔽问题时目标的姿态和角速度恢复。但该方法依赖于光流技术,受空间光照环境影响严重,且只能通过稀疏三维点云来估计部分姿态。Biondi[24]通过立体视觉传感器跟踪目标的一些特征点,利用压缩感知和卡尔曼滤波实现对空间碎片角速率的估计。但文中仅仅给出了卡尔曼滤波过程,直接假定了目标的特征位置的先验信息已知。Feng[29]针对缺乏可靠的视觉特征以及对光照环境稳健性的需求,提出了一种新的基于卷积神经网络的姿态确定方法,实现了对机载姿态的实时估计,摆脱了对图像特征和先验相对状态信息的依赖。但卷积神经网络的可靠训练需要大量的图像数据集和计算资源,因此必须预知目标的部分模型信息,用于合成虚拟图像并进行训练。

在观测方式方面,目前已有的针对空间目标观测的方法大多基于单个观测航天器对目标实施观测[30-31]。其中,基于单目相机对空间非合作目标的观测和导航研究已取得了诸多成果。尤其在轨道导航方面,利用单目相机获得的目标测角信息,即可实现对目标相对运动信息的精确导航[32-35],摆脱了对相对距离观测量的需求和距离测量敏感器的依赖,大大降低了航天器导航系统的能耗、体积负载和造价需求。进一步地,如果目标上存在三个及以上确定的特征点,则可以利用仅测角导航方法解算目标姿态。然而,针对无合作标识点的空间翻滚目标,由于特征点信息不明确和特征跟踪丢失等问题,仅测角导航方法难以解算目标的姿态变化。同时,单目相机无法获得空间目标的点云信息,因此难以通过点云匹配的方式实现对空间翻滚非合作目标的姿态解算[36]。基于单一观测航天器配置的双目或多目立体视觉相机,相比于单目相机,可以得到更为丰富且高效的观测信息。然而,受限于立体视觉相机的基线长度等因素,其能够实现有效测量和重建的范围有限,多应用于极近距离的空间操作需要。此外,考虑到空间光照等复杂空间环境的影响,难以保证单一航天器能够长期处于良好的观测位置。而一旦航天器观测位置不佳,基于单一观测航天器上的观测方式,其受到的观测干扰难以进行校正和消除。

考虑到空间非合作目标参数识别具有先验模型信息未知且特征点跟踪困难

的特点,本节提出了基于多航天器多视点协同观测参数识别方法。该方法主要包括以下内容:

1. 多航天器协同观测及目标信息提取

在空间环境下,非合作目标由于自身轨道姿态控制能力丧失,以及外界干扰力的作用,会在空间中自行地慢速旋转。在旋转过程中,由于目标惯性主轴和旋转轴之间的耦合效应,会造成章动现象的出现,并最终导致空间非合作目标的自由翻滚状态[37]。

目前,针对空间目标姿态参数识别任务,大多采用单个观测航天器对目标实施观测,鲜有采用多个航天器对单一目标进行协作观测的相关观测约束和编队控制研究。而考虑到空间环境干扰、目标旋转运动引起的遮蔽等问题,单个观测航天器在观测过程中不可避免地会出现目标特征点丢失和测量缺失的情况,影响观测的有效性,大幅增加姿态参数识别任务的复杂度和困难度。

针对空间非合作目标,采用多颗卫星进行编队伴飞并对目标进行协同观测,从而实现空间非合作目标的三维重建及参数识别。此过程主要包括卫星编队相对轨道运动动力学模型建立、卫星编队构型设计、目标观测数据集构建等。

在此假设非合作目标的初始轨道为圆轨道,在建立卫星编队相对轨道运动动力学模型的时候,以待观测的空间非合作目标为主星,定义卫星编队系统及其参考轨道(Local Vertical Local Horigontal,LVLH)坐标系如图2-12所示:x轴由地心指向目标,y轴沿目标运行的速度方向,z轴与x轴和y轴满足右手定则。考虑目标运行轨道为近圆轨道,轨道角速度为可表示为$n = \sqrt{\mu_e/R_0^3}$(μ_e为地球引力常数,R_0为圆轨道的半径)。

选择圆形伴飞轨道作为观测卫星的协同观测轨道,基于空间相机的相关参数和性能对多视点观测约束进行初步分析,对伴飞和协同观测轨道约束如下:

(1)考虑空间相机的相机参数和有效观测距离,伴飞轨道的轨道半径应小于有效观测距离。

(2)考虑协同观测的实现需求,协同观测卫星之间的相位角差应小于有效阈值。

(3)在伴飞与观测过程中,观测航天器匀速地同步自旋,以调整姿态,保证对目标的持续观测。

基于航天器近距离相对运动条件$R_i \approx R_0 \gg \rho_i$,不考虑主动控制力等作用的影响,观测卫星$C_i$对于目标$T$的相对运动动力学模型C-W方程可以简写成

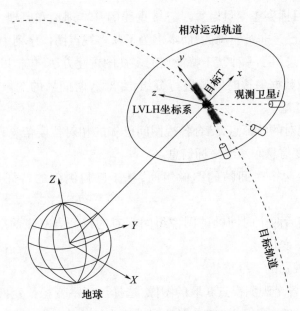

图 2-12 空间非合作目标的卫星编队协作观测示意

$$\begin{cases} x_i = -\dfrac{r_i}{2}\cos(nt+\theta_i) \\ y_i = r_i\sin(nt+\theta_i) \\ z_i = \pm\dfrac{\sqrt{3}\,r_i}{2}\cos(nt+\theta_i) \end{cases} \quad (2-27)$$

式中,x_i,y_i,z_i 分别表示观测航天器 C_i 与目标 T 的相对位置向量在 LVLH 坐标系三个轴上的分量;r_i 为观测航天器的相对轨道半径;θ_i 表示观测航天器的初始相位角。通过合理地选取设计变量 r_i,θ_i 的值,可以给出圆轨道构型的多星编队期望相对位置表达式。

对空间非合作目标协作观测的卫星编队构型设计:采用多颗卫星编队对待辨识的空间非合作目标进行伴飞,伴飞轨道设计为同一圆形轨道,基于卫星编队相对轨道运动动力学模型设定各观测卫星的相对轨道半径和初始相位,解算各观测卫星的相对运动轨迹,并基于对目标的观测考虑,解算相应的观测姿态,实现针对空间非合作目标的协同观测构型。对空间非合作目标进行观测,整合时序变化的观测相机序列和获取的目标图像信息,构建关于目标的时序观测数据集。

2. 多视点协同观测数据处理

针对协同观测获取的关于目标的协作观测数据,整个数据处理流程可分为两个部分:各时间帧上基于多视点图像的空间目标三维重建和基于时间帧间三维重建结果的目标姿态变量解算。三维重建的基本理论和原理,乃至一般的重建流程,目前都已是非常明确的,而本书为了从多视点图像序列中获取目标的帧间姿态变化量,采用了一种基于特征点的多视图重建方法,包括以下步骤:

(1)对图像数据集按时间帧进行分组,并对各时间帧的图像组分别进行特征检测和特征匹配。

(2)基于配对的特征点,结合各视图间已知的相对位姿信息,恢复各个时间帧特征点的深度信息和三维坐标信息。

(3)在前后两个时间帧的图像组间,基于已检测到的特征点进行特征点匹配。

(4)基于前后两个时间帧的图像组间配对的特征点对应的空间坐标变换,解算目标的姿态变化。

1)基于多视图的三维重建

首先,针对各个观测视点获取的图像,选择尺度不变特征变换算子(Scale-Invariant Feature Transform,SIFT)[38]的改进形式加速稳健特征算子(Speeded Up Robust Features,SURF)[39]进行特征提取,SURF特征算子在保留了SIFT算子对图像变换的稳定性和不变性优点的同时,提高了计算的速度。除了特征点位置,SURF检测器还为每个特征点赋予了一个64维的局部特征描述符,以用于图像间的特征匹配。

在图像间的特征匹配过程中,使用近似最近邻算法(Approximate Nearest Neighbor,ANN)进行主匹配,并结合协作观测相机间的已知相对位姿信息,利用极线约束减小搜索区域,去除异常匹配。

其次,基于匹配的特征和各视点相机的位姿信息,利用三角测量方法进行三维重建,得到目标的特征点云。

2)帧间目标姿态变量确定

首先,在前后两个时间帧的图像组间,基于检测到的特征点进行特征匹配。依次选择各个相机作为主相机,使用近似最近邻算法进行主匹配,匹配判定条件设定如下:

(1)满足主相机前后两个时间帧获取的图像间的特征点匹配判定条件。

(2)和主相机视图的特征点对应的辅助相机的不同时间帧图像上的特征点间同样要满足匹配判定条件。

基于匹配的特征点,构建出随着时间帧变化的三维特征点云。而空间点云在前后两个时间帧的变化可描述为 RT 变换的形式,即

$$\boldsymbol{\rho}_i^{(t+\Delta t)} = \left[R_{(t)}^{(t+\Delta t)} \mid T_{(t)}^{(t+\Delta t)} \right] \boldsymbol{\rho}_i^{(t)} \qquad (2-28)$$

式中,$\boldsymbol{\rho}_i^{(t)}$ 和 $\boldsymbol{\rho}_i^{(t+\Delta t)}$ 分别表示匹配的特征点 i 在 t 和 $t+\Delta t$ 时刻对应的空间坐标的齐次形式。

RT 矩阵中共计 12 个元素,考虑到 $\| R_{(t)}^{(t+\Delta t)} \|_2 = 1$ 的约束,待求解的未知量共计 11 个。因此,当配对的特征点数量达到 4 对时,即可构建超定方程组。利用加权最小二乘法,解得两个时间帧之间的姿态变化量和位置变化量。

进一步地,在特征点配对数量超过所需对数的前提下,考虑到特征匹配中可能存在的误匹配现象,可使用随机样本一致性(Random Sample Consensus,RANSAC)算法[40]排除离群匹配。

3. 非合作目标姿态参数滤波

在此采用扩展卡尔曼滤波(Extended Kalman Filter,EKF)技术对姿态参数进行滤波:扩展卡尔曼滤波是标准卡尔曼滤波在非线性情形下的一种扩展形式,作为一种高效率的递归滤波器,在空间目标运动学和动力学参数估计中有着广泛的应用。

对于包含待估计参数量的状态向量 $\boldsymbol{x}$,其估计模型即状态转移方程为

$$\boldsymbol{x}_k = f(\boldsymbol{x}_{k-1}) + \boldsymbol{s}_k \qquad (2-29)$$

测量模型即观测方程为

$$\boldsymbol{z}_k = h(\boldsymbol{x}_k) + v_k \qquad (2-30)$$

基于估计模型和测量模型,EKF 对状态量的估计和更新流程如下:

估计(传播):

$$\boldsymbol{x}'_k = f(\boldsymbol{x}_{k-1}) + s_k \qquad (2-31)$$

$$\boldsymbol{P}'_k = \boldsymbol{F}_{k-1} \boldsymbol{P}_{k-1} \boldsymbol{F}_{k-1}^{\mathrm{T}} + \boldsymbol{Q} \qquad (2-32)$$

更新(校正):

$$\boldsymbol{S}_k = \boldsymbol{H}_k \boldsymbol{P}'_k \boldsymbol{H}_k^{\mathrm{T}} + \boldsymbol{R} \qquad (2-33)$$

$$\boldsymbol{K}_k = \boldsymbol{P}'_k \boldsymbol{H}_k^{\mathrm{T}} \boldsymbol{S}_k^{-1} \qquad (2-34)$$

$$\boldsymbol{x}_k = \boldsymbol{x}'_k + \boldsymbol{K}_k (\boldsymbol{z}_k - h(\boldsymbol{x}'_k)) \qquad (2-35)$$

$$\boldsymbol{P}_k = \boldsymbol{P}'_k - \boldsymbol{K}_k \boldsymbol{S}_k \boldsymbol{K}_k^{\mathrm{T}} \qquad (2-36)$$

式中,$\boldsymbol{F}_{k-1}$ 和 $\boldsymbol{H}_k$ 分别表示函数 $f(\boldsymbol{x})$ 和 $h(\boldsymbol{x})$ 在 $\boldsymbol{x}_{k-1}$ 和 $\boldsymbol{x}'_k$ 处的雅克比矩阵,有

$$\boldsymbol{F}_{k-1} = \frac{\partial f}{\partial \boldsymbol{x}} \bigg|_{\boldsymbol{x}_{k-1}}, \boldsymbol{H}_k = \frac{\partial h}{\partial \boldsymbol{x}} \bigg|_{\boldsymbol{x}'_k} \qquad (2-37)$$

1)估计模型

状态向量定义为

$$x = [\boldsymbol{q}^{\mathrm{T}}, \boldsymbol{\omega}^{\mathrm{T}}]^{\mathrm{T}} \qquad (2-38)$$

式中,$\boldsymbol{q}$ 为目标的姿态四元数,其定义为

$$\boldsymbol{q} = [q_0, q_1, q_2, q_3]^{\mathrm{T}} = \left[\cos\frac{\theta}{2}, \alpha_1\sin\frac{\theta}{2}, \alpha_2\sin\frac{\theta}{2}, \alpha_3\sin\frac{\theta}{2}\right]^{\mathrm{T}} \qquad (2-39)$$

式中,$\alpha_1, \alpha_2, \alpha_3$ 为表征旋转轴的单位向量的分量;θ 为旋转角度。

四元数形式的运动学方程为

$$\dot{\boldsymbol{q}} = \frac{1}{2}\boldsymbol{Q}(\boldsymbol{q})\boldsymbol{\omega} \qquad (2-40)$$

式中

$$\boldsymbol{Q}(\boldsymbol{q}) = \begin{bmatrix} -q_1 & -q_2 & -q_3 \\ q_0 & -q_3 & q_2 \\ q_3 & q_0 & -q_1 \\ -q_2 & q_1 & q_0 \end{bmatrix} \qquad (2-41)$$

$\boldsymbol{\omega} = [\omega_1, \omega_2, \omega_3]^{\mathrm{T}}$ 表示目标旋转的角速度,不考虑外力矩影响,其动力学方程为

$$\dot{\boldsymbol{\omega}} = -\boldsymbol{J}^{-1}\boldsymbol{\omega}^{\times}\boldsymbol{J}\boldsymbol{\omega} \qquad (2-42)$$

式中,$\boldsymbol{J}$ 为目标的惯性张量阵;$\boldsymbol{\omega}^{\times}$ 表示 $\boldsymbol{\omega}$ 的叉乘矩阵,有

$$\boldsymbol{\omega}^{\times} = \begin{bmatrix} 0 & -\omega_3 & \omega_2 \\ \omega_3 & 0 & -\omega_1 \\ -\omega_2 & \omega_1 & 0 \end{bmatrix} \qquad (2-43)$$

2) 测量模型

假定 $\boldsymbol{P}_i$ 为目标上的特征点,$\boldsymbol{\rho}_i$ 为其在视觉参考系中相应的坐标向量,即

$$\boldsymbol{\rho}_i = \boldsymbol{\rho}_0 + \boldsymbol{D}(\boldsymbol{q})\boldsymbol{P}_i \qquad (2-44)$$

式中,$\boldsymbol{\rho}_0$ 为目标质心的相对位置坐标;$\boldsymbol{D}(\boldsymbol{q})$ 为目标本体坐标系相对于观测坐标系的坐标变换矩阵,即目标的姿态矩阵。

考虑到空间目标的非合作性,即缺乏合作标识,特征点在目标本体坐标系中的位置可能是未知的,然而,通过前面提到的多视点三维重建,特征点在观测空间中的坐标是可知的。出于这一考虑,选择前后两个不同时间帧同一特征点 $\boldsymbol{P}_i$ 在观测坐标系中的坐标表达式构建方程组

$$\begin{cases} \boldsymbol{\rho}_i^t = \boldsymbol{\rho}_0^t + \boldsymbol{D}(\boldsymbol{q}^t)\boldsymbol{P}_i \\ \boldsymbol{\rho}_i^{t+\Delta t} = \boldsymbol{\rho}_0^{t+\Delta t} + \boldsymbol{D}(\boldsymbol{q}^{t+\Delta t})\boldsymbol{P}_i \end{cases} \qquad (2-45)$$

消去 $\boldsymbol{P}_i$,整理可得

$$\rho_i^{t+\Delta t} = \Delta\Phi \rho_i^t + B \qquad (2-46)$$

式中，$\Delta\Phi$ 表示目标的姿态变化矩阵，有

$$\Delta\Phi = D(q^{t+\Delta t})D^{-1}(q^t) = D(\Delta q) \qquad (2-47)$$

式中，Δq 为姿态四元数变量，有

$$\Delta q q^t = q^{t+\Delta t} \qquad (2-48)$$

显然，通过前后不同时间帧中同一组特征点在观测坐标系中的位置坐标，即目标的点云信息，计算目标的姿态变化量，并以此构建观测量，可以避免特征点在目标本体坐标系中坐标未知或存在不确定性的问题。

4. 仿真验证分析

选择"风云一号"模型作为参考，建立相应的仿真几何模型，如图 2-13 所示。假定光照环境良好，并忽略卫星的外表材料等因素可能导致的过曝现象，本书的协同观测方式设计如下：

图 2-13 参考"风云一号"的目标仿真模型

多颗观测卫星上分别安装一个 CCD 相机，沿同一圆形相对轨道绕目标编队飞行并进行协作观测，虽然更多的视点可以获得更为优良的结果，但出于简化问题以便于模拟仿真的考虑，仅选择三个视点进行协同观测。考虑单个观测卫星的观测性能以及观测卫星之间的协同效果，选择通过设定相对轨道半径和各观测卫星的初始相位角，对各相机的相对运动轨迹和观测姿态轨迹进行确定。基于设定的轨道半径和初始相位角确定虚拟相机的相对运动轨迹，然后，考虑相机视线固定指向目标模型，确定虚拟相机的观测姿态变化轨迹。设定目标模型的初始姿态和姿态变化量，通过各个虚拟相机获取相应的映射图像，构成姿态随时间变化的图像序列集。

设定目标模型的初始姿态为 $q_0 = [1,0,0,0]^T$，角速度为 $\omega_t = [1,1,1]^T((°)/s)$。相对运动轨道半径为 200m，三个虚拟相机的初始相位角分别为 0°、6.35°和 12.7°，采样时间为 3000s，采样频率为 1Hz。获取各视点的图像序列，构成图像序列集。以此为基础进行姿态变量解算，对解算得到的目标姿态变化数据进行初步拟合，去除离群点，最终得到目标的姿态角变化量数据如图 2-14 所示。

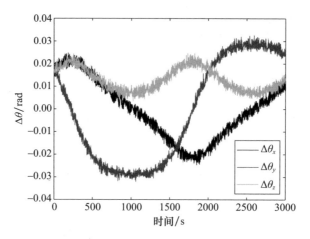

图 2-14　基于三视点观测的解算姿态角变化量（见彩插）

显然,选择三视点在同一轨道不同相位进行协同观测时,其姿态角观测解算结果能够一定程度地反映目标的角速度变化趋势,但也存在着较大的噪声,需要通过 EKF 滤波进一步进行处理。

滤波器的初始条件中,目标初始姿态设定为 $q_0 = [1,0,0,0]^T$,初始角速度设定为第一次角速度解算的结果。选择目标姿态角变化量作为观测量,构建观测数据,并以此为基础进行 EKF 滤波,滤波结果如图 2-15 所示。

可以看到,选择三视点在同一轨道不同相位进行协同观测,其姿态角观测解算结果经过 EKF 进一步滤波处理之后,目标的角速度信息可以迅速地获得一个良好的滤波结果,即可以迅速地收敛到指定阈值内,仅存在少量的超出阈值的现象。

为了进一步确定有效的协同观测域,将前后虚拟相机的相位差从 1°开始并以 1°为步长逐步增大到 20°,分别进行虚拟图像序列采集和处理,并进行姿态解算。具体设置如下:

设定目标模型的初始姿态为 $q_0 = [1,0,0,0]^T$,初始角速度为 $\omega_t = [3,3,3]^T$ $((°)/s)$。相对运动轨道半径为 200m,三个虚拟相机沿圆形相对轨道依次布置,前后相机相位角差一致,首个虚拟相机初始相位设定为 $\theta_1 = 0°$。采样时间为 500s,采样频率为 5Hz。获取各视点的图像序列,构成图像序列集。以此为基础进行姿态变量解算。

由于相对观测位姿的变化,以及光照等因素的影响,在整个观测过程中,不可避免地会出现观测信息缺失和观测失误导致的离群点。其中,观测信息缺失即可有效跟踪和匹配的特征点数目不足,无法对姿态变化矩阵进行求解。观测失误即存在特征错误跟踪和误匹配现象,导致姿态变化矩阵求解错误,这里基于短时间内(0.2s)目标姿态角速度不可能发生突变的考虑,引入姿态变量变化阈值对观测失误点进行筛选和确认。

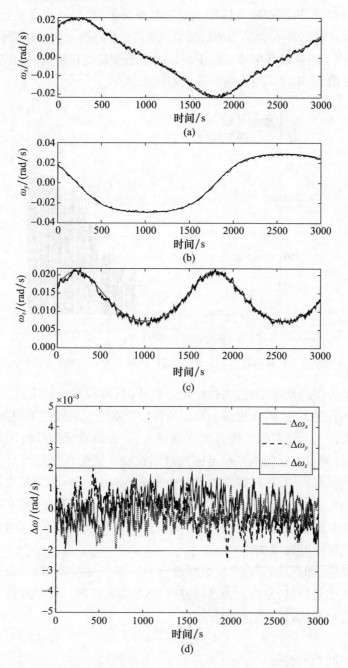

图 2-15 基于协同观测解算姿态角变化量的 EKF 滤波结果(见彩插)

随着虚拟相机间的相位角差从 1°逐步增大到 20°,观测信息缺失和失误点的数量如图 2-16 所示。可以看到,当虚拟相机间相位角差较小时,由于各相机间位置相对接近,可以跟踪和匹配到足够数量特征点,以对姿态变量进行解算。当相位角差达到 12°时,在某些相对位姿状态下,不同视点间的图像间的共性表现不足,出现了跟踪和匹配特征点不足以对姿态变量进行解算的情况,随着相位角差进一步增大,出现了越来越多的观测缺失情况。

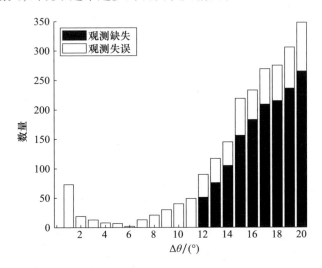

图 2-16　虚拟相机相位角差 1°~20°的离群点数量变化(2500 次采样)(见彩插)

从观测失误的角度来看,当相位角差极小时,虚拟相机间距过小,其获取的图像间的差异性不足,因此出现了较多的特征跟踪错误和误匹配现象,造成了较多的观测失误点。随着相位角差的逐渐增大,一方面特征跟踪错误和误匹配现象迅速消减;另一方面仍然存在足够数量的跟踪和匹配特征对可以拟合少数错误特征对的不良影响,使得观测失误的情况迅速减少。然而,当相位角差增大超过一定阈值后,虽然大幅度消减了特征跟踪错误和误匹配现象,但有效跟踪和匹配特征对数量的快速消减使得其不足以拟合错误特征对的不良影响,使得观测失误的情况反而开始增加。

对解算得到的目标姿态变化数据进行初步拟合,去除离群点,最终得到目标的姿态角变化量数据,并以此为基础进行 EKF 姿态滤波。将解算得到的角速度同解析解进行对比,计算绝对误差

$$e_\omega = \|\hat{\omega} - \omega\|_2 \tag{2-49}$$

用于衡量协同观测性能。

随着虚拟相机间的相位角差从 1°逐步增大到 20°,相应的 EKF 滤波误差如

图 2-17 所示。

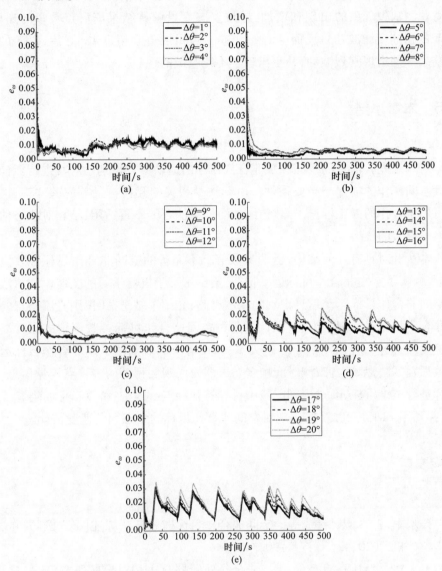

图 2-17　虚拟相机相位角差 1°~20° 的 EKF 滤波结果

可以看到,当相位角差较小时,可以获得相对良好的解算结果。这是由于,当相位角差较小时,协同观测姿态变量解算结果的离群点相对较少。虽然在相位角差极小的情况下,观测失效点相对有所增加,但由于没有或者较少存在观测缺失点,整体的姿态变量解的离群点数量是相对较少的,可以通过一定的拟合方式,尽可能地消除离群点的影响。随着相位角差的增大,姿态变量解算结果离群点数量逐渐减少,EKF 的滤波结果也变得更好。但当相位角增大到一定程度后,随着观测缺失现象的出现和增加,导致姿态变量解算结果离群点数量的递增,EKF 的角速度滤波结果反而会开始变差。当相位角差超过 12°之后,EKF 的滤波结果开始出现剧烈波动,乃至出现了不能收敛的现象。

2.5 本章小结

对缺乏先验信息的空间翻滚非合作目标的运动参数识别是对其进行抓捕和后续空间操作的前提与必要条件。由于缺少相关的几何构型等先验知识,也没有可用于合作的人工标记,导致传统的协同算法可能不再适用,给相对状态估计带来了很大的挑战。

本章针对具有几何结构、运动参数信息不完备的空间非合作目标参数识别问题,分析了空间非合作目标运动特征;给出了基于机器学习的图像识别算法开展空间非合作目标运动信息识别的基本思路;介绍了基于 AI 识别光流信息的空间非合作目标载荷识别方法;设计了几种空间非合作目标参数识别的深度混合神经网络;最后,提出了基于多航天器、多视点协同观测的空间非合作目标运动参数识别方法,基于各观测时间帧多航天器协同观测得到的多视点视觉信息,对目标进行三维重建,通过识别图像中目标特征和点云匹配,解算目标的姿态变化量,并利用 EKF 进行滤波,实现对空间非合作目标的姿态和角速度估计。

参考文献

[1] 孙永军,王钤,刘伊威,等. 空间非合作目标捕获方法综述[J]. 国防科技大学学报,2020,42(3):74-90.

[2] 王大轶,胡启阳,胡海东,等. 非合作航天器自主相对导航研究综述[J]. 控制理论与应用,2018,35(10):1392-1404.

[3] OPROMOLLAR R,FASANO G,RUFINO G,et al. A Review of Cooperative and Uncooperative Spacecraft Pose Determination Techniques for Close-Proximity Operations[J]. Progress in Aerospace Sciences,2017,93:53-72.

[4] 牟金震,郝晓龙,朱文山,等. 非合作目标智能感知技术研究进展与展望[J]. 中国空间科学技术,2021,41(6):1-16.

[5] MAHENDRAKAR T,WILDE M,WHITE R. Use of Artificial Intelligence for Feature Recognition and Flightpath Planning Around Non-Cooperative Resident Space Objects[C]// ASCEND 2021,AIAA 2021-4123.

[6] TANG J X,ERICSON L,FOLKESSON J,et al. GCNv2:Efficient Correspondence Prediction for Real-Time SLAM[J]. IEEE Robotics and Automation Letters,2019,10(4):3505-3512.

[7] 刘宗明,牟金震,张硕,等. 空间失效慢旋卫星视觉特征跟踪与位姿测量[J]. 航空学报,2021,42(1):284-295.

[8] 刘付成,牟金震,刘宗明,等. 低照度小样本限制下的失效卫星相对位姿估计与优化[J]. 航空学报,2021,42(4):546-557.

[9] 牟金震,刘宗明,韩飞,等. 失效卫星远距离相对位姿估计与优化方法[J]. 航空学报,2021,42(11):391-403.

[10] SHI J F,ULRICH S,RUEL S. CubeSat Simulation and Detection using Monocular Camera Images and Convolutional Neural Networks[C]// 2018 AIAA Guidance,Navigation,and Control Conference,AIAA 2018-1604.

[11] 蒋昭阳. 基于深度学习的非合作航天器单目视觉位姿测量方法[D]. 哈尔滨:哈尔滨工业大学,2020.

[12] SHARMA S,BEIERLE C,D'AMICO S. Pose Estimation for Non-Cooperative Spacecraft Rendezvous Using Convolutional Neural Networks[C]// 2018 IEEE Aerospace Conference,Big Sky,MT,USA,2018.

[13] SHARMA S,D'AMICO S. Pose Estimation for Non-Cooperative Spacecraft Rendezvous Using Neural Networks[J]. Advances in the Astronautical Sciences,2020,168:3527-3546.

[14] HUAN W X,LIU M M,HU Q L. Pose Estimation for Non-Cooperative Spacecraft Based on Deep Learning[C]// 39th Chinese Control Conference. July 27-29,2020. Shenyang.

[15] BONNAL C,RUAULT J M,DESJEAN M C. Active Debris Removal:Recent Progress and Current Trends[J]. Acta Astronautica,2013,85(4):51-60.

[16] FLORES-ABAD A,MA O,PHAM K,et al. A Review of Space Robotics Technologies for On-Orbit Servicing[J]. Progress in Aerospace Sciences,2014,68(8):1-26.

[17] BARNHART D,HUNTER R,WESTON A,et al. XSS-10 Micro-Satellite Demonstration[C]// AIAA Defense & Civil Space Programs Conference & Ex-

hibit, Huntsville, AL, 1998:339 – 346.

[18] OBERMARK J, GREAMER G, KELM B E, et al. SUMO/FREND: Vision System for Autonomous Satellite Grapple[C]// Proceedings of SPIE – The International Society for Optical Engineering. Orlando, Florida, 2007:1 – 11.

[19] KROLIKOWSKI A, DAVID E. Commercial On – Orbit Satellite Servicing: National and International Policy Considerations Raised by Industry Proposals[J]. New Space, 2013, 1(1):29 – 41.

[20] HOU X H, YUAN J P, MA C, et al. Parameter Estimations of Uncooperative Space Targets Using Novel Mixed Artificial Neural Network[J]. Neurocomputing, 2019, 339:232 – 244.

[21] KINGMA D P, BA J. ADAM: A Method for Stochastic Optimization[J]. Computer Science, 2014, 1:1 – 15.

[22] TERUI F, KAMIMURA H, NISHIDA S I, et al. Motion Estimation to a Failed Satellite on Orbit using Stereo Vision and 3D Model matching[C]// Proceedings of the 2006 9th International Conference on Control, Automation, Robotics and Vision. Singapore: IEEE, 2006:1 – 8.

[23] OPROMOLLA R, FASANO G, RUFINO G, et al. Pose Estimation for Spacecraft Relative Navigation Using Model – Based Algorithms [J]. IEEE Transactions on Aerospace and Electronic Systems, 2017, 53(1):431 – 447.

[24] BIONDI G, MAURO S, MOHTAR T, et al. Attitude Recovery from Feature Tracking for Estimating Angular Rate of Non – cooperative Spacecraft[J]. Mechanical Systems and Signal Processing, 2017, 83:321 – 336.

[25] ZHANG X, JIANG Z G, ZHANG H P, et al. Vision – Based Pose Estimation for Textureless Space Objects by Contour Points Matching [J]. IEEE Transactions on Aerospace and Electronic Systems, 2018, 54(5):2342 – 2355.

[26] BIONDI G, MAURO S, MOHTAR T, et al. Feature – based Estimation of Space Debris Angular Rate Via Compressed Sensing and Kalman Filtering[C]// Proceedings of the 3rd IEEE International Workshop on Metrology for Aerospace. Florence, Italy: IEEE, 2016:215 – 220.

[27] LI Y P, WANG Y P, XIE Y C. Using Consecutive Point Clouds for Pose and Motion Estimation of Tumbling Non – Cooperative target [J]. Advances in Space Research, 2019, 63(5):1576 – 1587.

[28] OUMER N W, PANIN G. 3D Point Tracking and Pose Estimation of a Space

Object Using Stereo Images[C]// Proceedings of the 21st International Conference on Pattern Recognition. Tokyo, Japan: IEEE, 2013: 796 – 800.

[29] FENG Q, LIU Y, ZHU Z H, et al. Vision – Based Relative State Estimation for A Non – Cooperative Target[C]// Proceedings of the 2018 AIAA Guidance, Navigation, and Control Conference. Florida, US: AIAA, 2018: 1 – 7.

[30] YU F, HE Z, QIAO B, et al. Stereo – Vision – Based Relative Pose Estimation for the Rendezvous and Docking of Noncooperative Satellites[J]. Mathematical Problems in Engineering, 2014, 2014(21): 1 – 12.

[31] SHARMA S, D'AMICO S. Comparative Assessment of Techniques for Initial Pose Estimation Using Monocular Vision[J]. Acta Astronautica, 2016, 123: 435 – 445.

[32] GONG B C, LUO J J, LI S, et al. Observability Criterion of Angles – Only Navigation for Spacecraft Proximity Operations [J]. Proceedings of The Institution of Mechanical Engineers, Part G: Journal of Aerospace Engineering, 2019, 233(12): 4302 – 4315.

[33] GONG B C, LI S, YANG Y, et al. Maneuver – Free Approach to Range – Only Initial Relative Orbit Determination for Spacecraft Proximity Operations [J]. Acta Astronautica, 2019, 163: 87 – 95.

[34] GONG B C, LI W D, LI S, et al. Angles – Only Initial Relative Orbit Determination Algorithm for Non – Cooperative Spacecraft Proximity Operations [J]. Astrodynamics, 2018, 2(3): 217 – 231.

[35] GONG B C, LI S, ZHENG L L, et al. Analytic Initial Relative Orbit Solution for Angles – Only Space Rendezvous Using Hybrid Dynamics Method [J]. Computer Modeling in Engineering and Sciences, 2020, 122(1): 221 – 234.

[36] WU J, ZHOU Z B, LI R, et al. Attitude Determination Using a Single Sensor Observation: Analytic Quaternion Solutions and Property Discussion[J]. IET Science Measurement and Technology, 2017, 11(6): 731 – 739.

[37] HILLENBRAND U, LAMPARIELLO R. Motion and Parameter Estimation of a Free – Floating Space Object from Range Data for Motion Prediction[C]// Proceedings of the 8th International Symposium on Artificial Intelligence, Robotics and Automation in Space. Munich, Germany: ESA, 2005: 1 – 10.

[38] LOWE D G. Distinctive Image Features from Scale – Invariant Keypoints[J]. International Journal of Computer Vision, 2004, 60(2): 91 – 110.

[39] BAY H, ESS A, TUYTELAARS T, et al. Speeded – up Robust Features(SURF)

[J]. Computer Vision and Image Understanding,2008,110(3):346-359.

[40] FISCHLER M A, BOLLES R C. Random Sample Consensus: A Paradigm for Model Fitting with Applications to Image Analysis and Automated Gartography [M]// FISCHLER M A, FIRSCHEIN O. Readings in Computer Vision. San Francisco CA, USA: Morgan Kaufmann. 1987.

第 3 章
故障检测、隔离与恢复

航天器故障检测、隔离与恢复技术(Fault Detection, Isolation and Recovery, FDIR)是克服航天器复杂系统可靠性不足、环境干扰影响、提升航天器可靠性、降低维护成本、提高航天器寿命的重要方法,是保障航天器在轨运行的关键。但在轨数据的实时性、数据量等因素限制了FDIR的准确度、时效性及可靠度。人工智能助力下的FDIR技术快速发展,解决了传统方法对已知故障模式的强依赖,基于大量在轨数据分析提升了航天器对未知故障的检测、隔离与恢复能力,是航天器智能自主运行的核心关键。

3.1 航天器FDIR技术

3.1.1 FDIR概念

在不同领域中,故障诊断或者故障检测与诊断是表述FDIR问题的常见术语。在航天领域,FDIR概念可表述为:航天器系统设计与在轨运行过程中,为保证系统的可用性、可靠性和工作性能,必须正确识别并及时处理故障,使其不会产生危害,以保障航天器在轨正常运行。

在航天器FDIR领域,故障可以定义为某些航天器系统变量的属性与可接受或标称行为的不期望偏差,这可能导致航天器系统性能下降,直至无法完成任务[1]。根据国际自动控制联合会术语,航天器故障检测、隔离和恢复术语给出以下定义[2]:

① 故障检测:检测航天器系统故障并确定故障发生率(D);
② 故障隔离:确定故障位置、类型并评估其严重性(I);
③ 故障恢复:重新配置故障元件和/或整个航天器以实现标称系统行为(R)。

故障诊断(Fault Diagnosis)也是常用的概念之一,其主要目的是确定故障类型、位置以及故障大小,且故障诊断在故障检测之后。然而,从广义上讲,故障诊断是作为故障检测、分离与恢复的统称。

当系统发生故障时,系统中的各种量(可测的或不可测的)或它们的一部分表现出与正常状态不同的特性,这种差异就包含丰富的故障信息,如何找到这种故障的特性描述,并利用它来进行故障的检测隔离就是故障诊断的任务。故障诊断包括故障的特征提取、故障的分离与估计和故障的评价与决策等几个方面的内容。具体介绍如下:

(1)故障的特征提取:通过测量和一定的信息处理技术获取反映系统故障特征描述的过程。表征系统故障的特征量可以是:可测的系统输入输出信息;不可测的状态变量;不可测的模型参数变量;不可测的特征向量;人的经验知识。获取这些特征量有三种方法:①直接观察和测量;②参数估计、状态估计或滤波与重构;③对测量值进行某种信息处理。

(2)故障的分离与估计:根据检测的故障特征确定系统是否出现了故障以及故障程度的过程。故障的分离与估计方法有:①阈值逻辑法;②多重模型假设检验法;③贝叶斯(Bayes)决策函数法;④特征量统计检验法(如序列概率比检验(Sequential Probability Ratio Tests,SPRT)、广义似然比(Generalized Likelihood Ratio,RLR)法;⑤人工神经网络法;⑥专家系统法;⑦模式识别法;⑧模糊数学法;⑨逻辑代数法。

(3)故障的评价与决策:根据故障分离与估计的结论对故障的危害及严重程度做出评价,进而做出是否停止任务进程及是否需要修改更换的决策。

航天器故障原因是开展故障检测、隔离和恢复的源头,而导致航天器故障的根本原因一般源于航天系统工程复杂性及运行环境的不确定性。其中,航天系统工程的复杂性可以概括为航天器系统复杂、任务模式复杂及技术复杂三个方面。

航天器平台通常由控制、电源、综电、测控、数传、结构以及热控等分系统组成,每个分系统包含的单机和元器件众多,而任意分系统、单机及元器件的失效均可能导致航天器系统功能矮化或丧失,如航天器飞轮系统故障,会导致航天器姿态控制系统功能下降甚至失控,进一步可能导致能源耗尽而彻底失效[3];航天器入轨及在轨运行任务模式复杂,且模式间的切换涉及敏感器、执行机构及任务载荷等多个节点的配合,任何节点故障都可能致使任务失败;航天器在轨执行任务日益复杂,大量新技术、新产品、新材料、新工艺用于在轨验证及应用,带来的故障隐患尚无故障经验与在轨数据支撑,为故障的检测、隔离与恢复带来巨大挑战。

航天器运行的太空环境具有一定复杂性,运行中航天器可能遭遇多种恶劣的空间辐射环境,包括宇宙射线、太阳耀斑辐射、极光辐射、地球辐射带等[4-5]。极端环境不仅增加了航天器故障概率,同时环境的不确定性导致故障难诊断,上述问题已成为航天器故障重要因素之一。例如,噪声与故障难以隔离、太阳风暴导致计算机发生复位等不确定性会极大地影响故障诊断效果。

综上所述,在时间维度上,FDIR 技术需要由航天器的设计阶段延伸到在轨运行阶段,直至退出使用;在系统维度上,FDIR 技术需要覆盖航天器的所有子系统、单机及元器件;在环境维度上,FDIR 技术需要充分考虑运行环境光、热、磁、力等多源多维要素对航天器复杂系统的耦合影响,以及环境的不确定性对航天器造成的干扰。

与 FDIR 相对应,美国在联合攻击机项目研究中提出了故障预测与健康管理(Prognostic and Health Management,PHM)相关的技术概念,旨在利用人工智能技术来模拟真实系统的正常运行和异常状况[6]。与之内涵相似,美国航空航天局提出了飞行器综合健康管理(Integrated Vehicle Health Management,IVHM)相关的技术概念,旨在为航天器提供实时、全寿命周期的健康信息并进行故障自诊断和自恢复。可见,无论是 FDIR 还是 PHM 或者是 IVHM,它们的核心都是故障检测、隔离与恢复技术。

3.1.2 航天器故障特点

故障即为使系统表现出不希望特性的任何异常现象,或者动态系统中部分元器件功能失效而导致整个系统性能恶化的情况或事件。故障的种类,从系统的结构进行分类,包括受控对象故障、传感器故障、执行器故障和控制器(控制机构或计算机接口)故障;从故障程度进行分类,包括慢变故障(又称软故障,元器件参数值随时间的推移和环境的变化而缓慢变化的故障)、突变故障(元件参数突然出现很大偏差,事前不可监测和预测)、间隙故障(老化、容差不足或接触不良引起的时隐时现的故障);从故障间的相互关系进行分类,包括单故障(故障仅涉及单个元件故障或性能降低)、多故障(故障涉及多个元件故障或性能降低)、独立故障(故障由元件本身因素引起,与其他元器件是否有故障无关)和局部故障(由某一个元器件引起的故障)。

航天器是一个非常复杂的庞大系统,由一些功能各异的单机子系统组成,在工作时各单机子系统以本身的正常工作及相互之间的正确协调来实现系统的功能[7]。在 20 世纪 80 年代中期之前,人类的太空探索任务还是通过地面控制中心完成的。从 80 年代后期,美国航空航天局开始在其航天器中布置自主运行模块,希望减少在完成既定功能过程中外界对航天器的干预。伴随着航天器自主运行能力的增强,在其执行科学任务时,可以对时间敏感的航天器异常做出迅速响应,避免灾难事件的发生。

随着人类的太空探索和开发活动的日渐频繁,航天器故障问题一直是一个值得重视的问题。统计数据显示,截至2020年12月31日,在轨卫星数量达到3372颗,其中2020年全球发射航天器总量高达1212颗[8],而2021年发射总量创下新高1816颗[9]。但故障一直伴随着航天技术的发展,航天任务的拓展、新技术的发展、新产品的应用、空间探索范围的延伸,都给航天器的可靠性与安全性提出了更大的挑战,典型案例如下:

案例1:2015年2月,美国空军气象卫星DMSP-F13供配电分系统故障,分系统中的电池充电器内部线束损坏,电池过度充电导致电池破裂。该故障最终导致航天器解体,产生了超过50000片(大于1mm)的碎片,其中许多碎片将在轨道上保留数十年,给其他航天器的安全带来极大的隐患。而在轨的其他6个DMSP航天器也可能发生相同的故障。

案例2:2016年3月,日本用于天文观测的"瞳"(Hitomi)航天器(图3-1)控制分系统故障,分系统的星敏感器故障导致姿态异常,修复中指令极性错误,推力器输出力反向,导致航天器高速旋转,最终解体报废。

案例3:2018年10月5日,美国哈勃太空望远镜(Hubble Space Telescope,HST)(图3-1)控制分系统故障,分系统中的陀螺出现故障且备份陀螺又未正常启动,导致航天器进入安全模式无法执行观测任务。10月26日,地面团队成功清除备份陀螺内部组件间堵塞故障,航天器恢复正常运转。

 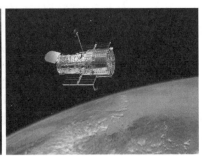

图3-1　日本"瞳"航天器与哈勃太空望远镜

案例4:2019年遥感卫星WorldView-4的控制力矩陀螺故障未能解决,导致航天器控制系统性能下降,无法开展成像任务[10],造成航天资源的浪费。

近年来,多位学者根据公开的卫星故障案例及数据,对故障特点及FDIR技术开展了充分的分析与研究。我国也于2010年启动了航天器试验有效性研究,开展航天器故障数据分析。根据统计,在 1990—2001 年所发射的卫星、空间站等 764 个航天器中总计有 121 个出现故障,占航天器总数的 15.8%[11],文献[8]统计了 2003—2021 年公开的航天器典型故障也多达 93 次,造成了巨大的损失,如表 3-1 所列。

表 3-1 2003—2021 年典型航天器分系统故障情况统计[8]

序号	故障系统	分系统故障占比统计/%	分系统在轨时间下的故障概率/%			
			1 年内	1~5 年	5~10 年	10 年以上
1	供配电系统	44	36	44	60	33
2	推进系统	26	36	17	13	45
3	控制系统	16	14	17	20	11
4	综合电子系统	5	0	11	0	11
5	载荷系统	6	9	6	7	0
6	遥测遥控系统	2	5	0	0	0
7	热控系统	1	0	5	0	0

文献[8]统计公开的 93 次航天器典型故障数据表明,航天器故障具有如下特点:

(1)航天器供配电系统、推进系统与控制系统的故障概率最高,三者故障约占故障总数的 86%,且系统故障贯穿航天器的寿命周期。

(2)航天器在发射初期的故障率最高,统计的 93 次故障中有 26 次故障发生在第一年,即航天器故障隐患在发射初期就会暴露。

(3)航天器设计阶段的缺陷,会导致多航天器产生同类故障。

(4)航天器系统自身与环境因素导致的故障占 97%,人为因素仅占 3%。

由分析可见,故障是航天事业发展过程中不可避免的重要问题,航天器故障可能发生在航天器的任一分系统,寿命期的任一时间,故障原因多样,且节点故障最终将引发系统性灾难。而航天器故障的多发性、不确定性和重大危害性使得航天器 FDIR 技术研究在航天系统设计与在轨运行过程中的应用具有重要的现实意义。

3.1.3 航天器 FDIR 技术内涵

随着人们对于工程系统的安全性、可靠性要求的提高,航天器故障检测、隔离与恢复技术逐步发展成为独立的一个研究方向。在人工智能和自动控制两个领域,FDIR 方法基于不同的理论基础,并于 20 世纪 70 年代几乎同时发展起来。

在人工智能领域中，FDIR 中的故障检测与诊断的基本概念源于赖特（Reiter）提出的基于第一原理（First Principles）的诊断理论，而在自动控制领域故障检测与诊断的基本概念则源于比尔德（Beard）提出的检测滤波器和梅赫拉（Mehra）提出的卡尔曼滤波器的残差检测。一般来说，人工智能领域中故障检测与诊断的核心为基于逻辑的定性模型，而控制领域中故障检测与诊断的核心则为解析冗余与统计检测。尽管人工智能领域与自动控制领域的故障检测与诊断方法所使用的基本概念与基本理论不相同，但二者的目的相同，都是提高系统安全性与可靠性。由于这两个领域处理问题的角度不同，从而单独使用任何一个领域内的方法，往往都无法解决故障检测与诊断应用中的所有问题，因此，近年来有学者将两个领域内所使用的不同技术相结合以提出新的方法。

航天器 FDIR 技术经历了从硬件冗余到解析冗余、从整机冗余到部件冗余、从分系统级到系统级，从依赖地面到在轨自主，从传统技术到人工智能的发展过程。从 20 世纪 50 年代至今经历了 4 代技术发展历程：第一代，系统设计阶段无 FDIR 功能设计，在轨运行中依赖遥测数据开展故障诊断决策，难以实现对故障的精确定位；第二代，发展了基于硬件冗余的 FDIR 技术，美国"陆地遥感"（Landsat）系列卫星、中国"资源一号"航天器等都具备了不同程度的故障诊断决策能力；第三代，发展了基于解析冗余的 FDIR 技术，航天器的关键部件配有多重冗余，提升了航天器安全性与可靠性，遥感卫星、气象卫星、通信卫星以及各类小卫星的关键分系统具备了不同程度的故障诊断决策能力；第四代，发展了航天器系统级状态监测、故障检测和故障恢复技术，逐步形成了航天器集成 FDIR 系统，保障航天器在轨任务功能[12]。

然而，随着航天器系统与功能日益复杂，航天器的异常往往不再是对应单一故障原因，环境干扰、复杂系统耦合影响导致航天器故障机理越来越复杂。同时，航天器系统强自主、智能化的发展趋势，决定了未来航天器的 FDIR 技术需减少地面的参与程度，提升在轨运行过程中的故障处理时效性、自主性。鉴于传统方法对故障模型及地面站的依赖，对于未出现的故障、复杂的故障极易造成诊断失误，且由于测控资源限制，故障处理时效性很难保障，因此，近年来基于人工智能的 FDIR 技术逐步发展并不断地应用于航天器的设计与运行阶段。

由本节分析可见，航天器 FDIR 是一个范畴很大的技术领域，其应用涉及航天器设计到航天器运行维护的完整流程，设计涵盖了航天器多个分系统，使用的方法从传统的故障建模方法发展到了数据驱动方法，人工智能方法正在该领域中不断扩充。但人工智能方法在该领域各个环节的应用研究发展不平衡，在故障检测与隔离环节人工智能方法应用研究发展迅速，但是在故障恢复方面的研究极少。因此,并不能用一种简单的体系描述航天器故障检测、隔离与恢复整个技术领域。该领域研究作为本书的一个章节,旨在梳理当前故障检测、隔离与恢复技术在航天器领域的应用研究,为航天器 FDIR 技术相关研究人员提供参考。

3.2 航天器 FDIR 技术中的人工智能方法

从工业过程的角度,可以将 FDIR 方法分为基于定性模型的方法、基于定量模型的方法以及基于过程历史数据的方法三类,而从过程监控与故障管理的角度,又可以将 FDIR 方法分为基于信号处理的检测方法、基于过程模型的方法与基于分类与推理的方法,并将不同的方法统一在基于知识的 FDIR 框架下。

在航天器 FDIR 技术领域,目前,国内外研究的人工智能方法大致可分为两类:一类是基于知识的人工智能方法,其特点为利用专家经验总结诊断规则形成知识库,以此为基础结合人工智能技术进行推理、判断实现故障检测,其代表方法为故障诊断专家系统;另一类是基于数据驱动的人工智能方法,其特点为基于航天器大量试验、测试数据,利用机器学习算法提取故障典型特征,进一步建立故障特征与故障模式的映射实现故障准确检测。前者诊断推理速度快、计算能力要求低、易于开发原型系统,但是知识库覆盖的故障模型有限,对经验不足的故障诊断效果不佳,当知识库中没有相应的与征兆匹配的规则时,易造成误诊或诊断失败;后者可解决模型知识库受限的问题,但是对计算能力要求高,检测速度相对较慢,映射模型构建也相对困难。

3.2.1 基于知识的 FDIR 智能算法

基于知识的故障诊断方法与基于信号的故障诊断方法类似,不需要定量的数学模型。不同之处在于,它引进了诊断对象的许多信息,特别是可以充分利用专家诊断知识等,在基于知识发现的前提下,通过过程的深层浅层知识获得故障检测产生式规则,利用智能的技术实现故障诊断的功能,所以是很有前景的故障诊断方法,尤其在非线性系统领域。其中,基于知识的智能故障诊断方法是一种较为有生命力的方法,也是热点研究方向之一。

1. 基于知识的 FDIR 方法

1) 故障树分析诊断方法[13]

故障树技术被用于工业上的安全分析和安全评定系统已经有 10 多年的时间,它是一种图形演绎法,即把系统故障与导致该故障的各种因素形象地绘成故障图表,能较直观地反映故障、元部件、系统及因素、原因之间的相互关系,也能定量计算故障程度、概率、原因等。因此,该方法已经在大型工业生产过程和空间飞行器等领域得到了应用。其缺点是在使用故障树技术时,经常由于缺乏适当的方法而存在许多故障树内部结果不一致或失效等问题。

2)故障模式识别方法[14]

故障模式识别方法是一种十分有用的静态故障诊断方法,它以有30年发展历史的模式识别技术为基础,关键是故障模式特征量的选取和提取。现有许多模式分类器,如线性分类器、贝叶斯分类器、最近邻分类器等。该方法的诊断效果在很大程度上依赖于状态特征参数的提取、样本的数目、典型性和故障模式的类别、训练和分类算法等。

3)基于专家系统的诊断方法[15]

基于专家系统的诊断方法已初步应用于过程检测系统。它的内容包括诊断知识的表达、诊断推理方法、不确定性推理以及诊断知识的获取等。故障诊断专家系统的主要优点是:适于人的思维,容易理解;知识可用基本规则表示,无须输入大量的细节知识;个别事实发生变化时易于修改;能解释自己的推理过程。但同时由于目前知识处理技术的局限性,也存在如下缺点:①知识获取的瓶颈问题。知识获取多是将领域专家的知识总结为规则加入知识库中,知识获取效率低。另外,领域专家的某些经验知识往往只能意会,不能言传,很难用一定的规则来描述,缺乏有效的诊断知识表达方式。②推理知识的局限性。很多问题难以形式化,知识库管理困难;推理过程中,因搜索空间大,易产生"匹配冲突",进而带来"组合爆炸""无穷递归"等问题;没有联想、记忆、类比等形象思维能力。③自学习、自适应能力差。现行的故障诊断系统通常以专业领域的经验知识为基础进行问题求解,不能在实践中总结经验(成功或失败)或从专业领域本身的发展中学习新的知识、在线故障诊断困难等。

对于航天器故障诊断,国内外航天机构针对多种类航天器不同位置的故障检测,开发了多种基于知识库的专家系统。如1.2.1节所述,专家系统一般由人机交互界面、推理机、知识库等模块组成,目前已应用于火箭控制系统、卫星推进系统、卫星控制系统、热控系统、姿态测量敏感器系统等。

2. FDIR中常用的专家系统及其应用场景

1)基于阈值推理的故障检测专家系统

基于阈值的故障检测是航天器中最常见、使用最广泛的专家系统。利用专家经验,对重要参数设置阈值门限,当某个参数的遥测值超限时,则会触发报警[16-18]。

$$\begin{cases} 正常, S_{min} < S_1 < S_{max} \\ 故障, S_1 \geq S_{max} \\ 故障, S_1 \leq S_{min} \end{cases} \qquad (3-1)$$

式中,S_{min} 和 S_{max} 为根据经验设定的阈值。

目前,基于阈值的故障检测专家系统已应用于运载火箭控制系统故障检测中,通过采集全箭的 I/O 信号、箭地模拟量信号、1553B 消息、流程信息等,在测试发射流程的控制下,对采集到的信息进行解析,对当前的测试流程启动推理机,利用诊断规则实时进行故障诊断[19]。基于阈值的故障检测方法简单易行,但是如何为重要参数设定合理的阈值是一个难题。阈值设置过严,可能造成虚警,而过宽则会导致漏警。另外,航天器工作环境、负载、能量消耗随时间不断变化,导致航天器参数随时间缓变、跳变,固定阈值不能有效地对这些异常进行检测。为解决上述问题,国内外研究人员提出了一系列自适应算法,如自适应阈值算法、自适应相关算法、自适应加权和平方算法、包络线算法等,这些算法提高了基于阈值的专家系统故障检测效果,增强了对故障的预先发现能力,算法通用性高。同时,存在对参数的测量可靠性要求高、计算量大及缺乏对故障的识别能力等问题。

2) 基于定性推理的故障检测专家系统

定性模型是实现定性推理的基础。以卫星姿态控制执行系统 – 反作用飞轮为例,其定性模型如表 3 – 2 所列。

表 3 – 2 反作用飞轮故障定性模型列表

反作用飞轮故障	故障表现
空转	输出力矩为 0,飞轮不响应正常的控制力矩指令,飞轮减速或转速不能改变
停转(轴承卡住)	输出力矩产生一个巨大扰动后,快速变为 0
飞轮转速持续下降	输出力矩上叠加一个定向偏差
摩擦力矩增大	输出力矩变小
转速饱和	输出力矩为 0(不能正常响应指令,转速不能变化)

基于系统定性模型,结合逻辑判断,即可实现对该系统的故障诊断。美国航空航天局阿姆斯研究中心开发了一种基于定性模型的故障检测与隔离系统——Livingstone 系统[20]。该系统包含特定领域模型和通用推理机两个部分,使用定性推理的方式进行关键部件的故障检测与隔离。Livingstone 系统可应用于不同的航天器或者载荷检测中,当变换检测对象时,通用推理机无须改变,只需构建新的模型。1999 年,第一代 Livingstone 系统在"深空一号"卫星上进行了

飞行技术验证,作为远程智能自主技术试验的一部分,实现了星上两个成像装置和一个数据记录装置简单故障的成功检测与隔离。在此基础上,美国航空航天局发展了第二代 Livingstone 系统。该系统最初被美国用于 X-34 飞行器主推进系统的故障诊断,在一个与实际飞行环境类似的软件上进行了仿真验证。2003 年,二代 Livingstone 系统在地球"观测一号"卫星上进行了飞行验证,对星上搭载的成像仪和数据记录装置进行故障诊断,相比一代系统,二代系统更加成熟,功能有了很大提升,其故障检测与隔离的原理如图 3-2 所示。二代系统中,模型是离散的,系统变量可取有限数目的值,如"高""中""低",组件可以包含有限数目的模式,如"开""关""故障""故障修复"。每个组件模式用来指定内部变量和遥测量之间的定性约束。二代组件连接模型描述组件的正常模式和故障模式,由于其内部采用命题逻辑表达方式,故此模型是定性的。组件模式的转换由门限状态,如命令来触发,任一实值传感器数据必须转换成定性数据才可应用于系统中。与基于阈值推理的故障检测专家系统相比,基于定性推理的故障检测专家系统可应用于多个对象,通用性更强,检测模式更加丰富,同时一定程度上避免了阈值选取造成的虚警和漏警。其逻辑相对复杂,虽然可检测的故障类型比基于阈值推理的故障检测专家系统更高,但依然相对有限。

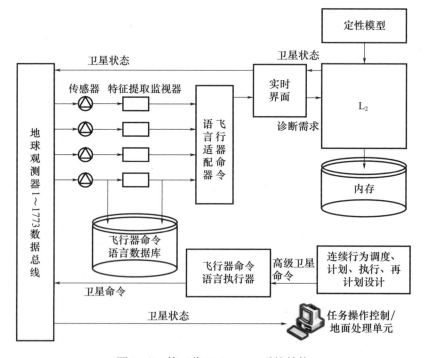

图 3-2 第二代 Livingstone 系统结构

3）基于混杂推理的故障检测专家系统

与定性推理的原理相同，混杂推理的基础是空间系统定性模型与定量模型的混杂模型构建。同样，以反作用飞轮为例，其定性模型如表3-2所列，其定量模型构建为如下形式：

(1) 反作用飞轮卡死。第 i 个执行机构卡死的故障模式可描述为

$$u_{iout}(t) = a_i \tag{3-2}$$

式中，u_{iout} 为飞轮输出力矩；a_i 为常数。在实际控制系统中，执行机构的输出有一个限制范围，若超过这个范围，则执行机构的输出值不再变化，因此有 $u_{imin} \leqslant a_i \leqslant u_{imax}$。

(2) 反作用飞轮常值增益变化。第 i 个执行机构常值增益变化的故障模式可表述为

$$u_{iout}(t) = a_i u_{iin}(t) \tag{3-3}$$

式中，a_i 为恒增益变化的比例系数；u_{iin} 为控制指令。

(3) 执行机构常值偏差失效。第 i 个执行机构常值偏差失效的模式可描述为

$$u_{iout}(t) = u_{iin}(t) + \Delta a \tag{3-4}$$

式中，Δa 为常数，且 $\Delta a < 0$。

定性、定量方法虽然在本质上有所不同，但都是对实际的物理系统的结构和行为进行描述与分析。定量方法能给出物理系统的精确描述，可以更加充分地利用系统内部的深层知识诊断不可预知的故障，不需要历史的经验知识，但不具备推理能力，且对于不同的领域仿真模型各异，较难统一，对模型精度的依赖性很强。在难以建立起准确数学模型的场合，这种方法则不适用。定性方法具备推理能力，能表达实际物理系统中的因果关系，可在较高层次上给出系统的宏观描述，但在要求精确描述物理量时显得无能为力，它是以放弃对物理量描述的精确性为代价换取了对实际物理系统的推理能力，往往除了真正的故障原因，诊断系统可能会提供更多无效的故障解释，这也是定性推理固有的局限性，二者在一定程度上具有互相补充的性质。因此，定性/定量混杂模型可以描述为若干个带有约束条件的非线性描述的组合，该混杂模型既能表现变量的定量信息及其之间的规律性知识，又能表现专家解决问题的经验、控制策略及动态系统中状态变量的发展变化趋势等，从而把知识的定性和定量表示结合起来。例如，基于上述飞轮定性和定量模型，文献[21]提出了采用定性仿真和奇偶空间相结合的混合建模方法。通过利用阈值的形式进行定性仿真，在定性仿真诊断出敏感器或者执行机构故障后，切换至相应故障源，利用奇偶空间法进行深入准确的定位和诊

断。在完成系统的故障诊断后,将诊断结果也作为一类有用的知识再存储至知识存储区,用于下次知识的提取转换。

在 Livingstone 系统研究的基础上,美国航空航天局阿姆斯研究中心进一步开发了基于定性模型和定量模型的混杂推理机(Hybrid Diagnostic Engine, HyDE)。混杂推理机利用混合系统中模型预测与系统传感器观测输出之间的差异来检测、隔离混杂系统的故障。利用此推理机,故障检测、隔离系统开发者或使用者可只关注于检测模型的建立和提供被监视系统的传感器数据。推理机在所有应用系统中都是一样的,其利用所建模型和传感器数据决定系统中哪个被建模故障可能已经发生。混杂推理机系统包含模型库、知识库和数据库。模型库包括所有模型实体、元件模型、变量和常量等;知识库包括模型的初始化条件和推理机的配置参数;数据库包含输入输出变量的观测值和每次发出的推理命令[6]。简单混杂推理机系统结构如图 3-3 所示。由于混杂推理机的检测模型中采用了定量信息,其故障检测与隔离结果比第二代 Livingstone 系统更加准确和全面。因此,混杂推理机系统的项目应用也比第二代 Livingstone 系统广泛,它被应用于 NASA 的先进检测和预测试验台(Advanced Diagnostics and Prognostics Testbed,ADAPT)[22]、TacSat-3 卫星[23]和 FalconSAT-5 卫星的故障诊断[24]。

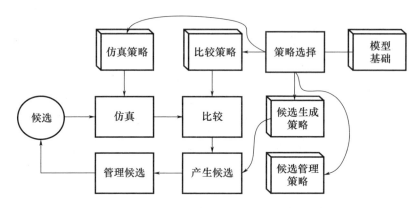

图 3-3 简单混杂推理机系统结构

4) 其他专家系统

除上述典型专家系统外,国内外航天机构还开发了诸多其他相对复杂的专家系统。例如,实时可测试工程与维护系统(Real Time Testability Engineering And Maintenance System,TEAMS-RT)是美国 Qualtech 系统公司开发的一个基于图模型的实时故障诊断工具。TEAMS-RT 利用图模型表示被诊断系统中故障源和测试点之间的因果关系,通过阈值判断、模型一致性检验、趋势分析等手段获得各个测试点处的测试结果,然后根据当前的测试结果识别出好的部件、坏的部件和可疑的部件。它是一款面向在线、实时诊断和系统在线健康监测的工具软件。按照目前微型计算机的处理能力可确保在 0.1s 内处理 1000 个传感器的数据。TEAMS-RT 还具有诊断间歇性故障和预测严重故障的能力,在噪声及测试报告不准确的情况下,TEAMS-RT 依然能够正常推理。目前,TEAMS-RT 已经在 NASA 的国际空间站任务控制中心和深空栖息地项目、TacSat-3 卫星的飞行器系统管理项目中得到了应用。

自主诊断系统(Autonomous Diagnosis System,ADS)是德国维尔茨堡大学针对纳卫星开发的一个基于专家系统的航天器在轨自主诊断系统,其基本原理是通过对比仿真系统的输出和实际系统的测量值生成冲突集,然后通过故障推理得到最小故障部件集合,作为最可能的故障成因。ADS 系统将在纳卫星 SONATE 上进行在轨验证,SONATE 卫星已于 2019 年 7 月发射,ADS 系统是 SONATE 卫星验证的两项关键技术之一[25]。

智能卫星控制软件-医生(Intelligent Satellite Control Software-Doctor,ISACS-DOC)是由日本空间科学研究所和日本宇宙航空研究开发机构联合开发的航天器自动故障检测、隔离与恢复系统。ISACS-DOC 是一个地面监测系统,其不依赖于星载专家系统,而是在地面操作界面上发出故障警报,以提高卫星运行的安全性,从而降低运行成本。目前,ISACS-DOC 系统已在地磁观测卫星 GEOTAIL(1992 年发射)、火星探测器 NOZOMI(1998 年发射)和样本返回探测器 HAYABUSA(2003 年发射)上得到应用。

卫星控制系统地面实时故障诊断专家系统(Satellite Control System Real-time Fault Diagnosis Expert System,SCRDES)是由我国北京控制工程研究所开发的一个故障诊断专家系统[26]。当前中国的航天器型号已经不同程度地实现了在轨故障诊断与重构,"环境减灾-1A""环境减灾-1B"卫星能够利用星上的硬件冗余和解析冗余实现对动量轮、陀螺、地球敏感器、太阳敏感器等部件的故障诊断,并且可以进行系统级的安全重构。

5)专家系统的未来发展趋势

鉴于近年来发展的航天系统结构更加复杂,针对此类复杂系统的故障检测问题,首先,需发展多模型诊断系统以替代单一模型诊断系统。对于实际对象的故障诊断,如用单一的知识表示方法,有时难以完整表示对象的故障诊断领域知识。因此,集成多种知识表示方法则能更好地表示对象的故障诊断领域知识。集成基于对象模型、基于经验规则、基于案例的集成型诊断方法能综合各诊断方法的特点,克服各诊断方法的局限性,从而提高诊断系统的智能性和诊断效率。

其次,应注重从单一专家系统到协同式专家系统的发展。当前的绝大多数诊断专家系统,在规定的诊断领域内是一个"专家",但是一旦越出该诊断范围,系统就可能无法工作,限制了系统的适用性。协同式专家系统也被称作"群专家系统",由若干个相近领域或一个领域的多个方面的分专家系统组成,这些分专家系统分别发挥其自身的特长,解决某一方面的问题,同时又相互协作,进而整体提升专家系统的诊断准确度和诊断效率。

3.2.2 基于浅层机器学习的数据驱动 FDIR 智能算法

浅层机器学习的故障诊断方法可以分为数据采集与获取、特征提取与选择、故障定位与推理三个主要步骤。首先是数据采集与获取,包括设备的单元测试数据、航天器系统测试数据及飞行试验数据等,这一步骤还包括数据的去噪、野值剔除、补点等数据清理工作。其次进行数据的特征提取与选择,即根据诊断对象采用统计分析、时频分析等信号处理方法对数据进行分析,并预先人为设计一些准则,根据这些准则从数据中提取、选择有效的特征。最后进行故障定位与推理,利用机器学习算法建立所选择的特征与故障模式之间的映射关系。为了实现这一目标,故障定位与推理过程利用训练集中带标签的训练数据训练诊断模型,实现对测试集中未知数据的故障模式诊断。采用机器学习算法(如人工神经网络、支持向量机、贝叶斯网络、小波神经网络等)在提取出来的特征与故障模式之间建立映射关系。

1. 基于人工神经网络的故障检测

神经网络应用于故障诊断是其最成功的应用之一。由于神经网络具有原则上容错、结构拓扑稳健、联想、推测、记忆、自适应、自学习、并行和处理复杂模式的功能,使其在工程实际中存在着大量的多故障、多过程、突发性故障、庞大复杂设备和系统的检测及诊断中发挥较大的作用。能克服传统专家系统当启发式规则未考虑到时就无法工作的缺陷。在众多的神经网络中,尤其以基于 BP 算法的多层感知器(MLP)神经网络理论最坚实,应用广泛。神经网络故障诊断方法易于实现对非线性系统的故障诊断。但 BP 算法是非稳健性的。需要进一步研究在线学习算法、知识表达和稳健学习算法等。

神经网络可以看作加权有向图,神经元是节点,节点之间的连接是加权连接。该方法调整权重以及激活函数,以采用所需的行为。一般包括监督学习和无监督学习两种[27]。监督学习目的是从标记的示例中确定突出权重,通过修改网络参数以最小化目标输出(由专家提供)和网络实际输出之间的误差,典型的如 BP 算法。无监督学习输入数据不包含有关期望输出的信息,学习是通过根据输入数据改变网络参数的规则进行的,典型的如 Hopfield 网络学习算法。人工神经网络的优势在于其逼近和识别模式的能力。在存在噪声和误差的特定场景故障检测中存在广阔的前景。人工神经网络的缺点在于计算量大,在训练过程中收敛速度慢,容易过度拟合,需要大量多样化的数据集进行训练。目前,人工神经网络已应用于卫星姿态控制执行机构故障检测与隔离[28],卫星轨道机动推进器故障检测[29]。其在故障检测中的优缺点如表 3-3 所列。

表 3-3 人工神经网络方法优缺点

方法	优点	缺点
人工神经网络	① 可以高精度地建模非线性复杂问题; ② 相对容易初始化,无须指定网络结构	① 无法处理输入中的不确定性; ② 计算密集,使收敛速度在训练期间通常较慢; ③ 容易过拟合

针对航天器系统电性能测试数据量大、含有冗长无用信息的特点,北京航空航天大学李可等[30]提出了一种基于人工神经网络的智能分类系统,对原始测试数据进行智能化分类,将非线性的调试经验以数据的形式储备,在此基础上,提出了航天器信号故障检测诊断的一般流程,最终形成一种改进的神经网络故障诊断系统,显著提高了故障诊断的准确率和快速性。

神经网络在故障诊断领域中的应用显示了明显的优越性,但也存在以下一些缺点,主要是:首先,训练样本获取的困难性,神经网络故障诊断是建立在大量的故障样本训练基础之上的,系统性能受到所选训练样本的数量及其分布情况的限制;其次,忽视了领域专家的诊断经验知识;最后,权重形式的知识表达方式难以理解,对诊断结果缺乏解释能力。

神经网络与专家系统结合的诊断系统有着较好的发展前景,也是目前人工智能领域的研究热点之一。专家系统与神经网络的结合策略有层式结合和混合式结合两大类。在层式结合中,专家系统与神经网络组成串联式结构,分别完成所擅长的启发式逻辑推理或数据模式判别功能。在混合式结合系统中,将专家系统构成神经网络,把传统的专家系统的基于符号的推理变成基于数值运算的推理,以提高专家系统的执行效率并利用其学习能力解决专家系统的学习问题。神经网络故障诊断专家系统是一类新的知识表达体系,与传统的专家系统的高层逻辑模型不同,它是一种低层数值模型,信息处理是通过大量称为节点的简单处理单元间的相互作用而进行的。它采用分布式信息保持方式,为专家知识的获取和表达以及推理提供了全新的方式。

2. 基于支持向量机的故障检测

如 1.2.3 节所述,支持向量机是一种基于统计学习理论的机器学习算法,按监督学习方式对数据进行二元分类的广义线性分类器,其决策边界是对学习样本求解的最大边距超平面。通过使用不同的核函数,如径向基函数或多项式核来寻找一个超平面,该超平面可以最好地将数据划分为不同的类[31]。支持向量机在训练数据量小的情况下具有良好的泛化性能,目前已被应用于模拟电路故障诊断中,使用小波变换作为预处理器,分类精度高。使用支持向量机进行类别分离的思想是找到支持向量来定义边界平面,支持向量的数量随着问题的复杂性而增加,当有 10 个以上的类时,支持向量机方法的表现欠佳。也就是说,支持向量机在训练数据量小时性能优异,随着数据量的增多,效率随之较低。针对此问题,有学者提出了半监督支持向量机[32],一定程度上解决了故障训练样本少的问题。目前,支持向量机已应用于月面机器人关节故障诊断[33]。其优缺点如表 3 - 4 所列。

表 3 - 4 支持向量机方法优缺点

方法	优点	缺点
支持向量机	① 擅长线性和非线性关系建模; ② 与人工神经网络相比,计算时间相对较快	① 核函数参数的选择具有挑战性; ② 不容易合并领域知识; ③ 学习函数复杂

新加坡技术与设计大学和日本东京电机大学联合提出了一种基于支持向量机的仿生可重构机器人故障诊断系统[34]。当可重构机器人使用爬行和滚动运动不同模式时,通过分析机载惯性测量单元传感器数据区分机器人故障和非故障状态。系统数据共采集了 9 种不同的运动步态,包括三种不同速度下的滚动和爬行模式,采用统计方法对传感器原始数据特征进行特征提取和降维,将这些统计特征作为训练和测试的输入,实现可重构机器人运动步态故障自动诊断。该方法通过可重构机器人"天蝎座"进行了地面测试。

3. 基于贝叶斯网络的故障检测

贝叶斯网络是故障检测中常用的机器学习技术。贝叶斯网络是一个有向无环图,其节点表示随机变量,其条件依赖关系由连接节点的有向弧表示,它可以基于概率信息表示和推理以有效地处理各种不确定性问题[35]。这种网络由定性和定量两部分组成。定性部分是有向无环图,其中节点表示系统变量,而弧表示变量之间的依赖关系或因果关系。定量部分由条件概率表组成,该表表示每个节点及其父节点之间的关系。基于贝叶斯网络的故障诊断过程包括结构建模、贝叶斯网络参数建模、贝叶斯网络推理、故障识别和验证。训练贝叶斯网络的主要挑战在于树形结构的构建,为了生成树结构,常用几种不同工具来描述节点之间的因果关系、映射算法和结构化学习。此外,参数是根节点的先验概率和叶节点的条件概率。这些概率可以从专家知识和经验以及历史、模拟和实验数据的统计结果中获得[36]。目前,贝叶斯网络已成功地用于描述6自由度空间机器人机械臂不同部分之间的空间关系,用于检测诸如阻塞或变形关节等故障[37]。其优缺点如表3-5所列。

表3-5 贝叶斯网络方法优缺点

方法	优点	缺点
贝叶斯网络	① 直观地易于理解; ② 适用于不确定性建模; ③ 可用于对多个原因和影响的层次结构进行建模,也可从两个方向进行推理(预测和诊断)	① 初始化相对困难; ② 树结构构建具有挑战性

芬兰空间系统有限公司正在开展一项"高级FDIR研究"项目[38],旨在使用贝叶斯网络概率推理实现航天器的自主故障检测、隔离与恢复,进而达到提高星上故障检测和隔离能力的目的;并且,在故障检测与隔离的基础上,充分利用可用的航天器配置(包括运行降级的配置),将航天器从故障状态恢复,提高任务生存率和效用;最终,将人工智能方法开发为FDIR系统的一个模块,实现新方法与传统方法的兼容共用,提高FDIR系统能力。尽管该项目至今还未实现应用,却是贝叶斯网络在航天器FDIR系统上应用的一次尝试。

4. 基于小波神经网络的故障检测

小波神经网络是基于小波分析而构造的一种新型前馈网络,可看作以小波函数为基底的一种新型函数连接神经网络,它以小波空间作为模式识别的特征空间,通过将小波基与信号向量的内积进行加权和实现信号的特征提取,具有较强的逼近和容错能力。可以准确诊断系统有无故障,并可准确给出故障类型、位置及程度等信息。目前,小波神经网络理论正处于发展中,如何选择以及构造小波基函数以及有效提取故障模式特征仍是一个有待研究的关键问题。

小波神经网络是一种新型的神经网络,具有多分辨率分析特性和自适应、自学习的特性。小波变换能够对系统状态信号进行奇异点检测,从而有效地对系统进行故障诊断和故障定位,而神经网络具有自适应和自学习的能力,能够逼近任意的非线性系统,所以将小波变换应用到神经网络中后用于对航天器进行故障诊断,能够提高网络的训练速度和对系统故障诊断的快速性和准确性。与其他神经网络不同,小波神经网络具有多种激活函数,不同的激活函数对应不同的权值调整算法。目前,小波神经网络已应用于航天器姿态控制系统敏感器的故障诊断[39]。其优缺点如表3-6所列。

表3-6 小波神经网络方法优缺点

方法	优点	缺点
小波神经网络	① 具备逼近任意动态系统的能力； ② 容错性好； ③ 训练时间短； ④ 收敛速度快	容易出现欠拟合或过拟合的现象

在航天领域,沈阳航空航天大学有学者利用两种小波神经网络观测器方案对航天器同时进行故障检测、故障隔离与故障估计[40]。该方法首先使用一种非线性未知输入自适应小波神经网络来构造检测观测器,用以检测航天器中任何执行机构的故障。其次,激活自适应未知输入单隐含层前馈小波神经网络,并对相应的执行机构进行故障隔离和估计。该方法可以在不知道系统的完全状态变量以及系统输入的情况下对其进行准确、稳定的故障诊断,很好地解决了航天器模型建立和外部干扰问题。

综上所述,基于浅层机器学习的故障检测方法的检测效果,在很大程度上依赖于所提取的特征质量,而特征提取需要大量的专家经验,难以完全摆脱人工干预,因此也无法挖掘出试验大数据中蕴含的与故障相关的本质信息;同时,随着训练数据的增大,浅层机器学习方法在大数据量的情况下训练效率较低,且性能没有大幅增加。

3.2.3 基于深度机器学习的数据驱动FDIR智能算法

近年来,随着航天器试验数据和飞行数据的数据量急剧增加,基于深度学习的故障诊断技术受到极大关注。深度学习作为一种新的表示学习工具,将多个隐藏层串接起来,以逐层学习的方法从试验数据和飞行数据中直接提取故障特征,属于端到端的学习方法,已在计算机视觉、自然语言处理、语音识别等多个领域获得广泛应用。深度学习不进行分模块或者分阶段寻优,直接优化任务的总体目标,因此,基于深度学习的故障检测技术不需要人工干预特征提取工作就可以直接实现测试数据和故障模式的映射。

经过10多年的快速发展,一些性能优秀的深度学习模型陆续得到工程应用,包括长短期记忆网络、深度置信网络、自编码器网络、卷积神经网络、循环神经网络、可变序列神经网络等。其中,卷积神经网络是一种有监督的深度学习模型,也是第一个真正实现商业应用的深度学习模型。在故障诊断领域,卷积神经网络也是使用最多的深度学习模型之一。

如1.2.3节所述,卷积神经网络通常主要由卷积层、池化层、全连接层三类常见的模块组成。在故障诊断领域,卷积神经网络通常构建多个卷积层-池化层来实现对数据的特征提取,之后利用全连接层实现故障模式的分类,也即建立故障特征和故障模式之间的映射。

卷积层每个节点的输入只是上层的一小部分。通过卷积核将当前层的子节点矩阵转换为下一层深度不受限制的单位节点矩阵。通常,卷积层只对输入数据的深度进行改造,输入数据的长度和宽度通过零边缘填充方法保持。例如,卷积核将节点矩阵从 $m_1 \times n_1 \times k_1$ 转换为 $1 \times 1 \times k_2$,可以表示为

$$g(i) = f\Big(\sum_{x=1}^{m_1}\sum_{y=1}^{n_1}\sum_{z=1}^{k_1} a_{x,y,z} \times w_{x,y,z}^i + b_i\Big), 0 < i \leq k_2 \quad (3-5)$$

式中,$g(i)$ 表示单位矩阵中第 i 个节点的值;$a_{x,y,z}$ 表示输入矩阵中节点 (x,y,z) 的值;$w_{x,y,z}^i$ 表示对应于第 i 个深度输出单元节点的卷积核权重值;b_i 表示对应于第 i 个深度输出单元节点的偏移参数值;f 表示激活函数。使用比例指数线性单元作为激活函数,可以使数据自归一化,并确保梯度在训练过程中不会爆炸或消失[41]。比例指数线性单元的表达式为

$$\text{selu}(z) = \lambda \begin{cases} z, z > 0 \\ \alpha e^z - \alpha, z \leq 0 \end{cases} \quad (3-6)$$

式中,z 表示卷积运算的输出值;λ 和 α 是常值,$\lambda = 1.051, \alpha = 1.673$。

池化层通过滑动池核对数据进行子采样。与卷积层不同,池化层只改变输入数据的长度和宽度。最常见的池化层类型是最大池化层,它可以通过对输入特征进行局部最大化操作来获得位置不变特性。由 $m_1 \times n_1 \times k_1$ 至 $1 \times 1 \times k_2$ 的最大池化层转换操作可以表示为

$$g(i) = \text{Subsamping}(a_{x,y,i}), 0 < x \leq m_1, 0 < y \leq n_1, 0 < i \leq k_1 \quad (3-7)$$

式中,$g(i)$ 表示输出矩阵中第 i 个节点的值;$a_{x,y,i}$ 表示对应于第 i 个深度输入矩阵的池内核的值。池化层在不丢失数据特征的情况下降低了数据的维数,可以加快计算速度并防止参数过拟合。卷积层和池化层提取的高维特征被向量化并发送到全连接层。全连接层将根据这些特征生成输出。

上述神经网络构建成之后,下一步需要对神经网络进行训练。训练的期望是寻找最小的损失函数 $L(W,b)$,此处 W 和 b 分别表示神经网络中的加权参数和偏差参数。损失函数由两部分组成:一是输出值和期望值之间的残差;二是由过度拟合引起的正则化损失。损失函数可以表示为

$$L(W,b) = E(W,b) + \frac{\theta}{2}W^{\mathrm{T}}W \quad (3-8)$$

通过学习网络训练,实现深度学习在故障检测中的应用。利用深度学习的故障诊断具有如下优势:①航天器的数据通常为一维时间序列,既可以将一维数据进行时-频转换,转换为二维信号后输入神经网络中,也可以采用一维卷积神经网络直接对航天器数据进行处理;②卷积神经网络所具有的局部连接、权重共享的特点,使得网络的训练参数大为减少,非常适合处理航天器产生的大量试验数据;③卷积神经网络提取的特征为平移不变形,这极大地增加了故障诊断算法的稳健性,提升了泛化性能。

卷积神经网络数据是有监督的学习模型,其训练过程需要大量带标签的训练样本。航天器的高可靠性、安全性设计原则使得其在绝大部分情况下是正常工作状态,极少情况下会出现故障,这就导致航天器的试验数据分布严重不平衡,即正常数据多,异常数据少。深度学习端到端的"黑匣子"模型,使得故障诊断结果缺乏可解释性。这些都是基于深度学习的故障诊断技术实现工程应用必须解决的问题。

3.2.4 基于迁移机器学习的数据驱动 FDIR 智能算法

为解决故障诊断领域数据分布不平衡的问题,打通故障诊断技术从理论研究到实际工程应用最后的壁垒,大量学者将迁移学习引入该研究领域。迁移学习是机器学习的一个分支,侧重于将从一个或多个源领域任务中学习到的知识或者模型应用到另一个不同但相关的目标领域任务中,目的是在新的任务中获得更好的学习效果,迁移学习使得机器学习具有"举一反三"的学习能力。研究人员将迁移学习技术应用到设备的故障诊断技术中,并取得了良好的效果。迁移学习能够解决故障诊断领域数据不平衡的问题,从而获得更好的应用,是故障诊断领域未来重要的发展方向之一。

迁移学习有领域和任务两个基本概念。领域是学习的主体,定义领域 $D = \{X, P(X)\}$ 由特征空间 x 和边缘分布概率 $P(X)$ 组成,其中 $X = \{x_1, x_2, x_3, \cdots, x_n\}$ 为一维向量。领域又可以分为源领域 DS 和目标领域 DT。任务 $T = \{y, P(Y/X)\}$ 也包含两个部分,即标签空间 y 和条件概率 $P(Y/X)$ 分布。通常源领域是具有大量数据和标注的领域,具有有价值的知识,是迁移的对象;目标领域是需要解决的问题,需要对其数据进行标注或者预测。

迁移学习的基本方法可分为基于样本的迁移、基于模型的迁移、基于特征的迁移及基于关系的迁移4种。西安交通大学雷亚国等利用实验装备监测的丰富典型故障信息来训练迁移模型,并将其用于工程实际中的故障诊断场合,能够较好解决故障样本缺乏的问题。

近年来,生成对抗网络受到广泛关注。生成对抗网络受博弈论中二人零和博弈思想的启发而提出,其包括两个部分:一部分为生成网络,负责生成尽可能以假乱真的样本;另一部分为判别网络,负责判断样本是真实的,还是由生成网络生成的。针对小样本问题,可以利用对抗网络生成与真实样本类似的样本,实现数据增强。

另外,也可以将对抗网络训练的思想应用于迁移学习中。此时生成器的职能发生变化,不再生成新的样本,而是扮演特征提取的功能:不断学习领域数据的特征,使得判别器无法对两个领域进行分辨。这样原来的生成器也可以成为特征提取器。通过特征提取器、判别器、故障模式分类器之间的对抗学习可以获得领域不可分的特征,从而在目标领域取得很好的故障诊断效果。

3.3 航天器故障诊断的人工智能方法应用案例

3.3.1 基于卷积神经网络的航天器飞轮轴承故障诊断方法

1. 航天器飞轮轴承故障描述

飞轮是航天器姿态控制和精度维护的典型空间惯性执行机构,在决定卫星健康和寿命的各种部件与因素中,飞轮被认为是最关键的部件之一[42]。作为飞轮核心部件之一的轴承的故障模式多样,因此,有效的故障诊断方法尤为重要[43]。一般轴承故障诊断方法大多基于振动特性,采用共振解调方法消除扰动效应提取故障特征,从而进行故障诊断[44-46]。常用的方法有希尔伯特(Hilbert)变换解调法、广义检测滤波法、经验模态分解法和小波变换法,上述传统方法在轴承的故障诊断方面取得了重大进展和广泛应用,但也具有特征提取与分类难、自主性差的局限性。上述方法的特征提取依赖于丰富的工程经验,特征提取的自动化处理能力较差,因此迫切需要适应性强的通用算法,解决不同特性故障的特征提取和分类问题。深度学习是一种神经网络,采用多层网络防止产生过拟合,能够更好地逼近复杂函数,特别是复杂的高维函数,具有良好的特征提取和分类能力,深度学习以其独特的优势为机械系统故障诊断提供了新的思路和方法。

2. 基于卷积神经网络的故障诊断算法

卷积神经网络是由输入层、卷积层和池化层、全连接层和输出层组成的多层神经网络。输入层的输入形式为图像。卷积层和池化层都由多个二维平面组成,每个二维平面都是经过处理后由每一层输出的特征图,卷积层和池化层的数量根据实际需要确定。图像信息通过各层卷积计算,相当于经过一个多层数字滤波,最后得到原始输入的最显著特征。

针对轴承故障自动准确识别问题,文献[47]提出了基于卷积神经网络(CNN)的航天器飞轮轴承故障诊断方法,可分为以下4个步骤实现,流程如图3-4所示。

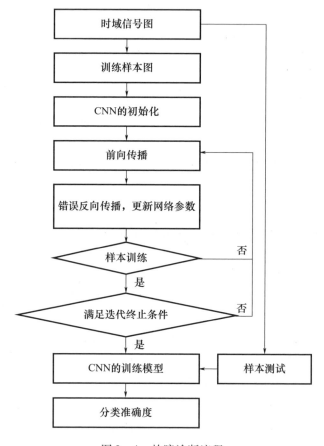

图3-4 故障诊断流程

(1)确定 CNN 结构:设置 CNN 的层数、卷积核大小和分类器,其中卷积层和池化层用于提取故障特征,分类器用于故障类型的分类识别。

(2)轴承数据处理:对轴承数据进行处理,选取样本,将振动信号转化为时域图像,通过图像拼接得到融合多速度信息的新训练样本。

(3)训练 CNN:用步骤(2)中的两个训练样本训练 CNN,将训练好的权值参数矩阵赋值并偏移到网络的每一层,实现分类和特征提取。

(4) CNN 测试:获得 CNN 和训练后的分类器后,用测试样本对 CNN 进行测试。

算法中的卷积神经网络包括一个输入层、两个卷积层、两个池化层和一个输出层。

在相似的网络参数设置和相同的输入输出条件下,CNN 的精度明显优于 BP 神经网络,故障诊断的准确性大大提高。该方法可以引入更多故障类型及不同严重程度故障数据进行网络训练,有望得到更准确、更高效、泛化性能更好的飞轮轴承故障诊断网络。此外,该方法还可进一步应用于其他旋转机械的故障诊断过程。

3.3.2 基于迁移学习的航天器姿态控制系统故障诊断方法

1. 航天器姿态控制系统故障描述

考虑执行机构安装误差、干扰力矩等不确定因素,航天器非线性姿态运动学可以描述为

$$\begin{cases} \dot{x} = \zeta(x) + \zeta_\Delta(x) + (B + \Delta B)\tau_c + \tau_d \\ y = (C + \Delta C)x + f_s \end{cases} \quad (3-9)$$

式中,$\tau_c = g(u, f_a)$ 表示执行机构的输出力矩,$g(\cdot)$ 表示控制器输出与执行机构输出力矩的映射关系,u 为控制器输出,f_a 表示执行机构故障;f_s 表示敏感器故障;$\zeta(*)$ 是系统中与状态 x 相关的非线性部分;$\zeta_\Delta(*)$ 为不确定余数;$x = (q^T, \omega^T)^T$ 为系统状态;$y = (q_s^T, \omega_s^T)^T$ 为敏感器测量的系统输出;$B = (0_{4\times 3}, J^{-1})^T$ 为输入矩阵;ΔB 为执行机构安装误差;τ_d 为扰动力矩;C 为输出矩阵,ΔC 为敏感器安装误差。当系统无故障时,有 $f_s = 0$ 和 $f_a = 0$。

2. 基于迁移学习的故障诊断算法

基于迁移学习的故障诊断算法以航天器标称模型的仿真数据为源域数据,通过训练神经网络,收集残差特征来训练支持向量机。训练好的神经网络与实际的航天器健康数据(目标域数据)进行微调,得到适合目标域数据的新神经网络,从中可以得到目标域数据的残差特征。然后利用训练好的 SVM 对目标域的残差特征进行分类,定位姿态控制系统(Attitude Control System,ACS)的故障位置,从而解决航天器 ACS 无故障样本时的故障定位问题。

首先针对故障样本缺失问题,通过航天器标称模型的仿真数据为源域训练神经网络,基于 BP 神经网络构建观测器 Γ_1 和 Γ_2[48],观测器 Γ_1 和 Γ_2 的设计方案如图 3-5 所示。

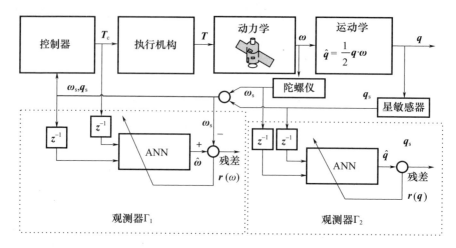

图 3-5 观测器的设计方案

观测器 Γ_1 的输入和输出为

$$\begin{cases} X^1 = \{T_c(t), \omega_w(t), \omega_s(t), q_s(t)\} \\ Y^1 = \omega_s(t + \Delta t) \end{cases} \tag{3-10}$$

观测器 Γ_2 的输入和输出为

$$\begin{cases} X^2 = \{\omega_s(t), \omega_s(t + \Delta t), q_s(t)\} \\ Y^2 = q_s(t + \Delta t) \end{cases} \tag{3-11}$$

式中，T_c 为指令转动力矩；ω_w 为飞轮速度；ω_s 为陀螺仪观测到的航天器角速度；q 为视觉系统观测到的航天器四元数；Δt 为控制周期。根据观测器 Γ_1 和 Γ_2 的检测结果，可以定位故障。如表 3-7 所列，结果可分为 4 种类型。

表 3-7 不同故障点引起的观测器检测结果

故障位置	观察者 Γ_1(0/1)	观察者 Γ_2(0/1)
健康	0	0
执行机构	1	0
星敏感器	0	1
陀螺仪	1	1

"0"表示观察者的输出与实际值一致；"1"表示输出与实际值不同。

(1) 如果动力学观测器 Γ_1 和运动学观测器 Γ_2 都显示为"0"，则系统是健康的。

(2) 如果动力学观察器 Γ_1 显示"1"，运动学观察器 Γ_2 显示"0"，则执行机构出现故障。

(3) 如果动力学观测器 Γ_1 显示"0",运动学观察器 Γ_2 显示"1",则星敏感器出现故障。

(4) 如果动力学观测器 Γ_1 和运动学观测器 Γ_2 都显示"1",则陀螺仪出现故障。

训练过程如图 3-6 所示,主要步骤如下:

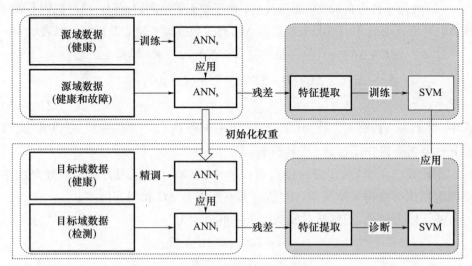

图 3-6　迁移学习的训练方案

(1) 采集源域的健康数据对神经网络进行预训练,并保存预训练好的网络。利用源域的健康数据和故障数据通过预训练的网络得到残差数据,提取残差的均值、均方误差和熵来训练 SVM,得到训练好的 SVM 分类模型。

(2) 收集目标域的健康数据,对预训练的网络进行微调,得到训练好的神经网络。

(3) 通过待检测数据的目标域微调神经网络获得目标域数据的残差特征,并利用(1)中训练的 SVM 对目标域数据进行诊断。

使用观测器 Γ_1 和 Γ_2 获得的残余特征,分别训练两个 SVM 分类器,根据表 3-7 对目标域的系统故障进行定位。

文献[49]建立了一种 SVM 预测模型,根据上述航天器 ACS 的故障定位方法,SVM 分类的准确性主要取决于源域数据残差和目标域数据残差特征的分布与结构的相似性。当目标域残差特征分布与源域残差特征分布相似时,基于源域数据特征训练的 SVM 对目标域数据分类也能有更好的结果。在这种方法中,只需要讨论标称模型和实际航天器的残差特性是否相似。

(1) 标称模型的观测器残差：

$$e_y^{(t)} = C(e_x^{(t-\Delta t)} + \Delta t \cdot \tilde{\zeta}(x^{(t-\Delta t)})) - \Delta t \cdot C \cdot B \cdot \tau_f^{(t-\Delta t)} - f_s^{(t)} + C \cdot \varepsilon^{(t-\Delta t)} \quad (3-12)$$

式中，有 $e_x^{(t-\Delta t)} \to 0$ 和 $\zeta(x^{(t-\Delta t)}) \to 0$，所以基于残差的故障检测 $e_y^{(t)}$ 主要受积分误差 $\varepsilon^{(t-\Delta t)}$ 的影响。

(2) 气浮平台仿真系统观测器残差。由于航天器遥测数据包含执行机构不确定性 ΔB、环境扰动 τ_d 和传感器安装误差 ΔC，通过数据训练建立的模型可以表示为

$$e_y^{(t)} = (C+\Delta C)(e_x^{(t-\Delta t)} + \Delta t \cdot (\tilde{\zeta}(x^{(t-\Delta t)}) + \tilde{\zeta}_\Delta(x^{(t-\Delta t)})) + \varepsilon^{(t-\Delta t)}) - f_s^{(t)} - \Delta t(C+\Delta C)(B+\Delta B)\tau_f^{(t-\Delta t)} + (C+\Delta C)\varepsilon^{(t-\Delta t)} \quad (3-13)$$

式中，当 $\hat{x} \to x$ 时，有 $e_x^{(t-\Delta t)} \to 0$，$\tilde{\zeta}(x^{(t-\Delta t)}) \to 0$ 和 $\tilde{\zeta}_\Delta(x^{(t-\Delta t)}) \to 0$。可以看出，残差 $e_y^{(t)}$ 主要受积分误差 $\varepsilon^{(t-\Delta t)}$ 的影响。

比较式(3-12)和式(3-13)，可以看出，影响迁移学习方法诊断效果的主要因素是执行机构安装误差 ΔB、传感器安装误差 ΔC 和积分误差 ε。

基于以上讨论，迁移学习成功的条件可表示为

$$\text{s.t.} \begin{cases} \|\Delta J\| \ll \|J\|/2 \\ \|\Delta B\| \ll \|B\| \\ \|\Delta C\| \ll \|C\| \end{cases} \quad (3-14)$$

此外，根据神经网络训练的原理，要求标称模型的噪声建模 $\hat{\varepsilon}_n$ 与实际传感器噪声 ε_n 之间具有相似的统计特性。

针对空气轴承表健康数据、飞轮故障数据、陀螺故障数据和视觉故障数据的故障定位，改进后的迁移学习方法对空气轴承表数据的故障定位具有更高的准确率，说明迁移学习方法可以有效提高无航天器故障样本的故障诊断性能。

3.4 本章小结

本章主要介绍了人工智能在航天器故障检测、隔离与恢复领域的应用。首先，介绍了航天器 FDIR 系统的概念、应用背景及技术内涵；其次，分别阐述了基于知识的人工智能方法及基于数据的人工智能方法在航天器 FDIR 中的应用方法及优势；最后，以航天器控制分系统的故障为案例，介绍了基于卷积神经网络及迁移学习的故障诊断方法。

参考文献

[1] WANDER T, FORSTNER R. Innovative Fault Detection, Isolation and Recovery Strategies On – Board Spacecraft: State of the Art and Research Challenges [C]// Proceedings of the 2013 Conference on Control and Fault – Tolerant System, 2013: 336 – 341.

[2] HENRY D, SIMANI S, PATTON R J. Fault Detection and Diagnosis for Aeronautic and Aerospace Missions[M]//Lecture Notes in Control and Information Sciences. Berlin Heidelberg: Springer, 2010: 91 – 128.

[3] BALDI P, BLANKE M, CASTALDI P, et al. Combined Geometric and Neural Network Approach to Generic Fault Diagnosis in Satellite Reaction Wheels[J]. IFAC – Papers OnLine, 2015, 48(21): 194 – 199.

[4] 许勃. 空间环境与航天器设计[J]. 中国航天, 1993, (11): 11 – 13.

[5] 冯伟泉. 归因于空间环境的航天器故障与异常[J]. 航天器环境工程, 2011, 28(4): 375 – 389.

[6] 沈毅, 李利亮, 王振华. 航天器故障诊断与容错控制技术研究综述[J]. 宇航学报, 2020, 41(6): 647 – 656.

[7] 席斌, 李帅, 侯媛媛. 基于多目标粒子群算法的异构网接入控制[J]. 无线电通信技术, 2012, 38(4): 42 – 44, 50.

[8] 王亚坤, 杨凯飞, 张婕, 等. 卫星在轨故障案例与人工智能故障诊断[J]. 中国空间科学技术, 2022, 42(1): 16 – 29.

[9] 刘李辉, 王昊, 姚飞. 2021 全球航天发射活动分析报告[J]. 卫星与网络, 2021, 12: 19 – 40, 18.

[10] 罗胜中, 袁俊刚. 卫星在轨主要故障模式、原因分析及措施建议[J]. 航天器环境工程, 2021, 38(4): 480 – 486.

[11] 林来兴. 1990—2001 年航天器制导、导航与控制系统故障分析研究[J]. 国际太空, 2004(5): 9 – 13.

[12] 王大轶, 屠园园, 符方舟, 等. 航天器控制系统的自主诊断重构技术[J]. 控制理论与应用, 2019, 36(12): 1966 – 1978.

[13] 卢文清, 何加铭, 曾兴斌, 等. 基于多特征提取和粒子群算法的图像分类[J]. 无线电通信技术, 2014, 40(2): 90 – 93.

[14] 高明哲,祝明波,邹建武. 基于改进粒子群算法的单脉冲雷达多目标分辨[J]. 无线电工程,2014,44(6):25-28.

[15] 张旺,王黎莉,伍洋. 基于遗传算法的阵列天线综合及分析[J]. 无线电通信技术,2011,37(4):28-30.

[16] CHANG C,NALLO W,RASTOGI R,et al. Satellite Diagnostic System:An Expert System for Intelsat Satellite Operations[C]// Proceedings of the 4th European Aerospace Conference(EAC),1992:321-327.

[17] NISHIGORI N,HASHIMOTO M,CHOKI A,et al. Fully Automatic and Operator-Less Anomaly Detecting Ground Support System for Mars Probe 'NOZOMI'[C]// Proceeding of the 6th International Symposium on Artificial Intelligence and Robotics and Automation in Space,2001:125-134.

[18] TALLO D P,DURKIN J,PETRIK E J. Intelligent Fault Isolation and Diagnosis for Communication Satellite Systems[J]. Telematics and Informatics,1992,9(3/4):173-190.

[19] 向刚,周建明,贾龙. 人工智能在航天器故障诊断中的应用研究[J]. 中国航天,2021(2):20-24.

[20] WILLIAMS B,NAYAK P. A Model-Based Approach to Reactive Self-Configuring Systems[C]// Proceedings of Thirteenth National Conference on Artificial Intelligence,Portland,Oregon,1996,2:971-978.

[21] 张孝功,任章. 一种卫星故障诊断的定性/定量混合建模新方法[J]. 空间控制技术与应用,2019,35(5):38-42.

[22] POLL C,PATTERSON-HINE A,CAMISA J,et al. Evaluation,Selection,and Application of Model-Based Diagnosis Tools and Approaches[C]// AIAA Infotech,AIAA 2007-2941.

[23] MACKEY R,BROWNSTON L,CASTLE J P,et al. Getting Diagnostic Reasoning off the Ground:Maturing Technology with TacSat-3[J]. IEEE Intelligent Systems,2010,25(5):27-35.

[24] ADAMS R J,BERRYMAN J F,ZETOCHA P G. Hybrid Diagnostics for the FalconSAT-5 Sciencecraft[C]// Infotech@ Aerospace,AIAA 2011-1565.

[25] FELLINGER G,DJEBKO K,JÄGER E,et al. ADIA++:An Autonomous Onboard Diagnostic System for Nanosatellites[C]// AIAA Space 2016,AIAA 2016-5547.

[26] 王南华,倪行震,李丹,等. 卫星控制系统地面实时故障诊断专家系统

SCRDES[J]. 航天控制,1991(3):37-44.

[27] FENTON W G,MCGINNITY T M,MAGUIRE L P. Fault Diagnosis of Electronic Systems using Intelligent Techniques:A review[J]. IEEE Trans. Syst. Man, Cybern. Part C,2001,31(3):269-281.

[28] CHENG Y H,JIANG B Q,YANG M K,et al. Self-Organizing Fuzzy Neural Network-Based Actuator Fault Estimation for Satellite Attitude Systems[J]. Journal of Applied Sciences,2010,28(1):72-76.

[29] VALDES A,KHORASANI K. A Pulsed Plasma Thruster Fault Detection and Isolation Strategy for Formation Flying of Satellites[J]. Applied Soft Computing, 2010,10(3):746-758.

[30] 李可,王全鑫,宋世民,等. 基于改进人工神经网络的航天器电信号分类方法[J]. 北京航空航天大学学报,2016,42(3):596-601.

[31] XIANG X Q,ZHOU J Z,AN X L,et al. Fault Diagnosis Based on Walsh Transform and Support Vector Machine[J]. Mechanical Systems and Signal Processing,2008,22(7):1685-1693.

[32] YAN K,ZHONG C W,JI Z W,et al. Semi-Supervised Learning for Early Detection and Diagnosis of Various Air Handling Unit Faults[J]. Energy and Buildings. 2018,181:75-83.

[33] LONG J Y,MOU J D,ZHANG L W,et al. Attitude Data-Based Deep Hybrid Learning Architecture for Intelligent Fault Diagnosis of Multi-Joint Industrial Robots[J]. Journal of Manufacturing Systems,2021,61:736-745.

[34] ELANGOVAN K,TAMILSELVAM Y K,MOHAN R E,et al. Fault Diagnosis of a Reconfigurable Crawling-Rolling Robot Based on Support Vector Machines [J]. Applied Sciences,2017,7(10):1025.

[35] CHARNIAK E. Bayesian Networks Without Tears[J]. AI Magazine,1991,12 (4):50-63.

[36] RICKS B,MENGSHOEL O J. Diagnosis for Uncertain,Dynamic and Hybrid Domains Using Bayesian Networks and Arithmetic Circuits[J],International Journal of Approximate Reasoning,2014 55(5):1207-1234.

[37] TINÓS R,TERRA M H. A Fault Detection and Isolation System for Cooperative Manipulators[J]. SBA:Controle & Automação Sociedade Brasileira de Automatica,2008,19(4):406-416.

[38] HOLSTI N,PAAKKO M. Towards Advanced FDIR Components[C]. Data Sys-

tems in Aerospace,DASIA 2001,2001.

[39] 李新,闻新,罗立生,等. 基于小波神经网络的一类非线性系统的故障检测[J]. 盐城工学院学报(自然科学版),2016,29(1):10-16.

[40] 闻新,陈镝,乔羽. 国内神经网络故障诊断技术及其在航天器中的应用[J]. 沈阳航空航天大学学报,2018,35(3):17-26.

[41] LIU W M,HU Z Z. Aero-engine Sensor Fault Diagnosis Based on Convolutional Neural Network[C]// Proceedings of the 31st Chinese Control and Decision Conference,2019,647-652.

[42] LI B,CHOW M Y,TIPSUWAN Y,et al. Neural-Network-Based Motor Rolling Bearing Fault Diagnosis[J]. IEEE Transactions on Industrial Electronics,2000,47(5):1060-1069.

[43] TAN S C,LIM C P. Evolutionary Fuzzy ARTMAP Neural Networks and their Applications to Fault Detection and Diagnosis[J]. Neural Processing Letters,2010,31(3):219-242.

[44] XIANG L,TANG G J,HU A J,Vibration Signals Time-Frequency Analysis of Nonstationary Vibration Signals of Rotating Machinery[J]. Journal of Vibration and Shock,2010,29(2):42-45.

[45] YANG J T,CHEN J Y,ZHENG Z P,Extraction of Fault Symptoms of Rotating Machinery Based on Higher Order Spectrum[J]. Journal of Vibration Engineering,2001(1):13-18.

[46] ABBASION S,RAFSANJANI A,FARSHIDIANFAR A,et al. Rolling element Bearings Multi-Fault Classification Based on the Wavelet Denoising and Support Vector Machine[J]. Mechanical Systems and Signal Processing,2007,21(7):2933-2945.

[47] LIU Y,PAN Q,WANG H,et al. Fault Diagnosis of Satellite Flywheel Bearing Based on Convolutional Neural Network[C]// 2019 Prognostics and System Health Management Conference(PHM-Qingdao). 2019:1-6.

[48] HE M L,CHENG Y H,WANG Z,et al. Fault Location for Spacecraft ACS System Using the Method of Transfer Learning[C]// 2021 40th Chinese Control Conference(CCC),2021:4561-4566.

[49] YE Z Y,CHENG Y H,HAN X D,et al. Fault Location for Attitude Control Systems of Deep Space Exploration Satellites[J]. Control Theory and Applications,2019,36(12):2093-2099.

第 4 章
空间任务规划与碎片清除

空间任务规划(Mission Planning,MP)是保障航天器在轨完成任务目标的核心关键。但任务的复杂性、环境的不确定性、计算及通信能力的约束限制了空间任务规划的动态性、时效性、智能性。目前,人工智能助力下的空间任务规划技术得到了快速的发展,在碎片清除、在轨组装等一系列复杂的空间任务中,基于智能算法及学习算法的空间任务规划方法,解决了传统方法在多约束任务规划中陷入局部最优、运算量较大的问题,是航天器智能自主运行的核心关键。

4.1 空间任务规划概念

规划是一个综合性的计划,它包括目标、规则、任务分配、实施步骤、资源、政策等因素。任务规划是对任务的规划,在不同的领域针对不同任务具有不同的研究范畴与特点,目前没有公认的标准。一般来讲,任务规划具有以下特点:

(1)任务规划需要具有整体性、全局性的考量。
(2)任务规划须以准确的数据为基础,运用科学的方法从整体到细节设计。
(3)任务规划须在实际行动实施之前进行,其结果要作为实际行动的具体指导。

空间任务是对航天器在空间所进行活动的一种统称,如通信、导航、气象、遥感、空间站、深空探测等。空间任务规划是指根据航天器(包含多航天器)需要完成的任务、航天器的数量及载荷类型,综合考虑任务环境复杂性及其不确定性,对航天器进行的统筹管理,涵盖群体行动规划、航天器行动规划、分系统/载荷动作规划等多层级任务规划。空间任务规划在不同背景下针对不同任务,其具有不同的研究范畴。

由于航天器执行任务时远离地面、工作环境复杂且资源受限,导致空间任务规划在航天器在轨运行、执行空间任务、处理异常事件中起着关键的作用,在保证任务目标实现的同时,可进一步优化有限的系统资源。无论是载人空间任务还是无人空间任务,其任务规划都是必不可缺的。

鉴于航天器空间任务与其他领域任务特性不同、任务执行环境不同、任务对象不同,航天器空间任务规划具有如下特点:

(1)从总体要求上来说,空间任务规划需具有整体性、全局性、可靠性、安全性、自主性、稳健性、动态性、容错性、灵活性、时效性、一致性、智能性等综合要求。

(2)从研究对象上来说,空间任务规划对象包含单航天器独立完成的空间任务及多航天器共同完成的空间任务,即包含星座任务规划、星群任务规划、编队任务规划、交会任务规划、空间站运营任务规划、单航天器任务规划等多类型研究对象。

(3)从研究层次上来说,可以将空间任务规划归纳为群体行动规划、航天器行动规划、分系统/载荷动作规划三个层次的任务,其中,群体行动规划是指多航天器执行空间任务的实施规划,如航天器群体任务分配、构型/重构规划、任务模式及其切换规划、空间交会任务等;航天器行动规划,是指航天器执行群体子任务或单体任务时的实施规划,如任务序列规划、轨道/姿态规划等;分系统/载荷动作规划,如供配电规划、数传通信规划、空间机械臂运动规划、在轨组装动作规划、载荷成像规划等,如图4-1所示。

(4)从任务类型上来说,空间任务规划覆盖空间活动全部任务,从无人任务到载人任务、从近地任务到深空任务、从单体任务到群体任务,如对地观测、对地遥感、导航通信、空间站、碎片清除、在轨服务、空间操控、深空探测/开发等。

(5)从时间尺度上来说,空间任务规划设计需求由航天器的设计阶段延伸到在轨运行阶段,包含几年、几个月到几秒不同尺度的长周期、短周期及应急突发事件等任务规划,因此空间任务规划需要在各种时间尺度上开展。

(6)从任务约束上来说,空间任务规划须以航天器系统能力及任务需求为基础,针对航天器系统与任务需求的复杂性,考虑多源限制条件,如系统能量(燃料、电能)、运动能力、通信能力(测控弧段、数据量)、计算能力、感知能力、末端操作能力等限制,同时综合分析航天器系统-环境-载荷的耦合影响。

(7)从研究方法上来说,空间任务规划从单体任务规划到群体任务规划,从静态规划到动态规划,从集中规划到分布式规划,从地面站规划到在轨自主规划再到智能规划。

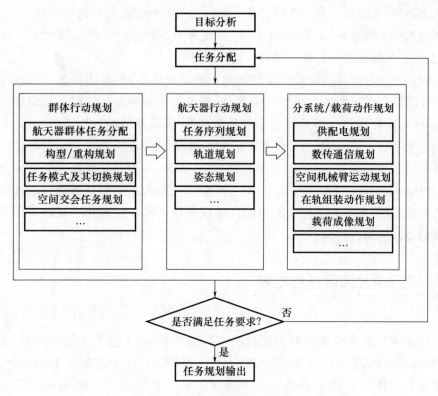

图 4-1 空间任务规划方法概况

4.2 空间任务规划发展

任务规划起源于军用飞行器,主要针对飞机、导弹、无人机、航天器等。空间任务规划是随着人类空间活动拓展、空间技术进步及其应用发展而形成的一个新的研究领域。近年来,大量的专家学者针对不同的空间任务开展了不同层次的任务规划方法研究,尤其在对地观测、在轨服务及空间站运营等方面已经开展了大量的理论研究,并开展了相应的工程应用。文献[1-10]针对高分观测、对地观测、在轨服务、交会对接、空间站运营、多星协同等空间任务,分别介绍了多种任务规划的理论方法及应用案例。

近年来,随着在轨服务、空间碎片清除、深空探测等空间任务的快速发展,空间多目标访问规划问题引起了广泛的关注,被访问的目标既包括恒星、行星和彗星等自然天体,也包括空间碎片、空间站和航天器等人造天体。访问的方式可能只是飞越,也可能是与目标进行交会。访问的目的既包括碎片清除、燃料加注及在轨组装等工程目的,也有感知探测、着陆采样及导航定位等科学目的。可以说,上述航天任务大都包含空间目标访问任务。

碎片快速增加与空间资产维护需求不断增长的问题,亟须快速、高效、经济的碎片清除与在轨服务方法来解决,而任务规划技术则是在保障目标实现的前提下,在空间环境进一步优化有限的系统资源,提高任务时效性、自主性与效费比的核心关键。同时,受限于任务需求和技术发展,早期开展的空间目标访问任务虽然技术成熟度高,但访问效率较低、费效比高,不能有效发挥服务航天器的能力,造成空间资源的浪费。随着人工智能技术的发展,空间任务规划进入了全新的发展阶段,基于人工智能的空间任务规划技术逐步发展并不断地应用于航天器的设计与运行阶段。

4.3 空间碎片清除任务规划

空间碎片是人类探索和利用外层空间的产物,通常包含失效航天器、火箭体、航天器材料、生活垃圾等。根据欧洲航天局(ESA)2020年底发布的信息,地球轨道上尺寸大于10cm的空间碎片超过3.4万个,尺寸1~10cm的空间碎片超过90万个,尺寸0.1~1cm的空间碎片约1.3亿个[11]。空间碎片数量的快速增长为人类航天活动带来了严峻挑战,空间碎片清除是航天活动安全保障的重要一环。空间多碎片清除任务,首先需要确定多碎片初始范围,在此基础上设计清除多碎片的多目标访问规划,再解决多个碎片间的轨道规划等问题,该任务过程称为空间碎片清除任务规划。根据碎片清除航天器的数量分类,空间多碎片清除任务规划可分为多目标单序列任务规划和多目标多序列任务规划两类。

4.3.1 面向空间碎片清除的任务规划问题描述

1. 多目标单序列任务规划问题描述

多目标单序列碎片清除任务规划的目的,是利用单个航天器按照交会序列对多个碎片目标依次进行交会,直至遍历任务中的所有目标,进而实现多个碎片的依次清除。面向空间碎片多目标单序列交会清除任务,美国国防高级研究计划局(DARPA)在其研制的电动碎片清除器上配置了多个可以捕获空间碎片的绳网装置,可在一次飞行序列中收集多个空间碎片,并将它们一起拖离轨道。欧洲"碎片清除"(Remove Debris)任务于2013年10月正式启动,旨在探索多种轨道碎片捕获、清除技术。2018年9月,欧洲发射"碎片清除"系统(图4-2),随后将立方体卫星用作人造"空间碎片"目标,成功开展了世界首次真实太空环境下飞网抓捕、飞矛穿刺、运动跟踪、拖曳离轨等多项空间碎片清除关键技术验证试验。

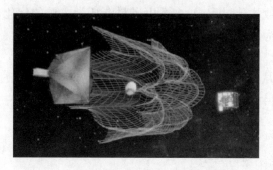

图4-2 欧洲航天局"碎片清除"网捕示意图

多目标单序列交会清除任务由一个任务航天器采用多脉冲的方式,按照一定的访问顺序对预定清除目标依次进行交会访问。因此,多脉冲多目标交会任务规划问题可转化为单序列遍历交会问题,包含交会任务序列规划、交会轨道规划。交会任务序列规划是在给定指标下,确定最优的交会序列及每个目标分配的时间。交会轨道规划是依据一定的机动方法,在燃料消耗、任务时间、地面测控、光照约束以及安全性条件等约束下提出任务航天器在相邻两个清除目标间的转移轨迹。

规划模型可描述为如下两层嵌套形式。其中,外层模型的设计变量为

$$X = [S_1, S_2, \cdots, S_N, T_1, T_2, \cdots, T_N, \Delta t_1, \Delta t_2, \cdots, \Delta t_N] \quad (4-1)$$

式中,N 为访问目标数量;S_i 为第 i 个访问目标的次序;T_i 为任务航天器与第 i 个访问目标的交会时刻;Δt_i 为航天器在第 i 个访问目标上的停留时间。

规划任务中,内层模型只需要考虑交会终端状态约束,外层模型需要考虑的约束条件主要有三类:

(1)第一类约束为访问次序变量的取值:

$$\{\forall S_i, S_j \in [1, n] | S_i \neq S_j\} \quad (4-2)$$

式(4-2)表示访问次序的取值范围为 1~n 的正整数,且任意两个访问次序取值不相同。

(2)第二类约束为任务航天器与第 $i+1$ 个访问目标的交会时刻必须大于第 i 个访问目标的出发时刻:

$$T_{i+1} > T_i + \Delta t_i \quad (4-3)$$

(3) 第三类约束为任务航天器在访问碎片目标上的停留时间不能小于规定的最短停留时间：

$$\Delta t_i > \Delta t_{\min} \tag{4-4}$$

式中，$\Delta t_{\min}$ 为任务航天器在访问碎片目标上的最短停留时间。

优化目标函数构建过程中，多数以燃料消耗为主要的优化目标，如外层模型的优化目标通常为与各次转移脉冲速度增量相关的一个函数：

$$J_{\text{外层}} = \min f(\|\Delta V_i\|), i = 1, 2, \cdots, N-1 \tag{4-5}$$

式中，$\|\Delta V_i\|$ 为从第 i 个访问目标到第 $i+1$ 个访问目标的最优速度增量，也是内层模型的优化目标：

$$J_{\text{内层}} = \min \|\Delta V_i\| = \min \sum_{j=1}^{n} \|\Delta v_{ij}\| \tag{4-6}$$

因此，总目标函数可写为

$$J = \min f\left(\sum_{j=1}^{n} \|\Delta v_{ij}\|\right), i = 1, 2, \cdots, N-1 \tag{4-7}$$

式中，Δv_{ij} 为从第 i 个访问目标转移到第 $i+1$ 个访问目标的第 j 次脉冲向量。

上述构建方法中，访问次序、交会时刻和停留时间是外层变量，脉冲向量和脉冲时刻是内层变量。外层变量中的访问次序是整数变量，其余变量为实数变量。因此，该问题是一个两层嵌套式混合整数优化问题，其求解复杂性主要表现在优化的嵌套特性和变量的混合整数特性。

2. 多目标多序列任务规划问题描述

近年来，基于多颗小卫星实施多碎片清除的方法以其更经济、更高效的优势得到了广泛的关注。而该方法中，如何规划多个任务航天器对多个碎片目标的访问任务，即多目标多序列交会规划问题是提高任务效费比、时效性的核心关键。与单序列规划问题不同，其内容更丰富，包含空间交会任务规划、交会任务序列规划、交会轨道规划。其中，空间交会任务规划是根据服务航天器及清除对象，确定每个任务航天器对应的清除目标，完成多对多交会任务的总体分配，即完成任务打包。

对于给定的 q 个待规划访问目标，可能需要的任务包最大数量也为 q 个，则外层模型的设计变量可表示为

$$\boldsymbol{X} = [x_{11}, x_{12}, \cdots, x_{1q}, x_{21}, x_{22}, \cdots, x_{qq}] \tag{4-8}$$

$$x_{ij} = \begin{cases} 1, & \text{第 } j \text{ 个访问目标放入第 } i \text{ 个任务包} \\ 0, & \text{其他} \end{cases} \quad i, j = 1, 2, \cdots, q \tag{4-9}$$

$$y_i = \begin{cases} 1, & \text{第 } i \text{ 个任务包中有访问目标} \\ 0, & \text{其他} \end{cases} \quad i = 1, 2, \cdots, q \tag{4-10}$$

$$M = \sum_{i=1}^{q} y_i \qquad (4-11)$$

$$N_i = \sum_{j=1}^{q} x_{ij} \qquad (4-12)$$

式中,x_{ij}为布尔变量,x_{ij}决定第j个访问目标是否被放入第i个任务包;y_i是对第i个任务包的统计,确定第i个任务包是否有访问目标放入;M为非空任务包的数量,也即所有目标被分成的组数;N_i为第i个任务包中的访问目标数量。式(4-9)和式(4-10)可以理解为先初始化q个任务包,然后将q个访问目标放入q个任务包中。访问目标不允许有剩余,任务包可以为空。所有目标放入任务包后再按式(4-10)~式(4-12)统计每个任务包中目标的放入情况。

中层模型的设计变量为每个任务包中访问目标的访问次序、各访问目标的交会时刻以及在各访问目标上的停留时间,如式(4-1)所示。

内层模型的设计变量为相邻两访问目标之间多脉冲转移的n次相邻脉冲施加时刻的比值和前$n-2$次施加的脉冲向量。

规划任务中,内层模型只需要考虑交会终端状态约束,中层模型需要满足访问次序变量取值、各目标访问时刻以及最短停留时间三种类型的约束,如式(4-2)~式(4-4)所示。外层模型需要考虑约束条件主要有三类:

(1)第一类约束为保证每个交会目标放入其中一个任务包:

$$\sum_{i=1}^{q} x_{ij} = 1, j = 1,2,\cdots,n \qquad (4-13)$$

(2)第二类约束为燃料约束,即每个任务航天器携带燃料能够保障其完成多目标交会:

$$m_i^{\text{Fuel}} \leqslant m_{\max}^{\text{Fuel}} \qquad (4-14)$$

式中,m_i^{Fuel}为完成第i个任务包中所有目标访问所需燃料的质量;$m_{\max}^{\text{Fuel}}$为单个航天器所能携带的燃料质量上限。

(3)第三类约束为每个任务包的时间约束:

$$\begin{cases} T_{\text{start}} \leqslant T_1^0 \\ T_i^{\text{f}} + \mathrm{d}t_{\min} \leqslant T_{i+1}^0, i = 1,2,\cdots,M-1 \\ T_M^{\text{f}} \leqslant T_{\text{end}} \end{cases} \qquad (4-15)$$

式中,T_{start}和T_{end}分别为规划问题的起始时刻和终端时刻;T_i^0和T_i^{f}分别为第i个任务包的起始时刻和终端时刻;$\mathrm{d}t_{\min}$为任务包与任务包之间的最小时间间隔。

内层模型的优化目标为相邻两访问目标之间的脉冲转移速度增量和:

$$J_{内} = \min \sum_{k=1}^{n} \| \Delta \boldsymbol{v}_{ijk} \| \qquad (4-16)$$

式中,$\Delta \boldsymbol{v}_{ijk}$ 为第 i 个任务包中从第 j 个访问目标转移到第 $j+1$ 个访问目标的第 k 次脉冲向量。

中层模型的优化目标为与各次转移脉冲速度增量相关的一个函数:

$$J_{中} = \min f(J_{内ij}), j = 1, 2, \cdots, N_i - 1 \qquad (4-17)$$

式中,$J_{内ij}$ 为第 i 个任务包中从第 j 个访问目标转移到第 $j+1$ 个访问目标的最优速度增量。

外层模型的优化目标为与各中层模型优化目标相关的一个函数:

$$J_{外} = \min F(J_{中i}), i = 1, 2, \cdots, M \qquad (4-18)$$

式中,$J_{中i}$ 为第 i 个任务包中的交会序列对应的 f 函数值。

因此,总目标函数可写为[12]

$$J = \min F\left(f\left(\sum_{k=1}^{n} \| \Delta \boldsymbol{v}_{ijk} \|\right)\right), j = 1, 2, \cdots, N_i - 1; i = 1, 2, \cdots, M$$
$$(4-19)$$

由此,构建了多组交会任务规划问题的规划模型。其中,某个任务包是否有访问目标放入和某个访问目标是否放入某个任务包是外层变量,访问次序、交会时刻和停留时间是中层变量,脉冲时刻和脉冲向量是内层变量。外层的所有变量以及中层的访问次序变量是整数变量,其余变量为实数变量。因此,多组交会任务规划问题是一个三层嵌套式混合整数优化问题,其求解复杂性依然体现在优化的嵌套特性和变量的混合整数特性。

4.3.2 基于智能仿生学算法的优化求解

针对上述两层/三层嵌套式混合整数优化问题,近年来,解决上述问题的智能算法研究激增,目前已有成功设计案例的智能仿生学算法,主要包括遗传算法(Generic Algorithm,GA)[13]、蚁群优化算法(Ant Colony Optimization,ACO)[14]、粒子群优化算法(Particle Swarm Optimization,PSO)[15]等。

1. 遗传算法

针对空间多目标交会任务规划问题,Yu 等[16]采用遗传算法同时对目标进行优选和对补加序列进行编排,解决了考虑目标不确定的多目标交会任务规划问题。谭迎龙等[17]针对多目标航天器空间交会任务,以 GEO 失效航天器为对象,对多目标多序列空间交会问题进行研究,通过设计优化变量,结合多圈兰伯特问题中速度增量与转移时间的关系,将在轨工作调度问题转换成整数规划问题,并利用遗传算法对其求解,解决了"多对多"作业任务规划问题。

遗传算法是借鉴生物界的进化规律(适者生存、优胜劣汰的遗传机制)演化而来的随机优化搜索方法,由美国的 Holland 教授于 1975 年首先提出,其主要特点是:直接对结构对象进行操作,不存在求导和函数连续性的限定;具有内在的并行性和更好的全局寻优能力;采用概率化的寻优方法,自适应地调整搜索方向,不需要确定的规则。遗传算法已广泛应用于组合优化、机器学习、信号处理、自适应控制和人工生命等领域,是现代智能计算中的关键技术。遗传算法是计算数学中用于解决最优化问题的搜索算法,是进化算法的一种。它是借鉴了进化生物学中的一些现象而发展起来的,这些现象包括遗传、突变、自然选择以及杂交等。

在遗传算法中,优化问题的解称为个体(染色体),个体通常表示为一个变量序列(基因串),序列中的每一位都被称为基因。个体一般表示为简单的字符串或数字串,不过在特殊问题中也有其他表示方法,这一过程称为编码。基于上述概念,遗传算法步骤如下:首先,算法随机生成一定数量的个体(操作者可以对这个随机生成过程进行干预,以提高初始种群的质量),每一个个体都被评价,并通过计算适应度函数得到一个适应度值,种群中的个体按照适应度值高低排序,通过选择、交叉和变异运算,然后产生下一代个体并组成种群。

选择运算是根据新个体的适应度进行的,但并不意味着完全以适应度高低作为导向,而是以概率选择的方式,因为单纯选择适应度高的个体将可能导致算法快速收敛到局部最优解而非全局最优解,这种情况称为早熟。作为折中,遗传算法依据的原则是,适应度越高,被选择的机会越高;适应度越低,被选择的机会也就越低。初始的数据可以通过这样的选择过程组成一个相对优化的群体,随后,被选择的个体进入交叉、变异过程。交叉运算中,算法对两个相互配对的个体依据交叉概率按某种方式相互交换其部分基因,从而形成两个新的个体。交叉运算是遗传算法区别于其他进化算法的重要特征,它在遗传算法中起关键作用,是产生新个体的主要方法。而后,变异运算依据变异概率将个体编码串中的某些基因值用其他基因值替换,从而形成一个新的个体。遗传算法中的变异运算是产生新个体的辅助方法,它决定了遗传算法的局部搜索能力,同时保持种群的多样性。交叉运算和变异运算相互配合,共同完成对搜索空间的全局搜索和局部搜索。最好的个体总是更多地被选择以产生下一代,而适应度低的个体逐渐被淘汰,因此,经过上述一系列的过程,产生的新一代个体不同于初始的一代,并一代一代向整体适应度增大的方向发展。这样的过程不断重复,直到满足终止条件为止。

遗传算法从问题解的串集开始搜索,而不是从单个解开始,这是遗传算法与传统优化算法最大的区别。传统优化算法是从单个初始值开始迭代求最优解,容易陷入局部最优解;遗传算法从串集开始搜索,覆盖面大,利于全局择优。并且,遗传算法具有自组织、自适应和自学习性,遗传算法利用进化过程获得的信息自行组织搜索,适应度大的个体具有较高的生存概率,并获得更适应环境的基因结构。具备上述优势的同时,遗传算法也存在容易过早收敛的问题,并且通常的运算效率比其他传统优化方法低。

2. 蚁群优化算法

针对空间多目标交会任务规划问题,Stuart 等[18]采用蚁群优化算法对12个目标的交会序列进行了优化,解决了多目标单序列交会任务规划问题。Ceriotti 和 Vasile 等[19]利用引力辅助,基于蚁群算法研究了多目标单序列交会任务分配与轨迹规划问题。

蚁群优化算法是一种用来在图中寻找优化路径的概率型算法。它由 Marco Dorigo 于1992年在其博士论文中提出,其灵感来源于蚂蚁在寻找食物过程中发现路径的行为。各只蚂蚁在没有事先告诉它们食物在什么地方的前提下开始寻找食物。当一只蚂蚁找到食物以后,它会向周围环境释放一种挥发性分泌物,称为信息素,以吸引其他的蚂蚁过来,这样越来越多的蚂蚁会找到食物。信息素随着时间的推移会逐渐挥发消失,信息素浓度的大小表征路径的远近。有些蚂蚁并没有像其他蚂蚁一样总重复同样的路径,它们会另辟蹊径,如果另开辟的路径比原来的其他路径更短,那么渐渐地更多的蚂蚁会被吸引到这条较短的路径上来。经过一段时间,可能会出现一条最短的路径被大多数蚂蚁重复着。

通过观察与研究,发现蚂蚁在搜索过程中有一定的移动规则,具体分为以下几部分。

(1) 范围:蚂蚁观察到的只是一个很小的范围。

(2) 环境:蚂蚁所在的环境是一个虚拟的世界,其中有障碍物,有别的蚂蚁,还有信息素。信息素有两种:一种是找到食物的蚂蚁释放的食物信息素,另一种是找到窝的蚂蚁释放的窝的信息素。每个蚂蚁仅能感知它所处的环境中的信息素,环境以一定的速率让信息素消失。

(3) 觅食规则:每只蚂蚁在能感知的范围内寻找食物,如果有,就直接到达该位置;否则看是否有信息素,并且比较在能感知的范围内哪一点的信息素最浓,这样它就朝信息素浓度最大的地方移动。每只蚂蚁会以小概率犯错误,从而并不总是往信息素最浓的地方移动。蚂蚁找窝的规则和上述相同,只不过它对窝的信息素做出反应,而对食物信息素没反应。

(4) 移动规则:每只蚂蚁都向信息素最浓的方向移动。当周围没有信息素指引时,蚂蚁会按照自己原来运动的方向运动,且在运动的方向有随机的小的扰动。为了防止蚂蚁原地转圈,它会记住最近刚走过了哪些点,如果发现要走的下一点已经在最近走过了,它会尽量避开。

(5) 避障规则:如果蚂蚁要移动的方向有障碍物,它会随机地选择另一个方向。如果有信息素指引,它会按照觅食的规则行动。

蚁群优化算法是一种并行算法。每只蚂蚁搜索的过程彼此独立,仅通过信息素进行通信。所以蚁群优化算法可以看作一个分布式的多点系统,它在问题空间的多个点同时进行独立的解搜索,不仅提高了算法的可靠性,也使得算法具有较强的全局搜索能力。并且,蚁群优化算法具有较强的稳健性。相对于其他算法,蚁群优化算法对初始路线要求不高,即蚁群优化算法的求解结果不依赖于初始路线的选择,而且在搜索过程中不需要进行人工的调整。其次,蚁群优化算法的参数较少,设置简单,便于蚁群优化算法在其他组合优化问题求解的应用。

3. 粒子群优化算法

面向空间多目标交会规划任务,凌王辉等[20]研究了多目标单序列空间交会任务规划技术,用于解决空间碎片清除问题,采用改进粒子群算法解决任务规划中的单目标交会轨迹优化问题,提高了转移轨迹的精度。Zhou等[21]研究了多目标多序列空间交会问题,采用混合粒子群算法解决外层优化问题,结合全面搜索法解决内层优化问题。

粒子群优化算法是通过模拟鸟群觅食行为而发展起来的一种基于群体协作的随机搜索算法。PSO可以和其他优化算法进行结合且连通性较好。粒子群优化算法中,每只鸟都代表一个需要搜索解决的问题[22]。一般将这样的鸟称为搜索空间中的"粒子"。所有的粒子都有一个由被优化的函数决定的适应值,每个粒子还有一个速度决定其飞翔的方向和距离,粒子们追随当前的最优粒子在解空间中搜索。粒子群算法和遗传算法有很多共同之处,但粒子算法运算结构十分简单且运算效率较高。因为PSO不需要对数据进行交叉和变异操作,所以PSO算法的运算效率特别高,能更快速地收敛到适应值。PSO是通过更新迭代每个粒子在空间中的位置和速度来搜索最优解的,所以粒子群算法的迭代次数和粒子的位置以及速度有关。粒子群算法能得到广泛应用也和算法特有的信息共享以及单项信息流动的属性有关。在全局中,所有粒子共享自己的位置,跟随整个搜索范围内最佳位置求取最优解,大大缩短了运算时间,提高了运算效率。

粒子群算法处理多解问题的表现不很好,特别是处理多样性最优解的问题上所得到的优解值略显单一。对于复杂函数的算子选择比较麻烦。针对以上问题,研究人员提出了改进多目标 PSO 算法和改进权重 PSO 算法等实用性更强的改进 PSO 算法[23]。很多改进后的 PSO 算法针对不同优化问题表现得更有针对性,收敛速度更快,优解精度更高,还解决了遗传算法处理不了的问题。

4.3.3 基于强化学习算法的优化求解

强化学习 RL 是一种有效的算法框架,其中智能体(即控制器)通过与环境(即被控对象)的交互来学习一个合适的控制策略(称为"策略"),以实现特定目标。如图 4-3 所示。

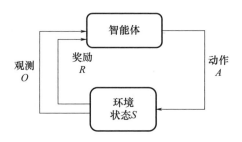

图 4-3　强化学习中智能体与环境的交互过程

在每个回合中(即在从初始状态到终端状态的每个步骤),RL 智能体迭代地获取环境状态的表示,使用这些信息和当前策略选择一个动作(即控制信号),并将其发送回环境。在执行选定的动作后,环境进入一个新的状态并产生一个标量即时奖励,然后将奖励和下一个状态的表示传递回智能体。当智能体完成任务或违反某些约束时,该过程终止。之后通过随机生成环境初始状态变量和配置来初始化一个新的回合。RL 智能体试图利用在执行每一个回合的过程中收集到的信息计算出一个最大化预期累积奖励(或等价最小化预期累积成本)的策略。为了使学习过程有效,在完成其规定的任务过程时应定义一个合适的奖励(或成本)函数来实现智能体与环境交互后的期望性能,并选择一个合适的 RL 方法/算法来处理在训练阶段收集的所有信息。

强化学习根据任务和算法可以划分成很多类型,其中,马尔可夫决策过程是其最经典最核心的数学模型。如 1.2.2 节所述,MDP 可以由一个元组定义 $\langle S,A,R,P \rangle$,其中 S 为环境状态空间($s \in S$ 为其状态),A 是动作空间($a \in A$ 为其动作),$r \in R(s,a)$ 为奖励函数(其中 r 为即时奖励),$P(s'|s,a)$ 为状态转移概率分布(给出了在状态 s 下采取动作 a 进入状态 s' 的概率)。智能体的策略 $\pi(\cdot|s):=S \to \Delta_A$ 是从状态到概率分布的映射,如 Δ_A 在整个动作空间 A 中完全确定控制策略。该定义包括确定性策略的情况,即 $\pi(\cdot|s):=S \to A$。

进一步进行详细定义：

(1) 状态空间 S，强化学习中的状态(State)可以细分为三种，即环境状态(Environment State)、智能体状态(Agent State) 和信息状态(Information State)。环境状态是 Agent 所处环境包含的信息，简单理解就是很多特征数据，也包含了无用的数据。智能体状态是输入给 Agent 的信息，也就是特征数据。信息状态是一个概念，即当前状态包含了对未来预测所需要的有用信息，过去信息对未来预测不重要，该状态就满足马尔可夫性。这里把所有状态统称为环境状态 $\{s_1, s_2, \cdots, s_n\} \in S$，环境状态是某一时刻 Agent 所处环境信息的函数。

(2) 动作集合 A，动作 $\{a_1, a_2, \cdots, a_m\} \in A$，动作集合表示每个状态下 Agent 可以采取的动作。

(3) 奖励函数 $R(s, s', a)$：代表给定行为 a，从状态 s 转移到 s' 的奖励函数。当处于状态 s 的代理选择一个动作 a 并移动到状态 s' 时，它将从环境中获得即时奖励 r。

在时间离散化的智能体/环境中，如果智能体能完全观测到环境状态，可观测任务的轨道可以表示为 $S_0, A_0, R_1, S_1, A_1, R_2, S_2, A_2, R_3, \cdots, S_T = S_{end}$，$T$ 为到达终止状态的步数。

定义 $P(S_{t+1} = s', R_{t+1} = r | S_t = s, A_t = a)$ 为时间 t 在状态 $S_t = s$ 选择动作 a 后转移到状态 $S_{t+1} = s'$，得到奖励 $R_{t+1} = r$ 的概率，它遵循马尔可夫特性，这意味着过程的未来状态仅取决于当前状态，而不取决于之前的事件序列。因此，P 的马尔可夫性质使得预测一步动力学成为可能。

特定的有限 MDP 由其状态和动作集以及环境的一步动力学定义。给定任何状态 s 和动作 a，下一状态 s' 和奖励 r 的每一可能组合的概率可以表示为

$$p(s', r | s, a) = P_r(S_{t+1} = s', R_{t+1} = r | S_t = s, A_t = a)$$

该式完整地说明了 MDP 的动力学特性。

基于此，可以求解"状态-动作"的期望奖励：

$$r(s, a) = E(R_{t+1} | S_t = s, A_t = a) = \sum_{r \in R} r \sum_{s' \in S} p(s', r | s, a)$$

状态转移概率：

$$p(s' | s, a) = P_r(S_{t+1} = s' | S_t = s, A_t = a) = \sum_{r \in R} p(s', r | s, a)$$

"状态-动作-下一状态"的期望奖励：

$$r(s, a, s') = E(R_{t+1} | S_t = s, A_t = a, S_{t+1} = s') = \sum_{r \in R} r \frac{p(s', r | s, a)}{p(s' | s, a)}$$

如果马尔可夫决策过程不是有限的，则可用概率分布函数替代概率，用类似

的方法定义动力学函数。

智能体的目标是发现一个策略(π),用于选择能够最大化长期回报(如预期累积回报)的措施(Action)。在给定其所处的状态时,代理会遵循策略选择相应的动作。如果表征每个动作值的函数存在或已学习,则可通过选择具有最高值的动作来导出最优策略($\pi*$)。

对于 MDP,策略可定义为在状态 s 下选择动作 a 的概率:

$$\pi(a|s) = P_r(A_t = a | S_t = s)$$

对于回合制任务,假设某一回合在第 T 步达到终止状态,则从步骤 $t(t \leq T)$ 以后的回报 G_t 可以定义为未来奖励之和:

$$G_t = R_{t+1} + \gamma R_{t+2} + \gamma^2 R_{t+3} + \cdots = \sum_{\tau=0}^{\infty} \gamma^\tau R_{t+\tau+1}$$

其中,$\gamma(0 < \gamma < 1)$ 为折扣因子。

由此引入强化学习最核心的价值函数:对于给定策略 π,可以定义状态价值函数和动作价值函数。

状态价值函数 $V_\pi(s)$,表示在状态 s 下采用策略 π 的期望回报:

$$V_\pi(s) = E_\pi[G_t | S_t = s]$$

动作价值函数 $q_\pi(s,a)$,表示在状态 s 和动作 a 后采用策略 π 的期望回报:

$$q_\pi(s,a) = E_\pi[G_t | S_t = s, A_t = a]$$

状态价值函数和动作价值函数之间可以互为表示:

$$V_\pi(s) = \sum_\pi \pi(a|s) q_\pi(s,a)$$

$$q_\pi(s,a) = r(s,a) + \gamma \sum_{s'} p(s'|s,a) V_\pi(s') = \sum_{s'} p(s',r|s,a)[r + \gamma V_\pi(s')]$$

由以上两式可得策略 V_π 的贝尔曼方程:

$$V_\pi(s) = \sum_\pi \pi(a|s) \sum_{s'} p(s',r|s,a)[r + \gamma V_\pi(s')]$$

贝尔曼方程表示某一状态策略价值函数与其后一状态价值策略函数之间的关系。这样,寻找某一状态下的最优策略可通过求解 V_π 的贝尔曼方程的最优解获得。而如何获得该方程的解,形成了不同的学习最优策略的方法。

RL 方法可分为值函数方法和策略梯度方法两大类。前者旨在找到一个值函数的良好估计。在基于蒙特卡洛和时间差分(Temporal Difference,TD)的方法(如 Q-learning、SARSA(State-Action-Reward-State-Action)),以及 Deep-Q Learning 和深度 Q 网络(Deep-Q Network,DQN)中,神经网络被用作值函数近似器。RL 值函数方法必须从理论上考虑所有可能的动作,因此这些算法仅适用于离散动作空间。然而,许多实际应用的特点是具有连续的控制空间。因此,必须使

用策略梯度学习方法,学习参数化的策略 $\pi_\theta(\cdot) := \pi(a|s,\theta)$,其中,$\theta \in \mathbb{R}^n$ 为策略参数向量。这种策略给出了策略参数向量为 θ 时,环境在状态 s 下采用动作 a 的概率。虽然值函数可以用来学习得到一个合适的策略参数 θ,但不同于值函数法,策略梯度方法选择动作时不考虑值函数。一般来说,策略梯度方法背后的主要思想是迭代运行一批回合,并通过应用特定的策略 π_{θ_k}(k 为回合索引)从环境中收集样本。然后,通过在上升方向上采取梯度步骤来更新策略参数向量

$$\theta_{k+1} = \theta_k + \alpha \nabla_\theta V^{\pi_{\theta_k}} \tag{4-20}$$

式中,α 为学习率;θ_k 为在第 k 次迭代时所考虑的策略参数向量;$V^{\pi_{\theta_k}}$ 表示应用策略 π_{θ_k} 时的状态值函数。策略梯度方法中广泛应用神经网络来制定策略和价值函数。例如,在 Actor-Critic 方法中,Actor 用于定义参数化策略并根据观察到的环境状态向环境输出动作,而 Critic 基于状态和从环境收集的奖励输出价值函数。

基于值的方法根据定义的值函数大小选择动作;基于策略的方法将策略进行参数化,通过优化参数使策略的累计回报最大。

1. 基于值的强化学习方法

基于值的方法主要适用于离散动作空间,目标是通过最大化每个状态的值函数来得到最优策略。值函数用来衡量当前状态下机器人选择策略的优劣程度。根据自变量的不同,值函数可以分为状态值函数 $V(s)$ 和状态-动作对值函数 $Q(s,a)$,即

$$V^\pi(s) = E_\pi \left[\sum_{t=0}^{\infty} \gamma^t r(S_t, a_t) \mid S_0 = S \right] \tag{4-21}$$

$$Q^\pi(s_t, a_t) = r(s_t, a_t) + \gamma V^\pi(s_{t+1}) \tag{4-22}$$

从式(4-20)和式(4-21)可知,状态值函数是某状态下的奖励反馈值,状态-动作对值函数是状态-动作对的奖励反馈值,因此只需最大化值函数就可达成最终奖励最大化。基于值的方法主要包括 TD 算法[24]、Q-Learning 算法[25]、SARSA 算法[26]。

1) TD 算法

TD 算法是一类无模型的强化学习算法,从环境中取样并学习当前值函数的估计过程,原理为通过借助时间的差分误差来更新值函数,误差计算公式和值函数更新公式为

$$\delta_t = r_{t+1} + \gamma V(s_{t+1}) - V(s_t) \tag{4-23}$$

$$V(s_t) \leftarrow V(s_t) + \alpha \delta_t \tag{4-24}$$

式中,α 为学习率。

TD算法基于蒙特卡洛树搜索(Monte Carlo Tree Search, MCTS)思想和动态规划思想,可直接学习初始体验,无须环境动态模型,同时基于学习更新,需等待最终学习结果。上述方法可用于碎片清除空间机器人的任务规划,Nair和Supriya[27]提出一种针对静态障碍物路径规划和避障的修正时序差分算法,降低了TD算法的计算复杂度。Martin等[28]将时序差分算法的更新过程简化为高斯回归过程,提高了路径规划的数据处理效率。

2) Q-Learning算法

在TD算法的基础上,Watkins和Datan[25]提出了Q-Learning算法。Q-Learning算法是强化学习发展的里程碑,是基于值的强化学习算法中应用最广泛的算法,也是目前应用于移动机器人路径规划最有效的算法之一。Q-Learning算法属于在线强化学习算法,其基本思想为定义一个状态-动作对值函数$Q(s,a)$,将某时刻的数据代入式(4-25)和式(4-26)中更新值函数$Q(s,a)$。

$$Q(s_t, a_t) = Q_t(s_t, a_t) + \alpha_t \delta_t \quad (4-25)$$

$$\delta_t = r_{t+1} + \gamma \max_{a'} Q_t(s_{t+1}, a') - Q(s_t, a_t) \quad (4-26)$$

式中,α_t为学习率;δ_t为误差;a'为状态s_{t+1}执行的动作。

Q-Learning算法采用离线策略(off-policy)来产生动作,根据该动作与环境的交互得到的下一个状态及奖励来学习得到优的$Q(s,a)$。

刘智斌等[29]利用shaping函数参与Q表的更新,对Q-Learning的趋势性进行启发,大幅提高收敛效率。Jiang等[30]提出一种基于经验重放和启发式知识的深度Q-Learning算法来实现智能机器人的路径规划。

3) SARSA算法

SARSA算法与Q-Learning算法相似,也是一种在线强化学习算法。区别在于SARSA算法采用在线策略(on-policy),迭代的是$Q(s,a)$的实际值,误差计算公式为

$$\delta_t = r_{t+1} + \gamma Q_t(s_{t+1}, a_{t+1}) - Q(s_t, a_t) \quad (4-27)$$

由式(4-27)可知,SARSA值函数$Q(s,a)$的更新涉及(s,a,r,s_{t+1},a_{t+1})这5个部分,它们构成了该算法的名字SARSA。

在机器学习中,若智能体在线学习且注重学习期间所获奖励,则SARSA算法的适用性会更强。SARSA算法是单步更新算法,即SARSA(0)。在获得奖励后,仅更新上一步状态和动作对应的Q值,但每一步得到的奖励都会影响最终得到的奖励,因此,将此算法优化为多步更新的SARSA算法,即SARSA(λ)。

SARSA算法与Q-Learning算法有相同点但又有所区别,这两种算法的相同点包括:①在TD算法的基础上改进;②使用ε-greedy选择新的动作;③均为在线

强化学习算法。这两种算法的区别包括:①Q-Learning 算法使用 off-policy,迭代内容为 $Q(s,a)$ 的最大值;②SARSA 算法使用 on-policy,迭代内容为 $Q(s,a)$ 的实际值。

2. 基于策略的强化学习方法

基于策略的方法通过直接优化策略得到最优策略。基于策略的方法主要包括策略梯度(Policy Gradient,PG)[31]、模仿学习(Imitation Learning,IL)[32]等方法。

1)策略梯度法

策略梯度法是基于策略的算法中最基础的一种算法[31],基本思路为通过逼近策略来得到最优策略。策略梯度法分为确定性策略梯度法和随机性策略梯度法(Stochastic Policy Gradient,SPG)。在确定性策略梯度法中,动作执行的概率为 1,而在随机性策略梯度法中,动作以某概率执行。与随机性策略梯度法相比,确定性策略梯度法在连续动作空间求解问题中性能更好。假设需要逼近的策略是 $\pi(s,a;\theta)$,策略 π 对参数 θ 可导,定义目标函数和值函数如式(4-28)和式(4-29)所示。从初始状态 s_0 开始,依据策略 π_θ 选取动作的分布状态,如式(4-30)所示。根据式(4-28)~式(4-30)得到的策略梯度公式如式(4-31)所示。

$$J(\pi_\theta) = E\left[\sum_{t=1}^{\infty} \gamma_{t-1} r_t \mid s_0, \pi_\theta\right] \quad (4-28)$$

$$Q^{\pi_\theta}(s,a) = E\left[\sum_{k=1}^{\infty} \gamma^{k-1} r_{t+k} \mid s_t = s, a_t = a, \pi_\theta\right] \quad (4-29)$$

$$d^{\pi_\theta}(s) = \sum_{t=1}^{\infty} \gamma^t P(s_t = s \mid s_0, \pi_\theta) \quad (4-30)$$

$$\nabla_\theta J(\pi_\theta) = \sum_s d^{\pi_\theta}(s) \sum_a \nabla_\theta \pi_\theta(s,a) Q^{\pi_\theta}(s,a) \quad (4-31)$$

2)模仿学习法

与策略梯度法相同,模仿学习也是一种直接策略搜索方法。模仿学习的基本原理是从示范者提供的范例中进行学习,示范者一般提供人类专家的决策数据,通过模仿专家行为得到与专家近似的策略。

在线性假设下,反馈信号可由一组确定基函数 $\varphi_1, \varphi_2, \cdots, \varphi_k$ 线性组合而成,因此策略的价值可表示为

$$\begin{aligned} E_{s_0 \sim D}[V^\pi(s_0)] &= E\left[\sum_{t=0}^{\infty} \gamma^t \varphi(s_t) \mid \pi\right] = E\left[\sum_{t=0}^{\infty} \gamma^t \omega(s_t) \mid \pi\right] \\ &= \omega E\left[\sum_{t=0}^{\infty} \gamma^t \varphi(s_t) \mid \pi\right] \end{aligned} \quad (4-32)$$

若有策略 π 的特征期望满足 $[\mu(\pi)-\omega^t\mu_E]_2 \leqslant \varepsilon$ 时式(4-32)成立,则该策略 π 是模仿学习法的一个解。

$$\left| E\left[\sum_{t=0}^{\infty}\gamma R(s_t) \mid \pi_E\right] - E\left[\sum_{t=0}^{\infty}\gamma R(s_t) \mid \pi\right] \right| = |\omega_t\mu(\pi) - \omega_t\mu_E|$$
$$\leqslant |\omega|_2|\mu(\pi) - \mu_E| \leqslant \varepsilon \quad (4-33)$$

以上求解过程与通过计算积累奖励值获得最优策略的直接学习方法有本质区别。在多步决策中,基于积累奖励值的学习方法存在搜索空间过大、计算成本过高的问题,模仿学习法能够很好地解决多步决策中的这些问题。

4.3.4　基于深度强化学习算法的优化求解

强化学习的最终目的是通过最大化奖励值来获得最优策略,具有较强的决策能力。但从上面介绍中也可以看到,在回合更新或时序差分更新算法中,每次更新价值函数是通过更新某个状态(或状态-动作对)下的价值函数完成的。如果状态和动作的数目非常大,或者状态空间是连续的,需要用函数近似状态价值函数或动作价值函数,而对于无环境模型的情况,很难直接构造函数。于是,深度神经网络被引入强化学习中,用于在过去经验中学习最优策略。深度 Q-Leaning 方法第一次引入神经网络代替反馈评价当前状态下所有可选动作好坏的数值表格,比 Q-Leaning 更适合于求解大规模状态空间的问题。该方法的提出,标志着深度强化学习的诞生。

在越来越复杂的现实场景应用中,需要利用深度学习从原始大规模数据中提取高级特征,深度学习具有较强的感知能力,但缺乏一定的决策能力。深度强化学习[33](Deep Reinforcement Learning,DRL)将强化学习的决策能力与深度学习的感知能力相结合,可以直接根据输入的信息进行控制,是一种更加接近人类思维的人工智能方法。2013 年,谷歌的人工智能研究团队 DeepMind[34] 将 Q-Learning 算法与卷积神经网络相结合,创新性地提出深度 Q 网络。DQN 基础模型为一个卷积神经网络,并使用 Q-Learning 的变体进行训练。

DQN 对 Q-Learning 主要进行了以下改进:

(1)用卷积神经网络替代状态-动作对值函数 $Q(s,a)$。具体地,使用参数为 θ_i 的值函数 $Q(s,a;\theta_i)$ 迭代 i 次后的损失函数表示如下:

$$L_i(\theta_i) = E_{s,a,r,s'}\left[(Y_i - Q(s,a;\theta_i))^2\right] \quad (4-34)$$

式中,Y_i 近似表示值函数的优化目标。Y_i 的计算公式如下:

$$Y_i = r + \gamma \max_{a'} Q(s',a;\theta^-) \quad (4-35)$$

在学习过程中通过 θ_i 更新 θ^-，具体学习过程为对 θ_i 求偏导得到梯度：

$$\nabla_{\theta_i} L_i(\theta_i) = E_{s,a,r,s'}[(r + \gamma \max_{a'} Q(s',a;\theta^-) - Q(s,a;\theta_i))\nabla_{\theta_i} Q(s,a;\theta_i)] \quad (4-36)$$

(2) 使用经验回放技术。在每个时间步 t 时，存储智能体的经验样本 $e_t = (s_t, a_t, r_t, s_{t+1})$ 到回放记忆单元 $D = \{e_1, e_2, \cdots, e_t\}$ 中，通过重复采样历史数据增加样本使用率，可有效避免学习时的参数震荡。

(3) 随机小批量从记忆单元 D 中取样。样本之间相关性高，因此直接从连续样本中学习是低效的，随机小批量取样降低了样本间的关联性，从而提升了算法的稳定性。

类似地，深度学习引入执行者/评价者算法，用两个深度网络分别表示执行者（Actor 网络）和评价者（Critic 网络），分别用于近似 V 值和 Q 值。Actor 网络和 Critic 网络可以共享部分参数。此后，Deep Mind 在 2016 年提出 PPDG 网络，DDPG 可以看作 DPG + A2C + Double DQN 的融合。

为更有效地将深度强化学习方法应用于任务规划，学者们尝试了许多改进思路。Tai 等[35]针对没有障碍物地图和距离信息稀疏的情况，提出一个基于学习的无地图运动规划器，以稀疏的 10 维测距结果和目标相对于移动机器人坐标系的位置作为输入，连续转向命令作为输出，通过异步深度强化学习方法训练规划器，使训练和样本收集可以并行执行。该方法在极端复杂的环境中具有更好的稳定性。王珂等[36]基于深度强化学习提出一种基于最小深度信息选择的训练模式，通过运动学方程约束，优化状态空间的搜索与采集，提高了训练速率。李辉和祁宇明[37]将深度卷积神经网络的特征提取能力与强化学习的决策能力相结合，提出一种基于深度强化学习的改进算法，该算法用近似值函数代替 Q - Learning 中的动作值函数，设计包含 4 层结构的深度卷积神经网络，以网络的输出代替传统的 Q 值表，解决了 Q - Learning 在状态空间较大时产生的维数灾难问题。

4.4 智能方法在碎片清除任务规划中的应用案例

4.4.1 基于 APSO 和 IGA 的碎片清除任务规划方法

碎片清除中的多目标单序列交会任务规划，主要目的是减少燃料消耗、在多约束条件下合理规划碎片清除顺序。加速粒子群算法（Accelerated Particle Swarm Optimization, APSO）充分利用粒子群优化的全局探索能力和梯度方法的快速局部收敛特性加快全局搜索[38]。免疫遗传算法(Immune Genetic Algorithm，IGA)是受生物免疫系统启发的遗传算法[39]，与传统遗传算法相比：一方面，IGA 通过抑制重复抗体形成了良好的全局搜索能力；另一方面，IGA 采用记忆细胞保存良好抗体，获得了较好的收敛性[40-41]。利用两种智能仿生算法对碎片清除任务规划的不同层次进行优化，能够快速有效地处理碎片清除任务规划问题。

1. 多碎片清除任务描述

地球静止轨道(GEO)上旋转模式的主动碎片清除(Active Debris Removal，ADR)任务有三种不同类型的航天器，包括服务卫星、太空仓库和空间碎片，如图 4-4 所示。忽略发射过程，ADR 任务的整个过程可分为 4 个步骤。首先，服务卫星机动到第一个碎片的位置。其次，卫星伸出机械臂抓取碎片，并在碎片表面安装随卫星携带的推进器脱轨套件(Thruster Deorbit Kits，TDK)。再次，两个机械臂被收回，一个用于抓取空间碎片，另一个用于在碎片上附加 TDK。最后，TDK 将碎片推向墓地轨道，并对下一个碎片进行服务卫星机动，直到所有碎片被清除。当服务卫星的燃料或 TDK 数量不足时，服务卫星将移至太空仓库补充燃料。在任务中，太空仓库位于轨道固定位置，由于其质量巨大，燃料有限，不进行机动。

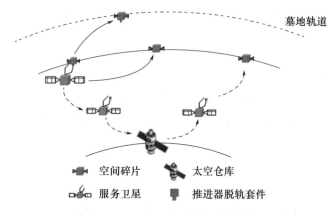

图 4-4 主动碎片清除任务示意图

综上所述，旋转模式主动碎片清除的背景是地球同步轨道上存在大量碎片，其中运行着一颗服务卫星。服务卫星需要按序列与每一块碎片交会，并附上 TDK 以清除它们，即多目标单序列交会任务规划问题。需要对移除顺序和转移轨道进行规划和优化，以降低燃油消耗[42]。

若采用双脉冲机动交会方法，通过求解多圈兰伯特问题获得两个目标之间的转移轨道。则相邻两目标间转移轨迹的燃料消耗表示为

$$\Delta M_i = \Delta M_{i-1}^s + \Delta M_s^i \qquad (4-37)$$

式中,ΔM_{i-1}^s 和 ΔM_s^i 分别表示服务卫星转移到太空仓库和转移到第 i 个碎片的燃料消耗[43]。

将清除空间碎片和到太空仓库补给的时间分别记为 T_g 和 T_f。则任务时间为

$$\Delta T_i = \Delta T^i + T_g + q \cdot T_f \qquad (4-38)$$

式中,$q \in \{0,1\}$ 为二元决策参数,$q = 1$ 表示服务卫星转移到太空仓库进行补给,$q = 0$ 表示卫星直接转移到下一个碎片。

定义 k 为服务卫星携带的 TDK 数量。假设每个碎片都应该使用一个 TDK 去除。因此,去除所有碎片后 TDK 降低了 n。

清除 n 个碎片的燃料、时间和 TDK 消耗可以计算如下:

$$\begin{cases} \Delta M = \sum_{i=1}^{n} \Delta M_i \\ \Delta T = \sum_{i=1}^{n} \Delta T_i \\ \Delta k = n \end{cases} \qquad (4-39)$$

规划模型可描述为两层嵌套形式。其中,外层模型的设计变量包括清除顺序 X、二进制决策变量 S 和时间分布 T。X 和 T 分别为整数和连续数。变量形式为

$$\begin{cases} X = [x_1, x_2, \cdots, x_n] \\ S = [s_1, s_2, \cdots, s_n] \\ T = [\Delta t_1, \Delta t_2, \cdots, \Delta t_m, tw_1, tw_2, \cdots, tw_m] \end{cases} \qquad (4-40)$$

在 T 中,$[\Delta t_1, \Delta t_2, \cdots, \Delta t_m]$ 表示每个机动的时间段,$[tw_1, tw_2, \cdots, tw_m]$ 表示轨道转移前的等待时间。

对于碎片清除任务规划考虑如下约束:

(1) 燃料约束。如果剩余燃料不足,服务卫星无法机动,拆除任务将中断。燃料约束可以表述为

$$M_f^i - \Delta M_i \geq 0, i = 1, 2, \cdots, k-1 \qquad (4-41)$$

式中,M_f^i 为去除第 i 个碎片前的剩余燃料。

(2) TDK 数量约束。TDK 的数量满足任务需求,可以表示为

$$k_{\text{left},i} \geq 0 \qquad (4-42)$$

式中,$k_{\text{left},i}$ 为服务卫星在清除第 i 个碎片之前携带的 TDK 数量。

(3)时间分布约束。其可表示为

$$\Delta t_i + tw_i \leqslant t_{\max} \quad (4-43)$$

设计了综合惩罚函数来处理燃料和 TDK 数量的约束

$$G(X,S) = \sum_{i=1}^{n-1} \varphi(M_f^i - \Delta M_i^{i+1}) + \sum_{i=1}^{n-1} \varphi(k_{\text{left},i} - 1) \quad (4-44)$$

式中,罚函数 $\varphi(\cdot)$ 定义为

$$\varphi(x) = \begin{cases} ax^2 - bx + c, x < 0 \\ 0, x \geqslant 0 \end{cases} \quad a,b,c > 0 \quad (4-45)$$

采用惩罚函数作为优化目标,求解任务序规划问题,a、b、c 为给定常数。其值分别为 $1,2,0$。$M_f^i - \Delta M_i^{i+1} < 0$ 或 $k_{\text{left},i} < 0$ 表示约束不满足,惩罚函数 $G(X,S)$ 将加入目标函数。

综上所述,构建两级优化模型为

$$\min \Delta M \text{ s. t.} \begin{cases} \text{find} \begin{cases} X = [x_1, x_2, \cdots, x_n] \\ S = [s_1, s_2, \cdots, s_n] \end{cases} \\ \begin{cases} x_i \leqslant n \quad x_i \in \{1,2,\cdots,n\} \\ x_i \neq x_j \quad i,j \in \{1,2,\cdots,n\}, i \neq j \\ s_i \in \{0,1\} \quad i \in \{1,2,\cdots,n\} \\ \text{find} \quad T = [\Delta t_1, \Delta t_2, \cdots, \Delta t_m, tw_1, tw_2, \cdots, tw_m] \\ \min \quad \Delta M \\ \text{s. t.} \begin{cases} \Delta t_i + tw_i \leqslant t_{\max} \\ M_f^i - \Delta M_i^{i+1} \geqslant 0, i = 1,2,\cdots,n-1 \\ k_{\text{left},i} \geqslant 0 \end{cases} \end{cases} \end{cases} \quad (4-46)$$

2. 基于 APSO 和 IGA 的任务规划方法

碎片清除任务规划包括外层优化任务序列和内层寻找最优转移轨道。如图 4-5 所示,内层优化嵌套在外层优化中;也就是说,外层目标函数是通过优化内层目标函数来计算的。外层规划优化任务清除序列,而内层规划优化相邻目标间的转移燃料消耗[44]。

在内层优化中,采用 APSO 算法[45],充分利用 PSO 的全局探索和基于梯度方法的快速局部挖掘优势,加快全局搜索过程。传统 PSO 算法在高维问题中存在收敛速度慢、计算效率低、无法保持全局搜索能力等问题。在 APSO 算法中,当迭代次数达到一定数量 T_{acc} 时,将每个粒子当前位置作为序列二次规划(Sequential Quadratic Programming,SQP)算法的初始点,利用其局部最优并更新其位置,直

到粒子群中的所有粒子都被加速。APSO 的流程如图 4-6(b)所示。

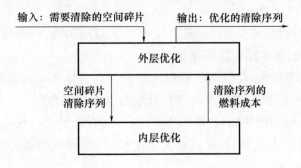

图 4-5 两层优化示意图

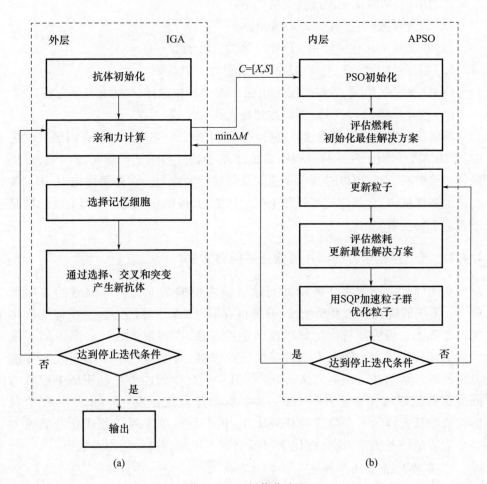

图 4-6 两级优化流程

在外层优化中,采用 IGA 方法,流程如图 4-6(a)所示,该算法具有以下特点:

(1)抗体多样性:IGA 模拟免疫系统产生大量抗体抵抗各种抗原的能力,提高全局搜索能力,避免陷入局部最优。

(2)自我调节机制:免疫系统通过抑制和促进抗体实现自我调节,IGA 模拟自我调节机制产生适量抗体,提高遗传算法的局部搜索能力。

(3)免疫记忆细胞功能:免疫系统对于入侵的类似抗原,相应的记忆细胞会被快速刺激产生大量抗体,IGA 模拟上述记忆功能,加快搜索速度,提高整体搜索能力。

总的来说,两级优化的过程概括如下:

(1)设置参数以初始化 APSO 和 IGA。
(2)在低水平优化中使用 APSO 计算适应度函数。
(3)根据适应度值和抗体浓度计算亲和力。
(4)选择记忆单元,并在外层优化的 IGA 中操作选择、交叉和变异过程。
(5)重复步骤(2)~(5),直到达到最大迭代次数。

两级优化方法能够成功地解决碎片清除中的任务规划问题。在内层次优化中,采用 APSO 算法,在迭代过程中集成了基于梯度搜索的局部加速机制,求解最优转移燃料消耗,可以提高运算速度及全局搜索能力。在外层优化中,IGA 具有产生多样抗体、自我调控机制和免疫记忆能力,可以在不陷入局部最优的情况下获得全局搜索能力。

4.4.2 基于强化学习的碎片清除任务规划方法

空间碎片主动清除任务规划问题目前主要向最大化任务收益的方向发展[46],传统的优化算法有剪枝法、蚁群优化算法、遗传算法等。而在传统优化模型基础上改进的随机优化算法或确定性算法,在搜索上往往会陷入局部最优或消耗较多算力。随着人工智能的飞速发展,有学者开展了基于人工智能方法的碎片清除任务规划方法研究[47],其中强化学习能够在利用历史信息的同时保持较好的探索能力[10],面向多目标单序列任务规划问题,可将每个目标的清除任务作为一个阶段的任务决策,则多目标单序列任务规划可描述为多个阶段的任务决策,那么强化学习模型则可提高其决策能力及效率[48]。

1. 多碎片清除任务描述

假设清除目标集合包含 N 个空间碎片,每个空间碎片都由索引编号表示。任务计划完成 n 个空间碎片的清除,n 可变且由最终规划结果决定。在空间碎片清除任务规划完成之后,获得空间碎片的清除序列为 $n \times 1$ 向量 $\boldsymbol{d} = [d_1, d_2, \cdots, d_n]^T$,其中 $d_i(d_i \in N^+, 1 \leq d_i \leq N, 1 \leq i \leq n)$ 是第 i 段清除空间碎片的索引编号。空间碎片清除时间序列为 $n \times 1$ 向量 $\boldsymbol{t} = [t_1, t_2, \cdots, t_n]^T$,其中 $T_0 \leq t_1 < t_2 < \cdots < t_n \leq T_{\max}$。$T_0$ 是碎片清除任务开始时间,$T_{\max}$ 是碎片清除任务结束时间。目标清除的序列与到达目标的时间共同表达了任务序列,结合相应的变轨策略,即可完成多目标单序列任务规划。在最大收益优化模型中,在时间、资源等约束下,确定 d 和 t,使得累积收益最大化。模型数学表达为

$$\max G(d) = \sum_{i=1}^{n} g(d_i)$$

$$\text{s. t.} \begin{cases} C_{\text{Velocity}} = \sum_{i=1}^{n-1} C_v(d_i, d_{i+1}, t_i, t_{i+1}) < \Delta V_{\max} \\ C_{\text{Duration}} = \sum_{i=1}^{n-1} C_d(d_i, d_{i+1}, t_i, t_{i+1}) < T_{\max} \end{cases} \quad (4-47)$$

式中,$G(d)$ 为任务的积累总收益;$g(d_i) > 0$ 为 d_i 的收益;C_v 和 C_{Velocity} 分别为每个目标与总任务所需速度增量;C_d 和 C_{Duration} 分别为每个目标与总任务的完成时间间隔;$\Delta V_{\max}$ 为任务航天器的总变轨能力。

2. 基于强化学习的任务规划方法

文献[49]建立了强化学习框架下的碎片清除任务规划状态、动作及收益函数,采用蒙特卡洛树搜索方法进行搜索过程优化。搜索树的每个节点代表一个状态,节点间的转移过程代表执行特定动作。虚拟的智能体在搜索树上不断重复着动作决策与状态转移,从初始状态向下一层探索,逐步完善搜索树。在终止状态的判断条件与优化模型约束集合对应,当状态向量显示剩余脉冲小于 0、剩余任务时间小于 0 或剩余待清除碎片数小于 0 时,达到叶子节点的智能体会重置到初始节点,继而进行下一次尝试。随着搜索过程的进展,基于每次迭代选择动作的收益,智能体通过更新搜索树的信息,在每个节点处总结出动作选择的概率分布,并以此为策略,以期获得更高的收益。

针对大规模空间碎片清除数据规模大、搜索空间大、全局最优解无法确定等问题,文献[50]在强化学习框架下提出一种改进的 MCTS 算法。该算法使用双层循环结构,内部循环以 MCTS 为基本结构,使用高效启发式方法完成探索,在 MCTS 加入上置信确界(Upper Confidence Bound,UCB)保持选择的平衡性,解决了神经网络模型泛化在数据规模大、数据离散且相关性小情况下的误导搜索问题;外部循环控制搜索进程以及执行动作决策,完成环境交互。内部循环为外部

循环提供搜索树,外部循环以搜索树指导决策。

MCTS 内环搜索流程如图 4-7 所示。智能体所在节点被视作根节点输入内环搜索中。整体循环为启发式选择、随机扩展、扩展模拟、反推更新 4 步。启发式选择让搜索树的扩展方向限定在较少的几个引向高收益的动作上。在多次内循环迭代后,MCTS 建立的搜索树子树上的节点信息逐步完善,最终形成根节点处的策略,选择动作输出给外环。

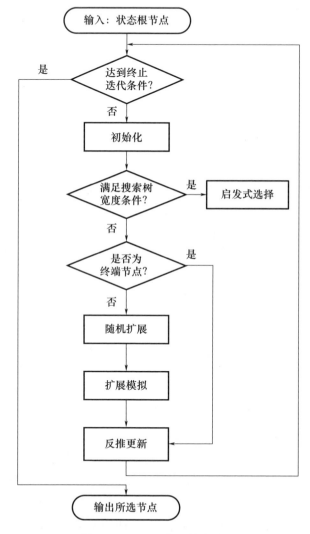

图 4-7 MCTS 内环搜索流程

选取铱星 33 碰撞的碎片作为测试数据集,使用漂移轨道转移策略,通过规模数据集对比实验,强化学习框架和 MCTS 算法具有良好的可行性与高效性,能够利用较少时间得出更优的规划结果,并保持充足的探索能力。

面向未来空间碎片清除任务需求,提升任务规划算法的通用性、泛化性是实现在轨验证与应用的重要因素。一方面,发展基于迁移学习的规划方法,先期通过地面强化学习离线训练确定初始策略依据,再通过迁移学习等方式进行在轨适应性调整,以获得较好的任务泛化能力;另一方面,将强化学习算法与神经网络相结合是解决动态环境下复杂任务规划问题的技术路径,以实现更好的可用性和普适性。

4.5 本章小结

本章主要介绍了智能方法在空间任务规划领域的应用。首先,介绍了空间任务规划的概念、技术特点及发展情况;其次,分别阐述了面向空间碎片清除的任务规划问题描述方法,以及智能仿生学算法、强化算法、深度强化学习方法在空间碎片清除任务规划中的应用方法及优势;最后,以多目标单序列任务规划为案例,介绍了基于遗传算法及强化学习算法的碎片清除任务规划方法。

参考文献

[1] 陈英武,贺仁杰,邢立宁,等. 成像卫星自主任务规划方法及其应用[M]. 长沙:国防科技大学出版社,2017.

[2] 胡笑旋,夏维,靳鹏,等. 成像卫星任务规划理论与方法[M]. 北京:科学出版社,2021.

[3] 贺仁杰,姚锋,陈英武,等. 高分辨率卫星任务规划技术[M]. 北京:国防工业出版社,2021.

[4] 王茂才,戴光明,宋志明,等. 成像卫星任务规划与调度算法研究[M]. 北京:科学出版社,2016.

[5] 陈浩,李军,杜春,等. 对地观测卫星任务规划与调度技术[M]. 北京:国防工业出版社,2021.

[6] 王建江,胡雪君. 对地观测卫星不确定任务规划[M]. 北京:科学出版社,2020.

[7] 刘冰雁,叶雄兵,高勇,等. 在轨服务任务智能规划研究[M]. 北京:中国宇

航出版社,2021.

[8] 唐国金,罗亚中,张进. 空间交会对接任务规划[M]. 北京:科学出版社,2008.

[9] 罗亚中,张进,朱阅訸. 空间站运营任务规划[M]. 北京:国防工业出版社,2020.

[10] 陈占胜,成飞,崔本杰. 多星协同自主任务规划理论及应用[M]. 北京:中国宇航出版社,2022.

[11] 宋博,李侃,唐浩文. 国外空间碎片清除最新发展[J]. 国际太空,2021(5):14-19.

[12] 朱阅訸. 面向大规模目标访问任务的飞行序列规划方法[D]. 长沙:国防科技大学,2020.

[13] 刘传领. 基于势场法和遗传算法的机器人路径规划技术研究[D]. 南京:南京理工大学,2012.

[14] RASHID R,PERUMAL N,ELAMVAZUTHI I,et al. Mobile Robot Path Planning Using ant Colony Optimization[C]// Proceedings of the 2nd IEEE International Symposium on Robotics and Manufacturing Automation. Washington,USA,IEEE Press,2016:1-6.

[15] 胡章芳,孙林,张毅,等. 一种基于改进QPSO的机器人路径规划算法[J]. 计算机工程,2019,45(4):281-287.

[16] YU J,YU Y G,HUANG J T,et al. Optimal Scheduling of GEO On-orbit Refuelling with Uncertain Object Satellites[C]. MATEC Web of Conferences. EDP Sciences,2017,114:03001.

[17] 谭迎龙,乔兵,朱啸宇,等. 一种以燃耗为优化目标的航天器在轨加注作业调度[J]. 载人航天,2018,24(2):143-149.

[18] STUART J R,HOWELL K C,Wilson R S. Design of End-to-End Trojan Asteroid Rendezvous Tours Incorporating Scientific Value[J]. Journal of Spacecraft and Rockets,2016,53(2):278-288.

[19] CERIOTTI M,VASILE M. MGA Trajectory Planning with an ACO-inspired Algorithm[J]. Acta Astronautica,2010,67(9/10):1202-1217.

[20] 凌王辉,鲜勇,张大巧,等. 基于二次优化的空间碎片多目标交会方案[J]. 飞行力学,2018,36(1):65-69.

[21] ZHOU Y,YAN Y,HUANG X,et al. Optimal Scheduling of Multiple Geosynchronous Satellites Refueling Based on a Hybrid Particle Swarm Optimizer[J].

Aerospace Science and Technology,2015,47:125-134.

[22] 刘刚,彭春华,相龙阳. 采用改进型多目标粒子群算法的电力系统环境经济调度[J]. 电网技术,2011(7):139-144.

[23] 帅茂杭,熊国江,胡晓,等. 基于改进多目标骨干粒子群算法的电力系统环境经济调度[J]. 控制与决策,2022,37(4):997-1004.

[24] SUTTON R S. Learning to Predict by the Methods of Temporal Differences[J]. Machine Learning,1988,3(1):9-44.

[25] WATKINS C,DATAN P. Q-learning[J]. Machine Learning,1992,8(3/4):279-292.

[26] RUMMERY G,NIRANJAN M. On-Line Q-Learning Using Connectionist Systems[M]. Cambridge,UK:University of Cambridge,1994.

[27] NAIR D,SUPRIYA P. Comparison of Temporal Difference Learning Algorithm and Dijkstra's Algorithm for Robotic Path Planning [C]// Proceedings of the 2nd International Conference on Intelligent Computing and Control Systems. Washington D. C.,USA:IEEE Press,2018:1619-1624.

[28] MARTIN J,WANG J K. ENGLOT B. Sparse Gaussian Process Temporal Difference Learning for Marine Robot Navigation[EB/OL]. (2020-12-11)[2022-04-13]. https://arxiv.org/abs/1810.01217v1.

[29] 刘智斌,曾晓勤,刘惠义,等. 基于BP神经网络的双层启发式强化学习方法[J]. 计算机研究与发展,2015,52(3):579-587.

[30] JIANG L,HUANG H Y,DING Z H. Path Planning for Intelligent Robots Based on Deep Q-Learning with Experience Replay and Heuristic Knowledge[J]. IEEE/CAA Journal of Automatica Sinica,2020,7(4):1179-1189.

[31] 刘建伟,高峰,罗雄麟. 基于值函数和策略梯度的深度强化学习综述[J]. 计算机学报,2019,42(6):1406-1438.

[32] WANG Q Z,XU D,SHI L Y. A review on Robot Learning and Controlling:Imitation Learning and Human-Computer Interaction[C]// Proceedings of the 2013 Chinese Control and Decision Conference. Washington D. C.,USA:IEEE Press,2013:2834-2838.

[33] 刘全,翟建伟,章宗长,等. 深度强化学习综述[J]. 计算机学报,2018,41(1):1-27.

[34] MNIH V,KAVUKCUOGLU K,SILVER D,et al. Playing Atari with Deep Reinforcement Learning[EB/OL]. (2020-12-11)[2022-04-13]. https://

arxiv. org/abs/1312. 5602.

[35] TAI L, PAOLO G, LIU M. Virtual – to – Real Deep Reinforcement Learning: Continuous Control of Mobile Robots for Maples Navigation [C]// Proceedings of 2017 IEEE/RSJ International Conference on Intelligent Robots and Systems. Washington D. C., USA: IEEE Press, 2017: 31 – 36.

[36] 王珂, 卜祥津, 李瑞峰, 等. 景深约束下的深度强化学习机器人路径规划 [J]. 华中科技大学学报(自然科学版), 2018, 46(12): 77 – 82.

[37] 李辉, 祁宇明. 一种复杂环境下基于深度强化学习的机器人路径规划方法 [J]. 计算机应用研究, 2020, 37(增刊1): 129 – 131.

[38] CHEN X Q, YAO W, ZHAO Y, et al. A Practical Satellite Layout Optimization Design Approach Based on Enhanced Finite – Circle Method [J]. Structural and Multidisciplinary Optimization, 2018, 58(6): 2635 – 2653.

[39] PAPROCKA I, SKOŁUD B. A Hybrid Multi – Objective Immune Algorithm for Predictive and Reactive Scheduling [J]. Journal of Scheduling, 2017, 20(2): 165 – 182.

[40] JIAO L C, DU H F. Development and Prospect of the Artificial Immune System [J]. Acta Electronica Sinica, 2003, 31(10): 1540 – 1548.

[41] OPREA M, FORREST S. How the Immune System Generates Diversity: Pathogen Space Coverage with Random and Evolved Antibody Libraries [C]//Proceedings of the 1st Annual Conference on Genetic and Evolutionary Computation, Morgan Kaufmann Publishers, Orlando, FL, USA, 1999: 1651 – 1656.

[42] ZHAO Y, CAO Y, CHEN Y, et al. Mission Planning of GEO Active Debris Removal Based on Revolver Mode [J/OL]. Mathematical Problems in Engineering, 2021. DOI: 10. 115 5/2021/8284022.

[43] CASTRONUOVO M M. Active Space Debris Removal – A Preliminary Mission Analysis and Design [J]. Acta Astronautica, 2011, 69(9/10): 848 – 859.

[44] ZHOU Y, YAN Y, HUANG X, et al. Mission Planning Optimization for Multiple Geosynchronous Satellites Refueling [J]. Advances in Space Research, 2015, 56(11): 2612 – 2625.

[45] CHEN X Q, YAO W, ZHAO Y, et al. A Practical Satellite Layout Optimization Design Approach Based on Enhanced Finite – circle Method [J]. Structural and Multidisciplinary Optimization, 2018, 58(6): 2635 – 2653.

[46] YANG J N, HU Y H, LIU Y, et al. A maximal – reward Preliminary Planning for

[46] Multi-Debris Active Removal Mission in LEO with a Greedy Heuristic Method [J]. Acta Astronautica,2018,149:123-142.

[47] MERETA A,IZZO D,WITTIG A. Machine Learning of Optimal Low-Thrust Transfers Between Near-earth Objects [C]// International Conference on Hybrid Artificial Intelligence Systems. Asturias:Gijon,2017:543-553.

[48] WANG Z,CHEN C,LI H X,et al. A novel incremental learning scheme for reinforcement learning in dynamic environments[J]. Intelligent Control and Automation,2016:2426-2431.

[49] 杨家男,候晓磊,HU Y H,等. 基于启发强化学习的大规模 ADR 任务优化方法[J]. 航空学报,2021,42(4):428-441.

[50] YANG J N,HOU X L,HU Y H,et al. A Reinforcement Learning Scheme for Active Multi-Debris Removal Mission Planning with Modified Upper Confidence Bound Tree Search[J]. IEEE Access,2020,8:108461-108473.

第 5 章
航天测控、遥操作与空间靶场

航天测控系统是航天系统所包括的五大系统(航天器、航天运输系统、航天发射场系统、航天测控系统和航天应用系统)之一,其主要任务是对火箭及航天器的飞行轨迹、姿态和其上各分系统的工作状态进行跟踪测量、监视与控制,用于保障航天器按照预先设计好的状态飞行和工作,并完成科学数据传输等预定任务。

测控中心与分布在全球的测控站是航天测控系统的重要组成,它们组成的网络通常称为航天测控网。航天测控网一般由若干测控站(含测量船、测量车、跟踪与数据中继卫星)、测控通信系统以及指挥控制中心组成。这是一个集成多项功能、系统庞大、分布范围广的网状系统。其中,测控站负责建立航天器与地面的联系,包括对航天器进行跟踪、测轨(外弹道测量)、遥测、遥控以及天地之间的话音、图像通信(载人航天);测控通信系统主要完成飞行控制中心、资源调度中心和测控站(船)间的信息交换,保障整个任务的指挥调度,并为整个测控网提供统一的时间频率标准;指挥控制中心(或航天测控中心)通过接收并处理各测控站传回的测量和监视数据,对航天器的飞行状态(位姿参数)和健康状态(遥测参数)进行持续跟踪和监视,同时,根据航天器当前位姿状态,计算控制参数,通过遥控指令对其姿态和轨道进行控制。此外,指挥控制中心需要完成测控网内各测控站(船)的资源调配、状态监视和远程控制。几十年来,航天测控技术经过不断发展,为日益增长的航天资产提供着安全保障。

近年来,随着发射的人造卫星数量日益增加,以及载人航天和深空探测能力不断增强,航天器的种类和数量不断增加,航天测控任务日益复杂化和多样化,航天测控系统的发展面临着新的挑战。

(1)近地空间航天器数量增加,对测控资源调度带来挑战。随着在轨航天器数量持续增长,巨型星座的出现,航天测控任务的复杂度越来越高,测控资源冲突的现象越来越严重,测控资源调度问题的求解难度持续增大,且受测控设备突发故障、临时计划调整等不确定约束条件的影响很大,最优解几乎难以获得。

(2)在轨管理的航天器数目庞大,采用的技术和平台各有不同,多套设备并行、多星座同时管理,对在轨卫星管理系统的自动化水平、智能化水平提出挑战。

(3)空间操作、载人航天、空间站、深空探测任务的启动,对传统的测控设备、测控模式以及任务仿真验证技术带来挑战。

(4)随着国际太空军备竞争的加剧,赛博空间安全成为新的关注点,航天测控面临如何保护自身设备安全,以及保护其管理的太空资产安全的双重挑战。

对于这些挑战,各国航天机构都一直在研究应对策略,从发展天基网、增加测控网数量到加强测控资源调度算法研究,全面从架构调整、资源投入、系统研发、技术提高等多方面提高航天测控水平。在空间操控能力方面,遥操作成为一种重要的技术;在太空安全方面,各国把太空靶场作为新的战略布局。而在这些挑战面前,人工智能技术的重要性也逐渐凸显。本章首先介绍人工智能在测控资源调度、轨道预报与优化等传统领域的应用,其次介绍人工智能在遥操作和太空靶场的应用。

5.1 人工智能在航天测控中的应用

近年来,人工智能得到了广泛的普及,成为系统自主性和现代技术的新标准。在航天工业,人工智能正缓慢地从研究走向部署在航天器上。近年来,学者们对人工智能在航天器操作、空间探测和对地观测以及动力学等方面的应用进行了大量研究[1]。本节针对这些研究,对航天测控中可应用的人工智能技术进行梳理,以供参考。

人工智能技术应用于航天测控领域可以追溯到20世纪90年代测控中心建立遥测专家系统,用于对卫星健康状态进行自动诊断。近年来,随着智能故障诊断技术的日渐成熟(第3章),测控系统正逐步将这些技术应用于航天器健康状态监视、地面设备故障诊断,以提高航天器日常管理及地面设备管理的能力。除此之外,测控资源优化调度算法一直是应对航天器数目不断增加的重要手段,在这个领域总是活跃着对各种智能算法的探索。而在飞行动力学算法方面,虽然经典的数学模型给出了各种问题的完美解,但人工智能在提升精度和优化结果方面似乎仍有施展空间,尤其是在轨道优化方面,动态规划、强化学习算法都是寻优的利器。

5.1.1 基于人工智能的测控资源优化调度

地面站资源调度,按照规划主体可以划分为以地面测控网为主导的调度、以航天器任务为主导的调度以及天地一体化的调度模式。地面测控网为主导的调度模式,是将航天器的任务需求转化为任务请求向地面测控网提出申请,地面测控网根据测控设备的分布、所有请求任务的需求和可观测弧段,为每个航天器任务分配测控设备和测控弧段,其任务分配策略对于所管理时间段内的设备和任务总体最优,但并不能保证单个任务获得最优资源配置。航天器任务为主导的调度模式,多见于承担比较重要的应用项目,并为这些任务航天器配备有专用地面测控设备的情况,如对地观测卫星群,其调度策略需要满足对目标区域覆盖时间最长,同时平衡星上电源供给与数据下传时间。天地一体化的调度模式,综合考虑航天器任务目标、星上设备约束、地面设备资源可用性,通过对航天器轨道和姿态的调整,以最小的代价获得一组航天器任务的最大收益。

在任务规划领域,复杂优化算法的应用历史悠久。传统的方法是用列表法,根据任务优先级进行资源分配。随着支持任务数的急剧增加,采用启发式算法(弱人工智能技术),包括贪心算法、进化算法和遗传算法等,迭代求解最优配置。由于以深度学习和强化学习为代表的人工智能技术表现了巨大的潜力,基于深度学习、强化学习技术的资源调度算法成为近年的研究热点,但迄今为止,这些算法获得的结果还难以匹敌传统算法。

下面首先对测控资源调度问题进行数学描述,其次介绍传统方法、深度强化学习方法、多智能体博弈方法在此领域的研究进展。

1. 问题描述

对地面站资源调度问题的描述,以测控网为主导的模式为基础,任务为主导的模式可以在此基础上增加任务相关的特殊元素。而天地一体化调度模式是随着人工智能技术发展出现的新的解决方案,其问题描述和解决方案在相应章节进行描述。

卫星轨道可分为高轨、中轨和低轨,使用的通信频段和地面设备也不尽相同。假设一个航天器只使用一个通信波段,则不同频段设备之间可以避免发生交叉关系,而资源分配仅在同一波段的航天器和设备之间发生。于是测控资源调度可以看作利用 N 台(匹配的)测控设备,为 M 个航天器提供测控服务,最大限度地满足多个航天器的测控任务请求。其依赖的基本信息包括:

(1)每个航天器测控任务需求。

(2)每个设备所在的位置及其工作条件(方位角、仰角、任务准备和切换时间)。

(3)根据每个航天器运行轨道所确定的相对于各个设备的可观测弧度。

由此,对测控调度场景中包含的主要变量及符号进行如下定义:

(1)航天器集合:$S = \{s_1, s_2, \cdots, s_m\}$中包含 m 颗卫星,任意航天器 $s_i = \{sID_i, sN_i, sP_i, \cdots\}$,其中 sID_i 为航天器编号;sN_i 为航天器所需测控弧段最少次数;sP_i 为航天器优先级;根据不同任务场景可以考虑的因素,每个航天器还可以定义其他属性。

(2)测控任务集 $J = \{J_1, J_2, \cdots, J_{|J|}\}$,$J_i \in J$,$J_i = \{JNo_i, JS_i, JWin_i, JA_i, JD_i, JPr_i\}$,其中,$JNo_i$ 为任务标识;JS_i 为提出任务请求的卫星;$JWin_i$ 为允许执行该任务的时间窗口;JA_i 为可执行该任务的测控弧段集合;JD_i 表示测控需求,包括跟踪所需测站数、测控次数、该测控任务持续最短时间和最大、最小测控间隔时间等;JPr_i 为任务优先级。

(3)测控设备集合:$E = \{e_1, e_2, \cdots, e_n\}$。

(4)航天器相对设备的可观测弧段集合:$W = \{w_{kj}\}$,$k = 1, 2, \cdots, m$;$j = 1, 2, \cdots, n$。卫星 k 对设备 j 的可观测弧段 w_{kj} 由 r 个观测弧段组成,每个弧段由开始时间 t_s,结束时间 t_e 以及最小可观测方位角 A 和俯仰角 P 组成,w_{kj} 可表示为

$$w_{kj} = \{(t_{s_1}, t_{e_1}, A_1, P_1), (t_{s_2}, t_{e_2}, A_2, P_2), \cdots, (t_{s_r}, t_{e_r}, A_r, P_r)\} \quad (5-1)$$

(5)测控弧段集合:将所有航天器所有测控任务对于所有设备的可观测弧段合并在一起,可组成测控弧段集合,表示为

$$ARC = \{arc_1, arc_2, \cdots, arc_l\}, \forall arc_i \in ARC, arc_i = \{aS_i, aE_i, aJ_i, aTs_i, aTe_i\} \quad (5-2)$$

式中,$aS_i, aE_i, aJ_i, aTs_i, aTe_i$ 分别为该弧段对应的卫星、设备、测控任务以及开始时间和结束时间。

对于测控资源调度约束,需要根据任务需求及卫星、测控站特点进行分析,如图 5-1 所示。在测控资源调度过程中,主要约束条件如下:

(1)时间窗口约束:所有测控任务必须在给其分配的测控弧段的可见时间窗口内执行。

(2)测控设备独占性约束:每一个测控设备在同一时刻只能对一颗卫星提供测控服务。对于决策集合中的任意两个测控可用弧段,若这两个弧段中测控站相同,那么这两个弧段的实际调度时间窗口不能有任何交集。

(3)测控任务执行数量约束:每个测控任务仅执行一次就被标识为调度完成状态,不再参与后续任务调度。

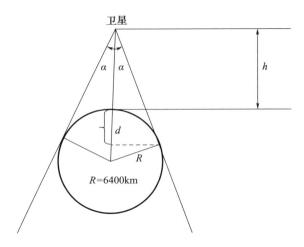

图 5-1 卫星与地面测控设备几何关系示意图

这样,测控资源调度问题可以描述为:寻找一个决策方案,能最好地满足各测控任务的需求。什么是最好的标准,可能不同时期、不同决策者的标准不同。在国有测控网络的调度策略中,往往是将满足国家重要型号任务的需求作为首要原则;对商业航天而言,最大的效费比可能会成为优化目标,虽然多数情况下两者并不矛盾。

2. 启发式方法与进化算法应用

在航天器数量比较少、测控资源不存在冲突的情况下,部分资源调度问题可以通过优化方法[2]求出最优解。但在中大规模资源调配情况下,寻找其最优解在理论上是 NP 完全问题,通常通过启发式算法或智能进化算法进行求解。

对于规模相对较小的资源,利用启发式算法可以很快获得解。常用的算法是基于列表的算法[3]。这是一个典型的构造型启发式算法,采用队列表示请求访问特定资源的顺序,通过尝试按照请求在队列中出现的先后顺序对请求进行调度,使用贪婪启发式搜索从队列生成调度。每个请求都会在尽可能早的开始时间分配给第一个可用资源。若无法在任何替代资源上调度请求,则会将其从调度中删除或跳转。在此,计划的"适合度"被定义为从计划中跳转的请求总数。该方法的一种扩展方式,是基于优先级的调度模式,可以根据优先级从高到低对请求进行排列,先满足高优先级请求,而在同一优先请求中,再按先后顺序进行资源分配。此外,随机抽样、移位邻域下的局部搜索等方法都可用于进行问题求解。

智能进化算法为测控资源优化调度问题提供了较为快速有效的解决方案。

学者们近年来不断探索如何改进蚁群算法、模拟退火算法、遗传算法等进化算法[4-7]用于解决此问题。文献[5]基于改进的遗传算法,对商用卫星测控网的调度问题进行了探索,构造了16颗国有卫星、8颗商业卫星以及3个国有测控站和3个商业测控站,通过设置不同的调度收益,验证了其算法。由于天地测控资源一体化调度问题是一个典型的大规模组合优化问题,优化过程极其复杂,采用单一优化机制的传统蚁群算法求解这类问题时,存在求解效率低且求解性能差的缺陷,张天娇等[6]提出了采用两种不同融合策略的新型遗传-蚁群优化方法,利用遗传算法的快速搜索、群体性能等优势生成初始蚁群信息素分布,提高蚁群算法由于运行初期信息素更新较慢导致的较低求解效率和后期早熟引起的较差求解质量,通过对24颗中轨卫星组成的Walker星座(含星间链路)和4个地面站进行资源调度,验证了算法的效率。

3. 深度强化学习算法应用

航天测控资源调度有着丰富的问题对象,多年来一直吸引研究人员使用机器学习和其他解决方案进行探索[8]。近几年的趋势逐渐从遗传算法和退火算法转移到强化学习方法。文献[9]以异构测控网资源联合调度为研究对象,建立了资源联合调度模型,采用基于强化学习的深度Q网络(DQN)算法,求解异构测控资源调度策略。其仿真结果与遗传算法进行比较,具有更优的结果。文献[10]将一种近似策略优化的深度强化学习方法应用于单颗卫星调度,利用A2C(Advantage Actor Critic)算法,求解在已知云层气象预报条件下,地球观测卫星对地拍照的最佳调度方案,但没有扩充用于多星。文献[11]针对AEOS调度问题,提出了一种基于强化学习的两阶段神经网络组合优化方法。首先,提出了一种基于强化学习的神经组合优化方法,用于选择一组可能的采集任务序列。其次,针对所选择的任务序列,提出了一种基于DDPG的强化学习算法,在时间约束下选择每次观察窗口的开始时间。文献[12]探索了如何用A2C算法解决资源调度问题。其模型是在一个标准模拟任务规划环境中进行训练的,然后在真实的测试场景中执行。该文献将其算法与随机计划和启发式规划进行了比较,显示A2C长期版本比启发式算法具有更好的性能,尽管差距很小。

深度强化学习算法的应用,重要的任务是对其状态空间、动作空间和奖励函数及马尔可夫决策过程进行定义。最关键的是设计一个奖励函数,以鼓励希望的动作,同时仍然是可学习的。而状态空间和动作空间的定义,既要反映解决问题的环境,又要提取出有助于解决问题且与奖励函数关联的信息定义状态信息。

1) 奖励函数设计

对于地球观测卫星,文献[13]针对任务排序序列选择的收益函数定义相对简单,为所有任务序列的收益(单位面积收益g_i与观测弧段对应面积s_i和观测时间x_i的乘积)之和:

$$G = \sum_{i=1}^{n} g_i s_i x_i \qquad (5-3)$$

在文献[10]中,强化学习技术主要用于对云层遮挡的优化,所以奖励函数直接对不被云层遮挡的弧段求和,定义为

$$R(s,s',a) = \begin{cases} 1, 无遮挡 \\ 0, 遮挡 \end{cases} \qquad (5-4)$$

而对于地面站的调度问题,奖励函数的定义相对复杂。就5.1.1节的问题描述而言,资源调度的目标就是通过学习在5.1.1节中定义的测控弧段中筛选出一个满足约束条件的子集,该子集中的序列组成最佳资源调度结果。

$$ARC = \{\text{arc}_1, \text{arc}_2, \cdots, \text{arc}_l\}, 对\forall \text{arc}_i \in ARC, \text{arc}_i = \{\text{aS}_i, \text{aE}_i, \text{aJ}_i, \text{aTs}_i, \text{aTe}_i\} \qquad (5-5)$$

奖励函数与资源调度的目标密切相关。对于地面测控系统,通常会优先满足高级别任务,然后尽可能满足更多航天器任务为优化目标。基于这样的目标,可以将任务优先级和航天器优先级的组合作为奖励函数的一部分,在相同优先级下,考虑设备利用率和所有任务请求满足率:

$$R = SP_{\text{aS}_i} + JP_{\text{aJ}_i} + O(\text{aE}_i) + \text{Satify}(\text{Req}) \qquad (5-6)$$

对于航天器任务为主的调度任务,会以最大化其任务应用收益为目标,如地球观测卫星通常将以观测范围和时间最大化为目标。文献[7]讨论民用航天测控的资源调度策略时,选择了提高测控任务满足率的同时尽可能提高异构测控资源的利用效率,定义奖励函数为

$$R = SP_{\text{aS}_i} + JP_{\text{aJ}_i} + \mu \sum_{i=1}^{n} \sum_{k=1}^{L} (te_k - ts_k) \qquad (5-7)$$

2) 状态空间定义

状态空间是调度过程中所有状态的集合,主要用来描述与调度任务相关的环境特征。状态空间的设计需要与调度目标紧密相关。

状态空间可以表示为[9]

$$S = \{S_{\text{status}} \times S_{\text{time}} \times S_{\text{pass}}\} \qquad (5-8)$$

式中,$S_{\text{status}} = \{0,1\}^l$表示所有可见弧段是处于已确认(调度)状态还是待确定状态;S_{time}表示已确认弧段的时间,而S_{pass}表示所有弧段的总时间及气象信息。

另外,可以根据奖励函数的定义,把测控弧段可用时间、已规划测控任务分布情况和每个测控站的时间利用率组合,形成如下所示的状态矩阵[7]:

$$S = [f_1, f_2, f_3] \quad (5-9)$$

式中,$f_1 = [\tau_1, \tau_2, \cdots, \tau_r]^T$ 为当前状态下,每一个测控设备在其所有可用弧段中的总时间。τ_i 表示测控设备 e_i 在当前状态下与已规划测控任务不冲突的所有可用测控弧段时间窗口长度的总和。假设任务不冲突的总弧段数为 WP,则

$$T_i = \sum_{j=1}^{|WP|} (te_j - ts_j) \quad (5-10)$$

$f_2 = [\beta_1, \beta_2, \cdots, \beta_r]^T$ 为当前状态下,目前调度决策中每个测控设备已规划的测控任务数量,即列向量中元素 β_i 表示测控设备 e_i 在目前状态下已经执行的测控动作个数。设当前状态下的决策时刻时间步长为 t、目前 e_i 已经规划的测控动作个数为 Ne_i,则

$$\beta_i = |Ne_i| \quad (5-11)$$

$f_3 = [\varphi_1, \varphi_2, \cdots, \varphi_r]^T$ 为当前状态下,在已有的测控调度决策序列中,每个测控站执行任务时间段长度与当前总调度时间的比值。φ_i 表示测控设备 e_i 在当前决策时刻 t 下,已规划的测控任务时间长度与所有测控站执行任务的总时长的比值。设当前状态下测控设备 e_i 已规划任务集合为 Je_i,则 φ_i 计算公式为

$$\varphi_i = \frac{\sum_{j=1}^{|Je_i|} (te_j - ts_j)}{\sum_{i=1}^{n} \sum_{j=1}^{|Je_i|} (te_j - ts_j)} \quad (5-12)$$

3)动作空间定义

在每个状态下,需要从 5.1.1 节中定义的测控弧段中选择一个。在测控资源有限,不能全部满足提出的测控需求时,则需要放弃某些航天器的某个测控弧段(用 0 表示)。对 5.1.1 节中测控可用弧段按照时间先后关系进行编号,则测控调度动作空间可以表示为

$$A = \{0, 1, 2, 3, \cdots, L\}, L \text{ 为测控弧段数量} \quad (5-13)$$

而动作的选择,通常采用 ε - 贪婪算法。

上述马尔可夫决策过程的定义为强化学习在资源调度问题中的应用提供了很好的参考。根据不同的优化目标,制定合适的 MDP 过程,是算法应用的关键。

4. 基于多智能体系统的资源分配

多智能体系统(Multi Agent System,MAS)是分布式人工智能的一个重要分支。其目标是将大的、复杂的系统构建成小的、协调的、易于管理的且能够彼此

相互通信的系统。多智能体系统是分布式人工智能研究的一个重要分支。它的研究始于20世纪80年代中期,近几年被用于智能机器、协调专家系统、分布式智能决策、虚拟现实等各个领域,成为当今人工智能研究的热点之一。

对于多航天器协同完成的一些任务,如对地观测、深空探测,基于多智能体的资源分配决策方法为星上自主任务规划提供了解决方案。在这类解决方案中,每个航天器就是一个智能体,通过计算机资源配置都可以具有自主的决策能力,各智能体之间可以通过星间通信方式交换信息,通过合作或竞争协作的方式完成任务决策。

1) 合作目标的自适应多智能体系统的资源分配

在自适应多智能体系统理论中,智能体被定义为拥有局部目标,具有自治、自适应和协作能力的实体。智能体之间的相互协作使得系统可以自适应环境以实现其设计的功能。合作被定义为智能体为了实现共同的全局目标而必须共同努力的能力。这意味着智能体的行动依赖于彼此之间的相互关系和相互协作。为了应对动态环境,代理拥有能够自主修改其组织的机制。

自组织系统,如自适应多智能体系统,由于其适应环境的能力,被用于解决多种问题,如基于信任和合作的算法解决动态资源分配问题。许多学者将基于合作目标的自适应多智能体系统用于地球观测星座的任务调度中。例如,文献[14]采用协作自适应多智能体系统规划对地球观测星座任务,根据复杂的任务要求和任务约束,定义了三种类型智能体:卫星智能体(活动主体)、任务请求智能体(约束体)、可观测弧段智能体(约束体),而云层覆盖情况、太阳历表和地面站作为主动实体,星上电源、计算机内存和控制模块为被动实体,以10颗卫星组成的星座进行了试算,结论是通过智能体交互、协作、调整,最终优化的结果比传统方法获得的结果更优。

2) 基于非合作博弈的多智能体资源分配

传统上,博弈论研究与多智能体规划(Multi-Agent Path, MAP)相结合,更多关注合作方法和严格竞争方法。在合作方法中,一组代理人联合起来,以实现一个对他们都有利的目标。在博弈论以零和博弈为代表的严格竞争问题中,由于一个代理的奖励与其他代理的损失成正比,代理之间的目标完全对立。应用于多智能体规划的这种情况称为对抗性多智能体。然而,在合作方法和严格竞争方法之间存在一个折中的方法,即非合作方法。在非合作方法中,即所谓的一般和博弈,代理之间处于非严格竞争环境中,其中一个代理的奖励不一定意味着其他代理的损失。因此,各代理人寻求满足其私人利益,但不会像零和博弈那样以伤害他人为代价。基于非合作博弈方法,文献[15]提出了非合作MAP抽象框架。不少研究将非合作 MAP 方法应用于计算资源分配、网络拥塞调配以及无人机合作任务等。该方法也可以在卫星群对地观测任务规划中得到应用。当两个或两个以上的智能体要在同一环境中执行其计划,在共同利用某些资源时,可能会发生冲突。在这种情况下,代理可以推迟相关操作的执行,也可以仍然执行这个操作,是否执行操作由延期执行或取消执行者付出的代价决定。基于非合作博弈的非合作规划,通过在行动执行前预测代理将采用什么策略,以便所有代理的策略集构成纳什均衡。

5. 待解决问题

虽然强化学习、多智能体博弈方法在理论上能够解决资源调度优化问题,但是至今没有看到此技术应用于真正的现实场景。例如,2016 年德国宇航科学家在文献[16]中描述了 ESOC 的一个基于人工智能的星群管理调度软件系统,该调度的核心模型是 JPL 人工智能专家开发的用于自动化空间任务操作的通用时间线表示、服务和接口[17],而调度算法基于这套核心接口模型定义开发。2018 年发表的文献[18]展现了 Stottler Henke 公司为美国空军卫星控制网络开发的智能调度系统,也仅提到一些启发式搜索方法和基于规则的人工智能推理。二者均没采用很"高级"的人工智能算法,这其中的原因包括:真实的应用场景比论文中模拟场景复杂得多,如论文中模拟的卫星个数从几个到 20 多个,而实际场景往往存在数百个卫星,在大规模复杂度高的场景下,算法的计算周期长且收敛性难以保证。

要将强化学习真正用于大规模应用,也许还需要在多方面继续进行研究[19],包括:

(1) 用基于模型方法代替无模型方法。

(2) 引入可学习的奖励函数:机器学习的优势在于可以用数据来学习比人类的设计更好的东西。如果奖励函数的设计这么难,为什么不用机器来学习更好的奖励函数呢?模仿学习和逆向增强学习都显示了奖励函数可以用人为演示和人为评分来隐式定义。

5.1.2 人工智能在轨道预报与优化中的应用

人工智能的快速发展和它在图像语音处理等领域的成功应用,吸引了不少学者研究如何将人工智能技术用于解决飞行动力学问题。其内容涵盖航天器的任务设计,以及导航制导控制算法和扰动运动的动力学预测。采用的方法从进化算法、搜索树到机器学习,而机器学习算法包括基本的径向基函数(Radial Basis Function,RBF)、SVM,到深度神经网络,以及深度强化学习[20]。下面介绍其与航天测控相关性较高的两个应用:轨道预报和轨道优化。

1. 机器学习方法提高轨道预报精度

轨道预报是航天器测控任务规划的基础。高精度轨道预报对于空间态势感知至关重要。

传统的轨道预报生成过程包括:采集航天器测量数据(雷达跟踪数据),将多测控站、多测控弧段数据进行融合,估计航天器轨道根数(轨道确定),综合考虑轨道根数、大气阻力、太阳光压、引力场、三体扰动等因素,建立轨道动力学方程,求解动力学方程获得未来24h乃至一周、一个月的航天器飞行轨迹。由于测量数据与实际飞行轨迹的误差,同时大气阻力模型、太阳光压模型以及空间环境中的其他因素都会影响轨道预报精度。

文献[21]提出了一种深度神经网络学习预报误差模型的方法。文献中采用的动力学方程为

$$a(t,X) = a_{Newtonian}(t,X) + a_{Hamonic}(t,X) + a_{3B}(t,X) + \\ a_{drag}(t,X,\xi_1) + a_{SRP}(t,X,,\xi_2) + a_{other} \quad (5-14)$$

空间目标的历史数据包括测量数据、估计数据和预报误差。

网络输入向量包括:估计的当前时刻航天器轨道根数;航天器在地球惯性系下的位置和速度;大气阻力系数;当圈次的最大测量高程以及相应测距和测角;预报时间段;预报的下一时刻的轨道根数和地球惯性系下的位置和速度。网络的输出为下一时刻预报误差,包括轨道根数误差和位置速度误差。

该文表明,经过大量数据训练之后得到的误差模型,叠加到二体动力学模型推导出来的结果之上,可以提高预报精度。此后,该文作者采用支持向量机学习[22],也得出类似结论。作者在文献[23]中再使用扩展卡尔曼滤波器作为轨道估计和预测方法,提出了一种融合策略,将机器学习输出纳入传统 EKF 滤波框架。

2. 深度强化学习方法在轨道优化中的应用

轨道的优化控制对于节约燃料延长航天器寿命至关重要。随着空间任务复杂度增加,轨道设计也变得日益复杂,且需要满足更长的飞行时间、低推力、多次飞越、航行设计等。为了有效地解决这些具有挑战性的问题,在过去几十年中,人们开发了各种方法和算法。多重打靶通过缓解高度非线性问题中存在的高灵敏度、提高对初始猜测的稳健性以及增加并行实现的潜力,使各种优化控制算法受益匪浅。

最优控制求解方法通常分为两类,这两类方法在解决问题的手段上有所不

同:①直接方法将连续问题离散化,转化为非线性规划问题;②间接方法使用变分法来建立边值问题,然后使用非线性规划(Non-Linear Programming,NLP)算法求解边值问题。这两种方法都会产生大型稀疏问题,此问题可以用专门的NLP求解器解决。差分动态规划(Differential Dynamic Programming,DDP)算法基于贝尔曼最优性原理和目标函数的二次近似,利用问题的动态结构将其分解为一系列更小维度的子问题,部分缓解了经典动态规划方法的维数灾难。文献[24-25]将多重打靶方法嵌入差分动态规划算法中,形成多重打靶差分动态规划算法,并将其应用于各种约束非线性最优控制问题,包括经典基准问题、机械臂问题和敏感航天器轨迹优化问题。实例应用的结果表明,在高灵敏度的问题中,多重打靶法优于单重打靶算法,尤其对于使用单次打靶难以解决的复杂航天器轨迹问题。

文献[26]对随机微分动态方法进行改进,提出管道随机微分动态规划算法,用于处理控制约束。该算法受机器人领域的管道模型预测控制的启发,采用西格玛点创建管道,并通过无迹变换计算期望值。

文献[27]设计了深度Q学习网络(DQN)用于解决小推力轨道转移优化问题。将小推力轨道转移问题视为一系列轨道优化子问题。每个子问题的目标都是通过最小化适当选择的目标的凸函数组合,将航天器移动到最接近地球同步轨道的位置。在操作上,将问题描述为两步优化问题,低级优化问题生成规划范围内的轨道,高级规划问题寻求调整与低级优化问题的目标函数相关联的权重,以减少预测的时间。高级问题采用深度Q学习网络解决。

其状态向量 X 包括:角动量(h)、角动量向量沿地心惯性参考系 X 轴和 Y 轴的分量(h_X 和 h_Y)、偏心向量分量(e_x 和 e_y),以及真近点角 ϕ。

$$X = \{h, h_X, h_Y, e_x, e_y, \phi\} \tag{5-15}$$

其状态转移方程即动力学方程:

$$\dot{X} = F(x) + G(x)\boldsymbol{u} \tag{5-16}$$

式中,$\boldsymbol{u}$ 为推力向量;F 为状态变量的开普勒变化率;G 为与星载推力相关的状态变量的变化率。而轨道转移时间是优化估计目标。对于每个子问题,该算法比较共面情况下的3种不同动作和非共面情况下5种不同动作,以选择高级规划过程的最佳权重选择。数值结果表明,自适应加权方案可以改善计算的低推力转移轨道的转移时间。

文献[28]部署了深度Q学习网络(DQN)来设计交会任务,服务卫星需要与编队中心的一颗失效卫星交会,同时避免与其他卫星碰撞。深度Q学习算法用于卫星控制器在路径上做出连续决策,以最快速度到达交会点。

人工智能技术在航天测控领域的应用已经覆盖了设备故障诊断、航天器健康状态监视、任务规划与决策等方面,可以期待,随着在推理、判断、决策方面人工智能水平的提升,也许终将可以打造测控专家大脑,完成复杂的控制决策指挥任务;随着智能软件编写技术水平的提升,将来航天测控中最耗费人力的算法设计和程序设计工作也许可以由人工智能完成。目前,随着空间操作的复杂度增加,在人工智能还不能替代人的智能之前,遥操作与测控系统集成,扩展了人在太空的操作能力;另外,太空环境受到的威胁日趋严峻,太空安全防护日渐成为测控系统的重要任务,太空靶场成为太空安全防护新的解决方案,而人工智能技术已经成为遥操作和太空靶场的核心技术。在接下来的章节中将对这两个主题进行介绍。

5.2 遥操作系统

随着航天技术的发展,失效卫星捕获回收、在轨装配维修等空间操作技术受到广泛关注,各航天大国试图通过发展在轨服务技术以增强航天器的在轨能力和延长航天器的在轨寿命,提高空间资产的可持续利用。传统的测控方式是通过地面向航天器发送控制指令和控制参数,由星上自主完成控制动作,地面通过遥测数据监视控制过程和控制结果,这样的控制方式对卫星的姿轨控制和简单的机械操作行之有效,但对于空间机器人,其操作环境往往是部分已知甚至是完全未知的,操作动作比较复杂,无法事先进行编排,在其智力和操作灵巧性达到人类水平之前,需要对传统的测控模式进行拓展,将人纳入控制回路,依靠人的参与进行判断和操作,通过一些临场感手段(视觉、力觉和触觉等)以保证任务的顺利完成。这种由人与机器组成的操作控制模式就是遥操作。

地面遥操作任务往往由传统的遥测遥控系统、在轨操作系统和遥操作系统共同协同完成,其关系如图5-2所示。

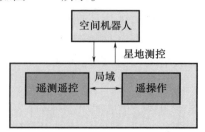

图5-2 遥操作与遥测遥控系统关系

遥操作系统是测控系统的扩展，在空间操作任务中承担着重要的角色。多个国家开展了遥操作系统研究，并完成了一系列在轨试验。1981年，加拿大制造了首个空间操作臂系统SRMS，可以完成载荷抓捕、在轨维护等任务；1993年，德国宇航中心研制出了空间机器人遥操作系统ROTEX，其装配有视觉、力觉、触觉等多种传感器，并且使用了虚拟环境来进行预测，证实了地面遥操作的可操作性；日本的ETS－Ⅶ是第一个舱外自由飞行空间机器人，具有地面遥操作和在轨自主控制的能力，完成了漂浮物体抓取、在轨可更换单元的更换和燃料补给、视觉监测、目标星操作与捕获等实验；2000年，美国航空航天局开始研究人形机器人Robonaut代替宇航员进行出舱作业，宇航员可以通过遥操作来控制Robonaut完成漂浮物抓取等任务。近年来，遥操作也用于一些星际探测活动中，如"勇气号""机遇号""好奇号"等火星探测器以及中国月球探测器"玉兔号"等。2013年，我国发射试验七号空间机器人实验平台，其实验任务验证了基于手眼相机的自主捕获技术和地面遥操作技术。2016年，"天宫二号"机械臂系统随"天宫二号"空间实验室发射入轨，成功完成了动力学参数辨识、抓取漂浮物、与宇航员握手、在轨维护等实验。

5.2.1　空间机器人遥操作系统

遥操作这一概念最早出现于1967年Johnson和Corles为NASA提供的技术报告《遥操作与人的感知能力增强》(*Teleoperator and Human Augmentation*)。可以定义遥操作是"人的感知及操作能力在遥点的扩展"。遥操作技术充分利用了人的智能和机器人的操作能力，操作者在主端进行任务规划和直觉判断，机器人在从端接收并执行任务指令。遥操作很大程度上延伸了人类在遥远、非结构化及危险环境中的感知和操作能力，是空间任务中不可或缺的关键技术[29]。

典型的遥操作系统一般由操作者、主端控制回路、通信环节、从端控制回路、作业环境5个部分组成，如图5－3所示[30]。主端控制回路包括主端处理器、力反馈手控器、虚拟环境等。其中，虚拟环境是对从端机器人及其作业环境的重构，操作者可以通过观察虚拟环境进行实时操作，这样可以消除时延带来的系统不稳定。力反馈手控器为操作者提供了力和触觉反馈，增强操作者的临场感。从端控制回路包括从端处理器、从端机器人、多种传感器。操作流程为操作者通过观察虚拟环境，操控手控器将位置指令通过主端处理器发送给虚拟环境，同时将位置信息经过一定时延发送给从端处理器。从端机器人根据位置指令工作，同时将采集到的视觉、力觉、触觉信息经过一定时延返回给主端处理器，用于虚拟环境的修正和力反馈修正。

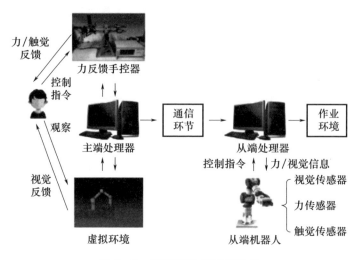

图 5-3 典型遥操作系统组成

一个完善的遥操作系统应至少具备常见的控制模式和保证系统平稳运行的安全控制策略,因此遥操作系统需要解决两个核心问题:①如何克服大时延对遥操作的影响;②如何尽量提高从端的操作性能。

图形预测显示被认为是能够补偿大时延影响的唯一手段,其基本思想是基于系统模型,根据当前状态和控制输入,对系统状态进行预测,并以图形的方式显示给操作员。将虚拟仿真、增强现实技术引入预测仿真,通过临场感交互界面,使操作员获得操作器和操作环境的直观信息,进而进行连续的规划,增强对当前操作状态和决策规划结果的判断能力,以增强遥操作的平稳性和连续性。

在提高从端的操作性方面,要求机械臂的动态响应高,残余振动小,并且从端需要利用位置传感器、力觉传感器、视觉传感器、状态观测器和控制算法以提高操作的精确度。解决方法涉及带震动抑制功能的轨迹重构算法、视觉伺服、抓取规划算法、阻抗控制算法、滑动抑制算法和运动控制算法等。近年来,通过强化学习技术构建最佳操作路径,辅助操作员进行操作,提高操作稳定性和成功率,成为新的研究热点。

5.2.2 虚拟现实技术在遥操作中的应用

虚拟现实(Virtual Reality,VR)技术,是在计算机图形学、人机交互技术、仿真技术和人工智能技术之上发展起来的一门交叉技术。通过计算机图形构成的三维空间,或是把现实环境编制到计算机中去产生逼真的"虚拟环境",通过头盔、立体眼镜让用户产生一种"身临其境"的感觉;通过人机交互传感器,如数据手套、操作杆等设备,使用户能够操纵虚拟环境中的物体的运动,并实时感觉到运动效果。在虚拟现实基础上,人们又发展了增强现实(Augmented Reality,AR)和混合现实(Mixed Reality,MR)技术。

虚拟现实技术在机器人遥操作中广泛用于构造临场感的人机交互界面[31-36]。其作用包括:

(1)临场感监视。VR 技术通过三维图形重构机器人、操作环境以及机器人和物体的相对位姿,合成虚拟的操作环境,可以将操作环境的真实状态显示出来。在虚拟环境中,操作员可以改变视点进行漫游,从而有望在有限带宽条件下实现对操作环境的连续观察。

(2)操作效果预测显示。对大时延情况的预测显示系统中,通过建立系统运行的仿真模型,在模型中融合系统的当前状态以及控制输入,让仿真系统以较实际过程快得多的速度运行,使得虚拟机器人模型可以立即响应操作者的输入,补偿了视觉信息时延对操作者的影响。

早在 1993 年,JPL 研制了高逼真度图形预测与显示技术,在存在传输时延的情况下,控制由 2500 英里(1 英里 = 1609.344m)外的 GODARD 太空飞行中心提供的遥操作机器人,通过遥操作完成了 ORU 的更换作业任务,如图 5 - 4 所示[32]。在该项目中,通过图形仿真在本地实现了预测显示,并且通过三维虚拟预测图形与远地视频图像的叠加技术对三维图形进行标定和定位,以帮助操作者安全、高效地完成空间遥操作任务。

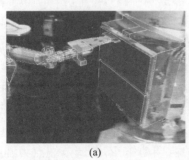 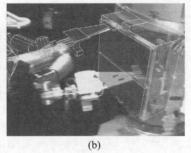

(a)   (b)

图 5 - 4　虚拟现实技术用于 JPL 图形预测显示系统

对于复杂的遥操作任务,单纯的视觉反馈信息是不充分的,往往需要包括视觉和力觉等多种反馈。通过增强虚拟概念,可以将软件生成的具有虚拟力反馈的安全通道与从端的真实操作环境画面叠加,让操作员看见真实的从端情况;在此基础上,通过分层辅助遥操作系统,获取空间机器人末端与期望轨迹上最近点之间的距离,在安全通道内划分不同的虚拟力场,辅助操作者更加灵活地操作,以减轻操作人员的心理压力,缓解操作手抖动的状况,提高操作的稳定性和流畅性,一种组合体增强虚拟操作视景图如图 5-5 所示[37]。

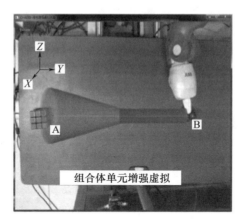

图 5-5　组合体增强虚拟操作视景图

5.2.3　人工智能技术在遥操作中的应用

近年来,多种人工智能技术应用于遥操作的多个环节,以提高操作的性能。例如,文献[38]针对遥操作系统在模型不确定性和外部干扰下的位置跟踪与力协调问题,提出基于自适应不确定性补偿的自适应终端滑模控制方法,实现对参考位置的主动跟踪。其中,针对从机械臂的位置跟踪,提出了基于径向基函数神经网络局部逼近方法。文献[39]使用传统机器支持向量机学习方法,按照操作员操作过程相关特征和任务相关特征对操作员操作水平进行分类,依据这些分类为操作员制订不同的培训计划。文献[30]提出了一种基于卷积神经网络和门控循环单元(Gated Recurrent Unit,GRU)神经网络的融合模型对操作员的速度进行识别分类,在操作员识别的基础上,设计了串级 PID 控制器实现从端机器人的自适应速度控制,提高从端机器人操作的稳定性和安全性。基于人类在操作方面的优势,能够通过弹簧状肌肉的协调动作,不断调节端点力和阻抗,从而熟练地与各种环境交互。文献[40]提出了一种强化学习方法,用于学习基于用户定义目标的可变阻抗增益计划;文献[41]提出了一种教学框架,允许人类教师将可变刚度控制策略传递给机器人;文献[42]提出了一种自适应阻抗控制架构,通过演示示例学习可变刚度控制策略。

在遥操作系统中,操作员需要在注意力高度集中状态下进行操作。为此,往往需要经过很长时间训练才能保证稳定操作。遥操作中日益复杂、多样化的任务需求对操作员是一个巨大的挑战。文献[43]提出了一种智能机器人感知框架,采用机器人代替人工操作。机器人通过模仿人类在任务执行过程中的行为,不仅模仿运动轨迹,而且通过肌肉激活调整手臂刚度,期望机器人能够自主地执行重复性任务或不确定任务,并具有更高的智能。作者在隐半马尔可夫模型(Hidden Smei – Markov Model,HSMM)和高斯混合方法的集成框架下,开发了一种基于概率统计的机器人学习算法。利用该方法得到了基于机器人轨迹的生成性任务模型。然后,基于高斯混合回归,根据学习到的任务模型的再现结果对机器人轨迹进行修正。

近年来,随着机器人技术的发展,涌现了一些针对机器人自主操作的智能学习方法。基于动态运动基元的示例学习和强化学习引起了业界的关注,相关技术也在遥操作机器人系统中得到了应用。下面对相关方法进行简单介绍。

1. 基于动态运动基元的轨迹学习方法

动态运动基元(Dynamic Motion Primitive,DMP)是由 Stefan Schaal 实验室提出的轨迹规划方法[44]。复杂运动被认为由按顺序或者并行执行的原始动作(运动基元)组成,DMP 的核心思想是将运动基元表示为动态非线性系统的组合。每个动态非线性系统由高斯函数加权叠加而成,通过改变权重,非线性函数的形状可以发生任意变化,从而控制系统以任意形状轨迹运动。

x_t 表示 t 时刻位置,x_0 为初始位置,g 为目标位置,则在运动终止状态有 $x_t = g$。由此,可将 DMP 状态方程用下式表达:

$$\frac{1}{\tau}\ddot{x}_t = \alpha(\beta(g - x_t) - \dot{x}_t) + \boldsymbol{g}_t^{\mathrm{T}}\boldsymbol{\theta} \tag{5-17}$$

式中,$\boldsymbol{g}_t$ 为基函数,表示动态非线性系统,DMP 背后的核心思想是用非线性分量 ($\boldsymbol{g}_t^{\mathrm{T}}\boldsymbol{\theta}$) 扰动简单线性动力系统,以获得任意形状的平滑运动。

$$[g_t]_j = \frac{w_j(s_t) \cdot s_t}{\sum_{k=1}^{p} w_k(s_t)} (g - x_0) \tag{5-18}$$

w_j 为高斯核,即

$$w_j(s_t) = \exp(-0.5 h_j(s_t - c_j)^2) \tag{5-19}$$

对时间进行积分时,DMP 生成轨迹可代表所需的关节角度或所需的末端执行器位置。

文献[45 – 47]将示例学习与动态运动基元结合进行轨迹学习。其基本原理是首先由人进行示范操作,通过学习 DMP 权重参数 $\boldsymbol{\theta}$,得到与示范操作相同的轨迹。

2. 路径积分策略改进强化学习算法

强化学习是创建真正自主学习系统的最通用的学习控制框架之一。但经典的算法对高维连续状态动作系统(如机器人)的可扩展性仍然存在问题。经典的基于价值函数的函数逼近方法,如 DPG、DDPG、AC 等方法可支持低维连续动作空间学习,但当维度超过十维时,收敛仍然很困难。为此,有学者将强化学习包含的最优控制和动态规划的经典技术与统计估计技术相结合。文献[48]提出一种基于随机最优控制和路径积分框架的概率强化学习新方法,该方法使用带有路径积分的随机最优控制框架来推导一种具有参数化策略的强化学习方法,称为路径积分策略改进算法(Policy Improvement with Path Integrals,PI^2)。

在随机最优控制的许多应用中,需要考虑轨迹规划、前馈控制和反馈控制三个主要问题。因此,优化结果可以是最优运动轨迹、在系统非线性情况下准确跟踪所需轨迹的相应前馈命令和/或补偿精确轨迹跟踪扰动的负反馈控制器的时变线性反馈增益(增益调度)。同时,解决以上三个问题可以使用基于模型的方法,但需要相当准确的动力学知识,并对系统动力学和价值函数的可微性做出限制性假设。路径积分策略改进算法,提出了一种无模型的强化学习框架,无须应用准确的动力学模型,而是从更广泛的意义上看待"动作"的概念,与经典线性控制理论中传递函数的输入不同,它将控制系统的任何"输入"视为一个动作,如输入可以是电机命令,也可以是其他任何内容。

路径积分策略改进算法采用 DMP 作为无模型通用表示方法,其价值函数定义为

$$J(\tau_i) = \phi_{t_N} + \int_{t_i}^{t_N} \left(r_t + \frac{1}{2} \boldsymbol{\theta}_t^\mathrm{T} R \, \boldsymbol{\theta}_t \right) \mathrm{d}t \tag{5-20}$$

式中,ϕ_{t_N} 代表终止时刻花费;r_t 代表时刻 t 获得的回报;$\boldsymbol{\theta}_t^\mathrm{T} R \, \boldsymbol{\theta}_t$ 代表 t 时刻实施控制花费。其循环迭代过程可用图 5-6 示意,对于每轮训练的每次循环迭代,价值函数及参数更新规则可用下面的公式表示:

$$\begin{cases} S(\{\tau_i\}_k) = \{\phi_{t_N}\}_k + \sum_{j=1}^{N-1} \left\{ r_t + \frac{1}{2} \boldsymbol{\theta}_{t_j}^\mathrm{T} R \, \boldsymbol{\theta}_{t_j} \right\}_k \\ \theta_{t_j} = \theta + M_{t_j} \epsilon_{t_j}, M_{t_j} = \dfrac{R^{-1} g_{t_j} g_{t_j}^\mathrm{T}}{g_{t_j}^T R^{-1} g_{t_j}} \end{cases} \tag{5-21}$$

$$P(\{\tau_i\}_k) = \frac{e^{-\frac{1}{\lambda} S(\{\tau_i\}_k)}}{\sum_{l=1}^{K} \left[e^{-\frac{1}{\lambda} S(\{\tau_i\}_l)} \right]} \tag{5-22}$$

$$\delta \theta_{t_i} = \sum_{k=1}^{K} \left[P(\{\tau_i\}_k) M_{t_i} \{\epsilon_{t_i}\}_k \right] \tag{5-23}$$

$$[\delta\theta]_j = \frac{\sum_{i=0}^{N-1}(N-i)w_{j,t_i}[\delta\theta_{t_i}]_j}{\sum_{l=0}^{N-1}w_{j,t_l}(N-l)} \quad (5-24)$$

$$\theta \leftarrow \theta + \delta\theta$$

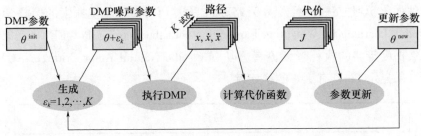

图 5-6 路径积分策略改进算法的通用循环过程

与传统的策略梯度方法不同，PI^2 是一种概率学习方法，不使用梯度下降法求解参数，与传统基于策略梯度方法相比，能处理高维动作参数，具有非常优越的性能（收敛速度至少快一个数量级）。

在 PI^2 算法基础上，文献[49]发展了 PI^2 SEQ 算法，同时对路径和中间目标进行学习，并将该方法用于不确定环境中抓取物体，以及将物体从一个位置抓取并移动到另一个位置。

德国航空航天中心机器人与机电一体化研究所[50-51]提出了基于强化学习的长距离手臂外骨骼模型介导的遥操作方案。该方案将模型介导遥操作与两层智能系统结合，第一层用动态运动基元学习仿真环境下的示范操作轨迹，并将其用于虚拟环境，同时针对环境变化进行一些适应性调整。第二层使用强化学习方法解决模型中不确定性引起的问题。此外，还提供了增强现实技术，以融合虚拟设备和遥操作器的虚拟环境模型，如图 5-7 所示。

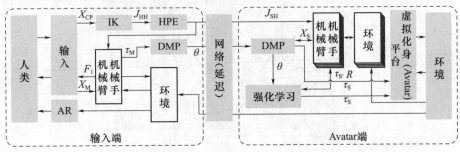

图 5-7 强化学习模型介导系统总体结构

虽然 DMP 可以使旧轨迹适应新条件,但它们可能会由于诸如不对称末端执行器结构(如拟人手)抓取的接近角度等原因而导致任务失败,而对于具有对称末端执行器的机械手,接近角度没有任何区别。此外,物体位置的不确定性是一个常见问题,在抓取过程中会导致碰撞和不一致,最终导致任务执行失败。为此,该研究团队提出基于强化学习策略的参数摄动估计方法(图 5-8),并采用了三种强化学习方法:路径积分策略改进算法 PI^2、收益加权探索的策略学习方法(Policy Learning by Weighting Exploration with the Returns,PoWER)[52],以及基于自然梯度策略的执行者评论者方法(Episodic Natural Actor Critic,eNAC)[53]。实验结果显示 PI^2 具有更好的稳定性。

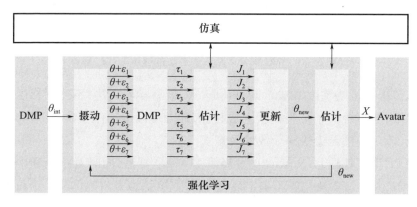

图 5-8 强化学习策略参数摄动估计方法的一般结构

如图 5-9 所示,遥操作器使用所提出的方法,通过增强现实观察远程环境和机器人的副本,使用 Exodex Adam 手臂触觉界面和 Microsoft Hololens,教机器人使用三个立方体建造一座塔。

图 5-9 使用所提出方法的遥操作器

5.2.4 典型案例

1997年11月,日本航天局发射技术试验卫星ETS-Ⅶ,在地面支持人员的协助下首次完成了自主交会对接试验、在轨抓捕试验和机器人遥操作试验。ETS-Ⅶ空间机器人由一个6自由度机械臂、一个全局相机和一个手眼相机组成。遥操作系统的时延为7s左右,天地通信频率4Hz。目标任务包括自动交会对接任务和机器人实验。机器人实验包括大时延下地面遥操作实验、更换ORU实验、动态协调机械臂与卫星平台响应实验和捕获目标卫星实验。相关研究者在该实验平台上第一次进行了天地大时延下双边直接力反馈实验,实验结果表明在天地大时延情况下仍可进行一些简单的双边遥操作任务[54],其中遥操作系统利用虚拟现实技术辅助操作者克服时延产生的影响。ETS-Ⅶ及其遥操作系统如图5-10所示[55]。系统同时具备多项安全控制策略,这包括碰撞检测技术、机械臂的速度限制、操作区域保护和协调机械臂与卫星姿态的角动量检测技术[56]。

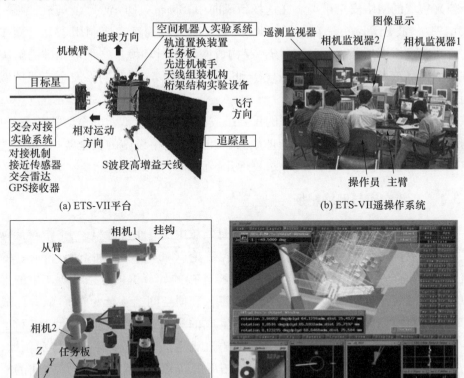

图5-10　ETS-Ⅶ平台及遥操作系统

5.3 太空靶场

空间基础设施的网络安全现在比以往任何时候都更加重要。空间资产,包括地面系统和航天器,是支撑世界经济和军事发展的空间基础。通过破坏单个空间项目来影响多个系统的能力,是控制空间和利用空间的诱人目标。从复杂的地面站到数据传输设施再到航天器本身,空间的每个方面都面临着同样的挑战,即如何确保关键任务和指挥与控制功能的安全。"太空靶场"概念由此提出。太空靶场是一种虚拟作战系统,是一个虚拟、闭环、受控的卫星指挥与控制仿真环境,通过建立虚拟硬件复现卫星控制操作的虚拟环境,让红方在该仿真环境中实施攻击,以此发现隐藏的系统漏洞和软件缺陷,从而验证和保护太空系统的网络安全。作为一套针对卫星互联网的解决方案,"太空靶场"所瞄准的是一个新兴领域的网络安全市场。在这场新风向中,SpaceX、OneWeb、亚马逊、苹果、O3b、三星、波音等巨头都在布局。此外,多个航天机构都在研制用于卫星操作的全功能虚拟模拟器,与网络靶场一起构成网络演习环境。这种最先进的解决方案使网络演习参与者能够模拟攻击和防御卫星任务,将其网络安全技能扩展到太空领域。

航天测控系统作为空间实施的重要组成部分,面临着双重安全防护任务,包括自身系统的安全防护及其所管理航天器和其他空中设施的安全防护,布局太空靶场系统,应对空间威胁和挑战,是近几年面临的重要任务。

5.3.1 赛博空间与网络靶场

赛博空间(cyberspace)是计算机和信息领域中的一个抽象概念,是指在计算机以及信息网络里的虚拟现实。该词是控制论(Cybernetics)和空间(Space)的组合,其本意是一种能够与人的神经系统相连接的计算机信息系统所产生的虚拟空间。随着计算机与网络技术的迅猛发展,赛博空间已逐渐变成现实,并已成为基于计算机、通信网络和电磁空间而生成的一个与物质世界并行的"新世界"。赛博空间作为继陆、海、空、天后的第五维空间,是真实存在的客观领域,已成为信息时代国家间博弈和战略利益拓展的新领域[57]。有关赛博空间的概念与定义,目前国内外还没有取得广泛的共识,即使是名称,国内也没有完全统一,诸如赛博空间、网络电磁空间、网电空间、信息空间、信息控制空间等。一般而言,赛博空间可以定义为信息环境里一个全球性的域,由相互依赖的信息技术基础设施网络及其承载的数据组成,包括互联网、电信网、计算机系统以及重要产业中的嵌入式处理器和控制器[58]。由该定义可以看出,赛博空间是独特的,其实质是信息运行的空间,其物理基础是各种信息技术基础设施以及嵌入式处理器和控制器,其中的各种互动都是由人类制造的软硬件所控制,所以赛博空间既是物理的,又是虚拟的。赛博空间具有技术创新性、融合性、隐蔽性、无界性、高速性、层次性、关联性、自适应性、开放性等鲜明的特点[59]。赛博空间本质上是一个"控制域",操纵各个行业和领域的实体系统运转。世界万物都是相互联系的,而赛博空间是这种联系的纽带,通过对某一环节的破坏,将有可能使整个领域或其他领域陷入瘫痪。因此,赛博空间被认为是信息时代特有的新战争概念,将成为一个看不见硝烟的战场,可能比传统战争更加激烈。目前,方兴未艾的赛博空间态势感知、信息通信、指挥决策、赛博打击、作战评估等技术是各军事强国争相发展、重点突破的关键技术之一。

由于网络攻击事件频出,且攻击的范围广泛,类型多样,从干扰窃听、信息截取、信息偷窃,到信息阻塞、恶意攻击等,赛博空间的安全成为全球关注的焦点。在此背景下,各国纷纷开展赛博(网络)靶场的研发。早期的赛博(网络)靶场包括美国的 Emulab、Deterlab,英国的 Breaking Point,日本的 Starbed 等。2008 年,美国国防高级研究计划局提出建设国家网络靶场(National Cyber Range,NCR)的计划[60]。国家网络靶场号称美军网络安全领域的"曼哈顿计划",其主要目标是为国防部网络作战人员提供虚拟环境来模拟真实的网络攻防作战,并可以方便地进行网络武器装备研制试验和风险评估。洛克希德·马丁公司得到美国国防部资助,建立了一套符合 NCR 要求的完整的解决方案,包括网络威胁定义与识别、网络安全测试与评估、网络安全训练与演练,以及自动化靶场管理等解决方案和软硬件系统[61]。

5.3.2 太空靶场技术

与此同时,太空系统所面临的网络攻击也日益凸显。由于太空互联网卫星技术非常复杂,这意味着会有多个层级的供应商参与其研发、测试、发射、维护过程。每增加一个供应商,就会增加一份安全风险,黑客就多一个机会渗透进系统中。此前,一名德国安全研究员便通过一款飞机供应链软件上的漏洞,使用安卓手机,成功劫持了飞机的管理系统。事实上,基于系统漏洞、软件缺陷以及复杂的供应链链条,太空领域的卫星互联网早已在遭受攻击。针对太空系统的网络攻击主要包括:①针对空基系统的网络攻击。对通信和导航网络的干扰、欺骗或劫持,瞄准或劫持卫星控制系统或用于执行任务的特定电子装备等都属于这一类,如2007—2008年,至少有两颗美国环境监测卫星受到4次或更多干扰,NASA的陆地7号监测卫星Landsat-7受到多达12min的干扰,NASA的另一颗地球监测卫星Terra AM-1曾在不同天内分别受到大于2min和9min的信号干扰。②针对卫星系统的网络攻击。敌方利用接收途径和各种软硬件所存在的"后门"漏洞,通过欺骗手段将网络病毒和分布式拒绝服务工具等网络空间武器远程植入或无线侵入对方的卫星测控网络,注入恶意上传指令,或者对其星载计算机进行渗透、篡改、窃密和潜伏遥控,使星载工作设备陷入间歇性或全面性瘫痪,或者诱骗星载计算机非正常操控卫星姿轨,甚至诱使卫星热管理系统失效,从而引发星载电子设备烧毁甚至爆炸,造成永久性物理破坏。例如,1998年,黑客通过入侵马里兰州戈达德太空飞行中心的计算机,控制了美国-德国ROSAT X射线卫星,并指示卫星将其太阳能电池板直接对准太阳,导致电池炸毁,卫星瘫痪,这颗解体的卫星最终在2011年坠毁。③针对指控系统的网络攻击。当前,主要国家的太空作战指挥控制中心,既是太空态势感知信息汇聚中心,又是太空资源调度与任务分派中心。敌方利用计算机成像、电子显示、语音识别与合成、传感、虚拟现实等技术制造各类假消息、假命令以及虚拟现实信息,并综合运用网络空间攻击手段将其发布和传播至对方太空态势感知与指挥控制网络,诱使对方太空作战指挥系统做出错误判断,使其采取利于己方的行动,进而达到影响和削弱对手指挥控制能力的目的,取得战略战术上的有利态势[62]。

空间态势和网络威胁问题是如此复杂,靠简单的仿真推演已经不足以获得有效的解决方案。在此态势下,将传统的、用于地面网络的赛博靶场技术扩展到太空领域势在必行。目前,多个机构着手研制用于航天器操作的全功能虚拟模拟器,与赛博空间靶场一起构成网络演习环境。这种最先进的解决方案就是太空靶场,能够使演习参与者在虚拟环境中模拟攻击和防御卫星任务,并将其网络安全技能扩展到太空领域。

"太空靶场"是一个虚拟、闭环、受控的卫星指挥与控制仿真环境,可以缩放到任何大小的体系结构和任何密级,可通过重新配置,用于各种太空系统——卫星、地面站、上行链路/下行链路等。"太空靶场"通过运用虚拟现实技术,真实还原太空系统和网络空间环境,并融入网络防御专业技术,供攻防双方(可以是多个团队,其中包含部分由计算机模拟的团队)在此环境中进行攻击或防御训练。太空靶场通常运用软件定义的基础结构模型,依照现实网络架构,创建仿真模型,还可根据需要,将太空、地面和网络环境整体转换为软件定义的基础结构,确保真实模拟特定环境,且无须人工调整。通过使用现实网络流量支持靶场运行,加入太空协议、轨道效应、外部攻击者等要素,真实反映现实中太空域特有的挑战。

"太空靶场"的建设已经被提到多个战略高度,下面通过几个典型的太空靶场方案了解太空靶场的结构和功能。

1. 轻量级太空靶场(Cyberspace Odyssey,CSO)

太空靶场的雏形,可以追溯到几款游戏。通过游戏方式进行学习,被认为是一种有效的教学和训练手段。在21世纪初,美国多个机构研发网络安全训练游戏,其中较有影响的包括CyberCIEGE、CounterMeasures、SecurityCom、CyberProtect、HackNet,以及CSO。这些游戏系统可认为是空间靶场的雏形。美国赖特·帕特森空军基地的空军技术学院开发的CSO游戏[63],是一款专门为美国空军技术学院网络空间研究中心提供训练的严肃游戏(即不以娱乐为目的,而是以教授知识技巧、提供专业训练和模拟为主要内容的游戏),CSO与上述其他游戏的不同之处在于将虚拟游戏世界与真实网络相结合,它在虚拟近地三维空间中设计了各种网络安全任务作为竞赛主题,让学生参与提供这些难题的解决方案。每个团队通过一个专用的客户端与游戏服务器进行交互,该客户端提供一个多模式界面。用户可以使用游戏控制器进行导航,选择各种货架产品工具包完成游戏中物理网络上的网络安全任务。为完成虚拟故事驱动的冒险,参与者必须成功完成一系列物理网络操作以解决日益复杂的问题。CSO算得上一个轻量级空间靶场。CSO系统结构如图5-11所示[63]。可以看到,除了由行星和飞行器组成的太空虚拟环境,系统提供了丰富的网络工具包,游戏者可以使用这些工具包构建攻击或防御解决方案。

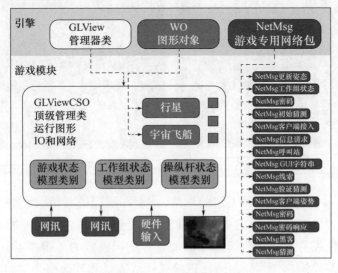

图5-11 CSO系统结构

2. Mantech 太空靶场

2020年5月,美国防信息安全技术服务提供商美泰科技(Mantech)公司正式推出了可重复使用的"太空靶场",面向美国卫星运营商和相关政府机构,旨在帮助美国军方、情报部门和商业航天资产免受恶意网络攻击。通过模拟真实网络环境,查明隐藏漏洞、不当配置和软件缺陷,达到预防和挫败网络攻击的目的[64]。

Mantech 太空靶场定义的太空系统网络威胁和靶场构件如图5-12所示[65]。该系统把威胁源分为4类,分别是针对空间段的威胁、针对网络链路的威胁、针对地面段的威胁和用户端威胁,其方式包括命令入侵、载荷接管、拒绝服务、恶意软件、信息截取、欺骗和信息堵塞等。该靶场能够通过真实的网络流量仿真,包括独特的空间协议、流量整形、轨道效应、自动用户甚至外部攻击者,真实地复制空间领域的独特挑战。该系统由4组基本构件组成,包括卫星、地面测控站、地面应用站(科学伙伴)和靶场演练系统。卫星模型采用虚拟现实进行模拟,地面测控站基本元素包括TCP/IP通信协议、射频仿真系统以及流量整形模型,对于地面应用站则保持其惯用的虚拟专用网络(Virtual Private Network, VPN)协议。最核心的靶场演练系统置于地面测控站内,包含真实硬件回路。据称,该系统为用户提供以进攻为导向的网络防御策略,为当今最严峻的网络挑战提供现实的训练场景和前沿解决方案。

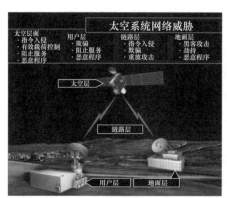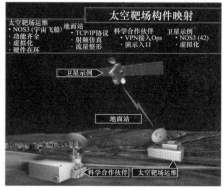

图5-12 Mantech 太空靶场定义的太空系统网络威胁和靶场构件

太空是一个充满敌意和无情的环境,有迫在眉睫的对手、极端的温度波动、复杂的辐射要求、不可预测的太阳耀斑和越来越多的飞行碎片。所有这些事件以及更多事件都有可能在瞬间摧毁至关重要的国家能力。卫星及其架构,包括地面基础支持设施,必须具有弹性,以确保作战人员和其他商业空间用户可以使用操作系统。Mantech公司在基于网络的太空靶场项目基础上,开启了太空靶场系统架构[66]的研究。靶场是在敌对行动或不利条件下支持任务成功所需功能的能力。更具弹性的架构可以提供更高的概率、更短的能力降低周期,以及为更广泛的场景、条件和威胁提供任务成功的能力。根据美国国防部的说法,靶场包括规避、稳健性、重建和恢复:①规避,针对潜在对手的对策;②稳健性,架构属性和设计特征,以提高生存能力和抵抗功能退化;③重组,计划和行动,以重新建立全面的行动和能力,以应对各种任务、行动或突发事件。

3. Spacei SatOpSim

2020年,欧洲Spaceit公司[67]与北约网络防御卓越中心合作,为其开发用于赛博训练的卫星操作模拟器SatOpSim[68]。除了空间和地面操作,SatOpSim还支持全任务环境的实例化,包括任务控制系统、地面和卫星模拟器、数据段和操作以及网络开发。它允许灵活插入攻击序列,用于整个训练课程。训练用户使用事件检测和管理工具,以及虚拟环境中托管的取证功能。此外,SatOpSim还提供如下功能:①卫星、地面系统通信协议的开发、测试和验证;②卫星舰队行动规划与仿真;③地面站网络和硬件的测试与验证。

5.3.3 人工智能在太空靶场中的应用

太空靶场的核心功能是通过在虚拟世界中重构真实的太空网络环境,识别网络存在的薄弱环节,通过红蓝双方的进攻和防御,识别网络的漏洞,评估网络的安全性。其中,网络攻击的识别与防卫、网络攻击的意图识别、攻击与防卫之间的博弈,都需要借助人工智能技术开发有效的解决方案。洛克希德·马丁公司在它的解决方案中提到用智能技术识别攻击者的目标,Mantech太空靶场的核心策略称为以进攻为导向的网络防御策略[69],其关键就是进行正确的意图识别。通过意图识别,可以达到的目标包括:①识别攻击者的最终目标;②预测攻击者下一步将采取的行动;③评估整个网络的安全态势。

网络攻击手段多样,能够正确识别攻击者的意图,对于制定有效的防御策略、采取有效的防范措施至关重要。由于网络攻击的识别方法可以包含意图识别方法,下面重点介绍基于人工智能的意图识别方法和攻防对抗方法。

1. 基于人工智能的意图识别方法

攻击意图识别方法可以分为三类[70]:

(1)基于警报相似度的意图识别。关联入侵检测系统提取警报特征,通过相似度算法寻找警报之间的逻辑联系并预测攻击。常用的人工智能算法包括聚类算法和神经网络。

(2) 基于已知攻击图的意图识别。使用图论方法匹配攻击路径并枚举出所有可能的攻击行为,通过路径可达性计算与路径分析识别攻击意图,主要采用路径分析法。

(3) 基于概率图的意图识别。结合概率论与图论,利用概率图在不确定推理问题上良好的表现预测潜在攻击,常用算法包括贝叶斯网络和隐马尔可夫模型。

1) 基于相似度的意图识别方法

基于相似度的意图识别方法通过计算与先前观察到的攻击的相似性度量来解决攻击者的意图识别问题。文献[71]和文献[72]提出一种模型对攻击策略进行比较,通过将观察到的安全警报用数字表示,采用余弦相似性度量两种攻击策略之间的相似程度,通过聚类判断潜藏的攻击意图。

基于相似度的意图识别的基本思想是,定义一组名称代表所有之前发生过的攻击 $PA = \{At_1, At_2, \cdots, At_n\}$,同时定义另一个集合代表攻击意图 $AI = \{I_1, I_2, \cdots, I_m\}$,则 PA 中若干个攻击行为可能对应一个攻击意图,同时,一个攻击意图可能对应若干组攻击行为,它们之间是多对多关系。

当一个攻击行为 At_k 发生,其对应的意图 I_x 表示为 $At_k I_x$,则攻击意图的相似性 $Sim(At_k I_x)$ 计算为攻击意图的总概率值除以特定攻击的类似意图。

$$Sim(At_k I_x) = \frac{1}{r} \sum_j At_k I_j \qquad (5-25)$$

实验证明,攻击意图相似算法能够在决策过程中有效处理未知类型攻击与预先定义类型攻击之间的关系。

这种基于相似度的意图识别方法也可以用机器学习方法实现。文献[73]将神经网络用于入侵预测,侧重于预测特定入侵;文献[74]使用支持向量机来预测网络安全状况,为了进一步提高效率,文献[75]提出了一种基于模糊最小 – 最大(Fuzzy Min Max, FMM)神经网络的攻击意图相似性识别方法,利用神经网络优化了攻击特征分析,提供更准确的估值,并有效减少了多特征攻击意图的识别时间。其神经网络结构如图 5 – 13 所示。网络的第一层 F_A,即输入层,代表 n 维攻击特征;网络输出层 F_C,每个节点代表一个攻击意图类型,节点输出表示相似度值。网络第二层,即中间层,每个节点 F_B 代表一个模糊规则(超盒子),F_A 和 F_B 节点之间的连接是最小和最大点,存储在两个矩阵(V 和 W)中,而隶属函数是 F_B 的传递函数。

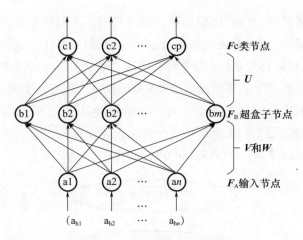

图 5-13 FMM 神经网络结构

这种基于警报相似度的意图识别方法的缺点是当两个无关的攻击事件恰好具有类似的特征时会导致误报。

文献[76]提出了一种基于蜜罐日志相似性的入侵预测机制。首先,使用关联规则挖掘对来自蜜罐的系统日志进行分析,以发现有用的隐式信息并选择特征。其次,将流映射到度量空间,并使用距离计算来识别与已知恶意流最相似的流,从而将其添加到预测列表中。

文献[77]使用相似性来预测软件定义网络中的攻击。将网络流量聚合为流,然后将流的特征与已知攻击的流特征进行比较。如果在已知恶意流和当前流之间发现相似性,则可以预测流量的持续性。

2) 基于攻击图的意图识别方法

如果能够为已知的攻击行为和行为意图建立模型,那么当看到符合攻击模型的事件序列,就可以假设攻击将根据模型继续,由此可以预测对手的下一步行动。第一种攻击行为模型就是攻击图。Phillips 和 Swiler[78] 将攻击图作为图形表示引入攻击场景,而后迅速成为攻击形式表示的常用方法。此外,攻击图还作为其他模型检查方法的基础,如使用贝叶斯网络和马尔可夫模型的方法以及博弈论方法。

攻击图可以用一个元组进行描述:

$$G = (S, r, S_0, S_s) \quad (5-26)$$

式中,S 代表状态集合;$S_0 \subset S$ 代表初始状态;$S_s \subset S$ 代表成功状态;$r \in S \times S$ 代表状态转移关系。

初始状态表示攻击开始前的状态。转移关系表示攻击者可能的操作,操通常根据攻击者选择动作的概率加权。如果攻击者采取所有行动从初始状态过渡到任何成功状态，则攻击是成功的，代表系统受损。因此，在攻击图中，用节点表示状态，边表示转移关系（可能采取的行动），边的权值表示采取行动的概率。使用攻击图的预测基于遍历并搜索成功的攻击路径，或者基于图中边的概率值。

虽然最早的攻击图是根据经验人工绘制的，但目前主要采用数据挖掘技术自动产生攻击图。图 5-14 给出了一个网络攻击图样例[79]。

攻击图的缺点是难以识别未知的攻击类型。

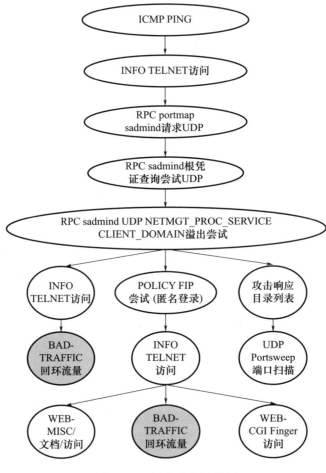

图 5-14 网络攻击图样例

3）基于贝叶斯网络的意图识别方法

贝叶斯网络通常用一个有向无环图（Directed Acyclic Graph，DAG）表示，DAG 的每个节点代表一个变量，每个变量都代表一组互斥的状态，DAG 的边表

示变量之间的因果关系。对于父节点为 $B_1,B_2,\cdots,B_n$ 的每个变量 A,都附有一个条件概率表 $P(A|B_1,B_2,\cdots,B_n)$。贝叶斯网络作为经典算法在未知表述和推理因果方面十分有效。贝叶斯网络推理可以分为三种基本类型:①因果推理,又称前向推理,顺着箭头方向进行,计算到达各个节点的概率;②证据推断,逆着箭头方向进行,计算所呈现结果的证据支撑;③交叉因果推断,双向箭头推断。

基于贝叶斯网络的意图识别方法与基于攻击图的模型检查方法密切相关,因为贝叶斯网络通常是从攻击图构建的。贝叶斯网络的显著特征在于模型中反映的是条件变量和概率。

图 5-15 是一个说明概率计算的简单贝叶斯攻击图[80]。从该图可以得出,贝叶斯网络模拟了攻击者(D)的活动,攻击者可能使用缓冲区溢出漏洞(B,C)之一访问服务器(A)。概率表附在每个节点上,告知我方与攻击者可能使用的漏洞利用相关的概率,以及成功利用漏洞的概率是多少。

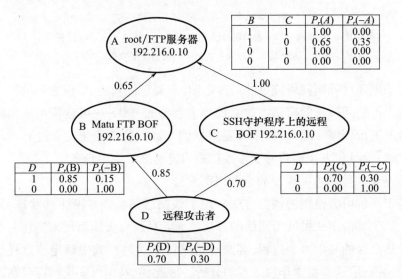

图 5-15　概率计算的简单贝叶斯攻击图

文献[81]构建了基于贝叶斯网络的实时警报关联和预测框架。该框架包括离线和在线两种模式。在离线模式下,从低级警报构建贝叶斯攻击图。在在线模式下,根据 DAG 预测攻击者最可能的下一步。作者使用 DARPA 2000 数据集评估了他们的方法。观察得出,预测的准确性随着攻击场景的长度而增加。在处理第一次攻击步骤时的准确率为 92.3%,在处理第五次攻击时的准确率为 99.2%。

因果网络是贝叶斯网络的特例,它明确要求网络中的关系是因果关系。此外,对贝叶斯网络进行扩展,可以得到贝叶斯攻击图,即基于贝叶斯网络的攻击图。文献[82]针对现有入侵意图识别方法对报警证据有效性缺乏考虑的问题,提出了一种由攻击状态节点、报警节点和观察到的报警证据节点三类节点组成的贝叶斯攻击图,如图5-16所示,其充分考虑报警证据的置信程度和关联关系,通过构建贝叶斯攻击图模型,在提取有效证据的基础上进行入侵意图识别。

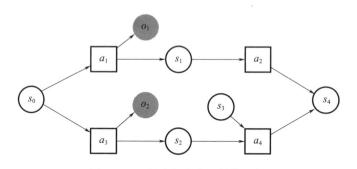

图 5-16 贝叶斯攻击图结构示例

(其中,白色圆形节点表示攻击状态节点,白色方形节点表示报警节点,
灰色圆形节点表示观测到的报警证据节点)

为了创建贝叶斯网络或贝叶斯攻击图,需要事件列表、事件之间的因果依赖关系和事件之间转换的概率。建立模型需要专家知识,也可以使用数据挖掘或机器学习进行训练。通常,概率表是根据训练数据集或历史记录计算的。结构学习、参数学习和未观察到的变量推理是构建网络的主要任务。

4)基于隐马尔可夫模型的意图识别方法

基于马尔可夫模型的预测方法常用于根据已知状态推断未知状态,其方法类似于基于攻击图和贝叶斯网络的方法。而隐马尔可夫模型用来描述一个含有隐含未知参数的马尔可夫过程,其难点是从可观察的参数中确定该过程的隐含参数,然后利用这些参数作进一步的分析。因此,隐马尔可夫模型在存在不可观察状态和转换的情况下运行良好,在某些行为或步骤未被检测到或无法完全推断的情况下,仍然能成功预测入侵的最终目标。

隐马尔可夫模型可用一个元组表示:

$$\lambda = (Q, V, \boldsymbol{A}, \boldsymbol{B}, \boldsymbol{\pi}) \tag{5-27}$$

式中,$Q = \{q_1, q_2, \cdots, q_n\}$,表示所有(隐含)状态集合;$V = \{v_1, v_2, \cdots, v_m\}$,是所有观察集的集合。

$\boldsymbol{A} = [a_{ij}]_{n \times n}$是状态转移概率矩阵,$a_{ij} = P(i_{t+1} = q_j | i_t = q_i)$ 代表时刻 t 到时刻 $t+1$ 的状态转移概率。

$B = [b_j(k), j=1,2,\cdots,n; k=1,2,\cdots,m]_{m \times n}$ 为观察状态生成的概率矩阵，$b_j(t) = P(o_t = v_k | i_t = q_j)$ 代表时刻 t 状态 q_j 生成观察 v_k 的概率。

$\boldsymbol{\pi} = [\pi(i)]_n$ 代表在时刻 $t=1$ 的隐藏状态概率分布向量，$\pi(i) = P(i_1 = q_i)$。

一个 HMM 模型可以由隐藏状态初始概率分布 $\boldsymbol{\pi}$、状态转移概率矩阵 A 和观测状态概率矩阵 B 决定。$\boldsymbol{\pi}$、A 决定状态序列，B 决定观测序列。因此，HMM 模型可以由一个三元组 λ 表示：$\lambda = (A, B, \boldsymbol{\pi})$。

HMM 模型一共有三个经典的算法：

(1) 前向后向算法，用于评估观察序列概率，即给定模型 $\lambda = (A, B, \boldsymbol{\pi})$ 和观测序列 $O = o_1, o_2, \cdots, o_T$，计算在模型 λ 下观测序列 O 出现的概率 $P(O|\lambda)$。

(2) Baum–Welch 算法，用于估计模型 $\lambda = (A, B, \boldsymbol{\pi})$ 的参数，使该模型下观测序列的条件概率 $P(O|\lambda)$ 最大。

(3) 基于动态规划的维特比算法，给定模型 λ 和观测序列 $O = o_1, o_2, o_3, \cdots, o_T$，求给定观测序列条件下，最可能出现的对应的状态序列。

文献[83]讨论了用于检测和预测多步攻击的训练和未训练马尔可夫模型之间的差异。首先用 Baum–Welch 算法训练隐马尔可夫模型，其次采用前向算法找到与警报对应的攻击场景，最后使用维特比算法预测下一个可能的攻击序列。使用 DARPA 2000 数据集对该方法进行了评估，结论是经过训练的 HMM 在识别和预测方面均优于未经训练的 HMM。文献[84]提出了一种基于改进 HMM 的复合攻击预测方法，将 IDS 警报之间的转移关系融合到 HMM 中，对观测值的计算更加精准，也使状态表述更加清晰。文献[85]尝试了攻击图模型与 HMM 的复合方法，使用攻击图模型概括网络环境并使用 HMM 建立警报状态之间的概率映射，通过维特比算法计算最大概率状态转换序列。为了解决虚警问题，文献[86]对维特比算法和 Baum–Welch 算法进行改进，用于复合攻击的意图预测。

5) 基于机器学习的网络安全态势评估

由于网络的组成是如此的复杂而庞大，基于图的方法往往难以表示完整的网络态势。机器学习方法被用于网络安全态势评估。文献[87]讨论了使用 BP 网络进行态势评估；文献[88]比较了 BP 网络和径向基函数神经网络的使用；文献[89]提出使用一种名为"小世界回声"状态网络的递归神经网络；文献[90]提出使用小波神经网络，而文献[91]是在文献[90]基础上提出使用混合小波神经网络的方法。

2. 基于人工智能的攻防对抗方法

在空间网络攻防博弈中，博弈论作为一种在竞争对抗环境下博弈参与方策略选择的理论，其与网络攻防行为所具有的目标对立性、非合作性以及策略依存性高度契合,因此被认为是网络空间安全学科的基础理论之一[92]。基于博弈论,可以将网络攻防用博弈模型进行数学形式化分析,并通过量化计算博弈均衡研究网络安全状态变化及攻防策略选取。

图5-17所示为网络攻防与博弈模型组成要素之间的映射关系,因此,网络攻防用博弈语言描述如下:

(1)攻击方和防御方为博弈模型局中人。

(2)通过将攻防行为及相应攻击/防御部署方案抽象化为攻防策略,最终形成攻防策略库,对应博弈模型中的博弈策略集。

(3)结合网络攻防双方所采取攻防策略成本及对抗下的网络信息系统损失,量化计算网络攻防收益,作为博弈模型中的博弈收益。

(4)攻击者和防御者的类型、策略集、攻防收益等信息对应博弈模型中的博弈信息,并根据信息的完整程度选择相应的博弈类型。

(5)网络对抗过程中攻防双方行动的先后顺序对应博弈模型中局中人的行动顺序。

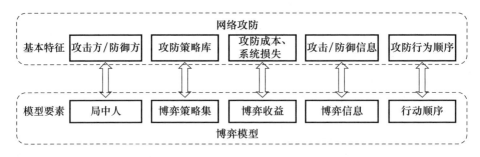

图5-17 网络攻防与博弈模型要素之间的映射关系

由于博弈模型与网络攻防高度吻合,近年来,已有部分学者利用博弈理论开展网络攻防行为分析、网络安全状态推演和最优防御策略选取等研究,并取得一定成果。总体来看,网络空间安全对抗博弈模型包括静态博弈、动态博弈、演化博弈以及结合图论的博弈等。其中,研究静态对抗博弈问题常用的博弈模型有斯塔伯克博弈、贝叶斯博弈、随机博弈、零和博弈等,研究动态对抗博弈问题常用的博弈模型有微分博弈、基于马尔可夫判决的博弈、递阶对策博弈等。实际网络安全攻防场景中的对抗博弈随着攻击与防御实力的改变而不断演化,演化博弈论主要用于研究攻防策略的互动过程;攻击与防御策略的改变和攻防实力的变化通常是在多个状态之间不断转换,结合图论建模网络攻击状态变化,可以更加清晰地刻画攻防对抗及演化过程中策略转移和攻防平衡态的演变[93]。

1)基于静态博弈模型的安全对抗

文献[93]基于不完全信息静态理论构建了网络攻防贝叶斯博弈模型,给出了攻防收益计算量化和博弈均衡求解方法,并借鉴传染病动力学理论,采用不同安全状态节点密度定义网络攻防态势,分析了网络节点状态转移路径。文献[94]基于网络安全整体视角,以威胁传播、防护策略实施作为网络安全预测要素,设计基于攻防随机博弈模型的网络安全威胁分析机制,并根据混合策略纳什均衡分析最优安全防御策略。文献[95]在完全信息条件下构建攻防静态博弈模型,针对在线社交网络服务的攻击行为分析问题进行了研究。文献[96]进一步针对攻防信息的不完全性以及网络环境的随机变化,构建静态贝叶斯博弈模型,分析攻防行为并评估安全威胁程度及变化特征。文献[97]利用博弈论知识,将预警卫星系统的攻防过程构建为静态博弈模型,同时将系统抗毁性分为防御者抗毁性和攻击者抗毁性,在完全信息和不完全信息情况下,分析了双方应采取的策略,通过 STK 和 OPNET 软件仿真得到的容量数据刻画节点受攻击后的失效概率,提出了基于仿真数据的攻防策略。

2)基于动态博弈模型的安全对抗

上述研究成果主要是针对网络安全问题的静态分析评估,而实际攻防行为往往具有多阶段、连续性的特征。文献[98]构建网络攻防信号博弈模型,从攻击行为不具备同时性的角度出发进行动态分析计算,进而实现威胁评估。针对蜜罐路由等主动防御机制,文献[99]从信号博弈角度出发,对网络诱骗防御策略进行决策分析和仿真验证,从一定程度上提高了防御机制效能。

然而,随着网络技术的不断发展,网络对抗过程趋于动态化、高频化、连续化,用于分析时间离散、间断的攻防过程的经典动态博弈模型,已经难以满足实际网络安全问题中安全威胁预警的时效性要求。微分博弈作为时间实时变化情况下分析冲突对抗中连续控制问题的理论方法,能够刻画系统状态和决策控制的动态连续变化,成为网络安全领域新的研究工具。Nilim 和 Ghaoui[100]构建了攻防微分博弈模型,通过仿真实验分析动态、连续攻防过程,研究攻防行为随时间变化的一般性规律。Huang 等[101]研究了网络安全状态随机和网络防御策略判决高动态的攻防对抗问题,结合微分博弈模型和马尔可夫决策方法,构造了马尔可夫攻击防御微分博弈模型并进行动态分析,预测多阶段连续攻击防御过程。

3)基于演化博弈模型的安全对抗

实际网络对抗中还需要对正处于攻防阶段的网络安全状态进行安全预警,即过程性预警。在利用定性微分博弈理论研究威胁预警方法的基础上,过程性预警还需预测符合实际情况的网络安全状态演化过程。然而,上述研究成果中的博弈模型和分析方法均建立在博弈人完全理性的假设条件下,在现实社会中该假设很难满足,攻防双方的理性都是有限而非完全的,方法和模型的客观性和实用性不强,这削弱了成果的实用性和指导意义。因此,需要针对现实社会中攻防双方的有限理性限制条件和攻防过程的动态变化特征,构建有效的博弈模型和分析方法。

演化博弈以有限理性为前提,通过学习机制对演化过程进行分析,符合网络攻防对抗的特点。Hajimirsadeghi 等[102]结合演化博弈和系统动力学模型,对网络攻防行为进行建模和仿真。Hu 等[103]研究了在不完全信息条件下最佳网络防御策略选择。王先甲[104]在《复杂网络上的演化博弈及其学习机制与演化动态综述》中,论述了复杂网络理论与演化博弈理论交叉衍生的复杂网络上的演化博弈的研究现状与发展趋势,特别分析和总结了演化博弈中最基本、最核心的个体学习机制与群体演化动态特征,并由此揭示了演化博弈中从个体微观行为到群体宏观特征的演化机理。其中,基于神经网络的学习机制是利用神经网络来模拟参与人的学习和行为,通过对神经网络进行训练,使神经网络具有演化学习的能力,从而指导参与人的决策。例如,Lu 等[105]利用卷积神经网络辅助博弈框架,增强了无标度网络的防御性能。

4) 典型案例分析

文献[97]以天基红外系统(Space–Based Infrared System, SBIRS)的低轨卫星为例①,基于非完全信息的静态博弈论,研究其在受到攻击时的系统抗毁性。

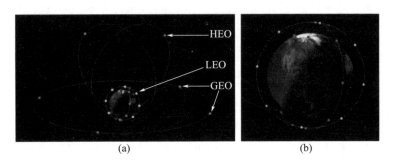

图 5-18　SBIRS 的轨道模型((b)图为低轨道部分)

---

①SBIRS 系统是美国下一代导弹预警和跟踪系统,由地球静止轨道(Geostationary Orbit, GEO)卫星、低轨道(Low Earth Orbit, LEO)卫星以及高椭圆轨道(Highly Elliptical Orbit, HEO)卫星组成的复合型星座。SBIRS 系统包括高轨道部分(SBIRS–high)、低轨道部分(SBIRS–low)和地面支持部分,其中 SBIRS–high 由 4 颗 GEO 和 2 颗 HEO 卫星构成,SBIRS–low 由分布于 3 个高度为 1600km 轨道的 24 颗卫星组成,如图 5-18 所示。②抗毁性注重的是系统的关键部分遭受到攻击或摧毁,系统的恢复性和适应性,并在此情况下仍能完成关键服务的能力。

影响抗毁性的因素有：①攻击者目标：干扰系统,完全禁用系统,对系统造成不可修复的最大损害等。②攻击者资源：单次攻击或者可重复攻击,攻击所采用的技术手段等。③攻击策略：系统禁用则停止攻击,攻击所有组件,攻击顺序等。④防御者资源：第一次攻击后是否及时做出反应,拦截攻击的能力,虚假目标误导攻击等。⑤防御策略：隐藏目标使攻击者无法接触,改变传输方式等。

基于上述分析,在攻击/防御框架下,建立预警卫星的抗毁性问题博弈模型如下。

(1) 参与者：预警卫星系统攻击者与防御者。①攻击者：攻击预警卫星系统,干扰、破坏和摧毁卫星节点,降低系统性能。如果预警系统无法完成预警任务,则认为攻击成功。②防御者：保护预警卫星系统正常运行,最小化系统失效概率,完成既定的预警任务。

(2) 攻击策略集：攻击者选择攻击任意数量的卫星节点,以及攻击顺序和攻击方式。

(3) 防御策略集：防御者采取最短路或者其他通信方式,选择不同的预警模式。

(4) 攻击者收益：预警卫星系统被破坏的程度。

(5) 防御者收益：预警卫星系统维持正常的预警性能。

(6) 攻击方式：根据卫星受到攻击的实际情况,将攻击方式分为两类。一是直接摧毁,卫星节点及相连的星间链路全部失效,对应于卫星受到的硬杀伤攻击;二是卫星受到干扰,性能受到影响,抽象为饱和攻击、篡改攻击、删除攻击,对应于卫星受到的软杀伤攻击。

为了更好地从攻防双方刻画预警卫星系统抗毁性,将其分为防御者抗毁性和攻击者抗毁性两种。防御者抗毁性是系统在攻击下存活的概率;攻击者抗毁性是攻击失败的概率。在上述博弈模型下,防御者为提高自身收益,会尽可能提升防御者抗毁性,而攻击者为了最大可能禁用系统预警功能,会选择合适的攻击策略,提高攻击成功的概率,降低攻击者抗毁性。以 SBIRS – low 为例,说明在不完全信息情况下,攻防双方选择的策略,以及防御者抗毁性和攻击者抗毁性的不同。

图 5 – 19 所示为 SBIRS – low 的网状拓扑结构,该结构有 3 条轨道,每条轨道均匀分布 8 颗卫星,协同工作完成预警任务。卫星暴露于外太空,轨道及拓扑结构极易被攻击方获取,防御方采取的通信策略是保密的,如路由算法、拥塞控制方案等,在这种情况下,可选择的攻防策略如下。

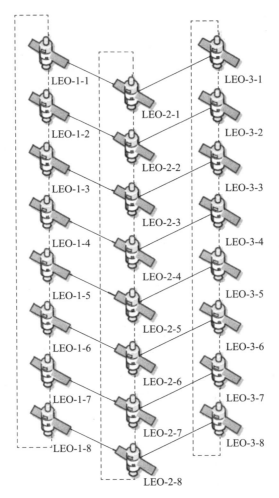

图 5-19　SBIRS-low 的网络拓扑结构

防御策略：在博弈过程中，防御者是率先做出决策的一方，防御者所采取的通信方式和预警模式，决定了每颗卫星在系统中的作用，也就确定了其在受到攻击情况下失效的概率大小。防御者仍然选择最佳策略，即使得攻击时系统失效概率最低的策略，因为如果防御者网络的抗毁性降低，将有利于攻击者，与防御者的收益相矛盾。

攻击策略：考虑到有非常多的候选防御策略，保险起见，攻击者应该攻击卫星网络的点割集，一旦完全禁用该点割集，无论防御者采取何种策略，网络将无法联通，攻击成功。虽然这可以被视为攻击者采用的保守方法，但当攻击者目标为完全禁用卫星网络时，可以认为这是充分现实的。因此，攻击者应该做出最佳的攻击选择。换句话说，攻击者应该以攻击成功的概率来定位点割集，并依据攻击时可以继续操作的概率来确定攻击顺序。在 SBIRS-low 中,为了确保卫星网络不联通,应该分别在每条轨道上选择不相邻的两个卫星节点进行攻击,从而使得网络不联通。

博弈策略分析如下:

使用 STK 搭建 SBIRS 系统的轨道模型,相关参数如表 5-1 所列。在 OPNET 软件中导入 STK 生成的轨道模型,在全球范围内布置地面控制站。

表 5-1 SBIRS 轨道参数

卫星	半长轴/km	轨道倾角/(°)	偏心率	近地点幅角/(°)
GEO 卫星	42164.2	0	0	0
HEO 卫星	26553.9	63.4	0.729677	270
LEO 卫星	7978.14	102.49	0	0

由于 SBIRS-low 卫星运行周期短,拓扑时变,采取时间片方法,认为在一定的时间内,拓扑固定。路由算法采取最短路算法。仿真运行得到节点容量,如表 5-2 所列。

采用节点容量来刻画节点受到攻击时失效的概率,节点容量越大,受到攻击时更易造成拥塞和饱和现象,失效的概率越大,在系统中越重要。由表 5-2 中数据可知,SBIRS-high 中的 GEO 和 HEO 卫星承担着更加重要的作用,其中 GEO 重要性更高(SBIRS 系统主要依靠高轨卫星来探测导弹的发射)。在 SBIRS-low 中,由于卫星组网周期性运动,重要程度差别不大,但是仍然有区别。轨道 1 中,LEO-1-2 和 LEO-1-3;轨道 2 中,LEO-2-3 和 LEO-2-5;轨道 3 中,LEO-3-2 和 LEO-3-3,承载了更多的容量,因此在受到攻击时更容易失效。

表 5-2 卫星节点容量

卫星编号	容量(数据包)/个	卫星编号	容量(数据包)/个	卫星编号	容量(数据包)/个
GEO-1	114100	LEO-1-5	65967	LEO-2-7	65533
GEO-2	118467	LEO-1-6	69967	LEO-2-8	70233
GEO-3	109567	LEO-1-7	68567	LEO-3-1	64366
GEO-4	118433	LEO-1-8	64767	LEO-3-2	74700
HEO-1	104333	LEO-2-1	70433	LEO-3-3	73833
HEO-2	109133	LEO-2-2	69833	LEO-3-4	68367
LEO-1-1	65800	LEO-2-3	75333	LEO-3-5	60333
LEO-1-2	70500	LEO-2-4	64700	LEO-3-6	65366
LEO-1-3	78167	LEO-2-5	70466	LEO-3-7	64133
LEO-1-4	69600	LEO-2-6	60966	LEO-3-8	63733

在不完全信息情况下,双方都将采取自身收益最大的策略,无法达成纳什均衡。根据表5-2中的数据,初步的攻防博弈策略如下:

防御者:防御者应加强对 GEO 卫星的保护,同时加大对 SBIRS-low 中承载容量更多节点的关注,根据节点的组件性能以及在网络中的重要程度,选择攻击下失效概率低的节点传输数据,如 LEO-1-8、LEO-2-6 和 LEO-3-5,以提高系统防御者抗毁性。与此同时,防御者可以采取迂回的路由方式,改变节点受攻击时失效的概率,设置虚假节点误导攻击者。

攻击者:在成本一致的情况下,攻击者应该首先攻击 GEO 卫星。由于信息不完全,攻击者无法得知防御者采取的路由方式,只能选择使得 SBIRS-low 网络不联通的攻击策略。以该实验的数据来刻画失效概率,应选择攻击节点 LEO-1-3、LEO-1-6、LEO-2-3、LEO-2-5、LEO-3-2 和 LEO-3-4 来断开 SBIRS-low 网络,同时按照节点攻击成功概率从小到大的顺序进行攻击,即最先攻击 LEO-3-4。其中,为了满足不相邻节点,轨道1和轨道3中的节点做了相应调整。攻击这些易于失效的节点,攻击成功的概率变大,使得攻击者抗毁性最小。

5.4 本章小结

近年来,人工智能技术取得了惊人的进展,其应用已从图像识别、故障诊断、游戏策略生成、自然语言处理延伸到无人驾驶、智能机器人、自动程序设计、情景自然理解、辅助决策生成等。本章介绍了人工智能在航天测控、空间机器人地面遥操作、空间安全方面的一些研究进展,综合前面章节介绍的人工智能在航天器故障检测方面的应用,可以期待,利用这些方法进一步与实际问题结合后形成的解决方案,将大大提高航天测控的自动化和智能化水平,以应对大批量复杂任务带来的挑战。

本章还介绍了卫星操作模拟器和空间靶场。在赛博空间中,测控系统面临着感知网络易被攻击进而被控制的威胁。赛博空间下,对测控技术的需求是远中近、高中低、全空(天)域、大范围、多层次的监视能力和快速的反应能力,精细的目标分类和识别能力。为满足赛博空间带来的强实时、多功能、多任务等严峻感知需求,应从以下几方面对测控系统进行突破与改进:①通信测控系统本身性能的提升;②探测资源跨域动态重组;③多源信息融合处理;④大数据下高威胁目标挖掘提取;⑤综合抗干扰。测控技术发展态势也遵从其演化发展规律,向分布式网络化探测、认知智能化、一体化等方向发展,最终导致体系架构、能力需求、使用模式、技术体制、软硬件技术等方面的显著变化,以适应复杂、激烈的赛博对抗环境。

参考文献

[1] HÜLSMANN M,HASER B,FÖRSTNER R. Artificial Intelligence in Space:Current Status and Future Challenges – A Review [C]// 72nd International Astronautical Congress(IAC),Dubai,United Arab Emirates,25 – 29 October 2021,IAC – 21 – B6. 2. 6 – 62369.

[2] VAZQUEZ R,PEREA F,VIOQUE J G. Resolution of an Antenna – Satellite Assignment Problem by Means of Integer Linear Programming [J]. Aerospace Science and Technology,2014,39:567 – 574.

[3] SARKHEYLI A,BAGHERI A,GHORBANI – VAGHEI B,et al. Using an Effective Tabu Search in Interactive Resources Scheduling Problem for LEO Satellites Missions [J]. Aerospace Science and Technology,2013,29(1):287 – 295.

[4] 李玉庆,王日新,徐敏强,等. 基于改进遗传算法的一类多资源测控调度问题研究[J]. 宇航学报,2012,33(1):85 – 90.

[5] 薛乃阳,丁丹,王红敏,等. 基于改进遗传算法的多类测控资源调度方法 [J]. 系统工程与电子技术,2021,43(9):2535 – 2543.

[6] 张天骄,李济生,李晶,等. 基于混合蚁群优化的天地一体化调度方法[J]. 系统工程与电子技术,2016,38(7):1555 – 1562.

[7] AMJAD M K,BUTT S I,KOUSAR R,et al. Recent Research Trends in Genetic Algorithm Based Flexible Job Shop Scheduling Problems [J]. Mathematical Problems in Engineering,2018(8):1 – 32.

[8] MIRALLES P,SCANNAPIECO A F,JAGADAM N,et al. Machine Learning in Earth Observation Operations:A Review [C]// 72nd International Astronautical Congress(IAC),Dubai,United Arab Emirates,2021,IAC – 21 – B. 1. 4. 4.

[9] 薛乃阳,丁丹,贾玉童,等. 基于DQN的异构测控资源联合调度方法[J]. 系统仿真学报,2023,35(2):423 – 434.

[10] HADJ – SALAH A,VERDIER R,CARON C,et al. Schedule Earth Observation Satellites with Deep Reinforcement Learning [EB/OL]. (2019 – 11 – 12)

[2023 – 02 – 13]. http://arxiv.org/abs/1911.05696.

[11] ZHAO X X, WANG Z K, ZHENG G T. Two – Phase Neural Combinatorial Optimization with Reinforcement Learning for Agile Satellite Scheduling [J]. Journal of Aerospace Information Systems, 2020, 17(7): 346 – 357.

[12] HARRIS A, VALADE T, TEIL T, et al. Generation of Spacecraft Operations Procedures Using Deep Reinforcement Learning [J]. Journal of Spacecraft and Rockets, 2022, 59(2): 611 – 626.

[13] HADJ – SALAH A, GUERRA J, PICARD M, et al. Towards Operational Application of Deep Reinforcement Learning to Earth Observation Satellite Scheduling [EB/OL]. (2020 – 08 – 30)[2023 – 02 – 13]. https://hal.science/hal – 02925740/document.

[14] BONNET J, GLEIZES M – P, KADDOUM E, et al. Multi – satellite Mission Planning Using a Self – Adaptive Multi – agent System [C]// Proceedings of the 2015 IEEE 9th International Conference on Self – Adaptive and Self – Organizing Systems. IEEE, 2015: 11 – 20.

[15] JORDÁN J, BAJO J, BOTTI V, et al. An Abstract Framework for Non – Cooperative Multi – Agent Planning [J]. Applied Sciences, 2019, 9(23): 5180.

[16] FAERBER N, FRATINI S, POLICELLA N, et al. Cluster – Ⅱ: Using Artificial Intelligence for Automated Ground Station Scheduling[C]// 14th International Conference on Space Operations. 2016: 2595.

[17] CHIEN S, JOHNSTON M, FRANK J, et al. A Generalized Timeline Representation, Services, and Interface for Automating Space Mission Operations [C]// Proceedings of the 12th International Conference on Space Operations, SpaceOps. Stockholm: American Institute of Aeronautics and Astronautics, 2012: 1160 – 1176.

[18] STOTTLER R, RICHARDS R. Managed Intelligent Deconfliction and Scheduling for Satellite Communication [C]// 2018 IEEE Aerospace Conference. IEEE, 2018: 1 – 7.

[19] IRPAN A. Deep Reinforcement Learning Doesn't Work Yet [DB/OL]. (2018 – 02 – 14)[2023 – 02 – 13]. https://www.alexirpan.com/2018/02/14/rl – hard.html.

[20] IZZO D, MÄRTENS M, PAN B. A Survey on Artificial Intelligence Trends in Spacecraft Guidance Dynamics and Control [J]. Astrodynamics, 2019, 3(4):

287-299.

[21] PENG H, BAI X L. Artificial Neural Network – Based Machine Learning Approach to Improve Orbit Prediction Accuracy [J]. Journal of Spacecraft and Rockets, 2018, 55(5):1248-1260.

[22] PENG H, BAI X L. Exploring Capability of Support Vector Machine for Improving Satellite Orbit Prediction Accuracy [J]. Journal of Aerospace Information Systems, 2018, 15(6):366-381.

[23] PENG H, BAI X L. Fusion of a Machine Learning Approach and Classical Orbit Predictions [J]. Acta Astronautica, 2021, 184:222-240.

[24] PELLEGRINI E, RUSSELL R P. A Multiple – Shooting Differential Dynamic Programming Algorithm. Part 1: Theory [J]. Acta Astronautica, 2020, 170:686-700.

[25] PELLEGRINI E, RUSSELL R P. A Multiple – Shooting Differential Dynamic Programming Algorithm. Part 2: Applications [J]. Acta Astronautica, 2020, 173:460-472.

[26] OZAKI N, FUNASE R. Tube Stochastic Differential Dynamic Programming for Robust Low – Thrust Trajectory Optimization Problems [C]// 2018 AIAA Guidance, Navigation, and Control Conference, 2018:0861.

[27] ARORA L, DUTTA A. Reinforcement Learning for Sequential Low – Thrust Orbit Raising Problem [C]// AIAA Scitech 2020 Forum, 2020:2186.

[28] CHU X Y, ALFRIEND K T, ZHANG J R, et al. Q – Learning Algorithm for Path – Planning to Maneuver Through a Satellite Cluster [C]// Advances in the Astronautical Sciences, 2018, 167:2063-2082.

[29] ARTIGAS J, BALACHANDRAN R, DE STEFANO M, et al. Teleoperation for On – Orbit Servicing Missions through the ASTRA Geostationary Satellite [C]// 2016 IEEE Aerospace Conference Proceedings, Big Sky, MT, United states, 2016. 2016:1-12.

[30] 阳雨妍,宋爱国,沈书馨,等. 基于CNN-GRU的遥操作机器人操作者识别与自适应速度控制方法[J]. 仪器仪表学报,2021,42(3):123-131.

[31] 蒋再男. 基于虚拟现实与局部自主的空间机器人遥操作技术研究[D]. 哈尔滨:哈尔滨工业大学,2010.

[32] KIM W S. Virtual Reality Calibration for Telerobotic Servicing [C]// Proceedings of the 1994 IEEE International Conference on Robotics and Automation.

May 8-13,1994,San Diego,CA,USA. 1994:2769-2775.

[33] MITSUISHI M,HORI T,NAGAO T. Predictive,Augmented and Transformed Information Display for Time Delay Compensation in Tele-Handling Machining [C]// Proceedings of 1995 IEEE International Conference on Robotics and Automation. IEEE,1995,1:45-52.

[34] NELSON B J,KHOSLA P K. Integrating Force and Vision Feedback Within Virtual Environments for Telerobotic Systems [C]// Proceedings of International Conference on Robotics and Automation. IEEE,1997,2:1588-1593.

[35] RASTOGI A. Design of an Interface for Teleoperation in Unstructured Environments Using Augmented Reality Displays [D]. Toronto: University of Toronto,1996.

[36] MILGRAM P,RASTOGI A,GRODSKI J J. Telerobotic Control Using Augmented Reality [C]// Proceedings of 4th International Workshop on Robot and Human Communication. Tokyo:IEEE,1995:21-29.

[37] 程瑞洲,黄攀峰,刘正雄,等. 一种面向在轨服务的空间遥操作人机交互方法[J]. 宇航学报,2021,42(9):1187-1196.

[38] ZHANG J J,LIU W D,GAO L,et al. The Master Adaptive Impedance Control and Slave Adaptive Neural Network Control in Underwater Manipulator Uncertainty Teleoperation [J]. Ocean Engineering,2018,165:465-479.

[39] ENAYATI N,FERRIGNO G,DE MOMI E. Skill-Based Human-Robot Cooperation in Tele-Operated Path Tracking [J]. Autonomous Robots,2018,42:997-1009.

[40] BUCHLI J,THEODOROU E,STULP F,et al. Variable Impedance Control: A Reinforcement Learning Approach [C]// Robotics: Science and Systems VI,2010:153-160.

[41] KRONANADER K,BILLARD A. Learning Compliant Manipulation Through Kinesthetic and Tactile Human-Robot Interaction [J]. IEEE Transactions on Haptics,2013,7(3):367-380.

[42] MICHEL Y,RAHAL R,PACCHIEROTTI C,et al. Bilateral Teleoperation with Adaptive Impedance Control for Contact Tasks [J]. IEEE Robotics and Automation Letters,2021,6(3):5429-5436.

[43] YANG C G,LUO J,Liu C,et al. Haptics Electromyography Perception and Learning Enhanced Intelligence for Teleoperated Robot [J]. IEEE Transactions on

Automation Science and Engineering,2018,16(4):1512-1521.

[44] IJSPEERT A,NAKANISHI J,SCHAAL S. Learning Attractor Landscapes for Learning Motor Primitives[C]// Advances in Neural Information Processing Systems 15,2003:1547-1554.

[45] 姚峰,刘崇德,王玉甲,等. 基于动态运动基元的轨迹学习方法[J]. 机器人,2018,40(4):560-568.

[46] 姜明浩. 基于动态运动基元的移动机器人路径规划方法研究[D]. 武汉:武汉科技大学,2017.

[47] 刘环,钱堃,桂博兴,等. 基于多演示动作基元参数化学习的机器人任务泛化[J]. 机器人,2019,41(5):574-582.

[48] THEODOROU E,BUCHLI J,SCHAAL S. A Generalized Path Integral Control Approach to Reinforcement Learning [J]. The Journal of Machine Learning Research,2010,11:3137-3181.

[49] STULP F,THEODOROU E,SCHAAL S. Reinforcement Learning With Sequences of Motion Primitives for Robust Manipulation[J]. IEEE Transactions on Robotics,2012,28(6):1360-1370.

[50] BEIK-MOHAMMADI H,KERZEL M,PLEINTINGER B,et al. Model Mediated Teleoperation with a Hand-Arm Exoskeleton in Long Time Delays Using Reinforcement Learning[C]// 2020 29th IEEE International Conference on Robot and Human Interactive Communication(RO-MAN). IEEE,2020:713-720.

[51] BEIK-MOHAMMADI H. Adaptive Model Mediated Control Using Reinforcement Learning[D]. Hamburg:Universität Hamburg,2020.

[52] RÜCKSTIESS T,SEHNKE F,SCHAUL T,et al. Exploring Parameter Space in Reinforcement Learning[J]. Paladyn,Journal of Behavioral Robotics,2010,1(1):14-24.

[53] PETERS J,VIJAYAKUMAR S,SCHAAL S. Natural Actor-Critic[C]// Machine Learning:ECML 2005:16th European Conference on Machine Learning,Porto,Portugal,2005. Proceedings 16. Springer Berlin Heidelberg,2005:280-291.

[54] IMAIDA T,YOKOKOHJI Y,DOI T,et al. Ground-Space Bilateral Teleoperation of ETS-Ⅶ Robot Arm by Direct Bilateral Coupling Under 7-s Time Delay Condition[J]. IEEE Transactions on Robotics and Automation,2004,20(3):499-511.

[55] ODA M,DOI T. Teleoperation System of ETS-Ⅶ Robot Experiment Satellite

[C]// Proceedings of the IEEE/RSJ International Conference on Intelligent Robots and Systems, Innovative Robotics for Real - World Applications, IROS'97. IEEE,1997,3:1644-1650.

[56] WAKABAYASHI S, MATSUMOTO K. Results of the ETS-7 Direct Teleoperation Experiment Using Additional Time Delay Method[C]// The International Symposium on Artificial Intelligence, Robotics, and Automation in Space(i-SAIRAS)Quebec, Canada,2001:1-8.

[57] 周光霞. 美军赛博威慑和赛博韧性[J]. 指挥信息系统与技术,2017,8(5):76-80.

[58] 周光霞,王菁,赵鑫. 美军赛博空间发展动向及启示[J]. 指挥信息系统与技术,2015,6(1):1-5.

[59] 吴巍. 赛博空间技术发展现状与通信网络安全问题[J]. 无线电通信技术,2012,38(3):1-4.

[60] FERGUSON B, TALL A, OLSEN D. National Cyber Range Overview [C]// 2014 IEEE Military Communications Conference, IEEE,2014:123-128.

[61] LOCKHEED M. Full Spectrum Leader [EB/OL]. (2022-06-27)[2023-02-13]. https://www.lockheedmartin.com/en-us/capabilities/cyber.html.

[62] 邓招,张晓玉. 太空中的网络安全问题[J]. 网络空间安全,2017(10):1-6.

[63] GRAHAM K, ANDERSON J, RIFE C, et al. Cyberspace Odyssey: A Competitive, Team-Oriented Serious Game in Computer Networking [J]. IEEE Transactions on Learning Technologies,2020,13(3):502-515.

[64] 秦安战略. 美国组建"太空靶场",太空领域网络安全登上大国博弈舞台[EB/OL]. (2020-05-18)[2023-02-13]. http://www.c2.org.cn/h-nd-512.html.

[65] ManTech. Mantech's Space Range [EB/OL]. (2019-07-19)[2023-02-13]. https://www.mantech.com/space-range.

[66] ManTech. Space Resilience-Safeguarding U.S. Assets [EB/OL]. (2019-04-09)[2023-02-13]. https://www.mantech.com/sites/default/files/2019-04/Space%20Resilience_2019.pdf.

[67] Spaceit. Company Profile [EB/OL]. (2020-02-09)[2023-02-13]. https://spaceit.eu/company/.

[68] LODI S, KIMMEL L, REINTAM A, et al. Satellite Operations Simulator for Cyber Exercises [C]// 72nd International Astronautical Congress(IAC), Dubai,

United Arab Emirates,25 – 29 October 2021,IAC – 21 – B6. 3. 10 – x66395.

[69] LOCKHEED M. The Cyber Kill Chain [EB/OL]. (2023 – 02 – 06) [2023 – 02 – 13]. https://www.lockheedmartin.com/en – us/capabilities/cyber/cyber – kill – chain.html.

[70] 黄龙,王春东. 网络攻击意图识别技术研究[J]. 天津理工大学学报,2020,36(2):16 – 20.

[71] JANTAN A,RASMI M,IBRAHIM M I,et al. A Similarity Model to Estimate Attack Strategy Based on Intentions Analysis for Network Forensics [C]// Recent Trends in Computer Networks and Distributed Systems Security: International Conference, SNDS 2012, Trivandrum, India, October 11 – 12, 2012. Proceedings 1. Springer Berlin Heidelberg,2012:336 – 346.

[72] RASMI M,JANTAN A. A New Algorithm to Estimate the Similarity Between the Intentions of the Cyber Crimes for Network Forensics [J]. Procedia Technology,2013,11:540 – 547.

[73] WANG X Z. Network Intrusion Prediction Model Based on RBF Features Classification [J]. International Journal of Security and Its Applications,2016,10(4):241 – 248.

[74] CHENG X,LANG S. Research on Network Security Situation Assessment and Prediction [C]// Proceedings of the 4th International Conference on Computational and Information Sciences. IEEE,2012:864 – 867.

[75] AHMED A A,MOHAMMED M F. SAIRF:A Similarity Approach for Attack Intention Recognition Using Fuzzy Min – Max Neural Network [J]. Journal of Computational Science,2018,25:467 – 473.

[76] JIANG C B,LIU I H,CHUNG Y N,et al. Novel Intrusion Prediction Mechanism Based on Honeypot Log Similarity [J]. International Journal of Network Management,2016,26(3):156 – 175.

[77] ALEROUD A,ALSMADI I. Identifying Cyber – Attacks on Software Defined Networks:An Inference – Based Intrusion Detection Approach [J]. Journal of Network and Computer Applications,2017,80:152 – 164.

[78] PHILLIPS C,SWILER L P. A Graph – Based System for Network – Vulnerability Analysis [C]// Proceedings of the 1998 Workshop on New Security Paradigms. 1998:71 – 79.

[79] LI Z T,LEI J,WANG L,et al. A Data Mining Approach to Generating Net-

work Attack Graph for Intrusion Prediction[C]// Fourth International Conference on Fuzzy Systems and Knowledge Discovery(FSKD 2007), IEEE, 2007,4:307-311.

[80] POOLSAPPASIT N,DEWRI R,RAY I. Dynamic Security Risk Management Using Bayesian Attack Graphs[J]. IEEE Transactions on Dependable and Secure Computing,2011,9(1):61-74.

[81] RAMAKI A A,KHOSRAVI-FARMAD M,BAFGHI A G. Real Time Alert Correlation and Prediction Using Bayesian Networks[C]// 2015 12th International Iranian Society of Cryptology Conference on Information Security and Cryptology(ISCISC),IEEE,2015:98-103.

[82] 王洋,吴建英,黄金垒,等. 基于贝叶斯攻击图的网络入侵意图识别方法[J]. 计算机工程与应用,2019,55(22):73-79.

[83] ZHANG Y X,ZHAO D M,LIU J X. The Application of Baum-Welch Algorithm in Multistep Attack[J]. The Scientific World Journal,2014,2014:374260. DOI:10.1155/2014/374260.

[84] RAO Z H,XU R,LIU F,et al. A Method of Predicting Multi-Step Attacks Based on Improved HMM Model[J]. Journal of Beijing University of Posts and Telecommunications,2017,40(增刊1):15.

[85] LIU S C,LIU Y. Network Security Risk Assessment Method Based on HMM and Attack Graph Model[C]// 2016 17th IEEE/ACIS International Conference on Software Engineering,Artificial Intelligence,Networking and Parallel/Distributed Computing(SNPD). Honolulu,Hawaii:IEEE,2016:517-522.

[86] ZHAO D M,WANG H B,GENG S X. Compound Attack Prediction Method Based on Improved Algorithm of Hidden Markov Model[J]. Journal of Web Engineering,2020,19(7/8):1213-1237.

[87] ZHENG R J,ZHANG D,WU Q T,et al. A Strategy of Network Security Situation Autonomic Awareness[C]// Network Computing and Information Security:Second International Conference, NCIS 2012, Shanghai, China, December 7-9, 2012. Proceedings. Springer Berlin Heidelberg,2012:632-639.

[88] ZHANG Y X,JIN S Y,CUI X,et al. Network Security Situation Prediction Based on BP and RBF Neural Network[C]// Trustworthy Computing and Services:International Conference,ISCTCS 2012,Beijing,China,May 28-June 2,2012,Revised Selected Papers. Springer Berlin Heidelberg,2013:659-665.

[89] CHEN F L, SHEN Y J, ZHANG G D, et al. The Network Security Situation Predicting Technology Based on the Small-World Echo State Network [C]// 2013 IEEE 4th International Conference on Software Engineering and Service Science. IEEE, 2013:377-380.

[90] ZHANG H B, HUANG Q, LI F W, et al. A Network Security Situation Prediction Model Based on Wavelet Neural Network with Optimized Parameters [J]. Digital Communications and Networks, 2016, 2(3):139-144.

[91] HE F V, ZHANG Y Q, LIU D H, et al. Mixed Wavelet-Based Neural Network Model for Cyber Security Situation Prediction using MODWT and Hurst Exponent Analysis [C]// 11th International Conference on Network and System Security, NSS 2017, Helsinki, Finland, August 21-23, 2017, Proceedings 11. Springer International Publishing, 2017:99-111.

[92] 刘小虎,张恒巍,张玉臣,等. 基于博弈论的网络攻防行为建模与态势演化分析[J]. 电子与信息学报,2021,43(12):3629-3638.

[93] 徐瑨,吴慧慈,陶小峰. 5G网络空间安全对抗博弈[J]. 电子与信息学报,2020,42(10):2319-2329.

[94] 翁芳雨. 基于随机博弈模型的网络安全态势评估与预测方法的研究与设计[D]. 北京:北京邮电大学,2018.

[95] WHITE J, PARK J S, KAMHOUA C A, et al. Game Theoretic Attack Analysis in Online Social Network (OSN) Services [C]// Proceedings of the 2013 IEEE/ACM International Conference on Advances in Social Networks Analysis and Mining. ACM, 2013:1012-1019.

[96] 赵建军,王毅,杨利斌,等. 基于动态贝叶斯网络的防空作战威胁估计[J]. 计算机技术与发展,2012,22(11):138-140,144.

[97] 齐小刚,陈春绮,熊伟,等. 基于博弈论的预警卫星系统抗毁性研究[J]. 智能系统学报,2021,16(2):338-345.

[98] 张恒巍,余定坤,韩继红,等. 信号博弈网络安全威胁评估方法[J]. 西安电子科技大学学报,2016,43(3):137-143.

[99] 石乐义,赵俊楠,李芹,等. 基于信令博弈的网络诱骗防御策略分析与仿真[J]. 系统仿真学报,2016,28(2):348-353.

[100] NILIM A, GHAOUI L E. Active Defense Strategy Selection Based on Differential Game [J]. Operations Research, 2016, 43(12):163-169.

[101] HUANG S R, ZHANG H W, WANG J D, et al. Markov Differential Game for

Network Defense Decision Making Method [J]. IEEE Access,2018,6:39621-39634.

[102] ABASS A A A,HAJIMIRSADEGHI M,MANDAYAM N B,et al. Evolutionary Game Theoretic Analysis of Distributed Denial of Service Attacks in a Wireless Network [C]// 2016 Annual Conference on Information Science and Systems (CISS). IEEE,2016:36-41.

[103] HU H,LIU Y L,ZHANG H Q,et al. Optimal Network Defense Strategy Selection Based on Incomplete Information Evolutionary Game [J]. IEEE Access,2018,6:29806-29821.

[104] 王先甲. 复杂网络上的演化博弈及其学习机制与演化动态综述[J]. 阅江学刊,2021,13(3):70-84,131-132.

[105] LU Z Y,TANG G M,CHEN B C,et al. AI-Aided Game:Enhancing the Defense Performance of Scale-Free Network via Deep Reinforcement Learning [C]// 2020 IEEE 22nd International Conference on High Performance Computing and Communications;IEEE 18th International Conference on Smart City;IEEE 6th International Conference on Data Science and Systems(HPCC/SmartCity/DSS). IEEE,2020:385-392.

第 6 章
群体智能与多航天器编队

群体智能作为人工智能的一个重要分支,最开始是用来描述机器人系统中的一种特殊类型,即分布式的,由多个简单、同质(或准同质)的成员组成的系统。对于多航天器系统来说,群体智能特别有吸引力,这是因为分布式的控制方案可以在满足航天任务要求的前提下,使得航天器成员构造更简单,相应地降低自身质量,提高鲁棒性,使任务实施性价比更高。

6.1 群体智能

群体智能的概念来自对自然界中昆虫群体的观察,是群居性生物通过协作表现出的一种宏观智能行为特征。群体智能是指在群体中出现的一种基于简单信息处理单元的相互作用来解决问题的能力。群的概念则表现在其多样性、随机性和混乱性,而智能的概念则表明系统有能够成功解决问题的能力。组成群体的信息处理单元可以是动画的、机械的、计算的或数学的;组成群体的个体可以是昆虫、鸟类或人类,也可以是阵列元器件、机器人或独立工作站;它们可以是真实的或虚拟的,其间耦合可以具有广泛的特性,但是必须是个体单元之间的互动。

群体智能的相关研究早已存在,也取得了许多重要的结果。目前,群体智能研究主要包括智能蚁群算法(Ant Colony Optimization,ACO)和粒子群算法(Particle Swarm Optimization,PSO)。自 1991 年意大利学者 Dorigo 提出蚁群优化理论开始,群体智能作为一个理论被正式提出,并逐渐吸引了大批学者的关注,从而掀起了研究高潮。1995 年,Kennedy 等学者提出粒子群优化算法,此后群体智能研究迅速展开,但大部分工作都是围绕 ACO 和 PSO 进行的。

本节将从群体智能的基本概念入手,通过自然界的群体智能和人工群体智能的比对阐述虚拟群体智能的定义和特性,随后通过描述现实世界中群体智能来阐述满足群体智能的必要社会性,从而引出未来 AI 发展过程中不可避免的计算机网络结构的社会性以及智能体的社会性问题,最后通过讲述最典型的群体智能算法来阐述具体群体智能是怎么在计算机中实现的,在此基础上引申出现在的研究热点和未来的研究方向。

6.1.1 概念简介

群体智能是一种用于解决复杂问题的计算智能技术。群体智能涉及对个体行为的集体研究,同时群体行为在局部相互影响。特别是对于生物系统来说,大自然往往是一种灵感。个体遵循简单的规则,不存在用于预测单个个体行为的集中控制结构。个体之间一定程度的随机迭代提供了一种"智能"行为,但个体并不知道这种行为,且个体行为并不具有"智能",故而形成群体智能。例如,当考虑到一个蚁群时,每一只蚂蚁的智力都非常有限,就像行走在一条信息素较多的路径上,但整个蚁群显示一种寻找食物或面对灾难的智能方式。群体智能定义为分散或自组织系统的集体行为。这些系统由许多智力有限的个体组成,它们依据简单的原则相互交流,虽然个体并不那么聪明,也没有中央领导来指挥个体的行为,但只有通过个体之间的互动,整个系统才能表现出智能,一般来说,没有一个个体拥有这个系统的全局认知,它们只是执行简单的行动。

群体智能最初是一种自然现象,科学家从自然界中发现了现实群体智能的存在。生物学家和自然科学家最早通过研究群居昆虫的行为发现现实中的群体智能,因为它们能有效地解决复杂的问题,如在它们的巢穴和食物来源之间找到最短的路径或自主地构建它们的巢穴。尽管这些昆虫的个体并不复杂,但它们作为一个群体通过相互作用和环境创造了奇迹。这些已经存在的群体智能称为现实群体智能。在过去的20年中,用于寻找猎物或交配的各种蜂群的行为被模拟成一种数值优化技术。这些技术包括蚁群优化算法、粒子群优化算法、人工蜂群算法、萤火虫算法、布谷鸟搜索算法、蝙蝠算法和狩猎搜索算法等。

现在群体智能也在人工系统中有所表现,即虚拟层面的群体智能。随着科技的发展,越来越多的任务需要多个机器人、航天器、飞行器、无人车等无人系统协同工作,因此,科学家们将它们从自然界中观察到的群体智能现象应用于机器或虚拟系统。当群体智能的概念应用到人工智能领域时,尤其是在机器人技术领域,群体智能通常由一组机器人或系统组成的计算系统(模拟计算机群体行为)进行放大,它们在本地和周围环境中进行局部协作,同时遵守一组通用的算法规则。由于没有中央控制来定义每个机器人或系统的行为,只有通过它们的局部合作、集体、更大的全局行为才会出现,以解决复杂的问题。

6.1.2 群体智能的社会性

群体智能的社会性是指众多个体组成的群体通过相互之间的简单合作来实现某一功能，完成某一任务，达成某一目标，在此过程中所体现出来的完成宏观智能行为的有利于群体发展的特性。群体智能的社会性使得群体内部个体的生存能力远远超过脱离社会的个体的生存能力。基于达尔文的进化论，在自然选择时，自然界的生物总是自私的（在个体的存活时间里来看，生物是为了自身起积极作用的结构的存在而存在，长时间来看，不仅为了自身有利结构的存在，还为了这种结构的有利变异），而生物的社会性则是更有战略性，这种战略性就体现在长久互利。

体现群体智能社会性的典型动物是蚂蚁。蚂蚁不仅可以建造桥梁，而且能够有效评估桥梁的成本和效率之间的平衡。生物学家对蚁群桥梁研究的算法表明，每只蚂蚁并不知道桥梁的整体形状，它们只是在遵循两个基本原则：①如果它身上有其他蚂蚁经过，那么它就保持不动；②如果它身上经过的蚂蚁数量频率低于某个阈值，它就加入行军，不再充当桥梁。蚂蚁可以一起组成木筏渡过水面。当蚁群迁徙时，整个木筏可能包含数万只或更多蚂蚁。每只蚂蚁都不知道木筏的整体形状，也不知道木筏将要漂流的方向。但蚂蚁之间非常巧妙地互相连接，形成一种透气不透水的三维立体结构，即使完全沉在水里的底部蚂蚁也能生存。而这种结构也使整个木筏包含超过75%的空气体积，所以能够顺利地漂浮在水面上。

不仅是蚂蚁，几乎所有膜翅目昆虫都表现出很强的群体智能社会性行为，另一个知名的例子就是蜂群。人们普遍认为蚁群和蜂群是具有真社会化属性的生物种群，这是指它们具有以下三个特征：①繁殖分工。种群内分为能够繁殖后代的单位和无生育能力的单位，前者一般为女王和王，后者一般为工蜂、工蚁等。②世代重叠。上一代和下一代共同生活，这也决定了下一代特征。③协作养育。种群单位共同协作养育后代。这个真社会化属性和人类的社会化属性并不是同一概念。

鸟类在群体飞行中往往能表现出一种社会性的簇拥协同行为，尤其是在长途迁徙过程中，以特定的形状组队飞行可以充分利用互相产生的气流，从而减少体力消耗。常见的簇拥鸟群是迁徙的大雁，它们数量不多，往往排成一字形或者人字形，据科学估计，这种队形可以让大雁减少15%~20%的体力消耗。体型较小的欧椋鸟组成的鸟群的飞行则更富于变化，它们往往成千上万只一起在空中飞行，呈现出非常柔美的群体造型。鸟群可以基于三个简单规则就能创建出极复杂的交互和运动方式,形成奇特的整体形状,绕过障碍和躲避猎食者。鸟类遵循的三个规则:①分离,和临近单位保持距离,避免拥挤碰撞;②对齐,调整飞行方向,顺着周边单位的平均方向飞行;③凝聚,调整飞行速度,保持在周边单位的中间位置。鸟群没有中央控制,每只鸟都是独立自主的,实际上每只鸟只考虑周边球形空间内的 5~10 只鸟的情况。

鱼群的社会性行为和鸟群非常相似。金枪鱼、鲱鱼、沙丁鱼等很多鱼类都成群游行,如果把其中一条鱼分离出来,就会观察到这条鱼变得情绪紧张。这些鱼总是倾向于加入数量大的、体型大小与自身更相似的鱼群,所以有的鱼群并不是完全由同一种鱼组成的。群体游行不仅可以更有效利用水动力减少成员个体消耗,而且更有利于觅食和生殖,以及躲避捕食者的猎杀。鱼群中的绝大多数成员都不知道自己正在游向哪里,鱼群使用共识决策机制,个体的决策会不断地参照周边个体的行为进行调整,从而形成集体方向。

不仅动物如此,细菌和植物也能够以特殊的方式表现出社会性行为。培养皿中的枯草芽孢杆菌根据营养组合物和培养基的黏度,整个群体从中间向四周有规律地扩散迁移,形成随机但非常有规律的数值形状。而植物的根系作为一个集体,各个根尖之间存在某种通信,遵循范围最大化且互相保持间隔的规律生长,进而能够最有效地利用空间吸收土壤中的养分。

人工群体智能系统的灵感源于蚂蚁、蜜蜂、鱼群体等生物,即在没有统一领导的情况下,也能合作执行大量复杂的任务。每一个小个体都具有一定的运动能力和有限的智能水平,通过个体之间或个体与环境之间交互行为形成高度的有组织性活动,虽然这些交互行为看上去非常简单,但它们聚在一起却能解决一些难题,完成很多单体无法完成的工作。但是由于缺乏社会性,人工智能群体所能做到的工作仅仅是单一个体能力的简单叠加,为了克服这一问题,1992 年,计算机科学家克里斯·沃特金斯(Lex Watkins)提出了 Q - 学习理论,它可以让群体中的个体执行各种操作,并能够根据从环境中获得的奖励或惩罚来优化其行为,使用这种算法,伴随着大量可能的行为和复杂的环境,个体将以现实和不可预测的方式行动,并形成更强大的集体意识。2011 年,哈佛大学的拉德希卡·纳泊尔(Radhir Nabor)和迈克尔·鲁宾斯坦(Michael Rubinstein)开始开发微型的群体机器人 kilobot,每个 kilobot 高 3.3cm,造价 15 美元,行为极为简单:通过身上的小灯发光或闪烁,通过红外发射器和接收器互相通信,通过振动器实现 1cm/s 的速度移动,kilobot 可以上千个一起合作,不需要对每个机器人进行编程,而只需通过空中的红外发射器向它们发送整体信息,就可以使机器人们组成各种图形或者进行有规律的闪烁,甚至可以模拟蚂蚁寻找食物的路径行为[1]。

社会性的加入实现了人工群体智能对自然界群体智能的复刻。

6.1.3 粒子群研究的当前进展

群体智能优化算法是模拟自然界生物群体行为构造的随机优化算法,对其研究始于 20 世纪 90 年代初。粒子群优化算法是一种典型的群体智能优化算法,又称微粒群算法,是由美国社会心理学家 James Kennedy 和电气工程师 Russell Eberhart 于 1995 年共同提出的一种进化计算技术[2],其基本思想来源于对简化社会模型的模拟,是对鸟类群体行为进行建模和仿真研究的结果。在鸟群寻找栖息地时,最初每只鸟沿着随机方向飞行,直到有一只鸟找到栖息地,当停留在栖息地比留在鸟群中有更大的适应值时,鸟将会离开群体而飞向栖息地。当一只鸟离开群体飞向栖息地时,它将影响周围的鸟,引导着它们也向着栖息地飞行。当所有的鸟发现栖息地有较大的适应值时,将全部向其飞行,直到整个鸟群降落在此。

粒子群优化算法采用了"群体"和"进化"的概念,依据个体的适应度进行操作,通过模拟自然界中鸟群觅食的过程指导粒子在复杂数据空间中搜索最优解,是一种有效的全局寻优算法。PSO 算法中的种群由在搜索空间中随机生成的粒子组成,初始种群的规模由实际问题确定,每个粒子都有一个随机生成的速度向量,以决定其移动的方向以及移动的步长,每个粒子性能的优劣根据求解问题抽象出的适应度函数所得到的适应度值确定。

具体地:在 D 维搜索空间,由 N 个粒子构成的群体中,在第 t 次迭代时,粒子 i 的位置表示为 $x_i(t) = (x_{i1}(t), x_{i2}(t), \cdots, x_{iD}(t))$;其速度为 $v_i(t) = (v_{i1}(t), v_{i2}(t), \cdots, v_{iD}(t))$;粒子 i 所经历过的具有最佳适应值的位置记为 $p_i(t) = (p_{i1}(t), p_{i2}(t), \cdots, p_{iD}(t))$,称为个体最优解;在迭代过程中所有粒子所经历过的具有最佳适应值的位置索引用符号 g 表示,记为 $p_g(t) = (p_{g1}(t), p_{g2}(t), \cdots, p_{gD}(t))$,称为全局最优解。

假设 $f(x)$ 为所需求解工程问题抽象出的适应度函数。以最小化问题为例,适应度函数值越小,粒子的适应度越好,即粒子的性能越好。粒子 i 所经历过的个体最优解对应位置的确定方式为

$$p_i(t+1) = \begin{cases} p_i(t), f(x_i(t+1)) \geqslant f(p_i(t)) \\ x_i(t+1), f(x_i(t+1)) < f(p_i(t)) \end{cases} \quad (6-1)$$

其全局最优解的计算公式为

$$f(p_g(t)) = \min\{f(p_0(t)), f(p_1(t)), \cdots, f(p_N(t))\} \quad (6-2)$$

式中,$p_g(t) \in \{p_0(t), p_1(t), \cdots, p_N(t)\}$,$N$ 为种群规模。

在第 $t+1$ 次迭代时,粒子速度和位置的更新规则可以表示为

$$v_i(t+1) = v_i(t) + c_1 \boldsymbol{r}_1(p_i(t) - x_i(t)) + c_2 \boldsymbol{r}_2(p_g(t) - x_i(t)) \quad (6-3)$$

$$x_i(t+1) = x_i(t) + v_i(t+1) \quad (6-4)$$

式中,i 表示第 i 个粒子;t 表示迭代次数,基本粒子群算法中,c_1 和 c_2 的取值为 2,$\boldsymbol{r}_1$ 和 $\boldsymbol{r}_2$ 为两个随机向量。

为了减少进化过程中粒子超出搜索区域的可能性,v_i 通常限定在一定的范围内,即 $v_{ij} \in [v_{\min}, v_{\max}]$,$j = 1, 2, \cdots, D$,$j$ 表示速度向量的第 j 维。

粒子群算法不像其他进化算法那样对个体使用进化算子,而是将每个个体看作空间中的一个没有重量和体积的粒子,并在搜索空间中以一定的速度飞行。该飞行速度根据个体以及群体的飞行经验进行动态调整[3]。

在最新的研究中,文献[4]使用了 PSO 粒子群算法对详尽可能性模型(Elecboration Ikelihood Model,ELM)的参数进行优化,并加入了 CEEMDAN 分解的算法,最终构建 CEEMDAN – PSO – ELM,用此组合模型来预测原油期货价格,研究结果表明,此模型的预测效果要明显好于其他模型。文献[5]采用 PSO 和 GSA 的混合方法来选择 ELM 的最优隐藏偏差和输入权重,然后利用 Moore – Penrose 广义逆解析确定 ELM 的输出权重,运用分类与回归两个问题来测试该算法,同时用 PSO – ELM、GSA – ELM 和原有的 ELM 学习算法进行了比较,结果表明,该算法在泛化性能上与其他算法相当或优于其他算法,具有良好的泛化性能。文献[6]利用 PSO 算法对 ELM 的参数进行优化,建立了 PSO – ELM 对企业进行财务预警研究,研究结果证实了此模型能够更准确地对企业财务风险进行评估并具有实用性。

6.2 多航天器系统

多航天器系统是一种无人系统。那么,什么是无人系统?无人系统由单个无人平台或多个无人平台构成,能够自主或通过远程操控完成指定任务,既包括单/多的无人飞行器、无人车辆、无人舰船、无人潜艇,也包括单/多机器人、航天器、其他运动体等对象。对于多无人平台系统,通过协同操作将分布式平台连接起来,形成一个基于网络空间有机联系的复杂系统。这个复杂系统具有多系统协调能力,能够实现时间、空间、模式和任务等多维度的有效协同,最终形成对目标的探测、跟踪、识别、智能决策和行为评估的完整链条。无人系统与机械化、信息化和智能化平台高度融合,称为智能无人系统。

而在航天领域,相较于传统单一航天器系统,多航天器系统因其单航天器造价低、体积小、系统可扩展性强、鲁棒性强等优点,将逐渐成为未来空间任务的主要执行机构。现如今,美国、欧洲、日本等国家和地区已经成功将多航天器系统运用于实际的空间任务中,这些任务大体可以分为三类:编队飞行和技术演示(包括 EO-1、LandSAT-7、Emerald Satellite、PRISMA Satellite 等),对地观测任务(GRACE、TechSat-21、Cluster-Ⅱ、RADARSAT 等),以及深空探测任务(LISA、MAXIM、TPF 等)。多航天器的特性给空间系统带来了高容错性、强扩展性、高灵活性、计算速度快、高开放性以及低造价等优势,但随着系统内部航天器数目的增加,也会带来地面控制难度大、故障排除难度大、安全性低以及通信要求高等困难。

6.2.1 多航天器系统概述

多航天器系统(Multiple Spacecraft Systems,MSS),是由在各种轨道上运行的相同或不同类型的多个航天器,按照空间信息资源的最大有效综合利用原则,通过星间通信链路的互通互联而有机形成的智能体系。多航天器系统主要用于完成侦察监视、资源探测、预警、导航定位、通信、空间防御与对抗等综合性任务。

相对于单一航天器系统,多航天器系统具有众多优势。首先,多航天器系统能够显著增强微小航天器的空间任务能力(如分布式地球观测、分布式天线等),从而增强空间任务的灵活性,同时减小任务的失败率。其次,多航天器系统不仅在负载和效率方面优于单个航天器[7],而且还可以降低成本并提高鲁棒性[8]。进一步,多航天器系统可以通过相互合作实现一个全球目标,也可以通过团队谈判实现自己的目标,以更可靠、更便宜和更快地完成一些空间任务。最后,在对地观测应用方面,过去通常是采用单个航天器或者是很少的数个航天器构成对地观测系统,很难满足实际的信息需求,而利用多航天器系统的对地观测数据,不仅可以降低观测的成本,还能增大任务的可能性范围。因此,多航天器系统观测任务比单个航天器的观测任务更可取。

多航天器系统的众多优势使其获得了广泛的应用。对多航天器系统进行重构可以在单一任务中实现多种不同的科学目标。然而,只有每个航天器具有高度的自主性,能够配合、调整或维持自己的相对位置,才能实现整体系统的性能突破,以实现任务所设定的科学目标。

近年来,随着技术的快速发展,许多单个航天器无法实现的空间应用变得可以通过多航天器系统实现。人们提出了越来越多不同类型的空间任务,如地球科学任务、天文学和天体物理任务以及行星科学任务。多尺度航天器系统中的每个航天器都被视为一个智能体,它根据自身的知识自主地做出决策。这些多航天器任务的目标可以是技术演示(Proba-3[9]、QB50[10]),全球降水估计(全球降水测量(Global Precipitation Measurement,GPM)任务[11]、多卫星降水分析(the Multi-satellite Preciptation Analysis,TMPA)[12]、重力回溯和气候实验(Gravity Recovery and Climate Experiment,GRACE)[13]、地面监视(天基监测系统(Space-Based Surveillance System,SBSS)[14])等。然而,随着未来任务中多航天器系统规模的增长,地面操作员在解决任务分配、编组、协作目标、故障检测和跟踪等问题时的工作量也在增加,因此,采用星载智能系统是未来的发展趋势。

在航天探索需求不断增长的驱动下,在网络技术成熟的推动下,航天器系统正面临着范式架构的变化,从单个航天器到分布式航天器系统,其中包含多个协同工作的空间元素[15-16],如中继航天器系统、遥感观测航天器系统[17]、气象航天器系统和导航航天器系统。多航天器的架构带来了显著优势,一方面是更高的重访频率、更大的地表覆盖、更好的灵活性和对环境变化更强的适应性[18]。另一方面在带来深远效益的同时,也提出了一系列新的挑战,特别是在任务分配和任务规划方面,需要协调的智能自主来实现系统级性能的最大化[16]。另外,还要考虑很多约束条件,如航天器平台特性、客户需求、有限的通信机会以及外部干扰(如云层遮挡物体[19])等。因此,如何增强单个航天器的星载系统,使整个多航天器系统能够通过协商和合作自动解决任务和资源分配是需要研究的关键问题之一。

6.2.2 自主任务、资源分配技术

大型航天任务往往是系统工程,具有极其笼统的总体任务和极其复杂的子系统,因此,需要对总体任务目标进行分解,针对不同子系统形成详细而具体的任务作业。任务分解需要在空间、时间和资源等诸多因素之间进行权衡。对每个具体的任务作业需要作进一步的规划。这里的规划是指生成一组活动,以便在当前的约束条件下满足当前的目标集合。规划是一个智能推理过程,通过规划将产生方案。有了方案后,还不能使用它直接指导航天器系统的运营,需要对方案中的活动集合进行调度。调度是指在时间约束条件下,将方案中的各个活动关联起来,并规定每个活动的时间线。调度也是一个智能推理过程,通过调度将产生日程。专门的执行机构按照日程的规定时间执行活动。每个活动又可分解为若干动作。对动作的驱动通过动作原语实现。星上的设备和资源都是有限的,因此认为星上所能执行的控制动作也是有限的,可以用一组动作原语描述。活动的执行最终体现为对这些动作原语的调用。这种分析思想简化了星上的底

层控制机制,但需要在硬件支持下实现。另外,自主航天器系统还应具备星上故障自主诊断的能力(如第 3 章所述),此体系结构的思想是将硬件设备的异常反馈到子任务层,把修复作为一个任务作业来实施。

许多学术研究综述了一些与任务分配问题相似的问题,如多机器人任务分配(Multi – Robot Task Auocation,MRTA)问题[20-21]、无线传感器网络(Wireless Sensor Network,WSN)部署问题[22-23]、资源分配问题[24-25]、武器 – 目标分配问题[26],以及许多与无人机(Unmanned Air Vehicle,UAV)[27]、无人地面车辆(Unmanned Ground Vehicle,UGV)和无人水下车辆(Unmanned Underwate Vehicle,UUV)等相关的问题。航天任务与资源的分配主要分为中心式分配型和非中心式分配型两种。

首先是中心式分配型体系结构。中心式分配型的自主体系结构又称主 – 从式分配体系结构,这种体系结构的思想是把多航天器系统中空间部分(即整个星座或编队)看作一个航天器。中心式分配型多航天器系统的体系结构中包含主航天器和从航天器两类。主航天器处于支配地位,负责制定策略,从航天器处于被支配地位,执行主航天器的命令。其中,从严格意义上来说,从航天器不能算作一个独立的完整航天器,航天器上除维持轨道运行必要的平台硬件和具有专项功能的有效载荷外,还具有实现主 – 从航天器间通信的输入装置和输出装置。输入装置接收来自主航天器的活动指令,活动执行装置将活动翻译成原语动作,以驱动航天器上设备执行;输出装置敏感航天器上状态并传给主航天器。

中心式分配型多航天器系统在结构和分配机制上相对简单,易于实现,是多航天器系统的首选体系结构。但是,中心式分配型多航天器系统体系结构有两个致命缺点:其一,整个多航天器系统的瓶颈在主航天器上,一旦主航天器出现故障,则可能导致整个系统报废。其二,为保证主航天器对从航天器的分配,必须保证二者之间频繁地通信,一旦通信出了问题,则可能会失去相应的从航天器。由于这种体系结构中只有主航天器与地面站之间通信,因此从地面测控角度来看,对整个多航天器系统的运营相对简单。另外,为保证主从航天器之间的通信,多航天器系统一般采用编队或对称星座形式的构型。

其次是非中心式分配型体系结构。非中心式分配型多航天器系统的体系结构中,每个航天器的地位是一样的,因此,航天器的结构往往也是相同的。航天器之间不存在支配关系,耦合关系相对比较松散。

非中心式分配型多航天器系统体系结构又可作多种划分。根据系统中信息和资源的冗余,可分为完全对等非中心式分配型和非完全对等中心式分配型。完全对等非中心式分配型体系结构中,每个航天器所携带的信息和资源完全相同,如全球定位系统(Global Positioning System,GPS)和铱星系统;非完全对等非中心式分配型体系结构中,不同航天器携带不同的资源和不同的信息,最典型的是不同的航天器携带不同的有效载荷。非完全对等非中心式分配型体系结构多以小航天器形式实现,被应用于越来越多面向任务的航天项目中。另外,根据每个航天器实现功能相同与否,又可分为同构对等型和异构对等型两种体系结构。

对等型,尤其是完全对等非中心式分配型多航天器系统的实现往往采用编队构型。多航天器系统中每个航天器都与地面站联系,因此,天-地通信成本较大,对航天器自主性要求越来越强。另外,对等型多航天器系统中每个航天器都具有自主性,因此,有时可能会由于每个航天器的局部目标不同,或者每个航天器所拥有的信息资源不同而造成不同航天器对同一问题的决策不同,所以,在对等型多航天器系统中还需要有一套强大的仲裁机制,在不同航天器间发生冲突时予以解决。

6.2.3 自主任务规划技术

多航天器系统自主任务规划是为各航天器分配任务序列的过程,其中需考虑到任务执行收益、成本代价、任务需求、资源约束、外部环境以及管理需求等多方面要素进行优化,以提高航天器系统的综合收益,其求解已经被证明为 NP-hard 问题。航天器任务规划一般可分为常规任务规划和应急任务规划。对于现有大多不具备星上规划能力的航天器系统,自主任务通常由地面工程专家根据各航天器任务属性特征以及各航天器资源属性特征,制订资源与任务相互匹配的规划方案,然后将任务规划方案转化成一系列需要单个航天器执行的动作指令,再将这些指令经由地面测控站的测控设备传输给航天器,航天器接收到自身需要执行的动作指令并执行任务,并将结果反馈到地面站。这种任务规划方式需要有充足的星地通信时间、相对稳定的运行环境以及昂贵的星地交互成本。此外,航天器用户提出的任务需求也越发复杂多样化,对航天器任务执行效率与质量的要求不断提升,这主要体现在时效的紧迫性和任务的复杂性等方面。探索新一代多航天器系统组网条件下的任务规划理论和方法,是大规模航天器组网研究中的一项关键技术。

多航天器系统任务规划的一般流程是任务规划系统接收到任务类指标和资源类指标信息,将两边指标进行匹配,生成任务规划方案,并将任务规划方案传输给资源调度系统。但是当应急任务出现时,任务规划系统接收到应急任务,立刻在原有的规划方案上进行修正,产出能够优先调度资源执行应急任务同时又对现有任务规划方案产生较小影响的新规划方案。常规任务规划为滚动规划,即今天规划明天的任务调度计划,昨天规划今天的任务调度计划。应急任务输入时触发应急任务紧急规划流程,应急任务一般当天上传当天执行。

在多星多任务的情况下,为了充分利用对地观测航天器,合理规划和调度航天器资源、优化航天器任务配置,就需要寻求问题的最优解。多航天器系统的任务规划,是设计主体(或称设计师系统)为达到国家或集团的特定目的而实施的理性行为,可以形式化地描述为最优化问题,即

$$\mathop{\text{Opt.}}_{u \in U} V = J(u) \tag{6-5}$$

式中,设计对象 u、可行解空间 U 和目标函数 $V = J(u)$ 构成了优化设计的三要素。若设计对象 u 可以用 n 维实向量 $\boldsymbol{X} = (x_1, x_2, \cdots, x_n)^\text{T}$ 表示,则可行解空间可描述为

$$U = \{\boldsymbol{X} \in R^n | g_i(\boldsymbol{X}) \leqslant 0, h_j(\boldsymbol{X}) = 0, i = 1, 2, \cdots, m; j = 1, 2, \cdots, l\} \tag{6-6}$$

式中,$g_i(\boldsymbol{X})$ 和 $h_j(\boldsymbol{X})$ 分别为不等式约束函数和等式约束函数,满足全体约束条件的 U 构成 n 维空间 R^n 的子集。优化是寻求可行域 U 中使目标函数 $J(\boldsymbol{X})$ 达到最优的解。对多航天器系统的设计优化而言,u 为具体的复杂多航天器系统(或称系统方案);U 为所有可行的多航天器系统方案的集合;目标函数 $V = J(u)$ 则表达了两层含义,其中,V 为评估多航天器系统优劣的综合测度,而 $J(u)$ 为 $u-V$ 的映射模型,即 V 的求解模型。

多航天器任务规划问题的求解空间随着任务数和资源数量的增加而迅速增加,针对大规模的任务规划问题,无法在合理的时间内计算最优解。而针对多航天器任务规划这类时效性较强的问题,在合理时间内得到问题的近似最优解更有实际意义。群智能算法是一类卓有成效的求解最优化问题的搜索算法,借助评价函数对解的优劣进行判定,对目标函数和约束的要求更为宽松。相比传统算法,群智能算法的效率更高,每个群个体的能力十分简单,执行时间也比较短,算法实现简单,鲁棒性更强,如蚁群算法和粒子群算法等[28-32]。

如 6.1.3 节所述,传统的粒子群算法基于位置-速度模型,粒子在飞行过程中,通过调整自身的飞行轨迹,并借助于以前自身的最佳位置和整个粒子群曾经的最佳位置的最佳经验,不断调整自身的位置。因此,群中的每个粒子都要有记忆能力,并且能对自身的最佳位置进行调整,整个粒子群可以对群体的最佳位置进行调整。对于一个最大化问题,较佳位置是指解空间中对应目标函数的值较大的一个点。

标准粒子群算法及其改进算法[33-34]主要用于在连续域中搜索函数的最优值,其模型直观简单、参数较少、效率高、执行速度快。但是由于标准粒子群算法

所描述的粒子状态和运动方式都是基于连续变量的,在针对建模在离散空间中的问题,如任务调度和路径规划等,粒子的速度和位置变化难以使用基本粒子群方程表示,因此标准粒子群算法完全不适合求解离散空间中的问题。为了解决在离散空间中求解问题,需要将粒子群算法离散化[35-36]。

6.2.4 自主协商技术

多航天器任务调度问题涉及各个航天器之间的任务分配,主航天器与子航天器之间需要进行信息交换,以合理分配任务,沟通的整个过程称为协商。可用于多航天器协作的协商体系结构主要有两种:一种是层次结构,如文献[37]设计了一种层次混合结构,应用于分布式多航天器系统的协作。采用分层任务网络(Hierarchical Task Network,HTN)规划方法可以解决航天器自主任务分配问题[38-40]。然而,由于分层任务网络算法的可扩展性有限,调度效率较低,因此不适用于大规模问题和移动目标。文献[41]提出另一种合同网协议(Contract Net Protocol,CNP),这是一种基于类似市场协议的高效合作协议。合同网协议因其原理简单、易于实现、效率高、效果好而广泛应用于分布式航天器任务分配[42-45]。文献[46]提出了一种基于服务中心-工作者模型的多单元协作任务调度框架,该框架在处理合同网协议要求的复杂任务时具有反馈修正机制。文献[47]根据合同网协议设计了计算框架,提出了基于均值漂移聚类的减载方法和遗传算法的评标方法,此方法在多航天器和大规模问题的情况下具有良好的性能。然而,目前对合同网协议的研究大多基于以往的经验,集中在招标过程上。

在实际的观测任务中,航天器可以根据目标的可见性和预定任务之间的冲突值对目标进行评标。在过去的研究中,多航天器分配系统的任务通常是一个接一个分配的。造成这一现象的原因在于以往的子航天器只有任务执行能力,缺乏独立的任务规划功能。随着空间技术的发展,每个航天器都可以单独规划分配的任务序列,并在冲突发生时自动调整计划中的任务。基于智能协商的合同网协议被提出解决分布式系统节点之间的任务协作和分配问题[48],其包括以下三个步骤。

(1)任务公告:管理中心向执行航天器发出通知,通知内容包括任务描述和任务约束。任务公告策略基于观测任务的收益,管理中心向所有执行航天器发布招标信息。通过对目标进行聚类,可以有效减少招标过程中任务的招标轮数,提高系统的整体效率。

(2)投标:接收到通知的执行航天器决定是否选择要执行的任务。然后,它向管理中心返回一个出价。任务投标由执行航天器完成。执行航天器在收到发布的任务信息后,首先根据任务和自身状态判断是否有能力投标。如果具有竞价能力,则进一步估算执行任务的成本,并使用相关数据作为竞价指标。投标过程实际上是一个能力判断和任务评估的过程。在接收到新任务之前,在任务执行集中已经有几个任务要执行。这些任务占据了航天器的部分时间窗口,并对航天器的相关资源有限制。执行航天器需要确定新任务是否具有执行能力,是否满足时间、资源等限制,以及是否会导致与现有任务的冲突。执行航天器有不同的策略来评估不同类型的任务。

(3) 奖励和二次分配策略:管理中心收到投标后,必须选择一个最终任务执行航天器,选择的结果被传输到执行航天器。如果所有执行航天器都不能完成任务,将对第二次分配的投标进行评估。以增加效益为主要目标,新插入任务的结束时间为次要目标,选择晋级的航天器,被选中的航天器在下一轮投标中作为代理航天器,将冲突任务中设定的目标依次投标给其他航天器。其他执行航天器会根据要分配任务的收入来决定是否插入任务,如果可以插入,将投标信息发送给管理中心;如果不能,则投标失败。管理中心将根据点目标的评标方法,对冲突集或冲突中的目标进行第二轮分配。同时,不能分配的目标被丢弃。在冲突中的目标分配完成后,它将返回到上一轮的任务分配。

管理中心发布招标信息一段时间后,将收到工种的招标信息代理。可能出现以下三种结果:①没有一个执行航天器能够完成投标,即没有一个航天器满足完成条件。之后,通过任务二次分配策略进行再次竞价。②只有一个执行航天器完成投标,且只能设置为中标人,且无其他候选人。③有多个执行航天器完成投标。此时,多个投标需要评估和筛选。

在航天方面,自主协商有其丰富的应用[49]。例如,为了满足深空探测、战略侦察等未来空间任务的需求,诸如空间望远镜、大型通信天线等大型空间设施的建设至关重要。然而,大型空间设施的大体积、大跨度特征限制了利用运载工具以独立单元发射的可能。为了解决这一难题,研究人员提出了在轨装配的大型空间设施构建方式,即在空间中进行装配结构的搬运和组装。美国凤凰计划项目和德国在轨航天器服务与装配的智能建造模块项目等研究表明,利用一些低成本的微小航天器与装配结构形成组合体,通过互相智能协商将装配结构搬运至装配主体结构附近的期望位置,递交给装配机器人进行安装,是空间在轨自主装配的重要方式。

多航天器协商搬运涉及微小航天器间的协商。目前,大多数多航天器协商的研究是面向编队和集群任务。中心式协商控制通过中心航天器进行航天器状态的收集、控制指令的解算和分发,而分布式协商控制通过每个个体进行局部信息的感知和独立的控制计算,来实现多微小航天器的长期在轨飞行。然而,不同于编队、集群任务中的每个微小航天器都能够独立飞行,多航天器协商搬运任务的多微小航天器与装配结构固连,在动力学上存在输入耦合。针对此类问题,传统集中式方法是基于单刚体航天器控制和控制分配来得到每个微小航天器的控制量。

另外,自主协商也应用于针对多航天器协商姿态接管控制问题。在基于自主协商的多航天器协商姿态接管控制问题中,首先利用自适应控制方法进行总控制力矩解算,之后将力矩分配描述为二次规划问题进行求解。由于传统方法均要求中心节点进行总控制量解算,当中心节点出现故障时,整个协商任务会失效,导致其容错性差。因此,可以利用分布式协商交互决策框架,其中,每一位参与者通过对各自局部目标函数的优化获得控制策略。这是解决多智能体协商的一种有效思路,已广泛应用于各种工程问题中,如编队飞行、轨迹规划、空间突防、多微小航天器接管失效目标等。

6.3 同构与异构多智能体系统博弈技术

本节主要针对同构与异构多航天器系统在面临任务分配、分解、规划、决策、控制等关键技术路径中系统内部博弈的问题,将引用博弈论、最优控制理论以及AI技术中的搜索和学习分支理论,针对不同的博弈环境,构建合作博弈和非合作博弈场景,建立包括完全信息博弈和非完全信息博弈的体系结构,为多地面机器人、多无人机、多水下机器人、多航天器系统、多空间机器人等多智能体系统的博弈技术提供系统的构建方式和理论。

6.3.1 博弈论简述

智能体之间存在竞争、合作、竞争与合作并存的博弈情形。在一个合理的多智能体博弈中,每个智能体必须以某种形式跟踪学习其他智能体的行为,那么智能体就会遇到完全竞争的零和博弈,也包括相互合作或者竞争与合作并存的一般和合作博弈。多智能体博弈需要考虑智能体与环境、智能体与智能体之间的交互,这不单单是数据之间的交流,而是以实现类似人类群体社会活动为目标。这些重要的理论研究成果可以应用到协同决策、分布式控制、机器人编队、物流配送、足球机器人等领域。

智能体在进行博弈时,所选取的行为称为策略,动作集也称为策略集。其中,所有的智能体在自身的策略集中都有一定的行为偏好,它们所有的策略所形成的策略集决定了这个博弈过程的解。早在多年前,博弈理论学家纳什(Nash)提出"纳什均衡"时,就明确给出定义,即在一个博弈过程中智能体都试图让自身回报最大,这时的策略集即是智能体的最佳策略组合,称为纳什均衡。双人策略博弈求解纯策略均衡解的经典计算方法已有很多,如消去法、画圈法,但是,这些简单的方法不能用来计算混合策略纳什均衡。对于求解混合策略纳什均衡值,几何图形法、Lemke–Howson 算法、同伦路径算法等一度是主流的计算方法。此外,多智能体强化学习方法是强化学习、多智能体系统、博弈论等技术的综合应用,经历了数十年的发展,不断产生许多新的理论成果,也应用到越来越多的博弈情形中。但仍然存在很多问题,如现有的研究主要还是对过去的模型进行深入与推广,并没有完全向外拓展,实质性的创新很少,仍然需要进一步的研究。任何一个理论的发展都不是一蹴而就的,进一步的研究会使这个理论更多应用在实际生活生产中。

6.3.2 多智能体合作博弈技术

20 世纪 50 年代,文献[50]将两人博弈进一步推广到 N 人合作博弈,并将博弈论的体系应用到了经济学领域,将合作博弈推向了巅峰期。1950—1953 年,Shapley 和 Gilies 提出了"核"概念,成为合作博弈中解的概念。最能够代表合作博弈的最典型的例子是寡头间的串谋。它指的是企业之间为了使双方能够获取更多的垄断利润,而在公开或暗地里达成限制每家企业价格或产量协议的行为。多航天器近距离编队飞行可认为是在合作博弈论背景下,类似鸟群、鱼群等动物的聚集运动,编队中的航天器可基于群集本能,如防撞、避障、队形保持等单独机动。

实际集群协作应用中,为了实现失效航天器的姿态接管控制,多颗微小卫星需要通过互相协同的方式,提供失效航天器姿态运动所需的控制力矩。首先,面向失效航天器姿态接管控制任务的需求,设计能够使失效航天器跟踪期望姿态轨迹的微小卫星的局部目标函数。

$$J_i = \int_0^{t_f} (x_e^T Q x_e + u_i^T R u_i) d\tau, i \in N \qquad (6-7)$$

式中,N 为微小卫星个数;t_f 为失效航天器姿态接管控制任务的终端时刻;x_e 为系统误差姿态状态量;u_i 为微小卫星 i 的控制量。通过优化各颗微小卫星局部目标函数的加权组合量 $J = \sum_i^N \alpha_i J_i$,建立多颗微小卫星的合作博弈模型:

$$J^* = \min_{u_i} \sum_i^N \alpha_i J_i \qquad (6-8)$$

式中，α_i 为可调参数且满足 $\sum_i^N \alpha_i = 1$。最后，通过约束优化问题的求解获得各颗微小卫星的合作博弈控制策略，以在尽可能优化微小卫星整体能量消耗的前提下实现对失效航天器姿态运动的接管控制。

合作博弈允许玩家组成称为联盟的子集，联盟玩家将构建协同策略以提高个人收益。对于多航天器系统，在混合编队情形时，可能会派出一组具有较好防御能力的航天器联盟以吸引潜在的攻击者，使反联盟的攻击者能够完成预期的任务。实际上，直接将合作博弈理论应用于编队飞行存在技术障碍，主要是计算量的增加。为了将微分博弈理论应用于空战，研究人员将航天器的连续运动考虑为离散时间段内的连续运动。离散时间段的端点形成博弈树的顶点，航天器可能的运动是基于其可以执行的机动类型，故如果 N 个航天器在每个顶点有 M 种可能的机动，则在每个时间段都有 M^N 种组合需要评估。显然，当编队中的航天器具有高度机动时，组合的数量会非常大。为了减少计算量，通过假设对手选择最佳策略，以减少模拟微分博弈所需的计算次数，但这些技术不能直接应用于合作博弈的情形。第二个需要克服的技术障碍是形式化评估或收益函数。特征函数基于博弈目标，在编队飞行情况下就是编队的任务。对于编队飞行，目标或任务可能相当复杂，也可能随时间而变化，故很难为组合机动选择合适的评估函数并且几乎不可能在线构建合适的函数。可行的方法是将编队飞行建模为鸟群、鱼群、蜂群等自然聚集行为，动物群在保持群体的同时具有改变方向、彼此避碰、避障等倾向。这类算法就是前文提到的蚁群算法等启发式人工智能算法。这类群体运动看起来复杂但在概念上很简单。在某种意义上，群体动物的行为说明了合作行为的特征而没有明确描述博弈本身的形式。虽然特征博弈函数的形式或个体收益如何评估并不清楚，但结果清楚地展示了合作行为。由于动物群体行为和高效的航天器编队要求之间存在天然联系，通过将本能转化为各个航天器的具体命令并结合本能的优先次序，在没有正式的合作博弈评估函数的情况下，可以有效地指导编队。另外，由于只有本能的机动需要计算，所以算法不必检查航天器机动的每种组合。

6.3.3 多智能体非合作博弈技术

非合作博弈是指在策略环境下，所有的行动都是参与者自发行为，决策过程是自主的，与其他参与者无关。1950 年和 1951 年，诺贝尔经济学奖获得者，也是非合作博弈的奠基人纳什发表了两篇著名论文[50-51]，将非合作博弈的数学表现形式确定下来，他规定了非合作博弈的形式，并定义了著名的"纳什均衡点"。纳什最先对合作与非合作进行了区别。纳什认为以前的理论包含着某种被称为合作类型的 N 人博弈思想，它以一种对能由局中人形成的不同合作之间相互关系的分析为基础；与此相反，纳什认为他自己的理论则"以缺乏合作为基础，在其中假定每个参与者都各行其是，与其他人之间没有合作与沟通"。该思想拓展了博弈论的研究范围，并增强了其应用性。

同样地，对于非合作目标航天器的姿态接管任务，目标具有对抗性机动能力，此时可利用非合作博弈实现问题的分析。零和博弈问题将服务航天器和目标定义为组合体姿态操控任务中的两个参与者，对组合体系统实施姿态控制的过程也是两个参与者的非合作博弈过程，博弈两方的目标都是实现己方的最大利益，两者的目标函数代表的得失总和为零，因此，其中一方获得收益必然导致另一方受损。为了完成对抗性目标姿态接管控制任务，设计服务航天器和目标各自的目标函数分别为

$$\begin{cases} J_1(x_e, u_1, u_2) = \int_0^{t_f} (x_e^T Q x_e + u_1^T R_1 u_1 - u_2^T R_2 u_2) \mathrm{d}t \\ J_2(x_e, u_1, u_2) = -\int_0^{t_f} (x_e^T Q x_e + u_1^T R_1 u_1 - u_2^T R_2 u_2) \mathrm{d}t \end{cases} \quad (6-9)$$

式中，u_1 和 u_2 分别是服务航天器和目标航天器的控制输入。服务航天器致力于最小化其目标函数 $J_1(x_e, u_1, u_2)$，而目标则期望最小化其目标函数 $J_2(x_e, u_1, u_2)$，也就是最大化目标函数 $J_1(x_e, u_1, u_2)$，二者通过独立优化目标函数求得各自的控制策略，这对策略就是非合作博弈中的零和博弈纳什均衡策略 (u_1^*, u_2^*)，且满足

$$J_1(u_1^*, u_2) \leqslant J_1(u_1^*, u_2^*) \leqslant J_1(u_1, u_2^*) \quad (6-10)$$

若非合作目标选择博弈均衡策略作为自身的控制策略，则目标将有意识地与服务航天器发生对抗，这种非合作目标称为理性目标；若非合作目标未选择博弈均衡策略，则称其为非理性目标。根据纳什均衡不等式可以看出，当服务航天器选择执行纳什均衡策略时，非理性目标执行纳什均衡策略之外的任意策略都会导致其目标函数受到损失，从而对服务航天器更加有利。基于非合作博弈得到的控制策略，可以使系统在保证最优控制性能的同时又具有强的干扰抑制能力。

从最纯粹的角度来看，博弈论作为一种冲突中最优决策的数学模型理论，其本质恰恰体现在非合作博弈论中。博弈论涉及多人决策[52-57]。如果每个参与

者都有自己的利益,而这些利益与他人的利益有部分冲突,那就是不合作。因此,非合作博弈可以很好地平衡受资源限制的工程系统[58-60]。非合作博弈结构已广泛应用于多机器人系统、经济系统、电力系统、计算机通信网络系统等[61-64]。近年来,人们对多人非合作对策问题的新特征[65-66]等不同研究领域进行了广泛的研究,如纳什均衡的收敛性研究[67]、具有未知二次目标的非合作对策的自适应算法[68]、具有领导者和多个非合作追随者的斯坦伯格(Sterinborgh)对策[69],以及利用平均场理论[70]解决非合作共识问题等。

非合作博弈的均衡是指一个由所有博弈参与者的策略组成的策略概要,其中没有任何一个参与者愿意单方面改变自己的策略。因此,参与者的均衡策略就是它的策略构成均衡。纳什均衡和斯坦伯格均衡是非合作博弈中常见的两个典型均衡。当每个参与者通过考虑其他参与者的策略来获得自己的策略,并且所有参与者同时采取行动时,就会出现纳什均衡。另外,斯坦伯格均衡出现在一方作为领导者,其他参与者作为追随者的情况下。领导者通过考虑所有追随者的最优反应来得出它的策略,而所有追随者只是简单地使用他们自己的最优反应来回应领导者的行动。

随机博弈论已广泛应用于控制系统的多人非合作决策问题。然而,对于具有随机波动的非线性随机系统,仍然缺乏有效解决复杂非合作博弈策略设计问题的解析或计算方案。文献[71-73]给出了一些关于具有随机波动的非线性随机系统的多人非合作博弈的处理结果。其中,在文献[71]中,基于具有连续维纳和不连续泊松(Poisson)随机涨落的非线性随机系统,将多人非合作博弈策略转化为多个哈密顿-雅可比-艾萨克(Hamilton-Jacobi-Isacc,HJI)不等式约束的多目标优化问题。文献[72]为了利用全局线性化理论简化设计过程,通过插值一组局部线性系统逼近非线性随机金融系统,使网络金融系统非合作博弈策略的 m 元组 HJI 约束多目标优化问题(Multi-Objective Optimization Problem,MOP)转化为线性矩阵不等式约束 MOP。文献[73]为了获得所有参与者的最优策略,求解了多主体追逃(Multi-Subject Pursuit and Escape,MPE)博弈,利用博弈的 HJI 方程的解,通过最优策略求得博弈者之间的纳什均衡。

多智能体网络化线性动力系统是电力系统、智能交通和工业自动化领域的研究热点。个体可能会合作优化一个全局性能目标,从而导致社会优化,或者尝试使用非合作微分博弈来满足自己的自私目标。然而,在这些解决方案中,必须将大量数据从系统状态发送到可能遥远的控制输入,从而导致底层通信网络的高成本。为了实现经济可行的通信,在通信成本或稀疏性约束条件下,提出了一个由通信状态/控制输入对数量决定的博弈理论框架。随着这个约束的加强,系统从密集通信过渡到稀疏通信,提供动态系统性能和信息交换之间的平衡。文献[74]针对具有静态线性状态反馈的多智能体线性二次型(Linear Quadratic Regulator,LQR)最优控制问题,提出了以通信状态控制输入对个数为约束的集中式和分布式社会优化算法与非合作线性二次型优化。文献[75]研究了非合作微分博弈中,给定状态和控制轨迹构成开环纳什均衡的博弈者代价函数的参数计算问题,并利用哈密顿(Hamilton)函数得到了纳什均衡。文献[76]基于博弈的控制系统(Game Based Control System,GBCS)被构造成层次结构,其中下层为多智能体之间的非合作微分博弈,上层为宏观调节器,它可以干预下层微分博弈以达到期望的宏观状态,利用黎卡提微分方程得到了非合作动态博弈的纳什均衡。通过与经典控制系统的能控性比较,分析了相关的前向-后向微分方程的能控性。文献[77]研究了一组自主水下航行器在执行器失效情况下的控制与故障恢复问题,提出了模型预测控制和博弈论两种故障恢复控制策略,利用黎卡提微分方程得到纳什均衡。在文献[78]中,提出了一类新的多代理离散时间动态博弈,称为动态图形游戏,利用离散时间耦合哈密顿-雅可比方程的解给出了纳什均衡策略和最佳对策。

考虑非合作目标可能在与服务航天器形成组合体后,有意识地与之发生姿态对抗机动,这种由目标产生的对抗性力矩很可能与服务航天器的控制力矩大小处于同等量级,对组合体系统的姿态控制任务实现将产生严重的不利影响。服务航天器与目标各自产生的控制力矩可以看作同时作用于组合体系统的两个输入,并且这两个输入在组合体接管操控问题上具有相反的控制目标。组合体系统中服务航天器与非合作目标的对抗性可以描述为多参与者非合作博弈情景中的最优决策与控制问题,微分博弈是解决这类问题的经典理论方法。因此,将对抗性非合作目标的接管操控问题转化为服务航天器与目标之间的零和博弈问题,基于微分博弈理论建立二者的博弈模型,并设计关于系统状态和能量消耗的目标函数,通过求解纳什均衡策略实现对抗性目标的姿态接管控制。同时,考虑到捕获非合作目标的组合体系统模型参数未知,设计策略迭代算法,在不需要系统模型参数的前提下,仅利用输入输出数据求解零和博弈问题的纳什均衡解。目前,解决非合作博弈策略的常用方法有三种:黎卡提迭代法[79]、线性矩阵不等式(Linear Matrix Inequalities,LMI)方法[71]和智能算法[80]。黎卡提迭代法和LMI方法可以追溯到哈密顿-雅可比-艾萨克方程。在文献[77]中,研究了一类受匹配干扰的离散时间非线性二次非合作对策的事件触发策略设计问题,利用黎卡提微分方程得到了ε-纳什平衡。在文献[80]中,非合作博弈采用了一个非二次型代价函数,其相关的哈密顿-雅可比-艾萨克方程非常难以求解,因此采用 PI 算法在线学习相关哈密顿 – 雅可比 – 艾萨克方程的解来获得非合作博弈纳什均衡解。在文献[81]中,研究了具有外部干扰的均场随机跳跃扩散系统的多人随机非合作目标冲突跟踪对策,将多人非合作跟踪游戏策略设计问题转化为等价的 LMI 约束 MOP,与以往的迭代更新算法只搜索其中一个纳什均衡解不同,该文献提出了 LMI 约束 MOP 并行搜索帕累托前沿,以获得多人非合作模型参考跟踪博弈策略的所有纳什均衡解,该方法可以有效地应用于网络社会系统中的股票市场配置和网络安全策略。

6.4 本章小结

本章首先介绍了自然界群体智能特征和案例,并通过分析当前对多航天器系统的自主性研究的最新成果,结合航天器系统传统的运营过程,解释了群体智能在航天领域应用的前景,并在此结构的基础上简述了群体智能的特性和常见算法。由于群体智能来源于自然界,以自然启发为基础的 AI 算法不可避免地被引入群体智能中,特别是典型算法,如粒子群算法。

其次,以所建立的多航天器系统体系结构为基础,介绍了实现多航天器系统自主性的策略和方法,对多航天器系统的规划与调度、任务获取与分解等相关概念进行了定义和分析。

多智能体系统博弈技术研究是当前航天领域的一个热门问题,巨大的应用优势激发了人们在此领域开展研究的热情,但是,传统控制方法并不适合日益复杂的同构与异构多航天器系统。博弈论、最优控制理论以及 AI 技术中的搜索和学习分支理论被引入了多智能体系统博弈中。

参考文献

[1] CHANDRA V, FETTER – PRUNEDA I, OXLEY P R, et al. Social Regulation of Insulin Signaling and the Evolution of Eusociality in Ants [J]. Science, 2018, 361(6400):398 – 402.

[2] 赵鹏军. 优化问题的几种智能算法[D]. 西安:西安电子科技大学,2009.

[3] SHI Y, EBERHART R C. A Modified Particle Swarm Optimizer [C]// Proceedings of the IEEE International Conference on Evolutionary Computation. Piscat-

away,NJ,1998:69-73.

[4] 李爱国,覃征,鲍复民,等. 粒子群优化算法[J]. 计算机工程与应用,2002, 38(21):1-3,17.

[5] SUN Y C,MA G F,LIU M M,et al. Distributed Finite-Time Configuration Containment Control for Satellite Formation [J]. Proceedings of the Institution of Mechanical Engineers,Part G:Journal of Aerospace Engineering,2017,231(9):1609-1620.

[6] SUN Y C,ZHAO W R,LI C J,et al. Hovering Control for Spacecraft in Relative Orbit Based on Fixed-Time Stabilization Theory [J]. Journal of Harbin Institute of Technology,2016,48(4):26-31.

[7] ZHANG J X,ZHANG Y,ZHANG Q. On-Orbit Servicing Mission Planning for Multi-Spacecraft Using CDPSO [C]// Advances in Swarm Intelligence:7th International Conference,ICSI 2016,Bali,Indonesia,June 25-30,2016,Proceedings,Part II 7. Springer International Publishing,2016:11-18.

[8] TIAN J,CHENG Y H,JIANG B,et al. Research on Cooperative Control of Spacecraft Formation under Limited Information-Exchange [J]. Aerospace Control,2014,32(4):75-81,85.

[9] LLORENTE J S,AGENJO A,CARRASCOSA C,et al. Proba-3:Precise Formation Flying Demonstration Mission [J]. Acta Astronautica,2013,82(1):38-46.

[10] GILL E,SUNDARAMOORTHY P,BOUWMEESTER J,et al. Formation Flying within a Constellation of Nano-Satellites:The QB50 mission [J]. Acta Astronautica,2013,82(1):110-117.

[11] HOU A Y,KAKAR R K,NEECK S,et al. The Global Precipitation Measurement Mission [J]. Bulletin of the American Meteorological Society,2014,95(5):701-722.

[12] HUFFMAN G J,ADLER R F,BOLVIN D T,et al. The TRMM Multi-Satellite Precipitation Analysis:Quasi-Global,Real Time,and Available Today [C]// 30th International Symposium on Remote Sensing of Environment:Information for Risk Management and Sustainable Development,2003:44-47.

[13] TAPLEY B D,BETTADPUR S,WATKINS M,et al. The Gravity Recovery and Climate Experiment:Mission Overview and Early Results[J]. Geophysical Research Letters,2004,31(9):L09607.

[14] SHARMA J,STOKES G H,VON BRAUN C,et al. Toward Operational Space-

Based Space Surveillance[J]. Lincoln Laboratory Journal,2002,13(2):309 – 334.

[15] SCHETTER T,CAMPBELL M,SURKA D. Multiple Agent – Based Autonomy for Satellite Constellations[J]. Artificial Intelligence,2003,145(1/2):147 – 180.

[16] KITTS C,RASAY M. A University – Based Distributed Satellite Mission Control Network for Operating Professional Space Missions [J]. Acta Astronautica, 2016,120:229 – 238.

[17] MARCUCCIO S,ULLO S,CARMINATI M,et al. Smaller Satellites,Larger Constellations:Trends and Design Issues for Earth Observation Systems [J]. IEEE Aerospace and Electronic Systems Magazine,2019,34(10):50 – 59.

[18] ORTORE E,CINELLI M,CIRCI C. A Ground Track – Based Approach to Design Satellite Constellations [J]. Aerospace Science and Technology,2017,69: 458 – 464.

[19] ARAGUZ C,BOU – BALUST E,ALARCÓN E. System – Level Autonomous Decision – Making for Earth Observation Satellite Systems [C]// Proceedings of the 70th Astronautical Congress:IAC – 19 – B4.3.4 – x54137. Washington, DC, USA:International Astronautical Federation,IAF,2019:1 – 13.

[20] LERMAN K,JONES C,GALSTYAN A,et al. Analysis of Dynamic Task Allocation in Multi – robot Systems [J]. The International Journal of Robotics Research,2006,25(3):225 – 241.

[21] TANG F,PARKER L E. A Complete Methodology for Generating Multi – Robot Task Solutions using ASyMTRe – D and Market – Based Task Allocation [C]// Proceedings 2007 IEEE International Conference on Robotics and Automation, ICRA 2007,10 – 14 April 2007,Roma,Italy. IEEE,2007:3351 – 3358.

[22] HOWARD A,MATARIC M J,SUKHATME G S. Mobile Sensor Network Deployment Using Potential Fields:A Distributed,Scalable Solution to the Area Coverage Problem [C]// Distributed Autonomous Robotic Systems 5. Springer Japan,2002:299 – 308.

[23] MINI S,UDGATA S K,SABAT S L. Sensor Deployment and Scheduling for Target Coverage Problem in Wireless Sensor Networks [J]. IEEE Sensors Journal, 2014,14(3):636 – 644.

[24] BERGER J,BARKAOUI M,BOUKHTOUTA A. A Hybrid Genetic Approach for Airborne Sensor Vehicle Routing in Real – Time Reconnaissance Missions [J]. Aerospace Science and Technology,2007,11(4):317 – 326.

[25] ZHANG H J,JIANG C X,BEAULIEU N C,et al. Resource Allocation for Cognitive Small Cell Networks:A Cooperative Bargaining Game Theoretic Approach [J]. IEEE Transactions on Wireless Communications,2015,14(6):3481 – 3493.

[26] MURPHEY R A. Target – Based Weapon Target Assignment Problems [M]// Nonlinear Assignment Problems:Algorithms and Applications. Boston,MA:Springer,2000:39 – 53.

[27] LI P,DUAN H B. A Potential Game Approach to Multiple UAV Cooperative Search and Surveillance [J]. Aerospace Science and Technology,2017,68:403 – 415.

[28] 邢旭东,周旭,米健. 基于改进的人工蚁群的图像分割算法[J]. 无线电通信技术,2013,39(6):71 – 73,81.

[29] 席斌,李帅,侯媛媛. 基于多目标粒子群算法的异构网接入控制[J]. 无线电通信技术,2012,38(4):42 – 44,50.

[30] 卢文清,何加铭,曾兴斌,等. 基于多特征提取和粒子群算法的图像分类[J]. 无线电通信技术,2014,40(2):90 – 93.

[31] 高明哲,祝明波,邹建武. 基于改进粒子群算法的单脉冲雷达多目标分辨[J]. 无线电工程,2014,44(6):25 – 28.

[32] 张旺,王黎莉,伍洋. 基于遗传算法的阵列天线综合及分析[J]. 无线电通信技术,2011,37(4):28 – 30.

[33] CLERC M,KENNEDY J. The particle swarm – explosion,stability,and convergence in a multidimensional complex space [J]. IEEE Transactions on Evolutionary Computation,2002,6(1):58 – 73.

[34] SAHIN E,GIRGIN S,BAYINDIR L,et al. Swarm intelligence [M]. Berlin:Springer,2008.

[35] KENNEDY J,EBERHART R C. A discrete binary version of the particle swarm algorithm [C]// 1997 IEEE International Conference on Systems,Man,and Cybernetics. Computational Cybernetics and Simulation. IEEE,1997,5:4104 – 4108.

[36] GUO J,JIANG G,LIU Y,et al. The hierarchical model of spatial orientation task in a multi – module space station [C]// Advances in Ergonomics Modeling,Usability & Special Populations:Proceedings of the AHFE 2016 International Conference on Ergonomics Modeling,Usability & Special Populations,July 27 – 31,2016,Walt Disney World®,Florida,USA. Springer International Publishing,2017:129 – 138.

[37] SUN Z W, XU G D, LIN X H, et al. The integrated system for design, analysis, system simulation and evaluation of the small satellite [J]. Advances in Engineering Software, 2000, 31(7):437-443.

[38] CHEN C, EKICI E. A Routing Protocol for Hierarchical LEO/MEO Satellite IP Networks [J]. Wireless Networks, 2005, 11(4):507-521.

[39] 易先清,冯明月,赵阳,等. 一种基于GEO/MEO星层组网的卫星网络抗毁路由研究[J]. 计算机科学, 2007, 34(8):74-82.

[40] LI G L, XING L N, CHEN Y W. CNP based satellite constellation online coordination under communication constraints [C]// Intelligent Robotics and Applications:10th International Conference, ICIRA 2017, Wuhan, China, August 16-18, 2017, Proceedings, Part I 10. Springer International Publishing, 2017:683-695.

[41] XU J, ZHANG G X, BIAN D M, et al. Research on Networking Method of Broadband LEO Constellation Satellite Communication System Under Conditions with Global Communication and Domestic Stations [J]. Information & Communications, 2019(02):58-61.

[42] 伍国华,王慧林,刘宝举,等. 面向区域目标侦察的异构空天地观测资源协同任务规划方法[C]// 第五届高分辨率对地观测学术年会论文集, 2018:133-143.

[43] 义余江,邢立宁,张钊,等. 面向动态环境的成像卫星自主任务规划方法[C]// 中国系统工程学会第十八届学术年会论文集——A02管理科学,中国系统工程学会, 2014:104-108.

[44] 徐劼. 小卫星编队飞行关键技术及发展趋势分析[J]. 航天电子对抗, 2007, 23(6):24-29.

[45] 李勇军,赵尚弘,张冬梅,等. 空间编队卫星平台激光通信链路组网技术[J]. 光通信技术, 2006, 30(10):47-49.

[46] 李波,邱红艳. 基于双层模糊聚类的多车场车辆路径遗传算法[J]. 计算机工程与应用, 2014, 50(05):261-264,270.

[47] MU C P, LI Y J. An Intrusion Response Decision-Making Model Based on Hierarchical Task Network Planning [J]. Expert Systems with Applications, 2010, 37(3):2465-2472.

[48] SMITH R G. The Contract Net Protocol:High-Level Communication and Control in a Distributed Problem Solver [J]. IEEE Transactions on Computers, 1980, C-29(12):1104-1113.

[49] NASH J F. Non – Cooperative Games [J]. Annals of Mathematics,1951,54(2):286 – 295.

[50] NASH J F. Equilibrium points in n – person games [J]. Proceedings of the National Academy of Sciences of the United States of America,1950,36(1):48 – 49.

[51] GAO L Y,SHA J C. Research on task optimal allocation for distributed satellites system based on contract net protocol[J]. Yuhang Xuebao/Journal of Astronautics,2009,30(2):815 – 820.

[52] KODAMA J,HAMAGAMI T,SHINJI H,et al. Multi – Agent – Based Autonomous Power Distribution Network Restoration Using Contract Net Protocol [J]. Electrical Engineering in Japan,2009,166(4):56 – 63.

[53] LINIGER A,LYGEROS J. A Noncooperative Game approach to Autonomous Racing [J]. IEEE Transactions on Control Systems Technology,2020,28(3):884 – 897.

[54] WEN G H,FANG X,ZHOU J,et al. Robust formation tracking of multiple autonomous surface vessels with individual objectives:A noncooperative game – based approach [J]. Control Engineering Practice,2022,119:104975.

[55] ZHANG F H,FU Y,ZHU S,et al. Safe path planning for free – floating space robot to approach noncooperative spacecraft [J]. Proceedings of the Institution of Mechanical Engineers,Part G:Journal of Aerospace Engineering,2018,232(7):1258 – 1271.

[56] SHARMA S,VENTURA J,D'AMICO S. Robust Model – Based Monocular Pose Initialization for Noncooperative Spacecraft Rendezvous [J]. Journal of Spacecraft and Rockets,2018,55(6):1414 – 1429.

[57] 李济泽,李科杰,宋萍. 基于非合作博弈模型的多移动节点任务分配[J]. 福建工程学院学报,2010,8(4):388 – 391.

[58] CHAI Y,LUO J J,HAN N,et al. Linear quadratic differential game approach for attitude takeover control of failed spacecraft [J]. Acta Astronautica,2020,175:142 – 154.

[59] 郑耿忠,刘三阳,齐小刚. 基于非合作博弈的无线传感器网络功率控制研究[J]. 控制与决策,2011,26(7):1014 – 1018.

[60] 李维良,葛荣荣,席裕庚. 单机多客户调度的交互式非合作博弈求解[J]. 控制工程,2007,(增刊1):204 – 208.

[61] 张海博,魏春岭. 空间非合作目标抓捕碰撞动力学建模与柔顺捕获控制[C]// 第九届全国多体系统动力学暨第四届全国航天动力学与控制学术会议论文摘要集,2015:63-64.

[62] HUANG Y J,CHIBA R,ARAI T,et al. Robust multi-robot coordination in pick-and-place tasks based on part-dispatching rules[J]. Robotics & Autonomous Systems,2015,64:70-83.

[63] CHEN S B,GUO Z W,YANG Z Y,et al. A Game Theoretic Approach to Phase Balancing by Plug-in Electric Vehicles in the Smart Grid[J]. IEEE Transactions on Power Systems,2019,35(3):2232-2244.

[64] NEZARAT A. Distributed Intrusion Detection System Based on Mixed Cooperative and Non-Cooperative Game Theoretical Model[J]. International Journal of Network Security,2018,20(1):56-64.

[65] XU L J,FEI M R,YANG T C. Non-Cooperative Game Model Based Bandwidth Scheduling and the Optimization of Quantum-Inspired Weight Adaptive PSO in a Networked Learning Control System[C]// Life System Modeling and Intelligent Computing: International Conference on Life System Modeling and Simulation,LSMS 2010,and International Conference on Intelligent Computing for Sustainable Energy and Environment,ICSEE 2010,Wuxi,China,September 17-20,2010. Proceedings,Part II. Springer Berlin Heidelberg,2010:8-15.

[66] FRIHAUF P,KRSTIC M,BASAR T. Nash equilibrium seeking in noncooperative games[J]. IEEE Transactions on Automatic Control,2012,57(5):1192-1207.

[67] TAN X,CRUZ J B. Adaptive Noncooperative N-Person Games with Unknown General Quadratic Objectives[J]. IEEE Transactions on Control Systems Technology,2010,18(5):1033-1043.

[68] AHMED M,MUKAIDANI H,SHIMA T. H_∞-constrained incentive Stackelberg games for discrete-time stochastic systems with multiple followers[J]. IET Control Theory & Applications,2017,11(15):2475-2485.

[69] NOURIAN M,CAINES P E,MALHAME R P,et al. Nash,Social and Centralized Solutions to Consensus Problems via Mean Field Control Theory[J]. IEEE Transactions on Automatic Control,2013,58(3):639-653.

[70] CHEN B S,CHEN W Y,YANG C T,et al. Noncooperative Game Strategy in Cyber-Financial Systems with Wiener and Poisson Random Fluctuations: LMIs-

Constrained MOEA Approach [J]. IEEE Transactions on Cybernetics, 2018, 48 (12):3323 – 3336.

[71] CHEN B S, LEE M Y. Noncooperative and Cooperative Strategy Designs for Nonlinear Stochastic Jump Diffusion Systems With External Disturbance: T – S Fuzzy Approach[J]. IEEE Transactions on Fuzzy Systems, 2019, 28(10):2437 – 2451.

[72] LOPEZ V G, LEWIS F L, WAN Y, et al. Solutions for Multiagent Pursuit – Evasion Games on Communication Graphs: Finite – Time Capture and Asymptotic Behaviors [J]. IEEE Transactions on Automatic Control, 2019, 65(5): 1911 – 1923.

[73] LIAN F, CHAKRABORTTY A, DUEL – HALLEN A. Game – Theoretic Multi – Agent Control and Network Cost Allocation Under Communication Constraints [J]. IEEE Journal on Selected Areas in Communications, 2017, 35(2):330 – 340.

[74] MOLLOY T L, INGA J, FLAD M, et al. Inverse Open – Loop Noncooperative Differential Games and Inverse Optimal Control [J]. IEEE Transactions on Automatic Control, 2019, 65(2):897 – 904.

[75] ZHANG R R, GUO L. Controllability of Nash Equilibrium in Game – Based Control Systems [J], IEEE Transactions on Automatica Control, 2019, 64 (10):4180 – 4187.

[76] SEDAGHATI S, ABDOLLAHI F, KHORASANI K. Model Predictive and Non – Cooperative Dynamic Game Fault Recovery Control Strategies for a Network of Unmanned Underwater Vehicles[J]. International Journal of Control, 2019, 92 (3):489 – 517.

[77] ABOUHEAF M I, LEWIS F L, VAMVOUDAKIS K G, et al. Multi – Agent Discrete – Time Graphical Games and Reinforcement Learning Solutions [J]. Automatica, 2014, 50(12):3038 – 3053.

[78] YUAN Y, WANG Z, GUO L. Event – Triggered Strategy Design for Discrete – Time Nonlinear Quadratic Games With Disturbance Compensations: The Noncooperative Case [J]. IEEE Transactions on Systems, Man, and Cybernetics: Systems, 2018, 48(11):1885 – 1896.

[79] MODARES H, LEWIS F L, SISTANI M B N. Online solution of nonquadratic two – player zero – sum games arising in the H_∞ control of constrained input systems [J]. International Journal of Adaptive Control & Signal Processing, 2014, 28(3/5):232 – 254.

[80] CHEN B S, YOUNG C T, LEE M Y. Multiplayer Noncooperative and Cooperative Minimax H_∞ Tracking Game Strategies for Linear Mean – Field Stochastic Systems With Applications to Cyber – Social Systems [J]. IEEE Transactions on Cybernetics, 2020, 52(5): 2968 – 2980.

第 7 章
载人航天与月球探测

随着载人航天技术的发展和第二次月球探测浪潮的到来,人类在太空中的活动日益丰富,停留的时间越来越长,到达的距离越来越远。未来的载人航天和月球探测活动,智能机器人必将参与其中。

本章首先分析了载人航天与月球探测的发展趋势,展望了其未来发展对机器人智能化水平的需求;其次就机器人运动规划方法进行了详细介绍;最后分析了与载人航天相关的几类空间智能机器人的发展现状、智能可穿戴装备在航天训练方面的应用潜力、几类月面智能机器人的概念和应用,展望了人工智能在月面智能群体机器人中的应用。可以预见,在人工智能技术和智能机器人的加持下,未来载人航天和月球探测的格局将被彻底改变。

7.1 载人航天与月球探测发展趋势

时至今日,世界载人航天和月球探测已经走过了60多年的历程。从加加林首次航天飞行到阿姆斯特朗首次登月,从航天飞机巡游太空到和平号空间站的长期运行,从多国联合建造"国际空间站"到载人登月计划的提出,载人航天取得了诸多重要的成就,能力不断提升,范围不断拓展,内涵不断丰富[1]。从搭载航天员的飞行器划分,有载人飞船、空间站和航天飞机。从载人航天飞行距离划分,有近地空间载人飞行和载人月球飞行。从时间划分,包括20世纪60年代的载人飞船和月球探测,70年代的空间站,80年代的航天飞机,90年代的国际空间站,21世纪的月球探测。

值得一提的是,进入21世纪后,载人航天与月球探测呈现出以下发展趋势:

(1)随着近地轨道载人航天技术的相对成熟,具备与航天员智能交互能力的空间机器人技术逐渐兴起。随着国际空间站的建设和运行,越来越多的航天员参与到了在轨操作活动中,而且在空间站中停留的时间也越来越长,执行的操作任务越来越多。在此过程中,人们已经开始试图让空间机器人辅助航天员执行一些在轨操作任务,以减轻航天员操作风险和压力。因此,航天员与机器人的协同操作成为未来载人航天的发展趋势之一。这就要求机器人具备与航天员的智能交互能力,需要发展基于人工智能的空间机器人技术。

(2)载人航天将从近地轨道向月球迈进。研究表明,月球储藏着丰富的矿物资源和能源,可供人类开采和使用(如钛、氦-3等),美国甚至将月球视为人类的"第八大洲"。月球的冰水资源(转为氢气和氧气可作为火箭燃料)和低重力环境(发射重型火箭耗能更少),使其成为人类开展深空探测的"加油站"和"中转站"。此外,在月球上还可以利用其高真空、低重力、低温、无大气遮挡、月背无人类活动干扰等自然环境优势,开展各种科学实验和宇宙观测。因此,月球因其独一无二的位置资源、极具特点的环境资源、丰富的物质资源,是人类进行空间探测和开发利用太空的首选目标,开展登月活动,建立月球基地,研究用于探索、开发月球的相关技术迫在眉睫。虽然20世纪60年代,人类已经登上了月球,但现在,人类已经不满足于送一两个宇航员去太空,随着各航天大国深空探测能力的逐步积累与提升,未来的月球探测活动将以月球驻留科学探测与资源开发利用为主,因此载人航天也将向着载人月球探测发展。

(3)自主智能月球探测器是人类大范围探索月球的首选装备。基于目前人类对月球的有限认知和现有的航天技术水平,发展载人月球探测之前,掌握无人月球探测技术是首选之路。虽然已有月球探测器到达过月球,也完成了挖掘采集等任务,但是其智能化水平亟待提高。因为随着未来月球探测活动范围的不断扩大,将使探测器面临探测环境复杂且不确定、通信延迟大且数传速率低、信息不完备、天地互动决策难等一系列关键难题,亟须技术创新和技术突破。针对这一系列挑战,自主智能月球探测器将以其独特的优势在未来月球探测任务中发挥重要的作用。

(4)机器人建造将成为后续探月任务的重要发展方向。未来月球基地的建设过程较为复杂,建设周期较长。按照建造阶段的不同,月球基地的发展要经历无人月球基地和载人月球基地阶段。无论在哪个阶段,机器人都是必不可少的主力。与人相比,机器人具有环境适应性好、工作时间长、负载能力大、安全性高、程序化、重复性好等优势。因此,出于技术跨度、经济可承受性、效费比、安全性等因素考虑,机器人建造将成为后续探月任务的重要发展方向。然而,月球环境的特殊性和未知性,以及月球基地建设任务的复杂性和规模的庞大性,都对此类机器人的智能自主性提出了新的需求和挑战。

综上所述,智能机器人将成为未来载人航天和月球探测的重要组成部分,这

使得未来载人航天和月球探测势必与人工智能紧密结合,主要体现在:

(1)近地载人航天操作任务、月球基地的建设与运行还需要航天员与机器人/设备之间的协同,人工智能可以实现把机器人/设备的智能和航天员的智能充分融合,综合利用两者各自的优势,人机性能互补,完成高难度的任务。

(2)围绕月球基地进行大范围资源勘查与开发,需要探测器能够高精度着陆至预选区中心位置,将机器人、物资、航天员运送至中心区,并且需要对附近区域进行分析。人工智能的空间环境感知能力和空间环境监测能力可以分析环境、资源分布等因素,识别天体表面地形,辅助探测器精准着陆,实现高价值资源开发。

(3)月球基地建设与运行过程中不可或缺的是原位资源开采与利用技术,获取和利用地外天体的天然资源,才是人类真正走出地球迈向深空的可持续发展之路。原位资源开采与利用技术将不可避免地涉及机械学、建筑学等其他学科,人工智能可以作为一个中心节点,把众多学科领域进行深度的交叉融合,实现更高层次的技术集成。另外,原位资源开采与利用的设备涉及的组件种类繁多,包含大型桁架展开机构、大型空间机械臂等,人工智能可以辅助开展组装时序和工艺流程总体规划与设计。

(4)月球表面作业将使用功能各异的机器人协同作业,如需要勘察机器人、开采机器人、运输机器人等明确分工,人工智能的集群智能技术可以让不同用途的机器人通过群体协同,以智能群体协同的形式进行表面环境自主感知、任务自主学习和行为自主规划等操作,以自主化和智能化的整体协同方式完成任务,形成多智能体联合工作的复杂体系,充分发挥每一个智能体的价值,支撑资源开采和建造任务的高效实施。

(5)月球表面绝大部分区域的环境是未知的,依靠地面或航天员遥操作规划探测器的方式并不现实,人工智能的学习能力可以帮助探测器迅速适应新环境、新任务,实现在更加复杂和未知的星球表面进行探测。

可以预见,在智能机器人的加持下,未来载人航天和月球探测的格局有可能彻底改变,特别是在多智能体协同控制与信息融合领域。智能机器人的优势在月球探测极端环境的一系列特殊挑战中可以得到充分运用与发挥,将成为未来月球探测任务的研究重点。

如上所述,为了能在充满未知性和不确定性的太空环境与星球表面可靠地完成任务,要求机器人必须具有自主感知、快速决策、运动规划与控制的能力。其中,机器人运动规划作为上层决策与底层控制的连接模块,负责将决策序列转化为控制器可执行的参考路径(轨迹),是智能机器人的一项关键技术,将在7.2

节就此问题进行重点阐述,并在之后介绍与载人航天和月球探测相关的各类智能空间机器人的发展现状和趋势。

7.2 智能机器人运动规划

7.2.1 智能机器人运动规划概述

运动规划就是要决定一条从初始位置到目标位置的轨迹或路径,使机器人能够沿着这条轨迹或路径在不发生碰撞的情况下完成所要求的任务[2]。传统意义上的运动规划包括路径规划和轨迹规划,前者得到的结果是数学意义上的连续曲线,不包含时间信息;后者得到的结果是反映真实物理过程的轨迹,与时间有关。对机器人而言,路径规划一般在构型空间(亦称为C空间)内进行,轨迹规划则在状态空间内进行。但无论构型空间抑或状态空间,都是无限不可数的,故运动规划的一个中心主题是将连续空间离散化,进而借助人工智能领域的离散搜索思想,将求解运动规划问题视为在高维自由构型空间 C_{free} 或自由状态空间中的搜索过程[3]。

1. 路径规划

路径规划问题可以描述为:设 $G(V,E)$ 为映射到 C_{free} 的拓扑图,其中 V 为图中节点的集合,每个节点相对应一个构型 q。E 为图中边的集合,每条边相对应两个构型间的无碰撞路径。对于所有 $edge \in E$,定义有

$$S = \bigcup_{edge \in E} edge([0\ 1]) \tag{7-1}$$

式中,$edge([0\ 1]) \subseteq C_{free}$ 表示路径 edge 的像;S 为可以通过 $G(V,E)$ 到达的所有构型的集合。解决路径规划问题的思路正是用包含数个节点的图结构 $G(V,E)$ 捕捉 C_{free} 的连通信息,并基于此离散结构搜索解路径。

由于 $G(V,E)$ 的构建过程显然受障碍物形状及其位置分布的影响,故一般可根据是否在C空间中显式表示障碍物区域 C_{obs},将处理路径规划问题的算法分为组合运动规划(Combinatorial Motion Planning,CMP)算法和基于采样的运动规划(Sampling-Based Motion Planning,SBMP)算法两类。

组合运动规划方法首先需要将障碍构型空间 C_{obs} 和自由构型空间 C_{free} 显式且完备地表示出来,然后将路径规划问题转化为自由构型空间中的路图构造和路径搜索问题。该类方法构造的从起始构型到目标构型的路图需满足可达性和

连通性的要求,这样才能保证规划结果的完备性,即如果规划问题有解,那么算法可以成功返回问题的解,若规划问题无解,算法也可以报告无解。用来构造路图的方法有胞腔分解法、可视图法、维罗尼图法等。当构图完成后,可用 A^* 算法、Dijkstra 算法以及 D^* 算法等图搜索算法来寻找解路径。这类方法在解决路径规划问题时的优势具有完备性,且对自由度较少的机器人在简单应用场景下的路径规划具有高效性。然而,随着机器人自由度的增加、障碍环境的复杂化以及其他约束条件的增多,显示且完备地构造自由构型空间、障碍构型空间以及路图的难度都会呈指数倍增长,因此这类方法并不适用于高自由度机器人的路径规划。此外,这类方法也不适用于轨迹规划问题[4]。

基于采样的运动规划方法通过利用碰撞检测模块来避免显式构造障碍构型空间,核心思想是用自由构型空间中的有限多个点来近似表示连通性,然后用这些点来构造搜索树,以牺牲完备性的代价换取较高的计算速度。这种方法利用可数的采样点集或采样序列及满足一定条件的连接方式近似捕捉无限不可数的 C_{free} 的连通特性,尽管其永远不可能知晓 C_{free} 的精确形状,但却节省了大量的计算时间,是一种行之有效的折中方式,可用于高维空间中的路径规划。采用随机采样方式的规划方法具有概率完备性,而采用确定性采样方式的规划方法具有分辨率完备性。理论和实践证明,随机采样方式相对来说更有效[3-4]。

随机采样规划方法可分为多查询和单查询两类。多查询方法通过构建具有拓扑性质的路图来实现具有多个起始-目标点对的路径规划,这类方法的典型代表有概率路线图法(Probabilistic Roadmap,PRM)以及它的各种变体,如 lazy PRM、dynamic PRM 以及 PRM^* 等。单查询方法用来实现具有单个起始-目标点对的路径规划,通过增量式的方法构造一个无向树状图来快速搜索目标,这类方法的典型代表有快速扩展随机树法(Rapidly-exploring Random Tree,RRT)、快速扩展密集树法(Rapidly-exploring Dense Tree,RDT)以及各种变体,如 RRT-Connect、RRT^* 等。多查询方法在开始路径搜索之前就完全创建一个没有碰撞的路线图,这通常是一种浪费,因为对于大多数规划问题来说,并不需要详尽的路线图,而且如果障碍或约束发生了变化,就必须重新生成路线图。单查询方法可以避免这个缺陷,且在解决具有高自由度的轨迹规划问题上具有良好的效果[4]。

基于采样的路径规划算法[5]:

步骤 1:初始化,无向拓扑图 $G(V,E)$ 的节点集 V 初始时一般包含起始构型 q_I 和目标构型 q_G。

步骤 2：节点选择方法（Node Selection Method，NSM），选择一个节点 $q_{cur} \in V$ 进行扩展。

步骤 3：局部规划方法（Local Planning Method，LPM），选择新的构型点 $q_{new} \in C_{free}$，试图构造路径 $\tau_s:[0\ 1] \rightarrow C_{free}$，使得 $\tau_s(0) = q_{cur}$ 且 $\tau_s(1) = q_{new}$。用碰撞检测算法确保 $\tau_s \in C_{free}$，否则返回步骤 2。

步骤 4：在图中插入一条边，将 τ 作为连接 q_{cur} 和 q_{new} 的边插入 E 中。若 q_{new} 不在 V 中，也将其插入。

步骤 5：对解进行检验，确定 G 是否已经编码了一条解路径。

步骤 6：返回步骤 2。

现有算法大多与步骤 2 和步骤 3 有所不同，如 RRT、PRM 等。RRT 是从起始点开始向外拓展一个树状结构，而树状结构的拓展方向是通过在规划空间内随机采点确定的。PRM 是在规划空间内随机选取 N 个节点，之后连接各节点，并去除与障碍物接触的连线，由此得到一个随机路图。显然，当采样点太少，或者分布不合理时，RRT 和 PRM 算法都是不完备的，且所得结果只是可行的并非最优的。

2. 轨迹规划

大多数运动规划问题都会涉及来自机器人运动学或动力学的微分约束，因此是与时间相关的轨迹规划问题。一般的处理方式是先在规划过程中忽略这些约束，并通过路径规划算法生成几何可行路径，然后再在问题的改进过程中利用轨迹规划/轨迹优化技术处理它们。虽然这种解耦规划在许多情况下可以节省大量计算时间，但同时也丢失了完备性和最优性保证。更好的选择是在规划过程中直接考虑微分约束，这样便可得到服从系统自然运动特性的轨迹，同时降低反馈控制器的跟踪误差。此类问题一般称为动力学运动规划（Kinodynamic Motion Planning，KMP）。本质上，KMP 可被视为经典两点边值问题（Two-point Boundary Value Problem，TPBVP）的变体。

经典两点边值问题通常是给定初始状态和目标状态的情况下，在状态空间中计算一条连接初末状态并满足微分约束的（最优）路径；而规划问题则牵扯到一类附加的复杂性：避免与状态空间中的障碍物发生碰撞，用控制理论的术语来讲，即是为包含非凸状态约束和控制约束的非线性系统设计（最优）开环轨迹。但求解 TPBVP 的技术并不能很好地适用于轨迹规划，因为其本就不是为处理全局障碍物约束而设计的，或者说很难得到受非凸状态和控制约束的非线性系统的最优必要条件。

处理 KMP 的方式一般有基于采样的方法和基于优化的方法两类。RRT 最初便是为解决含微分约束的运动规划问题而设计的,而非路径规划。其算法流程与上一节基本相同,稍微的区别在于此处的算法一般在固定的离散动作集中选择能最小化积分后状态与采样点间距的离散动作,作为树上新加入的边所对应的控制输入(积分时间可以固定,也可以在某个区间$[0, \Delta T_{max}]$内随机选择)。尽管 RRT 为含微分约束的运动规划问题提供了较好解决方案,但它的缺点是性能对度量函数较为敏感,差的度量可能导致一些注定发生碰撞的状态和位于可达集边界的状态被重复选择,重复扩展,从而大大增加了运行时间,延缓了树的生长。

基于优化的方法受益于最优控制直接法,即显式考虑障碍物约束,其将函数空间中的无穷维优化问题转化为有限维非线性参数优化问题,在一定意义上可被统一至模型预测控制(Model Predictive Control,MPC)[6]的框架下。目前,大致存在三类基于优化的轨迹规划算法:

(1)无约束优化方法,其目标函数由障碍物表示的人工势场所增强,或者通过确定性协变方法,或者通过概率梯度下降方法减小目标函数值。虽不需要高质量的初始猜想,但并未从理论上提供收敛保证,而且在有杂乱障碍物的环境中的失败率较高,不适用于实时轨迹规划问题。

(2)序列凸规划方法,对有约束的非凸优化问题来讲,通用类非线性规划算法的收敛表现严重依赖于初始猜想,无法提供收敛保证并提前预知所需的计算时间,很难应用于实时任务。而凸优化问题可保证在多项式时间内可靠地得到全局最优解,为借助这一优势,必须将非凸的最优轨迹规划问题进行凸化。除问题的凸化外,该类方法面临的另一困难则在于如何建立恰当的避障约束。

(3)凸分解方法,为了避免由避障需求带来的非凸约束的影响,凸分解方法通常将已知自由空间分解为一系列重叠的凸胞腔,并保证数个插值曲线片段分别位于各凸胞腔内,以满足机器人运动过程的安全性要求。

虽然基于优化的轨迹规划算法采用了三种不同的处理思路,但其本质上都是建立在有约束的非线性优化问题的基础上的,所以优化技术未来可预见的重大进展将是此类算法性能提升的主要渠道。

7.2.2 机器人运动规划基本算法

1. 基于采样的路径规划算法

自从洛扎诺-佩雷斯将 C 空间这个概念引入运动规划中之后,运动规划问题转化成在 C 空间中寻找一条不发生碰撞的路径问题,其中 C 空间可以划分为

自由空间 C_{free} 和存在障碍物的障碍区间 C_{obs}。运动规划就是计算一条符合任务要求的连续路径 $\tau[0,1]^{[5]}$：

$$\tau[0,1] \rightarrow C_{free}, (\tau(0) = q_I, \tau(1) = q_G) \qquad (7-2)$$

式中，$q_I, q_G \in C_{free}$ 分别是初始构形和目标构形。

基于采样的运动规划方法是解决上述问题的一类很高效的方法。该方法的核心思想是通过每一步迭代过程中随机采样一个点，并检查之前节点到该点的运动过程中是否能够与障碍物发生碰撞。如果发生，则丢弃。如果没有发生，则添加到已有的路径当中。下面介绍几种基本的基于采用的路径规划算法。

1）基于 RRT 的路径规划算法

RRT 算法的核心思想是通过全局的随机采样，朝着所有采样的方向扩展，生成一棵"树"。"树"的根就是起始点 x_0，如果有"树梢"到达目标点 x_{goal}，则得到了一条从树根沿着"枝干"到树梢的路径，也就是规划好了一条从起始点 x_0 到目标点 x_{goal} 的路径。

该算法的主要流程是通过全局的随机采样得到采样点 x_{sample}，然后寻找距离 x_{sample} 最近的点 $x_{nearest}$。通过 $x_{nearest}$ 和 x_{sample} 之间的关系，得到一个新拓展的点 x_{new} 进行碰撞检测。若 x_{new} 以及从 $x_{nearest}$ 到 x_{new} 之间都没有发生碰撞，则将 x_{new} 以及 $x_{nearest}$ 到 x_{new} 之间的路径添加到路径 G 中。然后继续循环采样 $x_{sample} \rightarrow$ 寻找最近点 $x_{nearest} \rightarrow$ 拓展新的点 $x_{new} \rightarrow$ 碰撞检测 $\rightarrow$ 添加到路径 G。一直循环到满足目标要求或者触及最大循环次数时，得到一条从 x_0 到 x_{goal} 的路径，或者提示无解。RRT 规划示意图和伪代码分别如图 7-1 和表 7-1 所示。

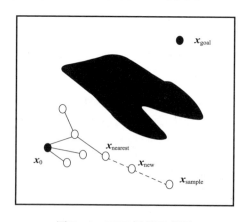

图 7-1 RRT 规划示意图

表 7-1 RRT 算法伪代码

算法 1:RRT 算法伪代码
1. $V \leftarrow \{x_0\}$;
2. $G = \{V, E \leftarrow \varnothing\}$;
3.   **for** $x_{new} \neq x_{goal}$ and $i < N$ **do**
4. $x_{sample} \leftarrow \text{Sample}(X)$;
5. $x_{nearest} \leftarrow \text{Nearest}(V, x_{sample})$;
6. $x_{new} \leftarrow \text{MonteCarlo-Prop}(x_{nearest}, U)$;
7.   **if** CollisionFree($\overline{x_{nearest} \rightarrow x_{new}}$) **then**
8. $V \leftarrow V_{inactive} \cup \{x_{new}\}$;
9. $E \leftarrow E \cup \{\overline{x_{nearest} \rightarrow x_{new}}\}$;
10.   **end if**
11.   **end for**
12.   **return** G

2) 基于 GB-RRT 的路径规划算法

RRT 算法过于强调全局的探索,导致在运动规划中始终在探索所有的自由空间,耗时太多,且实际意义不大[7]。因此,为了提高 RRT 规划的快速性,Lavalle 等提出了基于目标偏置的 RRT(GOAL_BIASED_RRT,GB-RRT)规划算法[5]。

该算法是在基本的 RRT 算法上面添加了目标偏置概率 p_{goal}。在每次进行采样之前,需要在 0~1 产生一个随机数 p,用于与 p_{goal} 比较。若 p 小于 p_{goal},则取目标构型 x_{goal} 为采样点 x_{sample},反之,则取随机采样点。该算法的伪代码如表 7-2 所示。这样的好处是可以以目标偏置概率将路径导向目标构型,加快规划速度。

表 7-2 GOAL_BIASED_RRT 算法伪代码

算法 2:GOAL_BIASED_RRT 算法伪代码
1. $V \leftarrow \{x_0\}$;
2. $G = \{V, E \leftarrow \varnothing\}$;
3.   **for** N iterations **do**
4. $p \leftarrow \text{rand}(0,1)$;
5.   **if** $p < p_{goal}$ **then**
6. $x_{sample} \leftarrow x_{goal}$;

续表

算法2:GOAL_BIASED_RRT算法伪代码
7.   **else**
8. $x_{\text{sample}} \leftarrow \text{Sample}(X)$;
9.   **end if**
10. $x_{\text{nearest}} \leftarrow \text{Nearest}(V, x_{\text{sample}})$;
11. $x_{\text{new}} \leftarrow \text{MonteCarlo} - \text{Prop}(x_{\text{nearest}}, U)$;
12.   **if** $\text{CollisionFree}(\overline{x_{\text{nearest}} \rightarrow x_{\text{new}}})$ **then**
13. $V \leftarrow V_{\text{inactive}} \cup \{x_{\text{new}}\}$;
14. $E \leftarrow E \cup \{\overline{x_{\text{nearest}} \rightarrow x_{\text{new}}}\}$;
15.   **end if**
16. **end for**
17. **return** G

该方法在提高规划速度的同时,也存在着一个明显的问题。当障碍物在空间中分布不均匀时,固定值的偏置概率并不能很好地处理快速性。因为固定的目标偏置概率使得路径在障碍物稀疏的构型空间和障碍物稠密的构型空间扩张是同样的目标偏置概率,这显然是和实际应用不相符的。相对于稠密障碍物的构型空间,路径在稀疏障碍物的构型空间中应以更高的目标偏置概率朝着目标前进。同时,固定的目标偏置概率也不能优化轨迹或路径。

3)基于SST的路径规划算法

为了得到满足某些约束条件下的最优轨迹,Li Yanbo等[8]于2016年提出了稀疏稳定型的RRT算法(STABLE SPARSE RRT,SST)。该算法是一种近似最优的规划方法。与RRT*相比,该算法不需要转向函数的同时也得到近似最优轨迹。

SST将路径点分为两种类型:一种是活跃路径点V_{active},一种是非活跃路径点V_{inactive}。活跃路径点是指在新的路径点生产的过程中可以被用来直接取作最近点的路径点。非活跃路径点是指在新的路径点生产的过程中不能直接被取作最近点,但是它是活跃路径点的父节点。通过设置这两种路径节点,可以减少附近最优时的节点筛选数量,同时也避免非最优节点加入路径中。另外,SST算法还设置了一个监视集S。通过监视集S可以实现SST的两个核心算法:附近最优算法(图7-2)和稀疏算法(图7-3)。附近最优算法在生成新的路径点时是为了更好的路径质量。稀疏算法是删除导致路径质量太差的路径叶节点,以及调整导致路径质量太差的活跃路径点V_{active}中的非叶节点到非活跃路径点V_{inactive}。

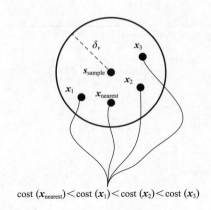

图 7-2 附近最优算法

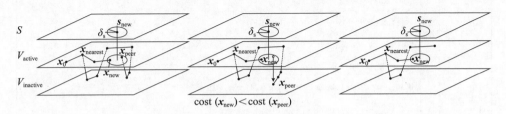

图 7-3 稀疏算法

该算法首先通过随机采样产生一个随机路径点 s_{sample},并在以查询半径 δ_v 为半径区域内寻找代价最小、质量最优的路径点 x_{nearest}。然后产生新的路径点 x_{new}。若没有发生碰撞,则以 x_{new} 为中心,以稀疏半径 δ_s 为半径,在监视集 S 中寻找最近的监视状态 s_{new}。若监视集 S 中不存在 x_{new} 附近的监视状态 s_{new},则将 x_{new} 添加到 S 中,并视 x_{new} 为 s_{new}。此时,x_{peer} 是监视集 S 中代表 s_{new} 在状态空间中的路径点。比较 x_{new} 和 x_{peer} 的路径质量,若 $\text{cost}(x_{\text{new}}) < \text{cost}(x_{\text{peer}})$,则说明在稀疏半径 δ_s 的范围内,x_{new} 所形成的路径要优于 x_{peer} 所形成的路径。因此,将 x_{new} 添加到路径的活跃节点上。若 x_{peer} 是某一路径点的父节点,则将 x_{peer} 添加到非活跃节点上,否则便删除掉,以达到稀疏的目的。整个 SST 算法伪代码如表 7-3 所示。

表 7-3 SST(STABLE_SPARSE_RRT)算法伪代码

算法 3:SST(STABLE_SPARSE_RRT)算法伪代码
1. $V_{\text{active}} \leftarrow \{x_0\}, V_{\text{inactive}} \leftarrow \varnothing, V \leftarrow V_{\text{active}} \cup V_{\text{inactive}}$;
2. $G = \{V, E \leftarrow \varnothing\}$;
3. $s_0 \leftarrow x_0, s_0.\text{rep} = x_0, S \leftarrow \{s_0\}$;

续表

算法3:SST(STABLE_SPARSE_RRT)算法伪代码
4.   **for** N iterations **do**
5. $s_{\text{sample}} \leftarrow \text{Sample}(X)$;
6. $x_{\text{nearest}} \leftarrow \text{BestNear}(V_{\text{active}}, s_{\text{sample}}, \delta_v)$;
7. $x_{\text{new}} \leftarrow \text{MonteCarlo} - \text{Prop}(x_{\text{nearest}}, U, T_{\text{prop}})$;
8.   **if** $\text{CollisionFree}(\overline{x_{\text{nearest}} \to x_{\text{new}}})$ **then**
9. $s_{\text{new}} \leftarrow \text{Nearest}(S, x_{\text{new}})$;
10.   **if** $\text{dist}(x_{\text{new}}, s_{\text{new}}) > \delta_s$ **then**
11. $S \leftarrow S \cup \{x_{\text{new}}\}$;
12. $s_{\text{new}} \leftarrow x_{\text{new}}$;
13. $s_{\text{new}}.\text{rep} \leftarrow \text{NULL}$;
14.   **end if**
15. $x_{\text{peer}} \leftarrow s_{\text{new}}.\text{rep}$;
16.   **if** $x_{\text{peer}} == \text{NULL}$ or $\text{cost}(x_{\text{new}}) < \text{cost}(x_{\text{peer}})$ **then**
17. $V_{\text{active}} \leftarrow V_{\text{active}} \setminus \{x_{\text{peer}}\}$;
18. $V_{\text{inactive}} \leftarrow V_{\text{inactive}} \cup \{x_{\text{peer}}\}$;
19. $s_{\text{new}}.\text{rep} \leftarrow x_{\text{new}}$;
20. $V_{\text{active}} \leftarrow V_{\text{active}} \cup \{x_{\text{new}}\}, E \leftarrow E \cup \{\overline{x_{\text{nearest}} \to x_{\text{new}}}\}$;
21.   **while** $\text{IsLeaf}(x_{\text{peer}})$ and $x_{\text{peer}} \in V_{\text{inactive}}$ **do**
22. $x_{\text{parent}} \leftarrow \text{Parent}(x_{\text{peer}})$;
23. $E \leftarrow E \setminus \{\overline{x_{\text{parent}} \to x_{\text{peer}}}\}$;
24. $V_{\text{inactive}} \leftarrow V_{\text{inactive}} \setminus \{x_{\text{peer}}\}$;
25. $x_{\text{peer}} \leftarrow x_{\text{parent}}$
26.   **end while**
27.   **end if**
28.   **end if**
29.   **end for**
30.   **return** G

该算法并没有考虑目标偏置的作用,仍然是面向所有构型空间采样。这与实际中从初始路径尽可能地直达目标路径不相符。同时,该算法需要消耗大量的时间进行迭代,才能得到最优轨迹,这不利于快速规划。

4) 基于碰撞反馈的 DP-SST 路径规划算法

针对 GB_RRT 规划算法固定目标偏置概率不能均衡处理稀疏与稠密障碍物的目标偏置概率,以及 SST 算法的耗费时间长等缺陷,文献[9]提出了基于碰撞反馈的动态偏置概率的 SST 算法(DYNAMIC_PROBABILITY_SST,DP-SST)。该算法以采样生成新路径点的过程中的碰撞检测结果为基准,动态调整目标偏置概率。通过设置该概率,使路径在障碍物稀疏的环境中更加偏向于目标点扩展,在稠密障碍物的环境中更加偏向于全局扩展,并结合附近最优算法实现在提高规划速度的同时也能进行轨迹优化。

DP-SST 定义了一个表示碰撞检测结果动态变化的碰撞检测数组 CollisionResult 来记录当前状态前 10 次的碰撞检测结果。该数组有 10 个元素,每个元素是 0 或 1。0 代表碰撞检测为无碰撞,1 代表碰撞检测为有碰撞,则有

$$\text{CollisionResult} = [0,0,0,1,0,0,1,0,0,0] \tag{7-3}$$

该数组表示该状态下第 4 次、第 7 次的碰撞检测结果为发生了碰撞,其余未发生碰撞。过于靠前的碰撞检测结果对当前状态路径图的扩展影响不是很大。然后通过下式计算得到目标的偏置概率:

$$p_{\text{goal}} = 1 - \frac{\text{Sum}(\text{CollisionResult})}{10} \tag{7-4}$$

在后续的扩展中,碰撞检测数组依次记录前 10 次的碰撞检测结果,更新数据。DP-SST 算法流程如图 7-4 所示。详细的伪代码如表 7-4 所示。

若碰撞检测数组 CollisionResult 的元素全为 0,则说明当前状态下,路径图所接触到的范围全部没有障碍物,可以尽可能地直接朝着目标扩展。此时得到的目标偏置概率 p_{goal} 为 1,刚好可以使得目标点变成采样点,加速路径图向目标点扩展。若碰撞检测数组 CollisionResult 的元素全为 1,则说明当前状态下,路径图所接触到的范围内障碍物稠密,需要尽可能地发挥随机扩展的优点,尝试探索整个区域,寻找可行路径。此时得到的目标偏置概率 p_{goal} 为 0,刚好可以驱使采样点在全局中进行采样,加速路径图向全局扩展。该方法在动态调整目标偏置概率的同时,也可以通过仿真数据得到目标偏置概率的变化规律,为其他环境下设置固定目标偏置概率提供参考。

5) 规划算法性能验证

前文提到,GB-RRT 与 RRT 的主要区别在于采样点 x_{rand} 的生成方式不同,在每个采样周期,RRT 都采用了随机生成采样点的方式,比较耗时,相比之下,GB-RRT 采用的目标偏置的采样方式具有较高的计算效率。

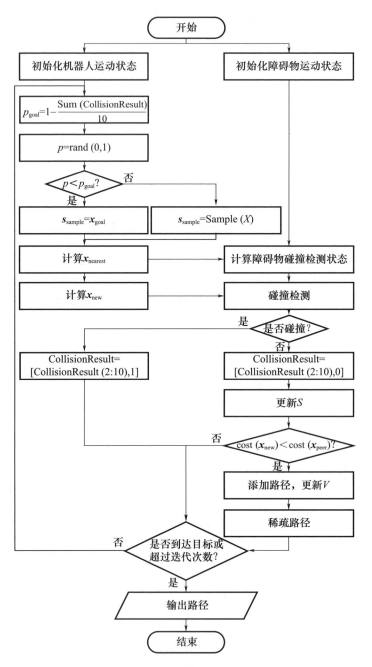

图 7-4 DP-SST 算法流程

表 7-4　DP-SST(DYNAMIC_PROBABILITY_SST)算法伪代码

算法 4:DP-SST(DYNAMIC_PROBABILITY_SST)算法伪代码	
1.	$V_{active} \leftarrow \{x_0\}, V_{inactive} \leftarrow \varnothing, V \leftarrow V_{active} \cup V_{inactive}$;
2.	$G = \{V, E \leftarrow \varnothing\}$;
3.	$s_0 \leftarrow x_0, s_0.\text{rep} = x_0, S \leftarrow \{s_0\}$;
4.	CollisionResult $\leftarrow [0,0,0,0,0,0,0,0,0,0]$;
5.	**while** $x_{new} \neq x_{goal}$ **and** $i < N$ **do**
6.	$p \leftarrow \text{rand}(0,1)$;
7.	$p_{goal} \leftarrow 1 - \text{Sum}(\text{CollisionResult})/10$;
8.	**if** $p < p_{goal}$ **then**
9.	$s_{sample} \leftarrow x_{goal}$;
10.	**else**
11.	$s_{sample} \leftarrow \text{Sample}(X)$;
12.	**end if**
13.	$x_{nearest} \leftarrow \text{BestNear}(V_{active}, s_{sample}, \delta_v)$;
14.	$x_{new} \leftarrow \text{MonteCarlo-Prop}(x_{nearest}, U, T_{prop})$;
15.	**if** CollisionFree($\overline{x_{nearest} \rightarrow x_{new}}$) **then**
16.	$s_{new} \leftarrow \text{Nearest}(S, x_{new})$;
17.	CollisionResult $\leftarrow [\text{CollisionResult}(2:10), 0]$;
18.	**if** $\text{dist}(x_{new}, s_{new}) > \delta_s$ **then**
19.	$S \leftarrow S \cup \{x_{new}\}$;
20.	$s_{new} \leftarrow x_{new}$;
21.	$s_{new}.\text{rep} \leftarrow \text{NULL}$;
22.	**end if**
23.	$x_{peer} \leftarrow s_{new}.\text{rep}$;
24.	**if** $x_{peer} == \text{NULL}$ **or** $\text{cost}(x_{new}) < \text{cost}(x_{peer})$ **then**
25.	$V_{active} \leftarrow V_{active} \setminus \{x_{peer}\}$;
26.	$V_{inactive} \leftarrow V_{inactive} \cup \{x_{peer}\}$;
27.	$s_{new}.\text{rep} \leftarrow x_{new}$;

续表

算法4:DP - SST(DYNAMIC_PROBABILITY_SST)算法伪代码		
28.		$V_{\text{active}} \leftarrow V_{\text{active}} \cup \{x_{\text{new}}\}, E \leftarrow E \cup \{\overline{x_{\text{nearest}} \rightarrow x_{\text{new}}}\}$;
29.		while IsLeaf(x_{peer}) and $x_{\text{peer}} \in V_{\text{inactive}}$ do
30.		$\quad x_{\text{parent}} \leftarrow \text{Parent}(x_{\text{peer}})$;
31.		$\quad E \leftarrow E \setminus \{\overline{x_{\text{parent}} \rightarrow x_{\text{peer}}}\}$;
32.		$\quad V_{\text{inactive}} \leftarrow V_{\text{inactive}} \setminus \{x_{\text{peer}}\}$;
33.		$\quad x_{\text{peer}} \leftarrow x_{\text{parent}}$;
34.		end while
35.		end if
36.	else	
37.		CollisionResult←[CollisionResult(2:10),1];
38.	end if	
39.	end for	
40.	return G	

为此,以平面质点在障碍物环境下的运动规划为例进行数值仿真。在一个"迷宫"地图中对GB - RRT 与RRT 的性能进行了比较验证。在相同的仿真条件下,采用GB - RRT 与RRT 分别进行了 20 次路径规划实验,二者的规划效果分别如图 7 - 5 和图 7 - 6 所示,GB - RRT 在每次规划中平均消耗的时间为 2.08s,

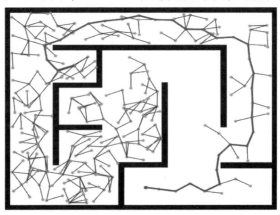

图 7 - 5 GB - RRT 路径规划示意图(见彩插)

RRT 平均消耗的时间为 38.5s，证明了 GB – RRT 在进行路径规划中的高效性，验证了以上结论[9]。

图 7 – 6　RRT 路径规划示意图（见彩插）

另外，对 DP – SST 算法性能进行验证，同时与通用的 p_{goal} 为 0.5 的 GB_RRT 算法和 SST 算法进行比较。结合 SST 算法，在仿真中需要设置路径点的评价指标，这里优化指标为路径最短，则该路径点已经走过的长度和距离目标点的长度分别为

$$\text{cost}_1(x_i) = \sum_{j=0}^{E:0 \to i, j=i} \| x_j - x_{j\_parent} \| \qquad (7-5)$$

$$\text{cost}_2(x_i) = \| x_i - x_{goal} \| \qquad (7-6)$$

如果只设置$\text{cost}_1(x_i)$为评价指标，则路径总是寻找最小的点，出现往回走即"回溯"的现象。如果只设置$\text{cost}_2(x_i)$为评价指标，则可能会选距离目标点近但已走过的路径更曲折的点，不能衡量路径的质量。

为了权衡路径点已走过的路径和目标点对路径点的影响，设置路径点的评价指标均为

$$\text{cost}(x_i) = k_{local} \cdot \text{cost}_1(x_i) + k_{goal} \cdot \text{cost}_2(x_i) \qquad (7-7)$$

式中，前一项代表该路径点已走过的路径长度，它越小表示在同样的范围内，该点价值越高，即局部最优，$k_{local} \in [0,1]$是比例系数；后一项代表该路径点距离目标点的距离，它越小表示在全局的范围内，距离目标点该点的价值越高，即全局最优，$k_{goal} \in [0,1]$是比例系数。可以通过设置两个比例系数，来调整二者的比例。该评价指标可以很好地表征当前点对应的路径质量。

同时设置路径点的扩展步长 δ、规划算法中的查询半径 δ_v、稀疏半径 δ_s 分别为

$$\delta = 30, \delta_v = 20, \delta_s = 10 \tag{7-8}$$

在 Matlab 仿真环境下,设置地图大小为[800,680],初始点为[50,50],目标点为[550,600],二者之间直线距离为 743,并在二者之间布置了"目标陷阱"型障碍物。评价指标按实际长度计算取 k_{local} 和 k_{goal} 均为 1。DB-SST 算法运动规划示意图如图 7-7 所示。GB-RRT 和 SST 运动规划示意图如图 7-8 和图 7-9 所示。

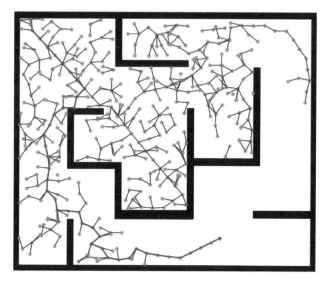

图 7-7 DP-SST 算法运动规划示意图(见彩插)

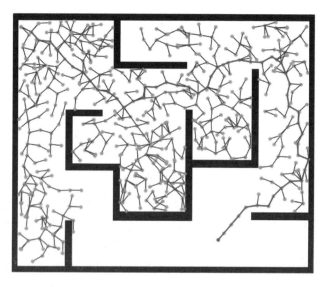

图 7-8 GB-RRT 运动规划示意图(见彩插)

图 7-9 SST 运动规划算法示意图(见彩插)

同样,为了比较特殊障碍物下的三种运动规划算法的优劣,采用式(7-7)的评估指标计算方法进行计算,比较 DP-SST 与 GB-RRT、SST 的仿真结果可以得到表 7-5。

表 7-5 DP-SST 与 GB-RRT、SST 算法的结果比较

算法	迭代次数 n_i	规划效率 J_{i1}	路径长度 L_i	轨迹优化 J_{i2}	总体评估 J_i
DP-SST	1207	0.04626	1167	0.77956	0.41291
GB-RRT	1893	0.07255	1497	1	0.53628
SST	26092	1	1130	0.75484	0.87742

从表 7-5 可以得到,在"目标陷阱"型障碍物分布的环境下,DP-SST 算法与 GB-RRT 算法相比,无论是迭代次数还是路径长度,DP-SST 算法均优于 GB-RRT 算法。DP-SST 算法与 SST 算法相比,DP-SST 算法路径仍然长于 SST 算法。但 SST 算法的迭代次数依旧比 DP-SST 算法的 20 倍还要多。同时比较总体评估指标 J_i 仍然可以得到,DP-SST 算法优于 GB-RRT 和 SST 算法,更适合用于运动规划。通过在"目标陷阱"型特殊障碍物分布的环境下的仿真也说明了 DP-SST 算法不仅提高了规划效率,进行了轨迹优化,解决了基于采样的运动规划算法中规划效率与轨迹优化相冲突的问题,还可以更好地适应障碍物分布不同情况下的环境。

2. 基于序列凸优化的轨迹规划算法

1) 序列凸优化问题描述

如前所述，轨迹规划问题通常建模为一个最优控制问题，即在满足不等式约束和等式约束的条件下最小化目标函数：

$$\begin{cases} \min : f_0(\boldsymbol{x}) \\ \text{s. t. } : f_i(\boldsymbol{x}) \leq 0, i = 1, 2, \cdots, m_{\text{ineq}} \\ h_i(\boldsymbol{x}) = 0, i = 1, 2, \cdots, m_{\text{eq}} \end{cases} \quad (7-9)$$

式中，$x \in \mathbb{R}^n$ 为优化变量，函数 $f_0 : \mathbb{R}^n \to \mathbb{R}$ 为目标函数；不等式 $f_i(\boldsymbol{x}) \leq 0$ 称为不等式约束，相应的函数 $f_i : \mathbb{R}^n \to \mathbb{R}$ 称为不等式约束函数；方程组 $h_i(\boldsymbol{x}) = 0$ 称为等式约束，相应的函数 $h_i : \mathbb{R}^n \to \mathbb{R}$ 称为等式约束函数。

式(7-9)所示问题在 $N \times D$ 维向量上进行优化，其中，N 代表离散时间步长的个数，D 代表自由度数。在实际应用中，由于存在各种复杂的约束条件，导致式(7-9)所示问题往往是非凸的，但求解非凸优化问题是不确定多项式时间困难的，因此，在对求解速度有要求的场合下，往往需要对问题进行凸化处理。而当该问题同时满足以下要求时就可称为凸优化问题：①目标函数 f_0 是凸的；②不等式约束函数 f_i 是凸的；③等式约束函数 h_i 是仿射的。

序列凸优化是将非凸优化问题转化成凸优化问题的一种方式，它通过重复构造凸子问题来解决非凸优化问题，即在当前迭代解[k] $\boldsymbol{x}$ 处构造原问题的凸近似问题。其中的关键要素是要确保在每一个迭代步长内对原问题的近似是有效的，这一要求通过对变量施加信赖域约束来满足。

2) 轨迹规划最优控制问题模型建立

以执行视觉监视任务的空间冗余机械臂为例，分析其轨迹规划最优控制问题建模方法，期间考虑动力学约束、运动学约束、避障约束和末端任务约束等。该模型与一般的最优控制问题类似，包含一个目标函数，并且各种约束条件被整理成等式或不等式约束函数[4]。

执行视觉监测任务的空间冗余机械臂，末端不与环境接触，因而系统的动力学方程为

$$\boldsymbol{H}_m \ddot{\boldsymbol{\Theta}} + \boldsymbol{C}_{ms} = \boldsymbol{\tau}_{ms} \quad (7-10)$$

式中，$\boldsymbol{H}_m$ 为机械臂的惯量矩阵，$\boldsymbol{C}_{ms}$ 为与机械臂运动相关的非线性力，$\boldsymbol{\tau}_{ms}$ 为关节驱动力矩，$\ddot{\boldsymbol{\Theta}}$ 为关节角加速度。

假定用单位四元数 $\boldsymbol{Q}_e$ 表示机械臂末端固连坐标系 Σ_E 相对于惯性系 Σ_I 的姿态，则对应的单位四元数微分运动方程式为

$$\dot{\boldsymbol{Q}}_e = \frac{1}{2}\boldsymbol{\omega}_e \otimes \boldsymbol{Q}_e \tag{7-11}$$

式中,$\boldsymbol{\omega}_e$ 表示末端角速度的纯四元数表达形式。

在机械臂运动过程中,由于实际物理结构限制,各关节的角位移不能超过给定的范围,即有:

$$\boldsymbol{\Theta}_{\min} \leqslant \boldsymbol{\Theta} \leqslant \boldsymbol{\Theta}_{\max} \tag{7-12}$$

此外,关节驱动力矩不应超过关节电机所能提供的扭矩极限,因而有:

$$\boldsymbol{\tau}_{ms\,\min} \leqslant \boldsymbol{\tau}_{ms} \leqslant \boldsymbol{\tau}_{ms\,\max} \tag{7-13}$$

避免碰撞发生是轨迹规划的基本要求。假定机械臂各连杆在任意时刻所占的空间区域用 S_{links} 表示,障碍物所占空间区域用 S_{obs} 表示,则避障约束可表示为

$$S_{\text{links}} \cap S_{\text{obs}} = \varnothing \tag{7-14}$$

由于机械臂需要从某一固定的起始观测点运动到设定的终端观测点,所以在起始时刻和终端时刻,机械臂都有固定的构型:

$$\boldsymbol{\Theta}(0) = \boldsymbol{\Theta}_0, \boldsymbol{\Theta}(t_f) = \boldsymbol{\Theta}_f \tag{7-15}$$

考虑更一般的情况,当机械臂在起始时刻和终端时刻都有速度要求时,可施加约束:

$$\dot{\boldsymbol{\Theta}}(0) = \dot{\boldsymbol{\Theta}}_0, \dot{\boldsymbol{\Theta}}(t_f) = \dot{\boldsymbol{\Theta}}_f \tag{7-16}$$

若以能量最优为优化指标,目标函数可表示为关节驱动力矩的二次型形式:

$$J = \int_0^{t_f} \boldsymbol{\tau}_{ms}^{\mathrm{T}} \boldsymbol{W} \boldsymbol{\tau}_{ms} \mathrm{d}t \tag{7-17}$$

式中,$\boldsymbol{W} \in \mathbb{R}^{n_{\text{DoF}} \times n_{\text{DoF}}}$ 表示正定的权重矩阵;t_f 表示运动时间,也称为终端时间。

选择二次型目标函数的原因是,它相对 L_1 范数形式的目标函数能产生更稳定的数值解,从而使机械臂的运动更加平滑。

综上所述,空间冗余机械臂轨迹规划的最优控制问题 P0 可表示为

$$\min : \int_0^{t_f} \boldsymbol{\tau}_{ms}^{\mathrm{T}} \boldsymbol{W} \boldsymbol{\tau}_{ms} \mathrm{d}t$$

$$\text{s.t.} : \boldsymbol{H}_m \ddot{\boldsymbol{\Theta}} + \boldsymbol{C}_{ms} = \boldsymbol{\tau}_{ms}$$

$$\dot{\boldsymbol{Q}}_e = \frac{1}{2}\boldsymbol{\omega}_e \otimes \boldsymbol{Q}_e$$

$$\boldsymbol{\Theta}_{\min} \leqslant \boldsymbol{\Theta} \leqslant \boldsymbol{\Theta}_{\max}$$

$$\boldsymbol{\tau}_{ms\,\min} \leqslant \boldsymbol{\tau}_{ms} \leqslant \boldsymbol{\tau}_{ms\,\max}$$

$$S_{\text{links}} \cap S_{\text{obs}} = \varnothing$$

$$\boldsymbol{r}_d^{\mathrm{T}} \hat{\boldsymbol{v}} \geqslant \|\boldsymbol{r}_d\| \cos\phi$$

$$\boldsymbol{\Theta}(0) = \boldsymbol{\Theta}_0, \boldsymbol{\Theta}(t_f) = \boldsymbol{\Theta}_f$$

$$\dot{\boldsymbol{\Theta}}(0) = \dot{\boldsymbol{\Theta}}_0, \dot{\boldsymbol{\Theta}}(t_f) = \dot{\boldsymbol{\Theta}}_f$$

在问题 P0 中，系统的动力学方程式(7-10)和四元数微分运动方程式(7-11)是非线性的，避障约束式(7-14)是非凸的，故而问题 P0 是非线性、非凸最优控制问题。求解问题 P0 是非确定多项式时间困难的(Nondeterministic Polynomial-time Hard，NP-hard)，这意味着直接对其进行求解可能会消耗大量的时间。由于凸优化问题具有多项式时间求解算法，所以接下来需要对问题 P0 进行凸化处理，这样就会使问题的求解时间变得相对可控。

3）基于速度阻尼法的避障约束凸化处理

速度阻尼法在速度级层面将避障约束处理成不等式约束，能够广泛满足非严格凸构型之间的避障要求。为了对非凸避障约束进行凸化处理，基于速度阻尼法，在各离散时刻将机械臂连杆与障碍物的避障约束处理成关节角速度的线性不等式约束，为了满足各时间区间内的无碰要求，需要设计一种能够确保连续无碰的避障策略[4]。

如图 7-10 所示，$\mathcal{L}$ 和 $\mathcal{O}$ 分别代表连杆与障碍物，p_1 和 p_2 分别代表 $\mathcal{L}$ 和 $\mathcal{O}$ 相距最近的点，d 表示 $\mathcal{L}$ 和 $\mathcal{O}$ 之间的距离，d_s 和 d_i 分别表示安全距离和作用距离，在 d_s 和 d_i 之间的区域称为"影响区域"。一旦检测到连杆与障碍物的距离小于 d_i，即连杆进入"影响区域"后，关于 d 的微分约束条件就会被触发：

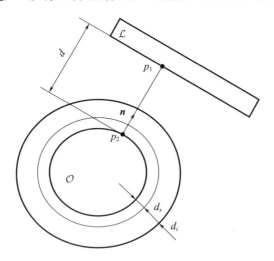

图 7-10 速度阻尼法示意图

$$\dot{d} \geqslant -\xi \frac{d - d_s}{d_i - d_s} \tag{7-18}$$

式中,$\xi > 0$,是用来调整收敛速度的控制系数。

式(7-18)称为速度阻尼器,对其进行积分,有

$$d(t) \geq d_s + (d(0) - d_s)\exp\left(-\frac{\xi}{d_i - d_s}t\right) \qquad (7-19)$$

从上式可以发现,如果 $\mathcal{L}$ 和 $\mathcal{O}$ 在初始时刻的距离满足 $d(0) > d_s$,就可以保证 $\mathcal{L}$ 和 $\mathcal{O}$ 的距离一直大于 d_s,从而避免碰撞的发生。

$\dot{d}$ 可用如下公式进行计算:

$$\dot{d} = \dot{\boldsymbol{p}}_1 \cdot \boldsymbol{n} \qquad (7-20)$$

式中,$\boldsymbol{n}$ 表示 $\boldsymbol{p}_2$ 指向 $\boldsymbol{p}_1$ 的单位向量,即 $\boldsymbol{n} = (\boldsymbol{p}_1 - \boldsymbol{p}_2)/d$。$\boldsymbol{p}_1$ 和 $\boldsymbol{p}_2$ 可通过 GJK (Gilbert-Johnson-Keerthi)算法进行计算。

$\dot{\boldsymbol{p}}_1$ 可通过如下公式进行计算:

$$\dot{\boldsymbol{p}}_1 = \boldsymbol{J}_T(\boldsymbol{\Theta}, \boldsymbol{p}_1)\dot{\boldsymbol{\Theta}} \qquad (7-21)$$

式中,$\boldsymbol{J}_T(\boldsymbol{\Theta}, \boldsymbol{p}_1)$ 表示连杆 $\mathcal{L}$ 在点 $\boldsymbol{p}_1$ 处与平移运动相关的雅可比矩阵。

联合式(7-18)~式(7-21),可将避障约束表示成关节角速度 $\dot{\boldsymbol{\Theta}}$ 的不等式约束

$$v_d - \dot{\boldsymbol{\Theta}} \cdot \boldsymbol{J}_T(\boldsymbol{\Theta}, \boldsymbol{p}_1)^{\mathrm{T}} \boldsymbol{n} \leq 0 \qquad (7-22)$$

式中,$v_d = -\xi \dfrac{d - d_s}{d_i - d_s}$。

由于序列凸优化在求解最优控制问题时对时间进行了离散化处理,故式(7-22)仅能保证在各离散时刻无碰撞发生,有必要设计一种连续避障策略来确保各时间区间内的无碰约束。对此,本节假定在时间步长 Δt 内,各连杆与障碍物的最近点对不因连杆的平移或旋转而改变。对连杆与障碍物的最小距离要求是

$$d(t) > d_s, \forall t \in (t_{n-1}, t_n] \qquad (7-23)$$

式中,$t_n = t_{n-1} + \Delta t$。对式(7-23)进行线性化展开,有

$$d(t) = d(t_{n-1}) + \dot{d}(t_{n-1})(t - t_{n-1}) + O(\Delta t^2) \qquad (7-24)$$

忽略高阶小量 $O(\Delta t^2)$,并且考虑连杆与障碍物在各时刻的最小距离接近安全距离 d_s 的极限情况,即可对式(7-23)进行松弛处理,有

$$d = d_s + \kappa_1 \qquad (7-25)$$

式中,$\kappa_1 > 0$。将式(7-25)代入式(7-24),可得

$$d(t) = d_s + \kappa_1 + \dot{d}(t_{n-1})(t - t_{n-1}) \qquad (7-26)$$

同样,对式(7-18)引入松弛变量 $\kappa_2 \geqslant 0$,有

$$\dot{d}(t) = -\xi \frac{d-d_s}{d_i-d_s} + \kappa_2 \quad (7-27)$$

将式(7-27)代入式(7-26),可整理得

$$d(t) = d_s + \kappa_1 \left(1 - \frac{\xi(t-t_{n-1})}{d_i - d_s}\right) + \kappa_2(t - t_{n-1}) \quad (7-28)$$

为了保证避障约束在时间区间 $t \in (t_{n-1}, t_n]$ 内的有效性,必须满足最小距离约束条件式(7-23),因此有

$$\kappa_1 \left(1 - \frac{\xi(t-t_{n-1})}{d_i - d_s}\right) + \kappa_2(t - t_{n-1}) > 0 \quad (7-29)$$

式中,κ_1 与 κ_2 分别是正数和非负数,因此可通过调节参数 ξ 来保证不等关系成立,且 ξ 的表达式为

$$\xi \leqslant \frac{d_i - d_s}{\Delta t} \quad (7-30)$$

因此,只要参数 ξ 满足取值范围

$$0 < \xi \leqslant \frac{d_i - d_s}{\Delta t} \quad (7-31)$$

就可以保证在时间区间 $t \in (t_{n-1}, t_n]$ 内无碰撞发生。

4)运动学、动力学约束凸化处理

空间冗余机械臂的动力学方程式(7-10)和运动学方程式(7-11)是非线性的,因而需要对它们进行凸化处理。可以采用连续线性化的凸化处理方法,其核心思想是根据参考轨迹对它们进行泰勒展开。当原问题被整理成凸问题后,上一次迭代求解产生的结果作为下一次迭代的参考轨迹。在迭代求解的过程中,通过对变量设置信赖域以确保线性化的精度。在此过程中,可以采用二阶积分器,以根据关节角加速度来获取关节角速度和关节角[4]。

在对问题 P0 进行凸化处理时,直接将时间区间离散化为 N 个节点,关节角加速度 $\ddot{\boldsymbol{\Theta}}$ 为优化变量。因此,如图 7-11 所示,在单个离散区间内,各关节的角加速度 $\ddot{\boldsymbol{\Theta}}_i^{[n]}$ 为常量,角速度 $\dot{\boldsymbol{\Theta}}_i^{[n]}$ 线性变化,而驱动力矩 $\boldsymbol{\tau}_{msi}^{[n]}$ 非线性变化。

目标函数通过矩形积分法则进行近似:

$$J \approx \sum_{n=1}^{N-1} \boldsymbol{\tau}_{ms}^{[n]\mathrm{T}} \boldsymbol{W} \boldsymbol{\tau}_{ms}^{[n]} \Delta t^{[n]} \quad (7-32)$$

关节角速度 $\dot{\boldsymbol{\Theta}}$ 与关节角 $\boldsymbol{\Theta}$ 分别通过对关节角加速度 $\ddot{\boldsymbol{\Theta}}$ 进行一阶和二阶前向积分求取:

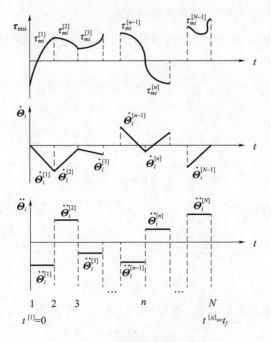

图 7-11　变量离散化及变化规律

$$\dot{\boldsymbol{\Theta}}^{[n+1]} = \dot{\boldsymbol{\Theta}}^{[n]} + \ddot{\boldsymbol{\Theta}}^{[n]} \Delta t^{[n]} \tag{7-33}$$

$$\boldsymbol{\Theta}^{[n+1]} = \boldsymbol{\Theta}^{[n]} + \dot{\boldsymbol{\Theta}}^{[n]} \Delta t^{[n]} + \frac{1}{2}\ddot{\boldsymbol{\Theta}}^{[n]}(\Delta t^{[n]})^2 \tag{7-34}$$

将式(7-33)和式(7-34)整理成矩阵的形式,有

$$\begin{bmatrix} \boldsymbol{\Theta}^{[n+1]} \\ \dot{\boldsymbol{\Theta}}^{[n+1]} \end{bmatrix} = \boldsymbol{\Phi}^{[n]} \begin{bmatrix} \boldsymbol{\Theta}^{[n]} \\ \dot{\boldsymbol{\Theta}}^{[n]} \end{bmatrix} + \boldsymbol{\Psi}^{[n]} \ddot{\boldsymbol{\Theta}}^{[n]} \tag{7-35}$$

其中

$$\boldsymbol{\Phi}^{[n]} = \begin{bmatrix} \boldsymbol{I}_{n_{\mathrm{DoF}}} & \Delta t^{[n]} \boldsymbol{I}_{n_{\mathrm{DoF}}} \\ \boldsymbol{0}_{n_{\mathrm{DOF}} \times n_{\mathrm{DoF}}} & \boldsymbol{I}_{n_{\mathrm{DoF}}} \end{bmatrix} \tag{7-36}$$

$$\boldsymbol{\Psi}^{[n]} = \begin{bmatrix} \dfrac{(\Delta t^{[n]})^2}{2} \boldsymbol{I}_{n_{\mathrm{DoF}}} \\ \Delta t^{[n]} \boldsymbol{I}_{n_{\mathrm{DoF}}} \end{bmatrix} \tag{7-37}$$

在四元数微分运动方程式(7-11)中,末端角速度 $\boldsymbol{\omega}_e$ 与关节角速度 $\dot{\boldsymbol{\Theta}}$ 存在以下关系:

$$\boldsymbol{\omega}_e = \boldsymbol{J}_{m\omega} \dot{\boldsymbol{\Theta}} \tag{7-38}$$

式中，$J_{m\omega}$ 表示与末端角速度相关的雅可比矩阵。

由于关节角速度 $\dot{\Theta}$ 是分段线性的，所以 ω_e 也是分段线性的，根据此性质可定义：

$$\omega_e^{[n+1/2]} = \frac{\omega_e^{[n]} + \omega_e^{[n+1]}}{2} \tag{7-39}$$

$$\hat{\omega}_e^{[n+1/2]} = \frac{\omega_e^{[n+1/2]}}{\|\omega_e^{[n+1/2]}\|} \tag{7-40}$$

$$\varpi_{\omega_e}^{[n+1/2]} = \|\omega_e^{[n+1/2]}\| \frac{\Delta t^{[n]}}{2} \tag{7-41}$$

根据以上定义，可将四元数微分运动方程式(7-11)的前向积分近似表示成

$$\Delta Q_e^{[n]} \approx \begin{bmatrix} \hat{\omega}_e^{[n+1/2]} \sin \varpi_{\omega_e}^{[n+1/2]} \\ \cos \varpi_{\omega_e}^{[n+1/2]} \end{bmatrix} \tag{7-42}$$

$$Q_e^{[n+1]} \approx \Delta Q_e^{[n]} \otimes Q_e^{[n]} \tag{7-43}$$

由于四元数乘法不是线性运算，所以式(9-43)依然是非凸的。令

$$Q_e^{[n+1]} = f_Q^{[n]}(Q_e^{[n]}, \omega_e^{[n+1/2]}) \tag{7-44}$$

对式(7-44)在参考轨迹 $\tilde{\omega}_e$ 处进行泰勒展开，且仅保留线性项，有

$$f_Q^{[n]} \approx f_Q^{[n]}(\tilde{Q}_e^{[n]}, \tilde{\omega}_e^{[n+1/2]}) + \nabla f_Q(\tilde{Q}_e^{[n]}, \tilde{\omega}_e^{[n+1/2]}) \begin{bmatrix} Q_e^{[n]} - \tilde{Q}_e^{[n]} \\ \omega_e^{[n+1/2]} - \tilde{\omega}_e^{[n+1/2]} \end{bmatrix} \tag{7-45}$$

至此，可以得到四元数微分运动方程(7-11)在凸化后的表达式

$$Q_e^{[n+1]} \approx \tilde{Q}_e^{[n+1]} + \nabla f_Q(\tilde{Q}_e^{[n]}, \tilde{\omega}_e^{[n+1/2]}) \begin{bmatrix} Q_e^{[n]} - \tilde{Q}_e^{[n]} \\ \omega_e^{[n+1/2]} - \tilde{\omega}_e^{[n+1/2]} \end{bmatrix} \tag{7-46}$$

系统的动力学方程式(7-10)同样可通过泰勒展开进行线性化。凸化后的系统动力学方程为

$$\tau_{ms} = \tilde{\tau}_{ms} + \tilde{H}_m(\ddot{\Theta} - \tilde{\ddot{\Theta}}) \tag{7-47}$$

为了提高经过凸化处理后的问题与原问题的近似性，确保求解精度，需要对关节角 Θ 与关节角加速度 $\ddot{\Theta}$ 施加信赖域约束：

$$\|\Theta^{[n]} - \tilde{\Theta}^{[n]}\|_1 \leq \rho_\Theta \tag{7-48}$$

$$\|\ddot{\Theta}^{[n]} - \tilde{\ddot{\Theta}}^{[n]}\|_1 \leq \rho_{\ddot{\Theta}} \tag{7-49}$$

其中，ρ_Θ 与 $\rho_{\ddot{\Theta}}$ 分别表示关节角与关节角加速度的信赖域半径。

综上所述，原非线性、非凸最优控制问题 P0 可转化为凸问题 P1：

$$\min: \sum_{n=1}^{N-1} \boldsymbol{\tau}_{ms}^{[n]T} \boldsymbol{W} \boldsymbol{\tau}_{ms}^{[n]} \Delta t^{[n]}$$

$$\text{s.t.}: \boldsymbol{\tau}_{ms}^{[n]} = \widetilde{\boldsymbol{\tau}}_{ms}^{[n]} + \widetilde{\boldsymbol{H}}_{ms}^{[n]}(\ddot{\boldsymbol{\Theta}}^{[n]} - \ddot{\widetilde{\boldsymbol{\Theta}}}^{[n]}) \qquad (n=1,2,\cdots,N)$$

$$\boldsymbol{\omega}_e^{[n]} = \widetilde{\boldsymbol{J}}_{m\omega}^{[n]} \dot{\boldsymbol{\Theta}}^{[n]} \qquad (n=1,2,\cdots,N)$$

$$\boldsymbol{\omega}_e^{[n+1/2]} = \frac{1}{2}(\boldsymbol{\omega}_e^{[n]} + \boldsymbol{\omega}_e^{[n+1]}) \qquad (n=1,2,\cdots,N-1)$$

$$\boldsymbol{Q}_e^{[n]T} \boldsymbol{A}_e^{[n]} \boldsymbol{Q}_e^{[n]} + \|\boldsymbol{r}_d^{[n]}\|(\cos\phi - 1) \leq 0 \qquad (n=1,2,\cdots,N)$$

$$\boldsymbol{Q}_e^{[n+1]} = \widetilde{\boldsymbol{Q}}_e^{[n+1]} + \nabla \widetilde{f}_Q \begin{bmatrix} \boldsymbol{q}_e^{[n]} - \widetilde{\boldsymbol{q}}_e^{[n]} \\ \boldsymbol{\omega}_e^{[n+1/2]} - \widetilde{\boldsymbol{\omega}}_e^{[n+1/2]} \end{bmatrix} \qquad (n=1,2,\cdots,N-1)$$

$$v_d^{[n]} - \dot{\boldsymbol{\Theta}}^{[n]T} \widetilde{\boldsymbol{J}}_T^{[n]T} \boldsymbol{n}^{[n]} \leq 0 \qquad (n=1,2,\cdots,N)$$

$$\begin{bmatrix} \boldsymbol{\Theta}^{[n+1]} \\ \dot{\boldsymbol{\Theta}}^{[n+1]} \end{bmatrix} = \boldsymbol{\Phi}^{[n]} \begin{bmatrix} \boldsymbol{\Theta}^{[n]} \\ \dot{\boldsymbol{\Theta}}^{[n]} \end{bmatrix} + \boldsymbol{\Psi}^{[n]} \ddot{\boldsymbol{\Theta}}^{[n]} \qquad (n=1,2,\cdots,N-1)$$

$$\boldsymbol{\Theta}_{\min} \leq \boldsymbol{\Theta}^{[n]} \leq \boldsymbol{\Theta}_{\max} \qquad (n=1,2,\cdots,N)$$

$$\boldsymbol{\tau}_{ms\,\min} \leq \boldsymbol{\tau}_{ms}^{[n]} \leq \boldsymbol{\tau}_{ms\,\max} \qquad (n=1,2,\cdots,N)$$

$$\boldsymbol{\Theta}^{[n]} = \boldsymbol{\Theta}_0, \dot{\boldsymbol{\Theta}}^{[n]} = \dot{\boldsymbol{\Theta}}_0 \qquad (n=1)$$

$$\boldsymbol{\Theta}^{[n]} = \boldsymbol{\Theta}_f, \dot{\boldsymbol{\Theta}}^{[n]} = \dot{\boldsymbol{\Theta}}_f \qquad (n=N)$$

$$\|\boldsymbol{\Theta}^{[n]} - \widetilde{\boldsymbol{\Theta}}^{[n]}\|_1 \leq \rho_{\Theta} \qquad (n=1,2,\cdots,N)$$

$$\|\ddot{\boldsymbol{\Theta}}^{[n]} - \ddot{\widetilde{\boldsymbol{\Theta}}}^{[n]}\|_1 \leq \rho_{\ddot{\Theta}} \qquad (n=1,2,\cdots,N)$$

凸问题 P1 会被迭代求解,直到目标函数的值收敛到阈值 ε 以内:

$$\|^{[k-1]}J - {}^{[k]}J\| \leq \varepsilon \tag{7-50}$$

在迭代过程中,首次迭代时的参考轨迹由 RRT 规划结果提供;第 k 次迭代的解 $^{[k]}\ddot{\boldsymbol{\Theta}}$ 用来产生第 $k+1$ 迭代的参考轨迹:

$$^{[k]}\ddot{\boldsymbol{\Theta}} \rightarrow {}^{[k+1]}\ddot{\widetilde{\boldsymbol{\Theta}}}, {}^{[k+1]}\widetilde{\boldsymbol{\Theta}}, {}^{[k+1]}\widetilde{\dot{\boldsymbol{\Theta}}}, {}^{[k+1]}\widetilde{\boldsymbol{\tau}}_{ms} \tag{7-51}$$

5) 规划算法性能验证

仿真对象是安装在空间站这类大型轨道航天器上的具有对称结构的 7 自由度空间机械臂,其简化模型如图 7-12 所示。表 7-6 给出了模型的物理参数。

针对空间冗余机械臂利用末端相机监视动态目标的任务场景开展仿真,动态目标的位置(单位:m)变化规律为

$$\boldsymbol{P}_{dy}(t) = \begin{cases} 1.5 + 3\cos(0.098t) \\ -18 \\ 2.24 + 4\sin(0.098t) \end{cases} \tag{7-52}$$

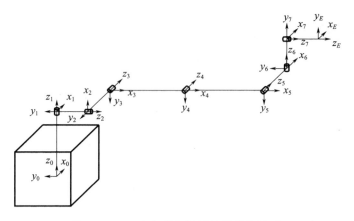

图 7-12　7 自由度空间机械臂简化模型

表 7-6　模型物理参数

符号	基座	连杆 1	连杆 2	连杆 3	连杆 4	连杆 5	连杆 6	连杆 7
m/kg	—	3	3	25	25	3	3	6
$I_{xx}/(\text{kg} \cdot \text{m}^2)$	—	0.0652	0.0652	0.1067	0.1067	0.0652	0.0652	0.6178
$I_{yy}/(\text{kg} \cdot \text{m}^2)$	—	0.0128	0.0128	35.0742	35.0742	0.0652	0.0652	0.6178
$I_{zz}/(\text{kg} \cdot \text{m}^2)$	—	0.0652	0.0652	35.0742	35.0742	0.0128	0.0128	0.0256
$\alpha/(°)$	0.0	0.0	90	90	0.0	0.0	90	90
$\beta/(°)$	0.0	0.0	0.0	0.0	0.0	0.0	0.0	0.0
$\gamma/(°)$	0.0	θ_1	θ_2	θ_3	θ_4	θ_5	θ_6	θ_7
a_x/m	0.0	0.0	0.0	2.05	2.05	0.0	0.0	0.0
a_y/m	0.0	−0.2425	−0.2425	0.0	0.0	0.0	0.0	0.0
a_z/m	0.0	0.0	0.0	0.0	0.0	0.2425	0.2425	0.55
b_x/m	0.0	0.0	0.0	2.05	2.05	0.0	0.0	0.0
b_y/m	0.0	−0.2425	−0.2425	0.0	0.0	0.0	0.0	0.0
b_z/m	1.1	0.0	0.0	0.0	0.0	0.2425	0.2425	0.55

序列凸优化仿真参数如表 7-7 所示。

表 7-7　序列凸优化仿真参数

参数名称	参数取值
离散节点数 N	81
半视线角 $\phi/(°)$	30
关节驱动力矩上下限 $\tau_{ms\,\max}, \tau_{ms\,\min}/(\text{N} \cdot \text{m})$	±[8,8,8,8,1,1,1]
安全距离与作用距离 $d_s, d_i/\text{m}$	0.05, 0.2

续表

参数名称	参数取值
速度调节系数 ξ	0.04
关节角信赖域半径 $\rho_\theta/(°)$	0.5
关节角加速度信赖域半径 $\rho_{\ddot{\theta}}/((°)/s^2)$	0.4
收敛阈值 ε	$0.02^{[k-1]}J$

采用 YALIMP 工具包与 MOSEK 求解器对凸问题 P1 进行求解。YALIMP 在建模方面具有结构简单、层次分明的特点,可以非常方便地将实际问题转换成编程语言。MOSEK 使用内点法来求解具有二次约束的凸优化问题,求解速度快,稳定性好。

取权重矩阵 $\boldsymbol{W} = \mathrm{diag}(1,100,0.1,0.1,1,1,1)$,得到的仿真结果如图 7-13～图 7-18 所示[4]。

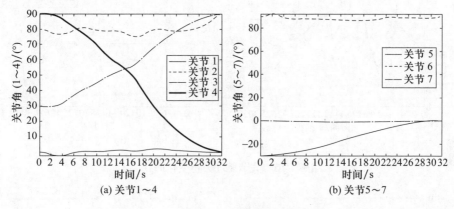

图 7-13 关节角变化曲线

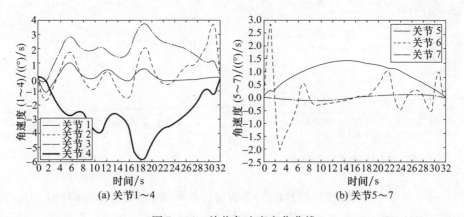

图 7-14 关节角速度变化曲线

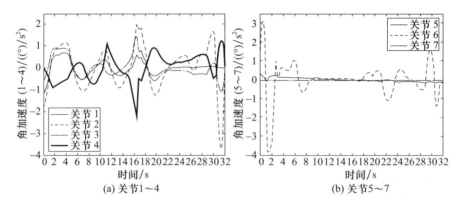

图 7-15　关节角加速度变化曲线

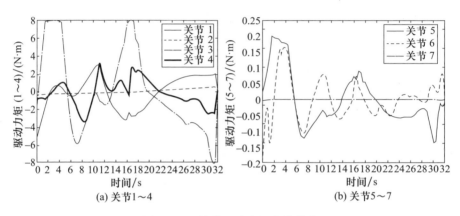

图 7-16　关节驱动力矩变化曲线

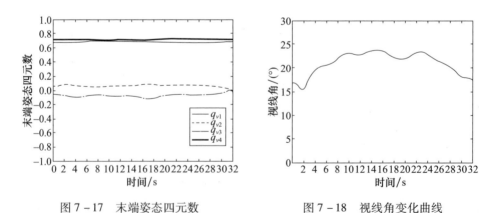

图 7-17　末端姿态四元数　　　　图 7-18　视线角变化曲线

从结果可以看出,规划得到的关节轨迹较为平滑,机械臂与障碍物均无碰撞发生,且机械臂末端相机均能满足对动态目标进行跟踪监视的任务要求。另外,通过调节不同权重,发现不同的权重矩阵会对算法收敛的快速性和规划所得关节轨迹的平滑性产生不同的影响。在实际应用中,可以综合考量规划的快速性和机械臂运动的平稳性,从而选取满足实际需求的权重矩阵。

7.2.3 人工智能与机器人运动规划算法

人工智能的应用推动了机器人运动规划方法的发展,如通过将机器学习、深度学习、神经网络等与运动规划相结合,可以使规划算法效率更高,结果更优。

1. 基于机器学习的路径规划算法

机器学习方法与路径规划算法的结合已成为研究人员的关注热点,此类方法的优势主要体现在两个方面:①相较路径规划算法,能更有效地找到近优路径;②可直接基于原始图像进行路径规划[3]。一些深度学习技术如收缩自编码器(Contractive AutoEncoder,CAE)、条件变分自编码器(Conditional Variational AutoEncoder,CVAE)、卷积神经网络、图神经网络及它们的变体已经成功地应用于 SBMP 中,且大多数结合方式都聚焦于:①用神经网络编码 C 空间,并改善 SBMP 的采样点分布;②直接端到端的生成路径。下面列举几个已有的研究。

利用深度学习的基于采样的运动规划(Deep Sampling-based Motion Planner,DeepSMP)[10]由编码器和采样点生成器构成,前者用原始点云数据作为 CAE 的输入以将障碍物空间编码为不变的、鲁棒的特征空间,后者用 RRT^* 产生的近优路径训练基于 Dropout 的统计前馈深度神经网络,使其能在给定起始构型、目标构型、障碍物空间编码信息的情况下,在包含解路径的构型空间区域内为 SBMP 迭代生成采样点。Neural $RRT^{*[11]}$ 通过学习大量由 A^* 算法生成的最优路径来训练 CNN,该模型可为新的路径规划问题快速提供最优路径的预测概率分布,用于指导 RRT^* 的采样过程。Ichter 等[12]认为解路径仅依赖于由 C 空间结构决定的几个关键构型,因此,其通过图论技术识别这些关键构型,并仅用局部环境特征作为 CNN 的输入来学习预测关键构型,从而提升了 PRM 算法的性能。他们还提出用以往成功的规划结果和机器人经验训练 CVAE,然后根据给定的初始构型、目标区域和障碍物信息,对 CVAE 的隐空间进行采样,并将其投影到状态空间中更有希望包含最优路径的区域[13]。但这种预测最短路径采样点的做法其实把所有负担都压给了学习者,任何由近似或训练-测试不匹配造成的误差均可使算法失效。为此 Kumar 等[14]提出通过提取多条不同近优路径上的瓶颈点,作为 CVAE 的训练输入数据。

针对 CNN 和全连接网络(Fully-Connected Network,FCN)容易丢失环境结构信息而引起的泛化不良问题,Khan 等[15]利用 GNN 的置换不变特性鲁棒地编码 C 空间的拓扑结构,并计算采样分布的参数以生成采样点,实验结果表明在学习关键采样点方面,GNN – CVAE 的表现大大优于 CNN,而 GNN 则优于在高维空间中规划的 FCN 模型。

除了用原始点云数据和 C 空间障碍物信息作为输入,利用 CNN 学习对象级语义信息产生的采样分布也可以改善未知环境中的导航结果[16]。由编码网络(Enet)和规划网络(Pnet)组成的 MPNet 可以直接生成可行近优路径,编码网络将机器人环境信息编码入隐空间,规划网络则利用起始构型、目标构型和编码网络作为输入生成路径[17]。

除深度学习外,强化学习在运动规划领域也有一些成功应用的案例。例如,Q 函数采样 RRT(Q – function Sampling RRT,QS – RRT)[18]根据学习到的状态 – 行为值函数(Q – function),提出 Softmax 节点选择方法,加速了 RRT 的规划过程并避免陷入局部极小值。基于 Tabular Q – learning 和值迭代网络(Value Iteration Networks,VIN)的可学习神经扩展算子[19],通过学习对基于树的运动规划算法提供了有潜力的搜索方向。Bhardwaj 等[20]将 Lazy 搜索中边的选择问题建模为马尔可夫决策过程,并引入模仿学习进行求解。Zhang 等[21]利用 MDP 建立拒绝采样模型,并通过策略梯度方法优化采样分布以降低如碰撞检测次数和树的尺寸之类的规划代价,从而得以加速现有的最优运动规划器。

综上所述,尽管基于机器学习的技术在运动规划领域取得了一些进步,但此类方法在未经历环境中的性能表现还有待验证。

2. 基于机器学习的轨迹规划方法

与路径规划类似,基于机器学习的方法也被应用于轨迹规划问题,其改进措施主要集中于:①端到端地生成轨迹;②学习在无碰可达集内生成稠密(最优)的采样点分布;③在不考虑障碍物的情况下,学习针对复杂系统的 LPM;④学习有关 NSM 的度量函数[3]。

例如,Huh 等[22]提出的 c2g – HOF(cost to go – High Order Function)神经网络架构以工作空间为输入,输出给定构型空间和目标构型的连续 cost – to – go 函数,根据其梯度信息便可直接生成轨迹。

MPC – MPNet(Model Prective Motion Planning Network)[23]算法框架,是 MPNet[24]在 KMP 领域的进一步扩展,包括神经网络生成器、神经网络鉴别器和并行模型预测控制器。神经网络生成器迭代生成批量采样点,神经网络鉴别器选出有最小代价的采样点并通过后者进行最优连接,也可为所有批量采样点在树上找出最近点,最后用 MPC 并行计算局部最优轨迹,即文中的 MPC – MPNet Tree 算法,实验结果表明,MPC – MPNet 相较现有算法在计算时间、路径质量和成功率方面有较大提升。

为研究任务约束、环境不确定性和系统模型不确定性场景中的大范围路图构建问题,Faust 等[25]融合了 PRM 的规划效率和 RL 的鲁棒性,提出了由深度确定性策略梯度(Deep Deterministic Policy Gradient,DDPG)或连续动作拟合值迭代(Continuous Action Fitted Value Iteration,CAFVI)训练的 RL agent 决定路图连通性,结果表明,无论相比 RL agent 自身还是传统的基于采样的规划器,PRM - RL 的任务完成度都有所提高。RL - RRT[26]也将 RL agent 作为局部规划器,同时,通过训练一个有监督的可达性估计器作为度量函数,该估计器以激光雷达等局部观测数据为输入,预测存在障碍物时 RL agent 连接两状态所需的时间,以起到偏置采样分布的作用。

L - SBMP(Latent Sampling - based Motion Planning)[27]方法由自编码网络、动力学网络和碰撞检测网络构成,自编码网络模仿基于采样算法中的状态采样、隐式地编码了嵌入在状态空间的系统动力学低维流形,并提供了对隐空间直接采样的能力,动力学网络模拟了局部规划器,再结合碰撞检测网络,使基于学习的快速搜索随机树可以有效地、全局地探索学习到的流形。CoMPNet(Constrained Motion Planning Networks)[28]是针对操作规划和有运动学约束的规划问题提出的,它由环境感知和约束编码器组成,它的输出作为神经规划网络的输入,并与双向规划算法一起,在约束流形上生成起始构型和目标构型间的可行路径。

综上所述,如何像路径规划那样,借助已有或学习到的信息限制搜索范围、安排搜索次序、设计度量函数,以加速轨迹规划算法,将是未来的发展方向。

7.3 载人航天与空间智能机器人发展

在载人航天飞行任务中,空间机器人扮演着不可或缺的角色,其任务主要包括协助机组人员完成日常工作、航天器健康管理以及环境监测调查等。它们既可以辅助执行舱内任务,也可以执行舱外任务。下面对载人航天中比较典型的舱内智能机器人、辅助工作机器人、生活陪伴机器人进行简要介绍。

7.3.1 舱内智能机器人

按照使用方式,可将舱内机器人分为固定式和自由飞行式两类。固定式舱内机器人主要是指安装在舱内某个固定位置的机械臂,它们的尺寸相对较大,支持乘组人员进行在轨操作和地面遥操作两种操作模式,然而智能性并不是很高,主要代表有德国的机器人技术实验系统(Robot Technology Experiment,ROTEX)、日本的机械臂飞行演示系统(Manipulator Flight Demonstration,MFD)以及中国的"天宫二号"空间机械臂等。自由飞行式舱内机器人在使用时的位置不固定,可通过自身安装的动力装置在舱内自由飞行,这类机器人的尺寸相对较小,但智能化程度相对较高,主要代表有美国的个人卫星助手(Personal Satellite Assistant,PSA)、Astrobee 系统以及 Smart Sphere 机器人等。

德国的机器人技术实验系统 ROTEX 使用了一个 6 自由度的小型机械臂,其任务空间约为 1m,安装了两个 6 轴的力矩传感设备、触觉阵列、测距仪以及深度相机等,如图 7-19 所示。1993 年,ROTEX 在哥伦比亚号航天飞机内进行了验证实验,期间完成了电插头的插拔、结构组装、飘浮物体的抓取等操作[29]。

日本的机械臂飞行演示系统 MFD 使用了一个长 1.5m 的 6 自由度机械臂,如图 7-20 所示。1997 年,由发现号航天飞机成功发射并进行了在轨试验。MFD 评估了空间机械臂在微重力环境下的性能和人机交互系统的性能,演示验证了轨道替换单元(Orbital Replacement Unit,ORU)的安装与卸载、舱门的开启与关闭、地面对空间机器人的遥操作等[30]。

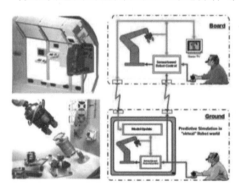

图 7-19　ROTEX 系统　　　　　　　图 7-20　MFD 系统

"天宫二号"机械臂系统是一套集成了多种传感器、具备多种控制模式的舱内空间机器人系统,它包括 6 自由度机械臂、五指仿人灵巧手、手眼相机和全局相机、在轨人机接口等模块,其设计目标是在空间微重力环境下与航天员配合完成多种演示验证任务,对空间机器人关键技术以及在轨人机协同关键技术进行验证和评价,为空间机器人辅助或配合航天员开展在轨维修积累经验和数据[31]。"天宫二号"机械臂系统于 2016 年 9 月 15 日随"天宫二号"空间实验室发射入轨,在神舟飞船与"天宫二号"空间实验室对接后,宇航员与机械臂系统协同开展了如图 7-21 所示的动力学参数在轨辨识、抓飘浮物体、挥手、在轨维修等试验,成功完成了所有预定任务[32]。

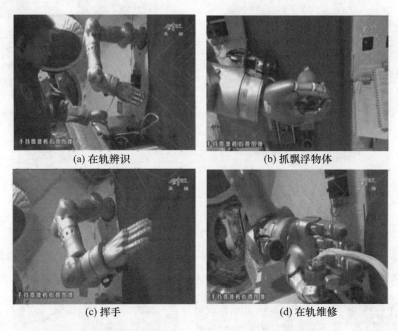

(a) 在轨辨识　　(b) 抓飘浮物体
(c) 挥手　　(d) 在轨维修

图 7-21　"天宫二号"机械臂

美国的个人卫星助手 PSA(图 7-22),是一个小型智能的自主移动监测器,由 NASA 在 1998 年开始研发,能够通过在国际空间站上自主导航来执行舱内传感活动。PSA 具有各种环境和设备传感器以及音频、视频人机界面设备,既可以被远程控制在不同的自治级别,也可以被简单的语音命令和人类动作所控制。PSA 旨在解决的两个主要任务是提高航天器乘组人员的工作效率,并作为航天器健康管理系统的一部分来降低任务风险[33]。

Astrobee 系统(图 7-23)源自于 2014 年的人类探索遥控机器人 2(Human Exploration Telerobotics 2,HET-2)计划,包括一个对接站和一个地面数据系统,整体外形是边长为 30.5cm 的立方体,质量约 6kg,使用了气体推进系统,能量来源是一块可充电内置电池。研发 Astrobee 的目的是能够携带一些有效的科学研究载荷,或者嵌入一些软件,以为零重力自由飞行机器人的研究提供一个灵活的平台。Astrobee 具备较高的感知能力和计算能力,可以自主对接、充电和分离,而且它们的大多数操作都没有宇航员的监督,所以可以极大地减轻乘组人员的负担,此外,地面飞行操作部门可使用 Astrobee 来实时播放宇航员活动的高清视频[34]。

图 7-22　PSA 机器人

图 7-23　Astrobee 机器人

Smart Sphere(图 7-25)是 Sphere(图 7-24)的改进版本,设计灵感来源于科幻作品,通过喷射 CO_2 进行移动,不仅可用来执行舱内环境监测、存储信息等工作,还可以充当移动相机。2011 年,Smart Sphere 在国际空间站接受了测试。

图 7-24　Sphere 机器人

图 7-25　Smart Sphere 机器人

7.3.2　辅助工作机器人

大部分舱内机器人具有一定的环境感知能力,但并没有嵌入人工智能技术,如美国的 PSA、Astrobee 等。它们只是依靠视觉或者环境检测传感器来获得外部信息,之后通过人工控制的方式或按照预设好的程序进行工作。

截止到目前,CIMON(Crew Interactive Mobile Companion)是采用人工智能技术的舱内辅助工作机器人的代表。CIMON 是一款完全自主和交互式的语音控制人工智能机器人,由德国航空航天中心与空中客车公司联合开发,利用了 IBM

云计算公司的沃森人工智能技术[35]。

  2018年夏天,CIMON(图7-26)成为首个部署在国际空间站的人工智能机器人,CIMON与宇航员的交互通过天地联动的方式进行。当宇航员和CIMON交谈时,CIMON将宇航员的语音信息识别为文字信息,利用国际空间站与地面的通信链路将文字信息传送到IBM的云计算系统中,已经完成前期训练的AI系统就运行在这台计算机中。AI将对宇航员的话语含义进行分析,判断宇航员的意图,并生成CIMON对宇航员的回应内容,传回国际空间站。收到地面处理过的信息后,CIMON通过自己的屏幕和扬声器向宇航员做出语音、图像表情和内容的回应[36]。

图7-26 CIMON在国际空间站

7.3.3 生活陪伴机器人

  语音助手机器人是目前应用最广泛的生活陪伴机器人,如亚马逊的Alexa、微软的Cortana以及苹果公司的Siri等。它们采用了"对话式"人工智能技术,具体包含了语音识别、自然语言理解模块以及知识获取等关键模块[37]。

  语音识别技术通过大量训练,不断优化语音识别效果。根据获得的语音信息,通过机器学习和深度学习算法,精确匹配行业知识,提高语义解析的准确性。保证人机流畅交流的重要一点是构建完善行业知识图谱,提升机器人语义理解模块,以适配相关应答。知识图谱为深度学习的训练提供先验知识,而基于知识图谱设计的用户画像和个性设定,则能保证人机交互信息的一致性。

  类比人类智慧形成的依赖知识和经验,智能语音助手依靠知识图谱和大数据,通过人工智能来类比人类。基于抽象知识积累所形成的经验可以通过知识规则或深度学习的模型来刻画,而深度学习训练需要的大数据可通过知识图谱的数据增强来实现。具体来说,一个通用的结合了知识图谱和深度学习的框架,依赖知识图谱对输入的文字进行实体和关系等语义理解,通过深度学习,包括各种序列到序列学习的框架得到候选输出,通过推理来做最后回答的排序和过滤来实现最后的输出。

采用和语音助手类似的技术,日本研究了首个专为太空社交而设计的机器人 Kirobo(图 7-27),它是东京大学与 RoboGrage 公司等联合研制的产物,能说话,以及识别声音、面孔和情绪。Kirobo 在 2013 年 8 月被发射到国际空间站,首次实现了机器人与宇航员的太空对话[38]。

图 7-27 Kirobo 机器人

7.4 载人航天与智能可穿戴装备发展

智能可穿戴装备作为航天员训练的一个重要辅助手段,以模拟空间环境场景、空间微重力效应或者月面低重力效应。AR、VR 等技术与可穿戴装备的结合,为进行载人航天所需的人员飞行训练提供了快速、低成本、高效的手段。

7.4.1 智能可穿戴装备概念

20 世纪 60 年代,可穿戴技术由美国麻省理工学院媒体实验室提出[39],此后便得到了飞速的发展。智能可穿戴是一种将传感器整合在衣服等可穿戴物品中的智能设备,是可穿戴技术与传感器的结合,具有监测、通信、治疗、辅助、娱乐等功能。在这一技术领域的持续探索,为可穿戴技术开拓了一个新的市场,并被广泛应用于生活中,这主要归因于柔性电子、物联网、机电系统和工业领域的技术升级。

现阶段的研究认为,智能可穿戴装备是计算机技术结合多媒体和无线传播技术,以不突显异物感的输入或输出仪器进行连接个人局域网络功能、侦测特定情境或成为私人智慧助理,进而成为使用者在行进动作中处理信息的工具,是应用穿戴式技术对日常穿戴进行智能化设计、开发出可以穿戴的装备的总称。智能可穿戴装备不仅仅是一种硬件装备,还包含软件、数据分析、传感技术等,是一种系统设计,它通过软件支持以及大数据、智能云端交互技术来实现强大的功能。

7.4.2 智能可穿戴装备特点

智能可穿戴装备的主要特点体现在移动便携上,当今市场上所开发的智能可穿戴装备多集中在智能眼镜、智能手表、手环、拐杖、智能服装等方面。随着研究的深入,智能可穿戴装备将对人类的生活方式带来很大改变,现在的智能可穿戴装备以实物信息传递和功能一体化,体现其先进性,但伴随着虚拟现实技术的成熟,人们或许在以后的生活里不再需要单独地操作智能可穿戴装备,而是把装备融入身体上,做到真正的"人机合一"。

智能可穿戴装备主要有以下特征:①便于穿戴,不同种类的智能可穿戴装备拥有各异的物理形态和佩戴方式,其可在不限制使用者双手操作能力的情况下,与使用者的身体相结合,并融入现实使用场景;②具有数据采集能力和一定程度上的独立计算能力,智能可穿戴装备拥有不同种类的传感器,其可在不同使用场景下对不同类型的数据进行采集,并可在不借助其他设备的情况下进行简单的计算分析;③拥有良好的用户体验,对于使用者而言,智能可穿戴装备不会显著增加携带负担,同时,其可凭借数据输入输出部件、相对独立的计算能力,以良好的用户体验实现人机交互。

基于可穿戴设备的人机交互技术作为普适计算的一部分,且可穿戴设备作为信息采集的工具直接穿戴在用户身上,可以与用户紧密地联系在一起,为人机交互带来更好的体验,实现监测人体健康、信息传递、通信、人机交互等特定功能,成为商业、医学、军事和航空航天等领域的研究热点。

基于全息影像技术,通过可穿戴设备,实现虚拟的人机交互。2015年微软推出的 HoloLens 眼镜,使人们可以通过眼镜感受到其中的画面投射到现实中的效果。穿戴式头盔 OculusRift 可以让用户体验身处虚拟世界中的感觉,并可以在其中任意穿梭。

基于认知技术或脑信号,来认知大脑的意图,实现观点挖掘与情感分析。如基于脑电信号信息交互的 Emotiv,Emotiv 可以通过对用户脑电信号的信息采集,实现对用户的情感识别,进而实现用意念来进行实际环境下的人机交互,以此来帮助残障人表达自己的情感。

基于视觉交互技术,实现决策支持。用户在佩戴具有视觉功能的交互设备后,通过视觉感知技术来捕捉外界交互场景的信息,并结合上下文信息理解用户的交互意图,使用户在整个视觉处理过程中担当决策者。

迄今为止,基于可穿戴设备的人机交互的发展越发迅猛,基于可穿戴设备的人机交互也在逐渐改变着人类的生产生活,将人机和谐统一,解决人类的智能决策与机器人的智能升级将是未来的发展趋势。

7.4.3 外骨骼可穿戴智能装备

智能可穿戴装备范围较为广泛,如常见的智能手环、智能手表、谷歌智能眼镜、BrainLink 智能头箍等都属于智能可穿戴装备范围。除此之外,还有与人体骨骼结构相似的可穿戴装备。

2019 年,苏黎世机器人系统实验室开发了一款 6 自由度可穿戴康复机器人 ANYexo[40]。如图 7-28 所示,ANYexo 采用电动机驱动,各关节均含有弹性驱动器模块,使得各关节均具有一定柔顺性;考虑到人体肩胛骨节律运动,ANYexo 落地基座位置含有两个主动自由度,本体机体含有 4 个主动自由度,从而使得穿戴机械臂更好地贴近人体的真实运动情况;ANYexo 各关节均可进行一定重力补偿,并因此具有非常优秀的被驱能力,这使得中风重度患者也能够轻易驱动该机器人进行康复运动。

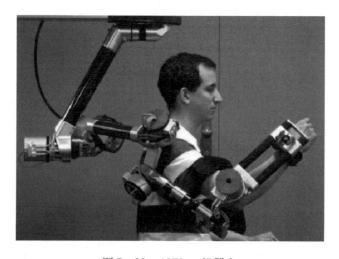

图 7-28 ANYexo 机器人

2011年12月,日本的Yumeko等研制出如图7-29所示的一款智能助力服轻量版(Smart Suit Lite)外衣,利用弹性带产生的弹力进行人体辅助,安全且方便。后来在飞行员测试期间,该研发团队又研制了一种如图7-30所示的原型柔性外骨骼,该柔性外骨骼由棉性织带、塑料调整带扣和金属D环制成,采用无源弹簧代替驱动器,质量仅为1.7kg。经试验研究表明,该柔性外骨骼虽然轻巧、结构简单,但是采用无源弹簧代替驱动器,助力效果一般[41]。

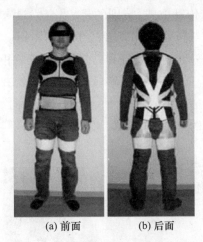

(a) 前面　　　(b) 后面

图7-29　智能助力服轻量版

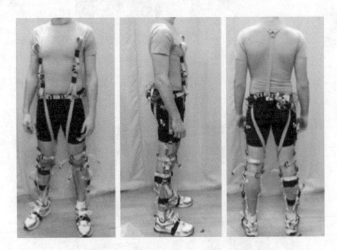

图7-30　无源弹簧驱动的柔性外骨骼

2013年5月,哈佛大学的Conor Walsh等设计出了如图7-31所示第一代柔性外骨骼服(Soft Exosuit)。该装置质量仅为10.6kg,且机械阻抗和惯性较低,外套采用定制的 McKibben 型气动肌肉驱动,并采用锚点的方法来设计外套原型,通过将气动肌肉连接到锚点上实现制动器在踝、膝和髋关节上产生关节扭矩[42]。由于上述方案并没有取得良好的成效,2014 年 12 月,Conor Walsh 教授团队本着建立一种轻巧的便携式柔性可穿戴式机器人的原则,研制了更强、更智能、更柔软的多关节柔性外骨骼机器人,如图 7-32 所示。与上一代产品相比,柔性外套结构设计更加简单,利用弹性纺织品作为绑缚带,质量仅为 12.15kg,外套采用电机加套索的传动方式,特别的是,当套索没有被驱动时,外骨骼机器人也能通过弹性纺织带对行走的穿戴者产生辅助力矩。2015 年 9 月,该团队为了最大限度地提高柔性外套的舒适度和力量传递,改用相对不可伸展的安全带,使纺织外套具有高刚度、低滞后性,能够较好地传递力,并且改进套索传动装置,使得套索能够更好地传递张力[43]。另外,该团队还提出了一款综合多关节柔性外套和单关节柔性外套的套装,如图 7-33 所示。

 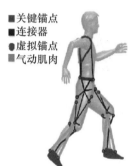

(a) 实物图　　　　(b) 概念图

图 7-31　柔性外骨骼服

 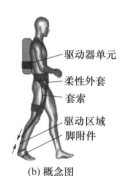

(a) 实物图　　　　(b) 概念图

图 7-32　多关节柔性外骨骼机器人

 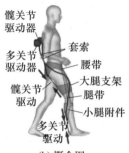

(a) 实物图　　　　(b) 概念图

图 7-33　综合套装

7.4.4 基于智能可穿戴装备的载人航天训练

宇航员通过各种设备进行训练,包括科学、医疗、语言以及生存技巧等,以便为在空间环境中生活和工作做好准备。目前,已有的载人航天训练设备包括真实尺寸的模型(图7-34(a))、失重飞机(图7-34(b))、重力卸载补偿设备(图7-34(c))以及中性浮力设施(图7-34(d))等[44]。

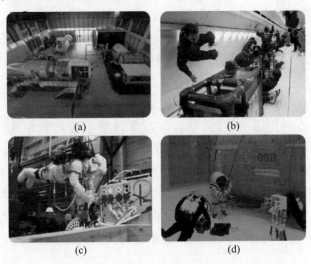

图7-34 载人航天训练设备[44]

然而当前的训练设备,训练的高成本和长周期,还不能适应未来的大规模人员训练需求,如未来的太空旅游和月球基地建设等,除了航天员,还将包括但不限于科学家、记者甚至游客等更多人员。智能可穿戴装备与已有训练设备的结合,将极大地降低训练成本,提高训练效率,缩短训练周期。

虚拟现实头盔用于宇航员的训练,可以提高模拟训练沉浸感和交互能力。20世纪90年代NASA的虚拟现实实验室,开始将虚拟现实用于太空行走的训练,并开发了头戴式显示器、触觉手套、实物模型和夏洛特机器人,该实验室的研究活动得出结论,虚拟环境是用机器人手段可视化分析太空行走的最佳场所。从心理学的角度研究发现,虚拟现实可以最大限度地降低长时间空间任务中孤立、受限环境下的心理状态恶化,减轻压力。在宇航员使用头戴式显示器或其他设备的训练过程中,扩展现实(Extended Reality,XR)技术被用作一种补充工具,这些技术在用户的感知中引入虚拟对象或完整的虚拟环境,以传达沉浸感或存在感。例如,虚拟现实提供虚拟环境中虚拟元素的交互,增强现实提供真实环境中虚拟元素的交互,混合现实提供虚拟和真实环境中虚拟和真实元素的交互[45]。利用这些技术,头戴设备可以提供多种功能以增加沉浸感和交互性,如高质量的音频、眼睛和手跟踪,或者语音识别等。这些技术非常适合帮助宇航员培养良好的空间意识和定位能力[46],对宇航员训练非常有益,特别是当与其他增强与环境互动的工具相结合时。已有一些研究表明,使用虚拟现实的模拟有利于训练过程,可以提高真实微重力环境下的人机交互能力[47]。为了推进人类太空飞行,欧洲宇航员中心(European Astronaut Centre,EAC)研究了扩展现实技术的应用,如增强现实、虚拟现实和混合现实,于2015年创建了XR实验室,并以多种方式参与了国际空间站的任务,包括机械臂遥操作训练、宇航员训练、航天医学等。近期,EAC XR实验室、德国航空航天中心、荷兰皇家航空航天中心正在合作一个项目,目的是开发和评估一个使用XR技术的新的交互式宇航员训练框架,以提高培训技术[48]。

外骨骼设备的使用,可以协助训练在空间微重力环境中使用力反馈的操作任务。宇航员在太空环境中依靠力的感觉进行数不清的活动。例如,执行不同的安装或维护任务、在空间环境中推或拉扶手、使用握把工具执行机械任务等,都需要感知来自目标对象的惯性力。因此,力反馈在宇航员训练过程非常重要。利用力反馈的外骨骼设备可以补偿航天员的重力,以模拟微重力效应,其效果与传统重力补偿设备或工具相比,更便携、更紧凑、更可伸缩、更容易维护[49]。

外骨骼设备与虚拟现实相结合,可以使宇航员感知环境,并在与之交互时感受到所涉及的力量,提供与真实微重力环境相同水平的沉浸感。比利时空间应用服务中心与欧洲宇航员中心合作的Exosuit项目,提出了一种将扩展现实技术与上半身外骨骼相结合的训练系统[44]。这一系统的主要动机是为了满足日益增长的对未来太空旅行者进行大规模培训的需求,目标是创建一个需要更少监督的培训系统,同时允许更高的灵活性、可扩展性、定制性、安全性和浸入性。该系统由虚拟系统和物理系统组成(图7-35)。虚拟系统是一个计算机模拟环境,运行在Windows机器上,并连接到SteamVR接口以兼容虚拟现实,该环境包括一个天球及恒星,考虑大气条件的真实比例的地球模型,以及经过精心调整的光照。物理系统包括双臂力反馈外骨骼(Dual Force Feedback Arm and Hand Exoskeletons,DEXO)、虚拟现实耳机、VR头戴式设备等(图7-36)。受训者使用外骨骼自由移动,其状态被转移到虚拟系统,在那里每个动作都被复制。同时,虚拟系统让受训者与虚拟环境互动,将过程中所涉及的力量发送到物理系统的外骨骼。通过虚拟系统和物理系统间的双边通信策略,Exosuit可以创造一种远程操作的无缝沉浸感。

(a) 虚拟系统　　　　　　　(b) 物理系统

图 7 – 35　Exosuit 的组成[44]

图 7 – 36　DEXO 外骨骼系统[44]

7.5　月球探测与月面智能机器人概念

目前,基于人类对月球的有限认知和现有的航天技术水平,月球基地的建设过程较为复杂,建设周期较长。按照建造阶段的不同,月球基地的发展要经历无人月球基地和载人月球基地阶段。无论在哪个阶段,月面机器人都是必不可少的主力。与人相比,月面机器人具有环境适应性好、工作时间长、负载能力大、安全性高、程序化、重复性好等优势。因此,出于技术跨度、经济可承受性、效费比、安全性等因素考虑,机器人探测建造将成为后续探月任务的首要发展方向。然而,月球环境的特殊性和未知性,以及月球基地建设任务的复杂性和规模的庞大性,都对月面机器人与智能自主技术提出了新的需求和挑战。针对在月面上的巡视、挖掘、搬运、搭建、维修等任务,机器人现有技术的改进以及机器人新功能的研制已成为当务之急。

7.5.1　月面巡视机器人

月面巡视机器人的主要任务是在月面常规及极端地形条件下对月面环境的巡视勘察,此外,还承担航天员搭载和运送的任务,辅助航天员开展月面的高效移动以及适当的科学考察工作。此类机器人应具备较大的承载能力,长时间、大范围、灵活机动的移动能力,较好的爬坡和越障能力,以及高效的自主导航与路径规划能力。

月面巡视机器人目前的移动方式包括轮式、腿式、轮腿式、履带式、球滚式、弹跳式等,如图7-37所示。其中,轮式机器人运行速度快、效率高、结构简单可靠,但是转弯半径大,越障能力不足,地形适应能力差;腿式机器人运动灵活,但是结构复杂,控制困难,速度慢,效率低;轮腿式机器人地形适应能力强,但结构非常复杂;履带式机器人具有一定的越障能力且可原地转弯,但是重量大,能耗高,发送成本大;球滚式机器人控制复杂,越障能力差;弹跳式机器人能够很好地利用月球微小重力环境,具有弹跳能力和探索范围大、越障能力强、运动灵活、落地面积小、产生的月面扬尘少、移动速度快等优势,但落地稳定性差,且难以实现小距离精确运动。因此,不同的移动方式各有优缺点。受生物启发的、小型轻质化的、复合式移动方式的月面巡视机器人将成为未来可能的发展趋势。

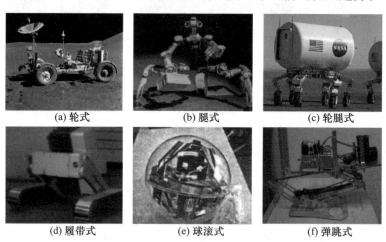

(a) 轮式　　　　　(b) 腿式　　　　　(c) 轮腿式

(d) 履带式　　　　(e) 球滚式　　　　(f) 弹跳式

图7-37　月面巡视机器人目前的移动方式

7.5.2　月面挖掘机器人

在月面上开采资源以及建造栖息地等任务都要涉及月面挖掘。由于月球的引力较小,当月面挖掘机器人向下用力时,反力会把机器人向上推,导致机器人使不上力,造成挖掘困难。目前,关于月面挖掘机器人的研究多侧重于概念设计和三维仿真。例如,多伦多大学的 Samid 等[50]利用三维仿真环境对推土机器人集群在指定区域内执行月面挖掘任务进行仿真,验证了自主控制的挖掘作业机器人集群在任务执行效率上显著高于航天员遥控的方式,如图 7-38 所示。此后,该团队在 2017 年采用硬件机器人平台 Argo 对基于人工神经组织控制方法的自主集群机器人的挖掘任务进行了验证实验[51],如图 7-39 所示。Alex Austin 等[52]提出了一种采用多功能移动龙门架来完成月面壕沟挖掘的任务,如图 7-40 所示。该移动龙门架除了可以加装挖掘装置,还可以配备机械臂、抓取器等其他组件,用来执行各种各样的月面任务。

图 7-38　月面作业机器人自主集群的挖掘仿真实验

1—无线电;2—LED指示灯;3—相机;4—激光测距仪;5—PC-104 i386计算机;6—电子设备;7—云台装置;8—两轴加速度计;9—声纳;10—单自由度铲片执行器;11—铲片力传感器;12—刮土铲。

图 7-39　带有单自由度刮土铲的 Argo 机器人

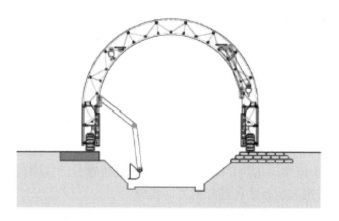

图 7-40 采用多功能移动龙门架执行月面壕沟挖掘任务

7.5.3 月面搭建机器人

为了满足航天员在月球表面长期居住与工作的需要,并且为月面生产、物资存储等提供相对封闭的空间,需要利用不同种类的机器人构成集群,自主完成月球舱的搭建工作。为了满足不同形状和规模的月球舱搭建需求,并考虑到对月球资源的充分利用,类似于地面建筑物的搭建过程,月球舱应当由一系列标准构件和材料搭建而成。月球舱的搭建过程可大致划分为地基的平整、骨架的搭建、月壤防护层的覆盖、内部设施的铺设等步骤。多伦多大学的 Samid 等[50]利用基于人工神经组织的学习式控制方法,研究了模块化机器人对月面指定区域的平整任务,使得机器人仅需要少量的先验知识便可具有不断增长的任务执行能力(图 7-41 和图 7-42)。他们还分别通过虚拟物理引擎仿真和实验平台[51],验证了所设计的控制算法的有效性。

华中科技大学也开展了名为"玄武基地"的月面舱原位建造实验[53],能够利用月壤烧结成预定形状的砖块,再通过机械臂组装成目标建筑结构。另一些研究虽然不是针对月球舱的搭建任务而开展的,但所涉及的关键技术有望运用到月球舱的搭建任务中。例如,哈佛大学 Nagpal 团队模仿白蚁筑巢机制开发了 TERMES 机器人[54],该机器人具有一定程度的爬坡以及搬运指定形状砖块的能力(图 7-43)。通过所设计的机器人间、机器人与环境间的信息交互机制,该机器人组成的集群能够完成指定结构的分布式搭建任务。又如有关桁架结构的分布式搭建的研究[55-57]也有望用于月球舱的建造中。

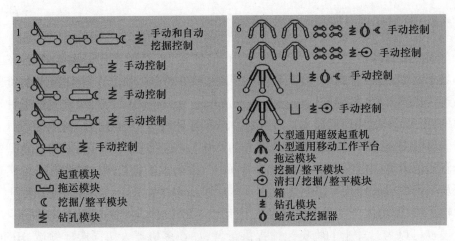

图7-41 9种采用遥操作控制的模块化机器人配置方案

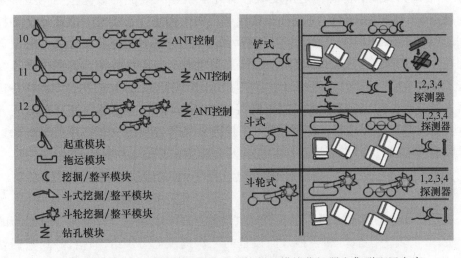

图7-42 3种采用人工神经组织自主控制的模块化机器人集群配置方案

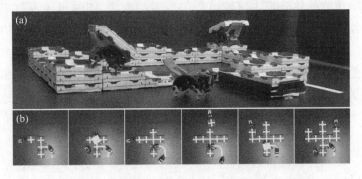

图7-43 TERMES仿白蚁机器人集群搭建指定结构

7.5.4 月面搬运机器人

模块化月球舱的搭建/月球舱的分布式搭建、月面基础设施的布设、运载器的物资装卸、月面设备的维修、月岩/月壤采样分析等多种任务中均涉及物资的搬运活动,包括大型物资的协同搬运以及批量化物资的分布式运输等。一种通常的思路是采用移动机器人集群开展月球基地的物资运输任务。但考虑到月表岩屑可能对移动机器人正常运动造成的影响,一些研究人员提出了其他类型的物资运输方案。例如,Benaroya 和 Bernold[58]提出了一种通过搭建缆车系统实现人员/货物/机械设备等高效运输的方案。Schrunk 等[59]提出了月面磁悬浮轨道运输系统、弹道式货物投送系统等月面运输系统设计方案。机器人技术自身的发展也可以为月球上的物资运输提供参考,如在多机器人协同搬运领域,Hichri 等[60]借助力封闭和静态稳定裕度概念研究了机器人集群的最优包围构型确定问题;Ebel 和 Eberhard[61]利用分布式模型预测控制研究了多机器人队形运动控制问题;Rubenstein 等[62]设计了基于行为的控制策略,研究了多机器人协同搬运问题。在多机器人分布式运输领域,除了上述面向指定结构搭建的多机器人物资运输研究,还包括以仓储物流为典型应用场景的研究,涉及的技术点包括各机器人的任务分配、周围环境的感知、路径的自主规划等方面。由于缺乏航天任务尤其是月球基地建设任务的支持,有关月球表面的物资运输大多停留在概念设计阶段,缺乏考虑月面环境特征的机器人物资运输的仿真和实验研究。

7.5.5 月面服务机器人

月球基地的运营需要为宇航员提供食物、饮用水、氧气等维持生存所必需的物资,并需要为宇航员和各种月面设备的工作提供电力供给、通信保障、数据处理等服务。关于食物来源,考虑到月球表面充足的光照条件,可以通过搭建月球温室进行动植物的培养来为宇航员提供所需的食物,同时可实现对宇航员代谢废物的生物分解。关于水和氧气资源,一方面可以通过月球基地的物质循环系统回收宇航员的排泄物,从而减少从地面携带的水和氧气供给;另一方面也可以通过月球原位资源利用技术,从月球表面的水冰/金属氧化物等资源中获取。对于电能的供给,既可以通过线缆为各种月面设备提供电能,也可以通过微波传输以进行远距离供电(既可将近月轨道上获取的电能传输至月球表面[63],也可以利用月面核电设施等产生的电能传输给近月轨道卫星[64])。

当宇航员或月面设备遇到危险情况时,月球基地也需要调度合适的设备与物资,对其及时进行营救。Liljebäck 等[65]提供了一种利用蛇形机器人执行搜索与救助任务的方案。在该方案中,两个蛇形机器人通过绳索与月球探测车相连。当其一端与月球车固连时,该蛇形机器人可充当月球车的机械臂,以执行精巧的操作任务;当蛇形机器人从月球车上放下(但仍通过绳索与月球车相连)后,该蛇形机器人可以在月球车附近独立运动,可执行崎岖环境中的环境勘探、土壤/岩石取样等任务,也可通过其与月球车相连的绳索,将陷入月壤的月球车脱离危险区域(图7-44和图7-45)。

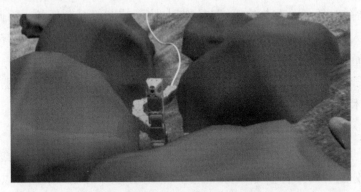

图7-44　利用蛇形机器人对复杂障碍区域进行勘探

图7-45　使两个蛇形机器人用绳索帮助车轮陷入沙地的漫游车脱离

7.5.6　月面群体智能机器人

为了实现安全月球旅居,需要利用机器人提前在月球建立各种设施,涉及挖掘、搭建、搬运、探测等执行各种任务的机器人。然而,目前月球探测任务面临探测环境复杂且不确定、距离远且飞行时间长、通信延迟大且数传效率低、信息不完备、天地互动决策难、多器协同控制与信息融合难等一系列难题[66]。因此,对机器人的智能化水平提出了非常高的要求。另外,各类机器人之间必然需要相互合作共同协调执行任务,这就涉及群体智能技术。

群体智能技术通过模拟群聚生物的协作行为与信息交互方式,以自主化和智能化的整体协同方式完成任务,具有去中心化、群体复原和功能叠加放大等优点。未来的月球资源开发和基地建设需要执行远程勘察、外出开采、原料运输、设施建造等任务,月球表面作业任务将需要不同类型的机器人通过群体智能协同来完成。多个智能机器人通过机间链路互相通信实现协作,可以迅速准确地执行协同感知、任务分配与决策、路径规划、协同控制等复杂任务。因此,在单一智能机器人技术的基础上,发展多智能体的人工智能技术,将是构建智能月球探测体系的重要支撑手段。

目前,对月面群体机器人的研究较少,可以借鉴相关地面群体机器人中的人工智能技术及应用,主要体现在以下几个方面。

1. 群体机器人任务分配与决策

现在的智能无人仓库货到人系统中,由于智能机器人和订单的动态性能,任务的合理分配对效率有重要影响。而这些任务分配算法在未来也可以迁移到月面群体机器人的应用中。Tang 等[67]提出了一种分层 Soft Actor – Critic(SAC)算法来解决订单拣选的机器人动态调度问题,所提出的方法基于经典的 SAC 和分层强化学习算法,通过在不同的时间尺度上进行训练,利用顶层学习和底层学习,控制最大化预期的内在奖励,实现子目标的策略。该方法可以使多物流机器人协同工作,与经典 SAC 算法相比,在稀疏环境下的奖励提高了约 2.61 倍。

2. 群体机器人运动规划

月球基地的货运机器人以及搬运机器人的群体运动路径规划算法,可以借鉴目前地面的物流搬运机器人的运动规划算法。目前,针对地面上的搬运机器人的调运和运动规划已有不少算法。Yang 等[68]设计了一种深度 Q – network 算法,它结合了 Q – learning 算法以及神经网络技术来生成目标 Q 值,解决多机器人路径规划问题,其采用 Q – learning 算法的目的是解决机器人路径规划中的收敛慢和过度随机性这两个缺点,仿真结果表明,深度 Q – network 算法比经典深度学习算法收敛速度更快。

利用强化学习算法,可以更快地学习路径规划问题的解决方案,改善多机器人路径规划的效率。Hyansu Bae[69]将深度 Q – learning 算法与 CNN 算法相结合,以提高机器人运动的效率和灵活性。其中,CNN 使用环境图像分析当前环境,智能机器人根据深度 Q – learning 进行学习,分析当前环境情况并进行导航,这一方法与传统方法相比,使得机器人在各种环境下的运动更加高效灵活。

3. 群体机器人协调控制

在群体机器人以及多智能体的协同控制中,涉及多智能体之间的避障、防撞、编队以及复杂交互和合作控制,基于人工智能和机器学习的协同控制方法一直都是研究热点。

在月球表面这个复杂未知的场景中,为多个机器人开发安全有效的防撞策略是一项挑战。已有的一些分布式多机器人防撞系统,通常需要提取代理级特征来规划局部无碰撞动作,这在计算上可能会令人望而却步且并不具有鲁棒性。Long 等[70]提出了一种多机器人系统的防撞策略,该策略直接将原始传感器测量值映射到每个机器人在运动速度方面的转向命令,使用基于策略梯度的强化学习算法,为了缩小集中式和分散式方法之间的性能差距,在丰富、复杂的环境中通过多场景多阶段大量训练来学习最优策略,通过全面的性能评估和在各种模拟场景中的验证,表明最终学习到的策略能够为大型机器人系统找到时间高效、无碰撞的路径。

另外,在多智能体的编队协同与避撞研究领域,Bai 等[71]提出了一种基于深度强化学习的多机器人自适应编队控制框架。该框架由执行层和决策层两层组成。执行层通过强化学习方法训练的深度网络使机器人能够接近其目标位置,并避免与其他机器人和障碍物发生碰撞。决策层通过新的领导-跟随配置将所有机器人组织成一个队形,并为领导和跟随者提供目标位置。领导者的目标位置保持不变,而跟随者的目标位置根据遇到的情况而变化。仿真结果表明,该团队提出的编队控制框架使机器人能够独立调整编队以通过障碍物区域,并且可以推广到具有未知障碍物和不同数量机器人的不同场景。

在多机器人复杂交互和合作控制方面,Michael 等[72]提出了一种基于深度强化学习框架的协同交互算法,并设计了一种深度强化学习智能体策略,该策略使算法能够使用对任意数量的其他机器人的观察信息,且随着机器人数量的增加,算法在交互和合作控制方面都具有很好的表现。

7.6 本章小结

本章就载人航天与空间智能机器人、智能可穿戴机器人的发展,以及月球探测与月面机器人发展进行了介绍,给出了机器人自主智能运动规划基本方法以及人工智能在运动规划问题中的应用,在此基础上分析了人工智能在月面群体机器人领域的应用趋势。通过本章的阐述可见:

载人航天技术的发展和空间操作任务的执行，离不开与航天员相关的各种活动，包括地面训练、舱外行走、舱内长期生活，在此过程中，机器人辅助成为必然。智能机器人对载人航天的发展具有重要的促进作用，未来载人航天舱内任务繁多而复杂，需要舱内机器人作为航天员的工作助手完成相应的操作任务，航天员在太空停留时间长，需要生活陪伴机器人辅助完成日常起居饮食甚至情感照顾。

智能可穿戴装备可以作为航天员训练的一个重要辅助手段，以模拟空间环境场景、空间微重力效应或者其他星球重力效应，增强现实、虚拟现实等技术与可穿戴装备的结合，为进行大规模人员训练提供了快速、低成本、高效的手段。

未来的月球探测和基地建设，探测器和机器人将面临月球环境特殊且未知不确定、通信延迟大且数传速率低、信息不完备且天地互动决策难等一系列关键难题，同时，考虑未来月球基地建设任务的复杂性和规模的庞大性，自主智能机器人将以其独特的优势在未来月球探测和基地建设任务中发挥重要作用。

未来载人航天和月球探测，对机器人智能化水平提出了新要求，如何应用人工智能方法和技术，实现（群体）机器人自主智能的任务规划与决策、目标识别与感知定位、运动规划与操作控制、智能语言处理与人机交流等，以适应以上特殊需求和挑战，将成为该领域的研究重点。

参考文献

[1] 何慧东,张蕊,苑艺,等. 世界载人航天60年发展成就及未来展望[J]. 国际太空,2021(4):4-10.

[2] SICILIANO B, SCIAVICCO L, VILLANI L, et al. Robotics Modelling, Planning and Control [M]. London: Springer, 2009.

[3] 唐永兴,朱战霞,张红文,等. 机器人运动规划方法综述[J]. 航空学报,2023,44(2):181-212.

[4] 吴天毅. 考虑感知约束的空间冗余机械臂运动规划研究[D]. 西安:西北工业大学,2022.

[5] LAVALLE S M. Planning Algorithms [M]. Cambridge: Cambridge University Press, 2006.

[6] MAYNE D Q. Model Predictive Control: Recent Developments and Future Promise [J]. Automatica, 2014, 50(12): 2967-2986.

[7] LAVALLE S M, KUFFNER J J. Rapidly-Exploring Random Trees: Progress and

Prospects [C]// Algorithmic and Computational Robotics: New Directions, 2000:293-308.

[8] LI Y B, LITTLEFIELD Z, BEKRIS K E. Asymptotically Optimal Sampling-Based Kinodynamic Planning [J]. The International Journal of Robotics Research, 2016, 35(5): 528-564.

[9] 仲剑飞. 基于采样的空间冗余机器人运动规划研究[D]. 西安: 西北工业大学, 2021.

[10] QURESHI A H, YIP M C. Deeply Informed Neural Sampling for Robot Motion Planning [C]// 2018 IEEE/RSJ International Conference on Intelligent Robots and Systems(IROS). Piscataway, NJ: IEEE Press, 2018: 6582-6588.

[11] WANG J K, CHI W Z, LI C M, et al. Neural RRT*: Learning-Based Optimal Path Planning [J]. IEEE Transactions on Automation Science and Engineering, 2020, 17(4): 1748-1758.

[12] ICHTER B, SCHMERLING E, LEE T W E, et al. Learned Critical Probabilistic Roadmaps for Robotic Motion Planning [C]// 2020 IEEE International Conference on Robotics and Automation(ICRA). Piscataway, NJ: IEEE Press, 2020: 9535-9541.

[13] ICHTER B, HARRISON J, PAVONE M. Learning Sampling Distributions for Robot Motion Planning [C]// 2018 IEEE International Conference on Robotics and Automation(ICRA). Piscataway, NJ: IEEE Press, 2018: 7087-7094.

[14] KUMAR R, MANDALIKA A, CHOUDHURY S, et al. LEGO: Leveraging Experience in Roadmap Generation for Sampling-Based Planning [C]// 2019 IEEE/RSJ International Conference on Intelligent Robots and Systems(IROS). Piscataway, NJ: IEEE Press, 2019: 1488-1495.

[15] KHAN A, RIBEIRO A, KUMAR V, et al. Graph Neural Networks for Motion Planning [DB/OL]. (2020-12-14)[2023-02-13]. https://arXiv.org/pdf/2006.06248v2.pdf.

[16] LIU K, STADLER M, ROY N. Learned Sampling Distributions for Efficient Planning in Hybrid Geometric and Object-Level Representations [C]// 2020 IEEE International Conference on Robotics and Automation(ICRA). Piscataway, NJ: IEEE Press, 2020: 9555-9562.

[17] QURESHI A H, SIMEONOV A, BENCY M J, et al. Motion Planning Networks [C]// 2019 International Conference on Robotics and Automation(ICRA).

Piscataway, NJ: IEEE Press, 2019: 2118 - 2124.

[18] HUH J, LEE D D. Efficient Sampling With Q - Learning to Guide Rapidly Exploring Random Trees [J]. IEEE Robotics and Automation Letters, 2018, 3 (4): 3868 - 3875.

[19] CHEN B H, DAI B, LIN Q J, et al. Learning to Plan in High Dimensions via Neural Exploration - Exploitation Trees [DB/OL]. (2020 - 02 - 23) [2023 - 02 - 13]. https:// arXiv. org/pdf/1903. 00070. pdf.

[20] BHARDWAJ M, CHOUDHURY S, BOOTS B, et al. Leveraging Experience in Lazy Search [J]. Autonomous Robots, 2021, 45(7): 979 - 996.

[21] ZHANG C, HUH J, LEE D D. Learning Implicit Sampling Distributions for Motion Planning [C]// 2018 IEEE/RSJ International Conference on Intelligent Robots and Systems(IROS). Piscataway, NJ: IEEE Press, 2018: 3654 - 3661.

[22] HUH J, XING G L, WANG Z Y, et al. Learning to Generate Cost - to - Go Functions for Efficient Motion Planning [C]//Experimental Robotics: The 17th International Symposium. Cham: Springer, 2021: 555 - 565.

[23] LI L J, MIAO Y L, QURESHI A H, et al. MPC - MPNet: Model - Predictive Motion Planning Networks for Fast, Near - Optimal Planning under Kinodynamic Constraints [J]. IEEE Robotics and Automation Letters, 2021, 6(3): 4496 - 4503.

[24] QURESHI A H, MIAO Y L, SIMEONOV A, et al. Motion Planning Networks: Bridging the Gap Between Learning - Based and Classical Motion Planners [J]. IEEE Transactions on Robotics, 2021, 37(1): 48 - 66.

[25] FAUST A, OSLUND K, RAMIREZ O, et al. PRM - RL: Long - Range Robotic Navigation Tasks by Combining Reinforcement Learning and Sampling - Based Planning [C]// 2018 IEEE International Conference on Robotics and Automation(ICRA). Piscataway, NJ: IEEE Press, 2018: 5113 - 5120.

[26] CHIANG H T L, HSU J, FISER M, et al. RL - RRT: Kinodynamic Motion Planning via Learning Reachability Estimators from RL Policies [J]. IEEE Robotics and Automation Letters, 2019, 4(4): 4298 - 4305.

[27] ICHTER B, PAVONE M. Robot Motion Planning in Learned Latent Spaces [J]. IEEE Robotics and Automation Letters, 2019, 4(3): 2407 - 2414.

[28] QURESHI A H, DONG J G, CHOE A, et al. Neural Manipulation Planning on Constraint Manifolds [J]. IEEE Robotics and Automation Letters, 2020, 5(4):

6089-6096.

[29] HIRZINGER G, BRUNNER B, DIETRICH J, et al. ROTEX – The First Remotely Controlled Robot in Space [C]// Proceedings of the 1994 IEEE International Conference on Robotics and Automation. IEEE, 1994: 2604-2611.

[30] NAGATOMO M, ISHII Y. MFD Demonstration Mission: JEM RMS (Remote Mnipulator System) Space Demonstration Test [J]. Technical Report of Ieice Sane, 1997, 97(142): 9-14.

[31] 刘宏, 李志奇, 刘伊威, 等. 天宫二号机械手关键技术及在轨试验[J]. 中国科学: 技术科学, 2018, 48(12): 1313-1320.

[32] 刘宏, 刘冬雨, 蒋再男. 空间机械臂技术综述及展望[J]. 航空学报, 2021, 42(1): 33-46.

[33] DORAIS G A, GAWDIAK Y. The Personal Satellite Assistant: an Internal Spacecraft Autonomous Mobile Monitor [C]// 2003 IEEE Aerospace Conference Proceedings (Cat. No. 03TH8652). IEEE, 2003, 1: 333-348.

[34] SMITH T, BARLOW J, BUALAT M, et al. Astrobee: A New Platform for Free-Flying Robotics on the International Space Station [C]// International Symposium on Artificial Intelligence, Robotics, and Automation in Space (i-SAIRAS). 2016: ARC-E-DAA-TN31584.

[35] SCHMITZ H C, KURTH F, WILKINGHOFF K, et al. Towards Robust Speech Interfaces for the ISS [C]// Proceedings of the 25th International Conference on Intelligent User Interfaces Companion. 2020: 110-111.

[36] WILLIAMS M, BRADDOCK M. AI Case Studies: Potential for Human Health, Space Exploration and Colonisation and a Proposed Superimposition of the Kubler-Ross Change Curve on the Hype Cycle [J]. Studia Humana, 2019, 8(1): 3-18.

[37] Ram A, Prasad R, Khatri C, et al. Conversational AI: The Science Behind the Alexa Prize [EB/OL] (2018-01-11) [2022-10-12]. https://arXiv.org/ftp/arXiv/papers/1801/1801.03604.pdf.

[38] 圆石. 日本机器人将在太空与人交流[J]. 科学大观园, 2013(14): 63.

[39] AMFT O, LUKOWICZ P. From Backpacks to Smartphones: Past, Present, and Future of Wearable Computers [J]. IEEE Pervasive Computing, 2009, 8(3): 8-13.

[40] ZIMMERMANN Y D, FORINO A, RIENER R, et al. ANYexo: A Versatile and Dynamic Upper-Limb Rehabilitation robot [J]. IEEE Robotics and Automa-

tion Letters,2019,4(4):3649-3656.

[41] WEHNER M,QUINLIVAN B,AUBIN P M,et al. A Lightweight Soft Exosuit for Gait Assistance[C]// 2013 IEEE International Conference on Robotics & Automation. IEEE,2013:3362-3369.

[42] ASBECK A T,DE ROSSI S M M,GALIANA I,et al. Stronger,Smarter,Softer:Next-Generation Wearable Robots[J]. Robotics and Automation Magazine IEEE,2014,21(4):22-33.

[43] MARTíN-BARRIO A,ROLDáN J J,TERRILE S,et al. Application of Immersive Technologies and Natural Languageto Hyper-Redundant Robot Teleoperation[J]. Virtual Reality,2020,24(3):541-555.

[44] BARRIO A M,BOUBETA L P,BALLAUX R,et al. Exosuit:A Training System for Future Astronauts Based on an Exoskeleton and Mixed Reality[C]// 72nd International Astronautical Congress(IAC),Dubai,United Arab Emirates,25-29 October 2021:253-259.

[45] HELIN K,KUULA T,VIZZI C,et al. User Experience of Augmented Reality System for Astronaut's Manual Work Support[J]. Frontiers in Robotics and AI,2018.5:106.

[46] TAMADDON K,STIEFS D. Embodied Experiment of Levitation in Microgravity in a Simulated Virtual Reality Environment for Science Learning[C]// 2017 IEEE Virtual Reality Workshop on K-12 Embodied Learning Through Virtual & Augmented Reality(KELVAR). IEEE,2017:1-5.

[47] SINNOTT C,LIU J,MATERA C,et al. Underwater Virtual Reality System for Neutral Buoyancy Training:Development and Evaluation[C]// Proceedings of the 25th ACM Symposium on Virtual Reality Software and Technology. 2019:1-9.

[48] COSTANTINI M,ROMETSCH F,CASINI A E M,et al. eXtended Reality Applications for Human Spaceflight:The ESA-EAC XR Lab[C]// 72nd International Astronautical Congress(IAC),Dubai,United Arab Emirates,25-29 October 2021,2021:298-307.

[49] JIANG Y F,QIAO B. An Upper Limb Exoskeleton Design for Reduced Gravity Training of Astronauts[J]. Transactions of Nanjing University of Aeronautics and Astronautics,2018.35(增刊1):27-34.

[50] EI SAMID N A,THANGAVELAUTHAM J,RICHARD J,et al. Infrastructure Ro-

botics: A Technology Enabler for Lunar In-situ Resource Utilization, Habitat Construction and Maintenance [C]// 59nd International Astronautical Congress (IAC). Glasgow, United Kingdom, Sep 29-Oct 3, 2008. 2008, 4:2045-2058.

[51] THANGAVELAUTHAM J, LAW K, FU T, et al. Autonomous Multirobot Excavation for Lunar Applications [J]. Robotica, 2017, 35(12): 2330-2362.

[52] AUSTIN A, SHERWOOD B, ELLIOTT J, et al. Robotic Lunar Surface Operations 2[J]. Acta Astronautica, 2020, 176: 424-437.

[53] ZHOU C, CHEN R, XU J, et al. In-situ Construction Method for Lunar Habitation: Chinese Super Mason [J]. Automation in Construction, 2019, 104: 66-79.

[54] WERFEL J, PETERSEN K, NAGPAL R. Designing Collective Behavior in a Termite-Inspired Robot Construction Team [J]. Science, 2014, 343(6172): 754-758.

[55] YUN S K, RUS D. Adaptive Coordinating Construction of Truss Structures Using Distributed Equal-Mass Partitioning [J]. IEEE Transactions on Robotics, 2014, 30(1): 188-202.

[56] KOMENDERA E, CORRELL N. Precise Assembly of 3D Truss Structures Using MLE-Based Error Prediction and Correction [J]. The International Journal of Robotics Research, 2015, 34(13): 1622-1644.

[57] MELENBRINK N, KASSABIAN P E, MENGES A, et al. Towards Force-aware Robot Collectives for On-site Construction [C]// Proceedings of the 37th ACADIA Conference, 2017: 382-391.

[58] BENAROYA H, BERNOLD L. Engineering of Lunar Bases [J]. Acta Astronautica, 2008, 62(4/5): 277-299.

[59] SCHRUNK D, SHARPE B, COOPER B L, et al. The Moon: Resources, Future Development, and Settlement [M]. New York: Springer Science & Business Media, 2007.

[60] HICHRI B, ADOUANE L, FAUROUX J C, et al. Cooperative Mobile Robot Control Architecture for Lifting and Transportation of Any Shape Payload [C]// Distributed Autonomous Robotic Systems: The 12th International Symposium. Springer Japan, 2016: 177-191.

[61] EBEL H, EBERHARD P. Distributed Decision Making and Control for Cooperative Transportation Using Mobile Robots [C]// Advances in Swarm Intelligence: 9th International Conference, ICSI 2018, Shanghai, China, June 17-22, 2018, Proceed-

ings,Part Ⅱ 9. Springer International Publishing,2018:89-101.

[62] RUBENSTEIN M,CABRERA A,WERFEL J,et al. Collective Transport of Complex Objects by Simple Robots:Theory and Experiments[C]// Proceedings of the 2013 International Conference on Autonomous Agents and Multi-Agent Systems. 2013:47-54.

[63] 吴伟仁,刘继忠,唐玉华,等. 中国探月工程[J]. 深空探测学报,2019,6(5):405-416.

[64] 裴照宇,刘继忠,王倩,等. 月球探测进展与国际月球科研站[J]. 科学通报,2020,65(24):2577-2586.

[65] LILJEBäCK R,TRANSETH A A,FOSSUM K. Serpentine Robots for Planetary Exploration(SERPEX):SINTEF A26042[R/OL]. (2017-11-14)[2023-01-13]. https://hdl.handle.net/11250/24666114.

[66] 于登云,张哲,泮斌峰,等. 深空探测人工智能技术研究与展望[J]. 深空探测学报,2020,7(1):11-23.

[67] TANG H,WANG A,XUE F,et al. A Novel Hierarchical Soft Actor-Critic Algorithm for Multi-Logistics Robots Task Allocation[J]. IEEE Access,2021,9:42568-42582.

[68] YANG Y,LI J T,PENG L L. Multi-Robot Path Planning Based on a Deep Reinforcement Learning DQN Algorithm[J]. CAAI Transactions on Intelligence Technology,2020,5(3):177-183.

[69] BAE H,KIM G KIM J,et al. Multi-Robot Path Planning Method Using Reinforcement Learning[J]. Applied Sciences,2019,9(15):3057.

[70] LONG P X,FAN T X,LIAO X Y,et al. Towards Optimally Decentralized Multi-Robot Collision Avoidance via Deep Reinforcement Learning[C]// 2018 IEEE International Conference on Robotics and Automation(ICRA). IEEE,2018:6252-6259.

[71] BAI C C,YAN P,PAN W,et al. Learning-Based Multi-Robot Formation Control With Obstacle Avoidance[J]. IEEE Trancactions On Intelligent Transportation Systems,2021,23(8):11811-11822.

[72] EVERETT M,CHEN Y F,HOW J P. Motion Planning Among Dynamic with Deep Reinforcement Learning Decision Making Agents[C]// 2018 IEEE/RSJ International Conference on Intelligent Robots and Systems(IROS),2018:3052-3059.

第 8 章
深空探测与天文观测

未来深空探测将开展火星采样返回、小行星探测、木星系及行星穿越探测、月球驻留科学探测与资源开发等任务,面临一系列关键难题,亟须技术创新和技术突破。对于天文观测来说,如何从海量天文数据中准确快速地找出规律、发现新星、解释宇宙变化的奥秘,对天文学家也是一个困扰。人工智能相关理论与技术可以为深空探测和天文观测提供可行的方法和手段,主要体现在:

(1)随着深空探测器操作模式的自主化、智能化发展,需要利用人工智能以提高探测器的自主水平。随着人类深空探测技术的发展,后续深空探测不仅任务种类多、协调要求高、执行难度大,而且涉及月球/行星的表面、空中、地下等多个任务执行环境,对现有自动化、自主化技术构成了严峻挑战。针对一些未知天体的着陆探测方面,探测器无法完全依赖地面测控和人工干预,要求探测器具备在轨自主运行和管理能力,必须突破自主任务规划、自主导航、自主控制、自主故障处理等系列核心技术等。随着人工智能技术的快速发展,将其应用于深空探测任务以解决上述技术难题的时机日趋成熟,发展深空探测人工智能技术迫在眉睫。

(2)深空探测和天文观测都涵盖了大量不同场景和庞大的数据量。如何准确快速地从不同场景和大量数据中提取有用信息,对于研究者来说是一项非常具有挑战性的任务,如何利用大数据处理方法实现数据自主分析,是深空探测和天文观测面临的一个难题。现阶段,鉴于航天任务功能复杂化和观测数据多样化,随着探测器上所携带的仪器数量增加以及任务时间的加长,所获得的科学数据量呈指数增长。对于深空探测来说,这样大量的数据不可能全部通过深空网传回地面进行处理,因此探测器应具有科学现象自主识别与规划、科学数据初步分析和筛选的能力。对于天文观测来说,如何从海量天文数据中准确快速地找出规律、发现新星、解释宇宙变化的奥秘,也是一个难题。近年来,以机器学习为代表的人工智能技术得到了极其快速的发展,并在计算机视觉、图像处理、大数据处理等领域获得了日益广泛的成功应用。因此,如何基于计算机视觉、图像处理、大数据处理等方法和技术实现天文观测大数据的自动有效处理、科学数据的自动筛检与分析、深空探测目标的自主识别是亟待解决的问题。

目前,深空探测人工智能技术的研究与应用尚处于发展初期。面对深空探测远距离、极端环境等带来的一系列挑战,人工智能技术将成为未来深空探测技术研究和发展的重点技术之一,并帮助提高任务的操作效率、更高的科学回报和更高的自主水平。

本章将从深空制导控制、深空目标检测、天文观测数据处理等几个方面介绍人工智能方法的应用及其发展趋势。

8.1 机器学习与深空飞行

未来深空探测任务中,环境更加复杂和未知,许多太空任务在实际执行的过程中具有复杂且时变的动力学,在任务设计阶段可能无法完全建模。传统基于优化的深空飞行轨道设计与控制方法依赖于底层动力学模型的准确性,若模型中没有正确的引力模型、扰动和其他非线性项则可能导致应用的失败。因此,需要使用鲁棒且自适应的方法来解决深空探测飞行任务中的典型问题。

机器学习技术能够充分利用多学科融合、自主学习、人机结合和协同共融等理念,可以赋予探测器在深空飞行过程中极强的环境认知能力、自主规划能力、任务适应能力、异常处置能力和高效协同能力等。同时,深空与地面通信延时大,信息传输率低,在多目标复杂飞行任务中的精确着陆、深空轨道设计等方面,需要探测器根据当前状态和目标任务做出实时自主的调整,综合考虑探测器飞行过程中需要满足的各种约束,引入深度学习、强化学习等技术,使探测器适应不同场景、不同环境,以完成各种复杂任务的制导与控制。例如,美国亚利桑那大学、麻省理工学院及欧洲航天局等广泛探讨了基于深度学习、强化学习及深度强化学习的行星软着陆轨迹规划及其智能巡航等问题。

如1.2.2节所述,强化学习是机器学习中的一类,它为目标导向学习提供了一个原则性的数学框架,其中智能体通过直接与所处的潜在变化的环境进行交互来学习如何解决任务。智能体通过在与环境交互时最大化预期的累积奖励(回报)来改善行为,奖励函数必须根据智能体需要完成的目标来设置,是强化学习智能体学习过程发挥作用的关键。与监督机器学习方法不同,强化学习方法在训练过程中不需要标记数据作为解决方案的参考。更进一步地,在强化学习方法中可以使用深度神经网络催生深度强化学习(DRL),使得基于强化学习的解决方案可通过低维函数逼近来表示高维且连续的状态和行动空间。另外,在强化学习智能体的离线训练阶段,强化学习算法可以用于计算针对广泛操作场景的策略,训练好的策略也具有泛化能力,可以实时地适应变化的环境和动力学条件。

为此,本节将以强化学习为例介绍其在深空飞行中的应用。关于强化学习的概念和模型在第 4 章已经进行了介绍,下面从轨道设计、姿态控制、着陆制导控制三个方面简述强化学习的应用。

8.1.1 深空飞行轨道设计

在未来的航天任务中,小推力模式的推进技术将更加频繁地出现。小推力发动机的能量利用率和比冲都比化学推进技术高很多,使得深空探测器可以携带更多的有效载荷。欧洲航天局在小行星远程地球物理观察任务中使用的立方星[1],以及在月球飞行任务中使用的立方星[2],都基于小推力电推进技术[3],以保证降低成本和开发时间。不过,采用小推力模式的推进技术将使轨道控制难度更高。

下面首先基于圆形限制性三体问题(Circular Restricted Three Body Problem, CRTBP)模型和电推进发动机,建立小推力深空飞行模式的动力学模型。

定义质心旋转坐标系(CRC)如下:其原点与两个主天体的质心重合,x 轴指向第二天体,z 轴与第二天体轨道角动量方向一致,y 轴方向根据右手准则确定。

假设深空探测器的质量变化率为

$$\dot{m} = u \frac{T_a}{I_{sp} g_0} \tag{8-1}$$

式中,I_{sp} 是小推力器的比冲,这里认为比冲是固定值;g_0 是海平面的重力加速度;T_a 是可用推力,这里假设为最大推力 T_{max};u 为喷射离子的速度大小,考虑小推力器燃料泄漏的可能,u 表示为

$$u = \sqrt{u_x^2 + u_y^2 + u_z^2 + \varepsilon_T} \tag{8-2}$$

式中,u_x、u_y、u_z 为喷射离子速度向量 $\boldsymbol{u}$ 在 CRC 坐标系三轴上的分量,ε_T 为燃料泄漏引起的误差。

定义 RSW 坐标系,其坐标原点与第二主天体重合,x 轴从第二主天体指向探测器,z 轴与探测器相对第二主天体的角动量方向一致,y 轴方向根据右手准则确定。RSW 坐标系和 CRC 坐标系的转换关系为

$$\begin{bmatrix} \hat{\boldsymbol{r}}_2 & \hat{\boldsymbol{s}} & \hat{\boldsymbol{w}} \end{bmatrix} = \begin{bmatrix} \dfrac{\boldsymbol{r}_2}{r_2} & \dfrac{(\boldsymbol{r}_2 \times \boldsymbol{v}) \times \boldsymbol{r}_2}{\| (\boldsymbol{r}_2 \times \boldsymbol{v}) \times \boldsymbol{r}_2 \|} & \dfrac{\boldsymbol{r}_2 \times \boldsymbol{v}}{\| \boldsymbol{r}_2 \times \boldsymbol{v} \|} \end{bmatrix} \tag{8-3}$$

定义探测器的速度向量与 RSW 坐标系构成的方位角为偏航角 α 和俯仰角 β，方位角的示意图如图 8-1 所示。

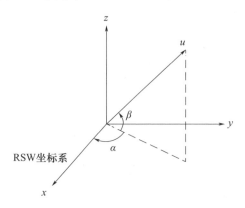

图 8-1　RSW 坐标系中方位角的示意图

小推力器速度向量在 CRC 坐标系中的分量可以表示为

$$\begin{bmatrix} u_x \\ u_y \\ u_z \end{bmatrix} = \begin{bmatrix} \hat{\boldsymbol{r}}_2 & \hat{\boldsymbol{s}} & \hat{\boldsymbol{w}} \end{bmatrix} \begin{bmatrix} u_r \\ u_s \\ u_w \end{bmatrix}, \quad \begin{bmatrix} u_r \\ u_s \\ u_w \end{bmatrix} = \begin{bmatrix} u\sin\alpha\cos\beta \\ u\cos\alpha\cos\beta \\ u\sin\beta \end{bmatrix} \qquad (8-4)$$

式中，u_r、u_s、u_w 为速度向量在 RSW 坐标系三轴上的分量。

所以，在 CRC 坐标系中，探测器小推力深空飞行模式下的动力学方程为

$$\begin{cases} \ddot{x} - x - 2\dot{y} = -\dfrac{(1-\mu)(x+\mu)}{r_{EP}^3} - \dfrac{\mu(x-1+\mu)}{r_{MP}^3} + \dfrac{T_a}{m} u_x \\ \ddot{y} - y + 2\dot{x} = -y\left(\dfrac{1-\mu}{r_{EP}^3} + \dfrac{\mu}{r_{MP}^3}\right) + \dfrac{T_a}{m} u_y \\ \ddot{z} = -z\left(\dfrac{1-\mu}{r_{EP}^3} + \dfrac{\mu}{r_{MP}^3}\right) + \dfrac{T_a}{m} u_z \end{cases} \qquad (8-5)$$

式中，x、y、z 为探测器位置向量在 CRC 坐标系三轴上的分量；u 为质量参数；r_{EP} 为探测器相对于地球的距离；r_{MP} 为探测器相对于第二天体的距离。

在 CRTBP 模型中，考虑了质量可忽略的探测器在两个较大天体（如地球和月球）存在的情况下的动力学特性，这两个天体围绕其相互的质心以圆形轨道旋转。该多体模型中存在 5 个平衡点，从应用的角度来看，其中最受关注的周期轨道是 L_1 与 L_2 处的平面李雅普诺夫（Lyapunov）轨道和 halo 轨道族。通过设置一个 L_2（平面）李雅普诺夫轨道为目标轨道，就可以选择一条从某个目标星球附近开始并通过稳定流形逐渐接近目标轨道的参考轨道。为了达到一种与参考轨

道相关的状态,需要探测器从实际状态进行受控转移。

小推力的轨道控制问题本质就是一个最优控制问题,在这一最优控制问题中,性能指标为燃料剩余质量最大。使用小推力模式的探测器,可以节省大量的燃料,然而,由于动力学模型的高度非线性,对探测器的轨道优化和控制提出了更高的挑战。为了解决这一问题,近年来,很多学者开发了各种非线性规划求解器。经典的方法有序列二次规划法等,这些方法的缺点是:随着控制变量的增加,计算复杂度呈二次增长,对于维数较高的问题,计算成本很高,还不能保证解决多体场景中自主/鲁棒的最优轨道设计问题。

另外,由于深空小推力轨道的特点是推力周期长,且通常在未知环境中,这使得在传统的最优控制方法下的制导控制问题更具挑战性。事实上,传统的优化方法计算代价非常高,而且容易陷入局部极小值。

而强化学习方法因其固有的自适应能力在此类应用领域逐渐受到关注。利用 RL 方法解决以上问题时,需要建立 RL 环境模型。与所有强化学习框架一样,环境模型也提供了奖励功能。在 Sullivan 和 Bosanac[4]的研究中,有三种不同的奖励:①在同时刻接近参考轨道一个状态时奖励探测器,该状态是从共同的初始历元开始测量的;②当探测器的状态与沿参考轨道的最近状态匹配时奖励探测器;③如①所述,但对推力向量方向的角度变化附加约束。对于第一种和最后一种,探测器必须跟踪移动目标,而在第二种情况下,沿参考轨道的任何点都可以作为目标。

一般地,标量奖励函数定义为探测器状态与参考轨道状态向量之间误差的加权范数和,还有一个附加项,代表推力方向的惩罚性变化,即

$$r_i(s_t,a_t) = -c_d|\boldsymbol{d}_{\text{ref}}(t+\Delta t)-\boldsymbol{d}_{\text{sc}}(t+\Delta t)|- \\ c_v|\boldsymbol{v}_{\text{ref}}(t+\Delta t)-\boldsymbol{v}_{\text{sc}}(t+\Delta t)|-c_\theta\theta(t) \tag{8-6}$$

式中,对于给定的时间步长 Δt,$\boldsymbol{d}_{\text{ref}}$ 与 $\boldsymbol{d}_{\text{sc}}$ 分别为参考轨道与探测器轨道的位置向量;$\boldsymbol{v}_{\text{ref}}$ 与 $\boldsymbol{v}_{\text{sc}}$ 分别为参考轨道与探测器轨道的速度向量;$\theta(t)$ 表示当前推力向量和先前推力向量之间的角度;c_d、c_v、c_θ 为惩罚权重。从随机初始条件开始,在环境中进行数值模拟。由于奖励是一个标量函数,与之相关的多个问题目标(如路径与终端约束问题)可以作为加权惩罚项考虑在奖励函数中,其中权重的选择至关重要性。

也可以假设奖励函数为误差向量的欧几里得范数,定义为在给定时间步长下,探测器实际位置、速度向量与参考轨道路径最邻近位置、速度向量的偏差。需要先沿参考轨道采样足够多的状态,然而在路径中寻找最近状态会出现搜索问题。

那么如何定义奖励呢？这里举一个例子加以说明。

文献[3]研究了地球火星之间的转移轨道设计问题,所选择的 RL 状态变量为探测器的质量以及惯性系下其相对于太阳的位置与速度,整个任务按时间步长被离散为 N 段。在每个时间段里,轨道都近似为一段具有脉冲速度变化量 Δv 的弹道弧,也就是每个时间步长中具有一段命令动作 a_t。通过建立确定性模型进行更新,以容纳各种不确定性源（如未建模的加速度与不确定参数、测量噪声和控制执行误差等）,还包括可能发生的可变时间段中的推力失效事件。

简单起见,假设所有不确定性和测量噪声由附加高斯噪声表示。控制执行误差建模为指令速度向量 Δv 中的扰动。假设在任务期间仅发生一次推力失效事件,随机开始于第 0 阶段至第 n 阶段初始（服从均匀分布）,并持续给定的有限个步长。上述 RL 环境模型由奖励函数定义完成,通过轨道力学模拟实现。优化程序的目标是使探测器的（预期）最终质量最大化,同时保证符合位置与速度的终端交会约束。因此,t 时刻获得的奖励 r_t 定义为[3]

$$r_t = -\mu_t - \lambda_{e_u} e_{u,t-1} - \lambda_{e_s} \max\{0, e_{s,t} - \varepsilon\} \quad (8-7)$$

其中

$$\mu_t = \begin{cases} (m_{t-1} - m_t)/m, & t < N \\ (m_{N-1} - m_f)/m, & t = N \end{cases}$$

$$e_{u,t} = \max\{0, |a_t| - \Delta v_{\max,t}/v\}$$

$$e_{t,k} = \begin{cases} 0, & t < N \\ \max\{e_r, e_v\}, & t < N \end{cases}$$

式中,μ_t 为成本函数,即 t 时刻的（无量纲）推进剂无量纲消耗质量；$e_{u,t}$ 为超出最大速度 Δv 限制的幅度（无量纲）；$e_{t,k}$ 为最终位置误差 e_r 与速度误差 e_v 之间的最大值。此外,ε 是违反终端约束的容差,λ_{e_u} 和 λ_{e_s} 是加权因子。当达到终止条件时,结束。

另外,Miller 等[5]考虑了固定长度的地球到火星参考轨道,并将其采样为有限个状态,这些状态与相应的动作和奖励一起用于训练 RL 智能体。初始条件在发射后运行两周的状态向量中随机选择,由此来生成模拟。然而作者说明,强化学习训练的智能体获得的结果还不能与行星际轨道优化工具（作为基准）提供的结果相比较。

8.1.2 深空探测器姿态控制

探测器的姿态可以通过使用不同类型的星载传感器（如太阳传感器、磁力计、星敏感器等）来测量,并结合一定的算法进行姿态确定和估计。一旦对探测器的姿态进行了估计,就需要计算所需的控制力矩来跟踪参考姿态。传统的反馈控制方法包括两个嵌套回路:外环用于局部优化,内环用于状态反馈跟踪控制。然而,除了实现完全状态反馈的困难,这种方法在长期规划和适应性行为方面也存在不足。基于学习策略的控制器不失为一种解决方案。

这里先以文献[6]为例,说明离散场景下的 RL 控制器设计。文献[6]针对探测器参考姿态确定问题,在离散控制场景下提出了一种改进的近似策略优化算法——双延迟深度确定性策略梯度(Twin Delayed Deep Deterministic Policy Gradient,TD3)方法,用于训练神经元姿态控制器。策略是通过智能体和(模拟)环境之间的交互作用产生的小批量状态、行动和奖励进行训练的(图 8 – 2)[6]。

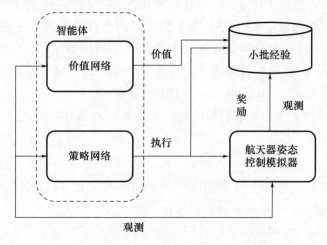

图 8 – 2　用于姿态控制的智能体 – 环境交互

探测器姿态用误差四元数表示,即当前参考坐标系方向与期望坐标系方向之间的差值。姿态控制器(智能体)必须执行大角度旋转并使探测器稳定在期望的方向,满足指向精度,直到结束。每一回合都是由静止的探测器和一个从均匀分布采样的初始误差四元数向量进行初始化。然后对误差四元数进行运动学积分,使误差四元数在时间中传播。

此外,对姿态控制器(智能体)的设计作了以下假设:①姿态控制器只能提供三个量级的近似脉冲力矩;②控制动作只能在一个体轴上施加;③智能体选择一个动作,每 20 个时间步长旋转探测器一次。

对于策略网络,奖励函数定义如下:

$$r = \begin{cases} r_a + 9, & \phi \leq 0.25 \\ r_a, & \text{其他} \end{cases} \quad (8-8)$$

式中,ϕ 为角度误差;r_a 为中间报酬,由下式给出:

$$r_a = \begin{cases} \exp\left(\dfrac{-\phi}{0.28\pi}\right), & q_{s,t} > q_{s,t-1} \\ \exp\left(\dfrac{-\phi}{0.28\pi}\right) - 1, & q_{s,t} \leq q_{s,t-1} \end{cases} \quad (8-9)$$

式中,$q_{s,t}$ 为误差四元数在当前时间步长的标量部分;$q_{s,t-1}$ 为误差四元数在前一时间步的标量部分。

对于动量管理和动量交换场景,姿态控制通过假设一个连续的动作空间来解决。文献[7]提出了一种使用(Proximal Policy Optimization,PPO)算法设计探测器姿态控制系统的 RL 方法。其环境模型使用了探测器的刚体模型,状态空间由误差四元数向量定义。此外,为了获得适用于各种任务和探测器的鲁棒控制器设计,假定探测器的峰值姿态控制力矩是不确定的,并且在每次模拟之前随机选择。因此,姿态控制问题是通过部分可观测马尔可夫决策过程(Partially Observable Markov Decision Process,POMDP)建模的。

在文献[7]中,考虑了控制信号强度的约束和控制效果的限制,设计以下奖励函数:

$$r = -a_q q_{er} - a_\omega \|\omega_e\|_2 - c \quad (8-10)$$

式中,q_{er} 是最后一个误差四元数分量的绝对值减去 1;ω_e 是角速度误差;a_q 和 a_ω 是系统响应的权重;c 是代表控制约束的条件奖励。姿态和角速度动力学是相辅相成的,因此首先训练智能体,选择接近目标状态的环境初始状态,然后通过事件线性增加参数,以加强问题的难度。研究结果表明,RL 方法在对传感器噪声的易感性方面相比于 PID 控制器能产生更好的性能。

除了以上两个例子中涉及的 TD3 方法和 PPO 方法,还有一些其他算法也被用于 RL 姿态控制中,如深度确定性策略梯度方法,该方法是 Actor – Critic 算法的一个变体。文献[8]通过深度确定性策略梯度方法对由两个神经网络组成的姿态控制系统进行训练,一个用于角速率控制,另一个用于方向控制。另外,考虑一些状态约束,如姿态角和角速度限制等,文献[9]提出了一种新的 RL 算法,通过引入适当的障碍函数来考虑状态约束(角度和角速度限制),以编码姿态禁区和角速度限制的信息。奖励函数还包括角位置和角速度误差的加权和,即用一个单独的评价神经网络近似于最优奖励函数和控制策略。在线学习过程中,实时和过去的测量数据同时用于更新神经网络权值。与 MPC 方法相比,神经网络权值更新律的计算复杂度有所降低。通过实时仿真计算机和转台组成的半实物仿真试验台,验证了该方法的有效性。

8.1.3 天体着陆制导控制

天体表面着陆是深空探测的重要一环,如前所述,针对一些未知天体的着陆探测,探测器无法完全依赖地面测控和人工干预,要求探测器具备自主精准的安全着陆能力。对于有大气层的天体,总着陆过程包括两个阶段,即飞行器只依靠空气动力学进行减速和轨迹修正的进入阶段,以及启动反向推进系统并将探测器轨迹引向行星表面期望着陆位置的动力下降阶段。从控制设计的角度来看,将进入段和动力下降段结合并使二者协同工作是一项具有挑战性的任务,但无论如何都需要实现两个存在冲突的目标,即沿最优轨迹自主飞行的同时,在所选终点精准着陆。这两个阶段的交接点可能属于一个广泛的区域,该点的选择需在综合制导控制系统设计时予以考虑。此外,环境参数也不易确定,如环境扰动加速以及太阳辐射光压。

基于强化学习的方法在天体着陆中逐渐得到了应用,并展现了良好的性能,其中策略训练可以在广泛的随机系统和环境参数(如小行星着陆场景中的重力加速度)以及初始条件(如上述交接点)下进行。其中,元强化学习(meta – RL)方法得到了较为广泛的关注,不仅用于火星着陆器动力下降段的自适应制导律,也用于无大气层的小天体(即小行星)着陆器的自适应制导律设计[10]。元强化学习被认为是一种对"学会学习"这一理念的实现:智能体不仅在一项任务中学习如何变得高效,并且能够适应在训练中从未遇见过的新任务[11]。

递归神经网络代表了一类有趣的智能自适应算法,它具有在离线模式(即训练阶段)或在线/实时模式(即测试阶段)中学习时变和复杂动力学的能力。换而言之,训练后的策略可以实时适应不断变化的动力学及内外干扰。策略的计算/训练包含智能体和环境之间的模拟交互,其在多个回合中适当范围内随机生成初始条件及环境参数,这证明了基于强化学习的方法在大范围"动作空间"内学习策略的能力。

在利用元强化学习法解决探测器着陆制导控制的过程中,递归神经网络同时用于行为(actor)和评估(critic)部分。为了执行策略训练所需的回合,需要对以下核心要素进行定义:环境模型(即用以模拟环境的行为)、奖励函数、状态/观测空间、动作空间、RL 训练算法以及策略定义。图 8 – 3 给出了用于天体自适应着陆问题的 RL 框架定义[10,12-13]。

环境模型取决于所讨论的天体(如火星或小行星)以及着陆器的自由度,其会影响状态、动作空间的维度。特别地,在 3 自由度的着陆环境中只考虑着陆器的平动位移及速度,而在 6 自由度的着陆环境中则需对着陆器的姿态及旋转角速度进行建模。

为了清晰和简洁,举一个例子说明。下面针对 3 自由度火星着陆问题,介绍如何建立环境模型并用于 RL 智能体的训练和测试[10]。

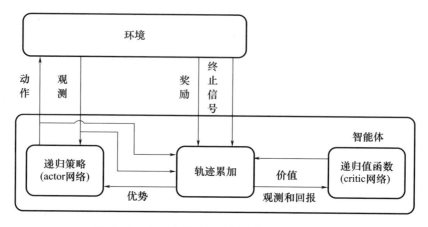

图 8-3　自适应着陆策略训练的 RL 框架定义

着陆器的平动位移通过下式表示：

$$\dot{r} = v \tag{8-11}$$

$$\dot{v} = \frac{T}{m} + g + a_{env} \tag{8-12}$$

$$\dot{m} = -\frac{\|T\|}{I_{sp} g_{ref}} \tag{8-13}$$

式中,r 为着陆器在目标中心参照系中的位置向量；T 为着陆器的推力向量(其分量通常被限制在一个给定的范围内)；m 为着陆器湿重(可设置为每次训练回合中其标称值的随机分布)；a_{env} 是环境干扰加速度向量(同样地,在每一回合中设置一个给定的随机分布)；g 是火星重力加速度向量；I_{sp} 为比冲；g_{ref} 为地球重力加速度。若考虑小行星 6 自由度着陆问题,则环境模型会变得更加复杂。

奖励函数通常定义为过程及终端奖励的结合。前者向智能体提供其在某回合中每一步长表现优异程度的信息。此信息可以表示为速度跟踪误差 $v_{err} = \|v - v_{targ}\|$,其中 v_{targ} 是一个向量场,将着陆器的位置与视线向量平齐映射到目标速度上。这样,着陆器首先瞄准目标着陆点上方的特定位置,再向目标点垂直下降。终端奖励是最终位置和速度(对于 6 自由度着陆问题,则指着陆器角速度的各分量)均在指定范围内的分段奖励。此外,通常会在奖励函数中添加一个惩罚控制量的项,一个惩罚违反约束的项(从而在训练中对约束予以考虑)以及一个恒正的项 η(以使智能体继续沿轨迹行进)。因此,奖励一般可定义如下：

$$r = \beta v_{\text{err}} + \lambda \|T\| + \eta + \zeta(\text{成功着陆}) + \kappa(\text{违反约束}) \qquad (8-14)$$

式中,β、λ、ζ、κ 为加权参数。奖励的不同项可依据智能体需实现的目标以及环境模型的复杂程度来进行设置。

状态/观测向量还取决于具体的着陆问题(火星或小行星,3 自由度或 6 自由度)。学习及测试过程中智能体的观测向量定义如下:

$$o = [v_{\text{err}}, q, \omega, r_z, t_{\text{go}}]', \qquad (8-15)$$

式中,q 是着陆器预估姿态;ω 是其预估旋转角速度向量;r_z 是其预估海拔高度;t_{go} 是工作时间。智能体生成的推力向量 $T = \sum_{i=1}^{k} T_i (T_i \in \mathbb{R}^3)$,其中,$k$ 是推进器的数量,推力值通常限制在给定范围内。

用于训练策略的 RL 算法,通常采用带有递归神经网络的 PPO 算法,通过模拟训练着陆问题中的自适应元强化学习策略。该策略(将着陆器预估状态映射为指定推力向量)和价值函数均是通过递归神经网络实现的,而优势函数则计为总折扣奖励(一个回合所收集的)与评估网络提供的状态 - 价值函数之差。图 8-4 给出了训练后的递归策略如何部署到着陆器系统上,以及如何在动力下降阶段与着陆器外部部件对接[14]。

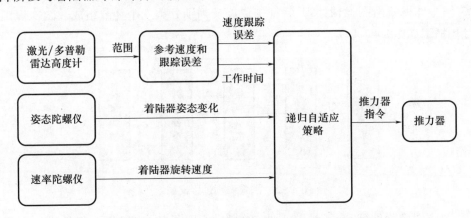

图 8-4 已部署的 RL 策略及其与着陆器部件的对接

尽管训练后递归策略网络的权重已经固定,但隐藏状态仍会根据一系列观测和动作继续变化,从而使策略适应新的环境构型,并对外部干扰和推进器故障的情况均具有鲁棒性。这也是元强化学习的最大特点,特别是元强化学习策略能够适应新场景,并能利用以前获取的知识来学习新的任务。研究表明,强化学习策略可以实现预期性能,并具有较强的鲁棒性和目标自适应性。

当然,基于强化学习的方法也可以与一些相对传统的方法相结合,以克服其自身的局限性。例如,在文献[15]中,将深度强化学习算法用于零控位移偏差/零控速度偏差(Zero - Effort - Miss/Zero - Effort - Velocity,ZEM/ZEV)反馈制导算法中,该制导算法的总体结构与经典的 ZEM/ZEV 相比并无变化,但其最优制导增益在每次步长中都通过参数化的学习策略确定为状态的函数。此制导算法生成的闭环轨迹是准最优(与燃油效率相关),且满足飞行约束的(如推力约束)。

8.2 图像识别与目标检测

后续深空探测任务将面临未知和极端的环境,带来一系列全新挑战。特别是针对未知环境,深空探测器需要具有对所获取图像信息的自主处理能力,从中发现和识别一系列特定的静态地质特征,通过分析序列图像来辨识火山、撞击坑、湖泊等地形地貌[16]。这就涉及图像识别和目标检测。

8.2.1 传统图像识别

图像识别的过程通常分为 5 个步骤,除了图像采集和结果输出两个始末环节外,主体框架由图像预处理、特征提取以及判别分类三个环节组成。图像识别过程框图如图 8-5 所示。

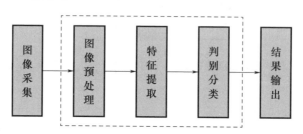

图 8-5 图像识别过程框图

(1)图像预处理:为了消除干扰,增强目标图像信息,以便更好地进行图像特征提取,需要对图像格式进行处理并按照要求进行归一化。常见的预处理方法主要有灰度化、几何变换和图像增强[17]。

例如,探测器在轨道上运行,日照变化有可能会使图像出现过曝光以及欠曝光的现象,因此需要在预处理算法中对图像进行光照不变的处理。局部敏感直方图(Locality Sensitive Histograms,LSH)算法是进行图像预处理的一种有效灰度化处理算法,它通过引入提取密集光照不变特征的仿射变换预处理方法,将原始图像转换为新的图像,实现当原始图片光照变化时,预处理后的图像的像素灰度不变的目的,使得图像获得对于剧烈变化的光照鲁棒特征。基于局部敏感直方图方法,对不同光照图像的处理结果如图8-6所示[18],其中图(a)~(c)分别为原灰度图、原灰度图70%亮度的图片、原灰度图50%亮度的图片。图(g)~(i)

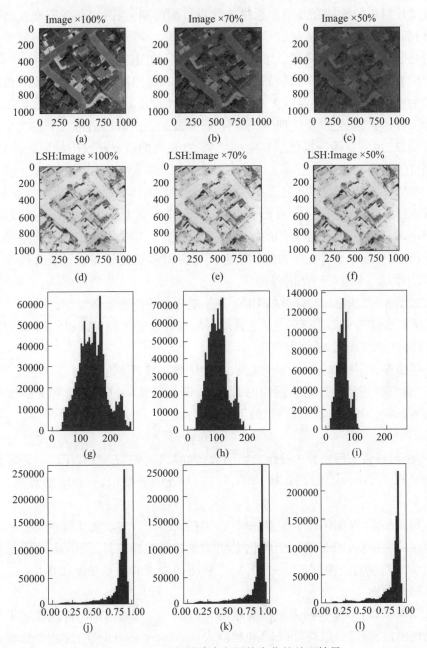

图8-6 基于局部敏感直方图均衡化的处理结果

分别为图(a)~(c)灰度图片对应的统计直方图。图(d)~(f)分别为原灰度图的处理结果,原灰度图70%亮度的图片的处理结果,原灰度图50%亮度的图片的处理结果。图(j)~(l)分别为图(d)~(f)局部敏感直方图均衡化处理结果灰度图片对应的统计直方图。通过统计直方图可知,当图片存在剧烈光照变化时,局部敏感直方图均衡化的处理结果基本一致。可知在图像发生局部平滑的仿射光照变化时,基于局部敏感直方图均衡化后的图像几乎不变。

(2)特征提取:对图像的特征进行描述与抽取,抽取出来的特征用来描述图像的主要信息。特征提取包含两个层次:第一个层次是底层特征提取,常用的底层特征有形状、颜色以及纹理,底层特征计算简单、鲁棒性强;第二个层次是高层特征提取,主要是指根据低层判定的结果,在更高的语义层次上抽取图像特征,高层特征更加抽象。

在特征提取时,可以通过设计具有强表征能力的特征描述子(也即特征向量)来描述目标,以便进行目标分类。其中,方向梯度直方图(Histogram of Oriented Gradients, HOG)描述子是常用的一种特征描述子。HOG 描述子的本质是梯度的统计信息,梯度主要存在于边缘的地方,因此,HOG 描述子是通过统计边缘的方向、大小信息,来表征局部图像区域。

如图 8-7 所示[19],标准的 HOG 特征描述子的提取步骤如下:

第 1 步,灰度化。由于颜色信息作用不大,通常将彩色 RGB(Red-Green-Blue)图像转化为灰度图像 I。

第 2 步,采用伽马校正法对输入灰度图像 I 进行颜色空间的标准化(归一化)。伽马校正目的是调节图像的对比度,降低图像局部的阴影和光照变化所造成的影响,同时可以抑制噪声的干扰,其公式为

$$I(x,y) = [I(x,y)]^{\gamma}$$

式中,也可以将灰度图像 I 看作二维函数,也即 $I(x,y): R^2 \to R, I(x,y)$ 表示横坐标为 $x=0,1,\cdots,w$,纵坐标为 $y=0,1,\cdots,h$ 处的灰度值;γ 为压缩系数,一般取 0.5。

第 3 步,计算图像每个像素的梯度,包括大小和方向。此步骤主要目的是捕获边缘轮廓信息,同时进一步弱化光照的干扰。取梯度算子为:水平边缘算子 $[-1,0,1]$;垂直边缘算子 $[-1,0,1]^T$,获得图像 I 的水平梯度图像 $G_x(x,y)$ 与竖直梯度方向。

第 4 步,将图像分割为小的细胞单元(cell)。cell 是 HOG 特征描述子最小的结构单位,而且一般块(block)和检测窗口(detect window)的滑动步长就是一个 cell 的宽度或高度。一般 cell 的大小设为 6 pixels × 6 pixels 的方块,block 的

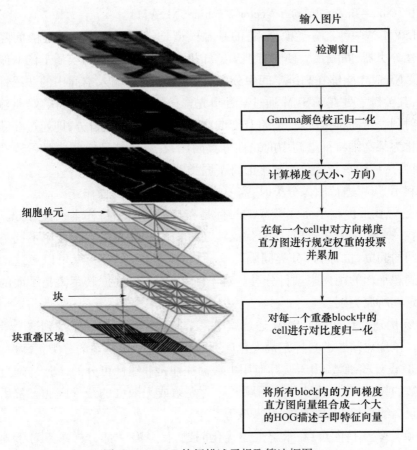

图 8-7　HOG 特征描述子提取算法框图

大小设为 3 cells×3 cells 的正方形 HOG 块(R-HOG blocks)。

第 5 步,为每个 cell 构建方向梯度直方图。统计局部图像梯度信息并进行量化(或称为编码),得到局部图像区域的特征描述向量。

第 6 步,把 cell 组合成大的 block,并对 block 中所有 cell 的方向梯度直方图做归一化获得块描述符,块描述符也称 HOG 描述符。由于局部光照的变化以及前景-背景对比度的变化,使得梯度强度的变化范围非常大,因此需对梯度强度做归一化,归一化处理能够进一步地对光照、阴影和边缘进行压缩。

第 7 步,生成 HOG 特征描述向量。将所有 block 的 HOG 描述符组合在一起,形成最终的特征向量,此特征向量描述了检测窗口的图像内容。

(3)判别分类:在训练好的分类器中根据图像的特征进行匹配并识别目标。支持向量机是常用的方法之一。支持向量机是一种经典的有监督的机器学习方法,可分为线性支持向量机(Linear Support Vector Machine,LSVM)、非线性支持向量机(Non-linear Support Vector Machine,NLSVM)。

LSVM 是一种二分类模型,它的基本模型是定义在特征空间上的间隔最大的线性分类器,间隔最大使它有别于感知机,核技巧使它成为实质上的非线性分类器。NLSVM 能够在高维空间中分离数据,主要针对输入空间中的非线性分类问题,其关键之处在于 SVM 通过某种事先选择的非线性映射(核函数)将输入变量映射到一个高维特征空间,将其变成在高维空间的线性可分,即通过非线性变换转化为某高维特征空间中的线性分类问题,在高维特征空间中学习线性支持向量机,然后构造最优分类超平面将不同类别的数据分离。

利用 SVM 进行图像分类时,需要执行以下几个主要操作:

① 寻找最优超平面:LSVM 的目标是在特征空间中将样本线性可分。它通过寻找一个超平面来实现这一目标,该超平面的目的是最大化两个不同类别样本之间的间隔,也称为"分类间隔"。一旦得到最优超平面,就可以通过计算样本点到超平面的距离来进行分类。对于新的样本点,根据其距离超平面的远近来决定其所属类别。

② 构建优化问题:LSVM 通过解决一个凸二次规划问题来找到这个最优超平面。该优化问题的目标是最大化分类间隔,同时确保样本的分类正确性。

③ 设计核函数:由于实际应用中数据往往是非线性可分的,LSVM 通过引入核函数的技巧,可以将非线性问题转化为高维或无限维的线性问题。常用的核函数包括线性核、多项式核、高斯核等。

④ 寻找支持向量:在求解上述优化问题时,只有一部分样本点对于确定最优超平面起着关键作用,这些样本点被称为"支持向量"。支持向量决定了超平面的位置,并帮助分类新样本。

8.2.2 智能图像识别

随着计算机技术的发展,图像数据量呈指数型增长,图片分辨率越来越高,传统的图像识别技术已经不适用于处理大数量、高分辨率的数据图片。以数字图像处理与识别为基础,结合机器学习、深度学习等人工智能识别算法得到了发展。

机器学习是人工智能及模式识别领域的共同研究热点,其理论和方法已被广泛应用于机器视觉、模式识别、图像识别等许多领域。深度学习是机器学习领域中一个新的研究方向,是一个复杂的机器学习算法,在语音和图像识别方面取得了很好的效果。2012 年 10 月,多伦多大学教授 Hinton 带领其学生利用卷积神经网络在 ImageNet 比赛的分类任务上取得了最好成绩,使得图像识别研究工作获得了突破性的进展,标志着基于深度学习的图像识别算法的兴起[20]。深度学习图像识别技术可以直接处理输入图像,避免复杂的图像特征提取以及数据重建过程,因而得到了更为广泛的应用,成为当前图像识别领域的研究热点。

基于深度学习的图像识别算法主要包括卷积神经网络(CNN)、深度置信网络(DBN)、循环神经网络(Recurrent Neural Network,RNN)、生成对抗网络(Generative Adversarial Network,GAN)、YOLO算法、胶囊网络(CapsNet)等。

1. 卷积神经网络

卷积神经网络(CNN)是一种用来处理具有网络结构数据的特殊深层前馈神经网络,具有多层次结构,主要包含卷积层、池化层、全连接层三类常见的模块,如图8-8所示[17]。首先将预处理后的图片输入 CNN 网络;其次经过多个卷积池化操作,提取图片特征;最后将图片特征送入全连接网络完成图像识别。为了使输出更加准确,特征提取更加丰富,通常在网络结构中使用多卷积层和多池化层相结合的网络模型。

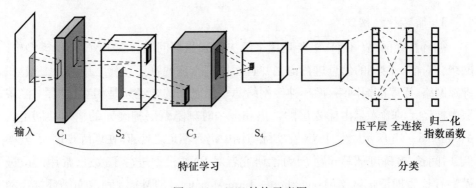

图 8-8 CNN 结构示意图

2. 深度置信网络

深度置信网络(DBN)起源于人工神经网络,是一种概率生成模型,包含多个隐含层单元,是由多层简单的学习模型组合而成的复合模型[21]。DBN 由多层受限玻耳兹曼机(RBM)和一层某种分类器组合构成,采用无监督的逐层贪婪训练方法提取特征,然后有监督地调整训练方法。RBM 是一种基于能量的概率生成模型,包含一个可视层和一个隐含层,只有可视层与隐含层之间有连接,而可视层单元之间及隐含层单元之间没有连接[22]。图 8-9 所示的是一个深度置信网络,由两层 RBM 网络组成的 DBN 网络,RBM 1 的隐含层作为下一个 RBM 2 的可见层。如果需要直接实现图像识别或者分类,可以基于无监督算法学习层级特征,在最后添加分类器,使用监督学习来进行识别。

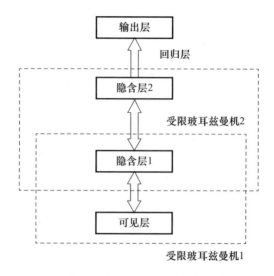

图 8-9　两层 RBM 的 DBN 结构示意图

3. 循环神经网络

循环神经网络(RNN)主要是用来解决序列数据问题。在 RNN 结构模型中，网络会对前一时刻的信息进行记忆并且运用到当前的输出计算之中，相比于卷积神经网络、深度前馈网络，循环神经网络隐藏层之间的神经元是相互连接的，隐藏层中神经元的输入是由输入层的输出和上一时刻隐藏层神经元的输出共同组成的，如图 8-10 所示[23]。RNN 在实际应用中仍有不足之处，存在训练难度大、效率低、时间长、准确度低等问题。因此，研究者对 RNN 模型进行了改进，常用的改进模型有长短期记忆网络(Long Short-Term Memory,LSTM)[24]和双向循环神经网络(Bidirectional Recurrent Neural Network,BRNN)[25]，弥补了 RNN 模型的不足，在图像识别中表现出良好的效果。

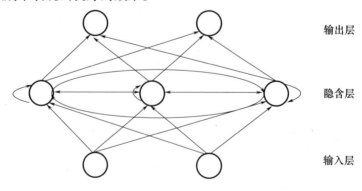

图 8-10　RNN 结构示意图

4. 生成对抗网络

生成对抗网络(GAN)是 Goodfellow 等[26]于 2014 年提出的一种生成式模型,通过在对抗过程中估计并生成模型的新框架。GAN 主要由生成器(G)和判别器(D)两部分构成,如图 8-11 所示。生成器捕捉真实数据样本的潜在分布,并生成新的数据样本。判别器是一个二分类器,判别区分输入的是真实数据还是生成的样本数据。判别器输出是以概率值表示,概率值大于 0.5 为真,概率值小于 0.5 则为假。当判别器无法区别出真实数据和生成数据时则停止训练,此时达到生成器与判别器之间判定误差的平衡,训练达到理想状态。原始的 GAN 并不成熟,存在着诸多问题,其中梯度消失和模式崩溃问题严重限制了 GAN 的应用场景[27]。研究者们针对 GAN 在训练中存在梯度消失和模式崩溃的问题进行了改进,典型的改进模型有生成式对抗网络条件生成对抗网络(CGAN)、拉普拉斯生成对抗网络(LAPGAN)和深度卷积生成对抗网络(DCGAN)等。

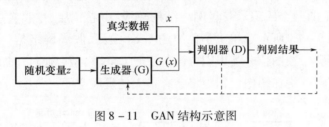

图 8-11 GAN 结构示意图

5. YOLO 算法

Redmon 等[28]在 2016 年提出了 YOLO 算法,该算法可以一次性地识别图片内多个物品的类别和位置,实现了端到端的图像识别。YOLO 算法将对象检测重新定义为一个回归问题。它将单个卷积神经网络(CNN)应用于整个图像,首先对输入图片进行网格划分,并计算每个网格内存在目标物体的置信度以及分类概率,同时通过阈值去除没有目标物体的网格。YOLO 算法运行速度快,但是识别准确率低。近几年来,YOLO 算法被众多学者不断改进和完善,目前已经发展了多个版本,最新的为 YOLO-v8 版本。每个版本又有多种网络结构,例如 YOLOv5 算法共有 4 种网络结构,分别是 YOLOv5s、YOLOv5m、YOLOv5l 和 YOLOv5x,这 4 种网络结构在宽度和深度上不同,原理基本一致[29-30]。如图 8-12 所示[31],YOLOv5s 的网络结构分为:输入端、主干网络(Backbone)、颈部网络(Neck)和输出层(Prediction)四个部分。

6. 胶囊网络

胶囊网络(CapsNet)是 Sabour 等[32]在 2017 年提出的,是在 CNN 的基础之

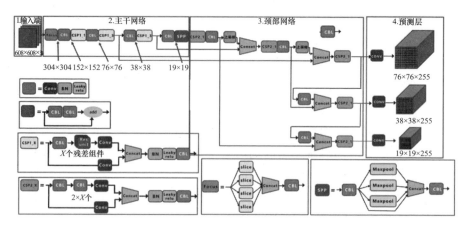

图 8-12　YOLOv5s 网络结构示意图

上发展而来的,解决了 CNN 对物体之间的空间辨识度差及物体大幅度旋转之后识别能力低下的两个缺陷。胶囊网络结构较浅,由卷积层、主胶囊层、数字胶囊层构成,如图 8-13 所示。相比于传统的 CNN 模型,胶囊网络是一个只有三层网络浅层次网络,在图像分类识别方面落后于 CNN 模型。通过增加网络结构和优化算法,胶囊网络在图像识别中将会有很大的发展空间。

图 8-13　胶囊网络结构示意图

与传统的图像识别技术相比较,基于深度学习的图像识别技术能获取更深层次的图像特征,图像特征表达更为丰富,无人为因素和外界环境因素的干扰,图像特征提取更加准确,图像识别正确率较高。但是深度学习的图像识别需要以大量的图像为基础,目前,图像数据集的范围较窄,许多图像还未建立相应的数据集;计算量较大,模型训练时间较长,硬件环境要求较高,耗资较大,模型训练过程中容易出现梯度消散和崩溃问题[33]。

8.2.3　目标检测

目标检测的主要目的是从图片中检测并定位特定的目标。传统的目标检测一般分为四步:预处理并选择目标候选区域、对候选区域进行特征提取、将提取到的特征放入分类器、非极大值抑制输出结果。因此,传统的目标检测方法大多以图像识别为基础,一般可以在图片上选出物体可能出现的区域框,对这些区域框提取特征并使用图像识别方法分类,得到所有分类成功的区域后,通过非极大值抑制输出结果。相比于传统方法,基于 AI 的图像识别(如深度学习算法)可以直接处理输入图像,避免复杂的图像特征提取以及数据重建过程,因而得到了更为广泛的应用,成为当前图像识别领域的研究热点。

本节以 R-CNN 算法为例,介绍基于该算法的目标检测。

1. R-CNN 算法

R-CNN(Region-CNN),是一种基于卷积神经网络(CNN)、线性回归、支持向量机(SVM)等的算法,是第一个成功将深度学习应用到目标检测上的算法。本质上,R-CNN 也遵循了传统目标检测的思路,同样采用提取框、对每个框提取特征、图像分类、非极大值抑制 4 个步骤进行目标检测,只不过在提取特征这一步,将传统的特征(如 HOG 特征)换成了深度卷积网络提取的特征。R-CNN 算法框架如图 8-14 所示。对于一张图片,R-CNN 基于选择性搜索(Selective Search)方法大约生成 2000 个候选区域,在每个候选区域被调整成固定大小,并送入一个 CNN 模型中,最后得到一个特征向量。将这个特征向量送入一个多类别 SVM 分类器中,预测出候选区域中所含物体的属于每个类的概率值。每个类别训练一个 SVM 分类器,从特征向量中推断其属于该类别的概率大小。为了提升定位准确性,R-CNN 最后又训练了一个边界框回归模型,通过边界框回归模型对框的准确位置进行修正。

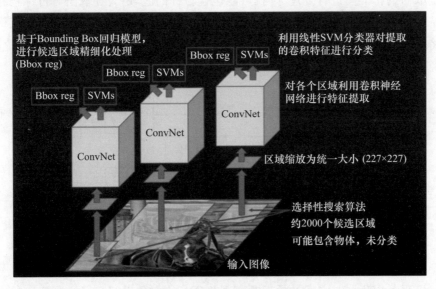

图 8-14　R-CNN 算法框架[34]

在 R-CNN 算法中,为了实现目标的定位,引入了边界框回归算法(Bounding Box Regression),在 SVM 里输出可以确定目标位置的 4 个参数——目标左上角坐标点和长宽,保证定位的实现。为了降低计算成本,省略数据转存,Fast R-CNN 提出了多任务损失函数,即在传统的损失函数后边加入目标定位的损失,用来修正位置信息。其输出层由单一的分类层变更为分类层和回归层。Fast R-CNN 将边界框回归直接加到 CNN 网络中训练,完全代替 SVM,实现了特征提取和分类定位的融合,极大地提高了训练速度和检测速度。

Fast R-CNN 用卷积神经网络同时完成了目标检测中的特征提取和分类,但对于候选区域的选择仍然使用传统的选择性搜索算法。在候选区域生成过程中,如果对所有的区域都遍历一遍,并得到检测结果,势必会导致检测效率的下降,并增大网络模型训练难度。为了提高候选区域的寻找速度,Faster R-CNN 引入 RPN(Region Proposal Network)替代选择性搜索算法,将寻找候选框的任务也交给神经网络来完成,即将 RPN 放在提取整幅图片特征的 CNN 后面,通过 RPN 直接训练得到候选区域。

如图 8-15 所示,Faster R-CNN 网络分为两部分:第一部分用于候选区域的生成(RPN 网络);第二部分用于对候选区域的检测并识别其中的目标(Fast R-CNN 网络)。相应的整个目标检测流程可以分为 4 个阶段:①将图片输入 CNN 模型中训练,通过卷积池化获得相应的特征图像;②用区域候选网络对提取后的特征图进行处理,寻找可能包含目标的区域;③提取出与目标物相关的特征向量;④由卷积层和全连接层得到目标物边界框的坐标和分类结果。通过将候选区域生成、特征提取和分类、位置精修统一到一个深度网络框架之内,避免了重复计算的现象,Faster R-CNN 大幅度提高了训练和检测的速度。

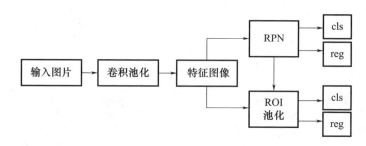

图 8-15 Faster R-CNN 训练流程

2. 应用 R-CNN 算法的目标损伤检测

以服务探测器对空间站的近距离观测任务为对象进行目标检测算法的实践尝试。首先,将环绕伴飞观测获取的空间站视觉图像输入卷积神经网络中,训练得到可被后续 RPN 网络和检测网络共享的特征图。不同的卷积神经网络模型结构并不相同,检测效果也不尽相同。例如,VGG16 模型的网络结构包括 13 个卷积层、13 个激活层和 4 个池化层。而 ResNet 网络模型则由 1 个卷积层、1 个池化层和若干个残差模块组成。其中,ResNet-50、ResNet-101、ResNet-152 分别包含 16 个、33 个、50 个残差模块。本节分别采用 ResNet-50 和 ResNet-101 作为 Faster R-CNN 目标检测中的预训练 CNN 模块,用以提取输入图片的特征图。获得候选区域后,将得到的候选区域信息和特征图共同送入池化层中,从而获得建议特征图并传递至检测网络中。检测网络包括边框分类网络和边框回归网络两个分支,其中,边框分类网络通过全连接层和分类器对螺母-销钉或背景做进一步判断,边框回归网络则通过全连接层进行位置精修,从而获取更高精度的边框区域。

1) 数据集准备

针对空间站太阳帆破损检测这一任务,难以获取实际工况下的图像数据。因此,为了构建深度学习所需的数据集,验证卷积神经网络训练模型面临未知破损时的有效性,采用 SolidWorks 构建整个空间站的几何模型,如图 8-16 所示。

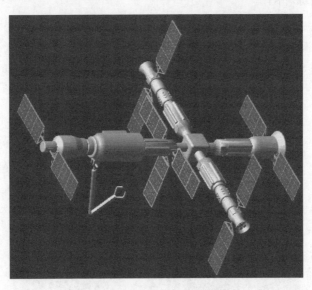

图 8-16 太阳帆无损伤空间站

随后,在太阳帆上分别施加不同类型的人工损伤,如图 8-17 所示。随后将 SolidWorks 构建的空间站几何模型导入 Adams,从不同角度、姿态和观测距离获取带有不同太阳帆板损伤的空间站图像集。针对破损太阳帆板检测任务,选择了 6 种损伤类型共计 400 张图像,对有无损伤的太阳帆板分别进行标注(panel, crack panel)作为训练样本。

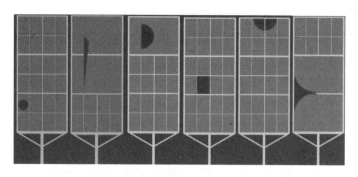

图 8-17　训练集中不同的太阳能帆板损伤类型

随后,作为未知损伤类型的代表,重新设计新的损伤类型,同样按照 Solid-Works→Adams 的步骤获得相应的空间站图像,如图 8-18 所示,从中选取 50 张图像并进行标注作为测试集,保证测试集中的损伤类型不存在于训练集之中。

2）模型训练和测试

基于 Faster R-CNN 深度学习算法 ResNet-50 和 ResNet-101 两种不同模型进行训练和测试,并计算查准率、查全率和平均精度。相应的查准率-查全率曲线分别如图 8-19 和图 8-20 所示,相应的平均精度和检测时间如表 8-1 所列。

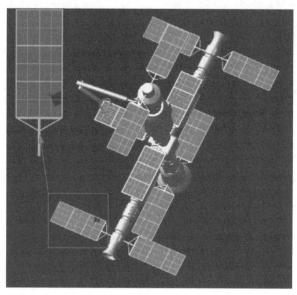

图 8-18　太阳能帆板损伤类型未知的空间站

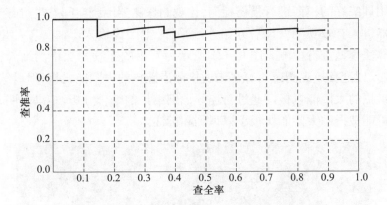

图 8 – 19 ResNet – 50 模型查准率 – 查全率曲线

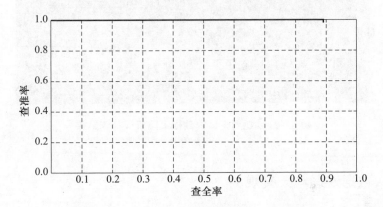

图 8 – 20 ResNet – 101 模型查准率 – 查全率曲线

表 8 – 1 Faster R – CNN 算法检测结果

模型(Faster R – CNN)	平均精度	检测时间(ms/张)
ResNet – 50	0.83	442
ResNet – 101	0.89	451

可以看到，不论是采用 ResNet – 50 模型，还是采用 ResNet – 101 模型，Faster R – CNN 都表现出了良好的检测性能。其中，ResNet – 101 模型的检测时间稍长，效果也略好。进一步对 Precision – Recall 曲线分析，可以发现，无论是采用 ResNet – 50 模型还是采用 ResNet – 101 模型，虽然均不能保证 100% 检测出破损的太阳能帆板，但也都达到了近 90% 的查全率。而在查准率方面，ResNet – 101 模型的准确度明显高于 ResNet – 50 模型，这对于后续对可能破损的太阳帆进行局部观测和精准破损判断是有利的。

利用训练好的模型进行损伤检测,让观测探测器围绕空间站进行伴飞,在观测探测器进入有效观测窗口后开始连续采样,把图像输入 Faster R - CNN 训练获得的算法模型进行检测。图 8 - 21 所示为其中的连续 8 次检测结果,可以看到,刚进入理论有效观测区时算法未能检测出破损的太阳能帆板,但后续均可检测发现破损的太阳能帆板。通过对连续识别结果的综合分析,结果表明,可以有效地对可能破损的太阳能帆板予以识别和标注。

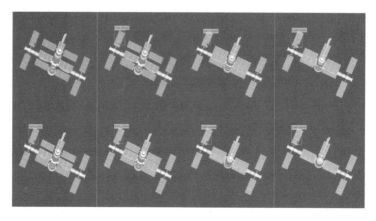

图 8 - 21 观测窗口内破损太阳帆板检测结果

8.3 大数据处理与天文观测

深空探测涵盖了大量不同场景和庞大的数据量,特别是随着探测设备功能和性能提高,观测数据呈现爆发式增长,如何准确快速地从不同场景和大量数据中提取有用信息,对于研究者来说是一项非常具有挑战性的任务。同样地,对于天文观测来说,如何从海量天文数据中准确快速地找出规律、发现新星、解释宇宙变化的奥秘,对天文学家来说也是一个困扰。而基于人工智能的大数据处理方法,为解决此类问题提供了可行手段。

8.3.1 天文观测手段及数据库类型

宇宙间天体的相关位置和运行都有一定的规律,宇宙中也存在诸多需要观测的信息,如电磁波、宇宙线、中微子及引力子等。其他天体距离地球非常遥远,人眼能直接观测到的天体及其辐射能量是十分有限的,因此,历史上天文学家一直致力于观测手段的改进,而每一次观测手段的改进都极大地推动了天文学的发展。从古人对天象的观测和记录到人类认识宇宙的光学望远镜时代、射电望远镜时代以及空间望远镜时代，人类天文观测技术有了很大的发展。现代的天文测量技术主要应用在宇宙太空观测、探测宇宙奥秘等方面。

天文观测的工具主要是望远镜。1609年，伽利略制成了第一架天文望远镜，这是近代天文仪器的开端。到20世纪50年代，人造地球卫星上天后，为天文学带来了新的机遇，天文学家利用人造卫星进行空间天文观测，自此结束了人类"坐井观天"的被动局面。

人类进行天文观测的手段方法和工具主要从光学观测、射电观测和空间天文观测三个方面进行。光学观测主要采用天文光学望远镜进行观测，包括折射望远镜、反射望远镜和折反射望远镜；射电观测主要采用射电望远镜；空间天文观测需要把观测仪器送到离地面几百千米高度以上的宇宙空间进行。一个完整的空间天文观测系统包括航天器、运载火箭和地面设备三大部分，其中航天器是装载科学仪器和执行观测任务的主要部分。为了完成预期的观测计划，航天器必须具有姿态轨道控制的能力，具有准确定向精度和具备大规模数据储存和快速传输的能力。近年来世界各国相继发射了大量航天器，构成不同的观测系列，令人类大开眼界。同时，由于空间观测突破了地球"大气窗口"的限制，可进行全波段观测，从而导致空间天文学的诞生。

目前，天文观测主要通过天文观测卫星实现，这也是在空间天文学研究中使用最多的观测手段。天文观测卫星按照观测对象，可分为太阳观测卫星和非太阳观测卫星。太阳观测卫星的主要任务是监测太阳辐射、研究日地关系、考察太阳风、行星际磁场、地球磁层以及行星际物质等。非太阳观测天文卫星主要用来巡视天空辐射源，测定其方向、位置、强度和辐射谱线特征，观测银河系和河外天体。

由于天文观测数据量非常庞大，甚至可以说是海量的，这样的数据不可能被天文学家在几天内消化，因此建立一个组织合理、检索方便的数据库是十分有必要的。目前国外天文学数据库的建设参差不齐，一些天文强国（如美国、欧盟、加拿大、俄罗斯等）的建设水平较高，如美国的NASA每年都会斥巨资发展其空间探索项目，其下属的天文数据库中的数据几乎覆盖了各个观测波段；法国斯特拉斯堡天文数据中心，虽没有类似于NASA的观测硬件进行数据支持，但其出色的数据搜索、数据认证服务也使其闻名于世。下面给出世界各国较为著名的天文数据中心及其数据库。

(1) 法国斯特拉斯堡天文数据中心(Strasbourg Astronomical Data Center, SADC)，包括有恒星与星系的观测数据，以及星系与河外星系、太阳系天体等，提供了Simbad、VizieR、Aladin三大服务。

(2)美国宇航局/哈佛史密斯天体物理数据中心(Astrophysics Data System,ADS),是为天文学家和物理学家提供科学研究的一个大型数据库查询系统。它由史密斯天文台在 NASA 的资助下进行日常维护。ADS 包含天文学与天体物理学、物理学和 Xiv e - prints 在线查询系统三个主要的数据库系统。

(3)哈佛大学钱德拉 X 射线天文台(Chandra X - ray Observatory,CXO),钱德拉天文台的数据库集成在天文台网站内,天文数据主要是通过一套软件(ChaSeR)来进行搜索。

(4)NASA/IPAC 红外亚毫米数据中心(Infrared Science Archive,ISA),保存着 NASA 的红外和亚毫米研究任务所观测出数据,包括 5 个主要的大天区或全天巡天观测数据。

(5)高能天体物理科学档案研究中心(High Energy Astrophysics Science Archive Research Center,HEASARC),此数据库涉及的研究领域为黑洞和宇宙大爆炸理论。

(6)美国国家空间科学数据中心(The National Space Science Data Center,NSSDC)主要提供来自 NASA 空间飞行计划的关于天体物理学、空间物理学、太阳系物理学、月球及行星的相关数据,同时也提供其他相关数据、模型和软件。

(7)微波背景数据分析档案(Legacy Archive for Microwave Background Data Analysis,LAMBDA),其中高能天体物理科学档案研究中心(High Energy Astrophysics Science Archive Research Center,HEASARC)和微波背景数据分析文档已经合并成一个组织,共同使用 HEASARC 的名称。

(8)美国空间望远镜研究所的多任务数据库(Mikulski Archive for Space Telesopes,MAST),由 NASA 资助提供给天文界的一个多种类的天文数据库,主要集中在光学、紫外和近红外部分的光谱科学数据。

(9)美国加州理工 NASA/IPAC 河外数据库(NASA/IPAC Extragalactic Database,NED),NED 为美国航空航天局和加州理工联合维护的银河系外的天文数据库网站,除提供天文数据检索服务外,NED 还具有自己的一套名称解析系统,可以向其他数据库提供名称解析服务。

(10)NASA 行星数据系统(Planetary Data Syetem,PDS),其档案数据来源于 NASA 行星天文任务、天文台观测和实验室测量几个部分。

(11)美国斯隆数字巡天(Sloan Digital Sky Survey,SDSS),它对 1/4 的天区进行深度的普查观测,为 1 亿个以上的天体测定位置和亮度,为 100 万颗以上的星系和类星体测定距离。

(12)世界数据中心(World Data Center,WDC),其中的天文学科数据中心为国家天文数据中心,在国际上是与美国、法国、俄罗斯和日本的天文数据中心相并列的,并与这些中心有相互交换和共享数据的协议。

(13)欧洲南方天文台/空间望远镜欧洲协调组织科学数据库(European Southern Observatory,ESO),可以通过 ESO 数据查询表格和 VirGo 工具查询、下载数据。

(14)红外空间天文台数据库(Infrared Space Observatory,ISO),是世界上第一个真正的太空轨道天文台,主要对宇宙进行红外波段的详细探测。

(15)英国天文数据中心(UK Astronomy Technology Centre,UK ATC),是剑桥大学天文研究所天文巡天部的一部分,数据中心包括了英国本土的望远镜数据和一些常用星表。

(16)加拿大天文数据中心(Canadian Astronomy Data Centre,CADC),整合了多个天文项目的数据库,用户可以在数据中心网站进行联合搜索,也可以只针对某个感兴趣的数据库进行有针对性的搜索。

(17)日本天文数据分析中心(Asfronomical Data Analysis Center,ADAC),提供一些日本本国的天文数据和国际上一些数据中心的检索服务。

(18)VLA 20cm 射电天空暗图像(Faint Images of the Radio Sky at Twenty Centimeters,FIRST),提供 FIRST 的星表和图像查询服务。

(19)深度近红外巡天(Deep Near Infrard Survey of the Southern Sky,DENIS),是一个南天区的深度天文巡天项目,在 $1.25\mu m$(J 波段)和 $2.16\mu m$(K 波段)两个近红外的波段同时巡天。

以上列出的是国际上各国的天文数据库的有关情况,每个数据库都有自己的特色,如 SADC 的数据库拥有较强的名称解析服务和可视化查询能力,NASA 系列的数据库更全面、专业,SDSS 数据库注重较强的搜索、浏览查询能力,因此创建一个友好的数据库对天文观测数据的管理有非常大的帮助。

8.3.2 大数据处理方法

大数据指的是利用传统的数据处理分析技术或软硬件工具无法在可容忍的时间范围内对数据进行采集、处理和分析的数据集。其相较于传统的数据集,拥有 4V 特点:规模性(Volume)、多样性(Variety)、价值(Value)和实效性(Velocity)。

在大数据时代,各个行业的迅速发展会产生大量的数据信息,部分数据为价值信息,部分数据为无价值信息。面对海量的信息,只有及时处理,才能为行业的发展提供帮助,保证运营秩序。利用人工智能,可对各类数据展开智能化处理,一方面源于社会发展要求,另一方面源于此技术的自身优势。

大数据处理方法很多,但是普遍实用的大数据处理流程可以概括为 4 步,分别是数据采集、数据导入和预处理、数据分析与统计、数据挖掘[35-36]。

(1)数据采集:利用多个数据库来接收发自客户端的数据,并且用户可以通过这些数据库来进行简单的查询和处理工作。例如,电商会使用传统的关系型数据库 MySQL 和 Oracle 等来存储每一笔事务数据,除此之外,Redis 和 MongoDB 这样的 NoSQL 数据库也常用于数据的采集。大数据的采集需要有庞大的数据库的支撑,其主要特点和挑战是并发数高,因为同时有可能会有成千上万的用户进行访问和操作,有时也会利用多个数据库同时进行大数据的采集。因此,对于数据库的负载均衡以及数据库间切换都需要深入的思考和设计。

(2)数据导入和预处理:虽然采集端本身会有很多数据库,但是如果要对这些海量数据进行有效的分析,还是应该将这些来自前端的数据导入一个集中的大型分布式数据库,或者分布式存储集群,并且可以在导入基础上做一些简单的清洗和预处理工作。这就是大数据的导入和预处理,其特点和挑战主要是导入的数据量大,每秒钟的导入量经常会达到百兆,甚至千兆级别。

(3)数据分析与统计:主要利用分布式数据库,或者分布式计算集群对已经导入的海量数据依据其本身特征进行分析,并分类汇总,以满足大多数常见的分析需求,在分析的过程中需要用到大数据分析工具,如 EMC 的 GreenPlum、Oracle 的 Exadata,以及基于 MySQL 的列式存储 Infobright 等,而一些批处理,或者基于半结构化数据的需求可以使用 Hadoop。数据统计与分析的主要特点和挑战是分析涉及的数据量大,其对系统资源,特别是 I/O 会有极大的占用。

(4)数据挖掘:从大量的数据中通过算法搜索隐藏于其中信息的过程。针对前面已经分类汇总的数据,利用数据挖掘算法对这些汇总数据进行深一步挖掘。数据挖掘算法都比较复杂,没有预先设置的公式,主要是在现有数据上面进行基于各种算法的计算,从而起到预测的效果,实现一些高级别数据分析的需求。该过程的特点和挑战主要是用于挖掘的算法很复杂,并且计算涉及的数据量和计算量都很大。

8.3.3 典型数据挖掘算法

基于人工智能的大数据处理主要是通过数据挖掘进行的。数据挖掘的对象可以是任何类型的数据源,结构化的、半结构化的,甚至是异构型的。发现知识的方法可以是数学的、非数学的,也可以是归纳的。最终被发现了的知识可以用于信息管理、查询优化、决策支持及数据自身的维护等。

典型的数据挖掘算法主要包括神经网络法、决策树法、遗传算法、粗糙集法、模糊集法、关联规则法等[37-38]。

(1) 神经网络法:模拟生物神经系统的结构和功能,是一种通过训练来学习的非线性预测模型,它将每一个连接看作一个处理单元,试图模拟人脑神经元的功能,可完成分类、聚类、特征挖掘等多种数据挖掘任务。神经网络的学习方法主要表现在权值的修改上。其优点是具有抗干扰、非线性学习、联想记忆功能,对复杂情况能得到精确的预测结果;缺点首先是不适合处理高维变量,不能观察中间的学习过程,具有"黑箱"性,输出结果也难以解释,其次是需较长的学习时间。神经网络法主要应用于数据挖掘的聚类技术中。

(2) 决策树法:根据对目标变量产生效用的不同而建构分类的规则,通过一系列的规则对数据进行分类的过程,其表现形式是类似于树形结构的流程图。最典型的算法是昆兰(J. R. Quinlan)于1986年提出的ID3算法,之后在ID3算法的基础上又提出了极其流行的C4.5算法。采用决策树法的优点在于决策制定的过程是可见的,不需要长时间构造过程,描述简单,易于理解,分类速度快;其缺点是很难基于多个变量组合发现规则。决策树法擅长处理非数值型数据,而且特别适合大规模的数据处理。决策树提供了一种展示在什么条件下会得到什么值这类规则的方法。例如,在贷款申请中,要对申请的风险大小做出判断。

(3) 遗传算法:模拟自然选择和遗传中发生的繁殖、交配和基因突变现象,是一种采用遗传结合、遗传交叉变异及自然选择等操作来生成实现规则的、基于进化理论的机器学习方法。它的基本观点是"适者生存"原理,具有隐含并行性、易于和其他模型结合等性质。其主要的优点是可以处理许多数据类型,同时可以并行处理各种数据;缺点是需要的参数太多,编码困难,一般计算量比较大。遗传算法常用于优化神经元网络,能够解决其他技术难以解决的问题。

(4) 粗糙集法:也称粗糙集理论,是由波兰数学家帕夫拉克(Z. Pawlak)在20世纪80年代初提出的,是一种新的处理含糊、不精确、不完备问题的数学工具,可以处理数据约简、数据相关性发现、数据意义的评估等问题。其优点是算法简单,在其处理过程中可以不需要关于数据的先验知识,可以自动找出问题的内在规律;缺点是难以直接处理连续的属性,需先进行属性的离散化。因此,连续属性的离散化问题是制约粗糙集理论实用化的难点。粗糙集理论主要应用于近似推理、数字逻辑分析和化简、建立预测模型等问题。

(5) 模糊集法:利用模糊集合理论对问题进行模糊评判、模糊决策、模糊模式识别和模糊聚类分析。模糊集合理论是用隶属度来描述模糊事物的属性。系统的复杂性越高,模糊性就越强。

(6) 关联规则法:反映了事物之间的相互依赖性或关联性。其最著名的算法是 R. Agrawal 等提出的 Apriori 算法。其算法的思想是：首先找出频繁性至少和预定意义的最小支持度一样的所有频集，然后由频集产生强关联规则。最小支持度和最小可信度是为了发现有意义的关联规则给定的两个阈值。在这个意义上，数据挖掘的目的就是从源数据库中挖掘出满足最小支持度和最小可信度的关联规则。

8.3.4 人工智能与天文观测数据处理

在人工智能框架下对大数据进行处理是未来数据处理的一种趋势，将人工智能技术应用于大数据处理，对大数据进行大范围、高效率、高精度的分析，并将分析结果归纳、演绎、推理、预算，必然可以得到更加精准的结论，从而服务于各行各业，如医学图像大数据处理与分析[39]、文献海量数据的自适应分组和准确查询[40]、帮助信贷公司改善客户信用评分、帮助 DHL 实时跟踪货箱温度等。

随着大型天文观测设备的投入使用，天文观测能力大大增强，天文观测数据日益呈现出多元化的趋势[41]：

(1) 天文数据的海量性：大型的观测设备产生的观测数据将以 TB、PB 甚至更高数量级计算，海量的数据给数据分析和处理带来难度。

(2) 天文数据的异构性：天文观测的数据主要分为结构、半结构和非结构三种模型，由于当前观测的复杂性，数据多半为半结构和非结构类型。同时，数据的形态和表现形式也因实际观测而不同。

(3) 天文数据的复杂性：空间属性的存在使得天体有了位置和距离的概念，在实际天文观测和数据处理过程中，需要实现天体精确位置的计算是比较复杂的；天文观测数据的非线性和高维性（天文观测的属性急剧增加）也造成了其复杂的特性；由于仪器或天气状态等原因，天文观测常常会出现缺值或坏值的现象，如何根据仪器状态对观测中的无效值进行恢复成为天文数据处理中较为复杂的问题。

通过对大型观测设备的数据处理流程的调研和分析，可知天文数据处理的一般流程为数据采集、数据选择（数据检索）、数据预处理（数据格式转换、数据校准等相关计算）、数据分析（数据成图、缺失数据恢复、数据挖掘等）、现象解释和评估。这与大数据处理流程极为相似，因此，基于人工智能的大数据处理方法必将可以提高天文观测数据的处理能力。

随着科学技术的发展和观测设备不断升级，天文数据呈现爆炸式增长，人工智能技术能够辅助天文学家处理分析海量天文数据，发现新的特殊天体和物理规律。结合人工智能技术的大视场巡天也成为科学产出最丰富的系统工作之一。天体类别与恒星大气参数作为巡天星表中最关键的物理信息之一,对宇宙学、星系的形成和演化、黑洞、恒星物理等热门的天文领域都有着重要影响。例如,基于深度学习的方法被用于研究天体光谱分类和恒星大气参数确定[42]。针对 LAMOST 光谱巡天数据,首先根据 LAMOST 光谱数据特点搭建分类模型,使用密集型连接结构缓解训练过程中的梯度消失问题,通过多步长的卷积核尺寸、额外的跨层连接和特征重标定等方案提升天体光谱分类的精度;然后随机选取训练集与验证集,同时为了平衡恒星、星系和类星体三类天体的数量,根据 CCD 相机特点,模拟 CCD 电子噪声、坏像元和高能宇宙射线进行数据增强使训练集各类光谱数量比例调至 1∶1∶1,记录训练过程并使模型分类精度继续提升,随后使用类激活映射方法对模型在光谱分类时关注的区域进行可视化分析。针对 SAGE 测光巡天数据,首先依据 SAGE 测光巡天数据特点搭建回归模型,整体结构也可以使用密集型连接避免训练过程中的梯度消失问题;其次根据测光数据维度少、计算量小的特点,删除池化计算并增加模型的整体性连接;最后利用穷举法优化网络模型深度和增长率,提升恒星大气参数精度。

另外,在天文遥感影像数据处理方面,基于人工智能的大数据处理方法逐渐得到了应用[43]。面对数据量极大的遥感影像大数据,自动搜索、提取、跟踪目标,并做到快速、准确、全面、便捷的信息提取,是目前面临的难题。在遥感大数据的智能处理中,实现了从任务请求到资源调度、传输分发,直至应用服务的快速响应链路,形成了基于多维动态航天信息球的面向任务聚焦服务理论。例如,在目标自动搜索方面,基于深度学习的方法,建立自动影像搜索引擎,可实现遥感影像目标的自动检索;在目标提取方面,利用无人机视频数据对目标进行检测和跟踪,面对光照、拍摄角度等造成的几何位置不对应,通过建立目标影像凸面模型,进行目标影像比对与目标变化要素提取,可适用于变化发现和复杂目标要素提取;在目标定位跟踪方面,将姿态角常差检校与动力学归到模型进行推演,基于先验信息辅助、多尺度集合特征和序列图像进行目标匹配定位,可实现多卫星联合时敏目标连续定位与跟踪。

8.4 智能方法应用案例

8.4.1 智能大数据处理与行星发现

NASA 的开普勒太空望远镜旨在确定与地球相似大小的行星围绕类太阳恒

星运行的频率,在2009年5月至2013年5月的主要任务期间,开普勒太空望远镜以前所未有的精度通过光度测量观测了大约20万颗恒星,发现了数千颗凌日系外行星。但是,这些行星处于探测器灵敏度的边缘上,想要准确确定出这些行星,需要探测器自主且准确地对候选者进行评估。研究人员提出了一种使用深度学习对潜在行星信号数据进行分类的方法,他们训练了一个深度卷积神经网络(图8-22)来预测给定数据信号究竟是一个凌日的系外行星还是由其他天体或仪器所引起的误报。

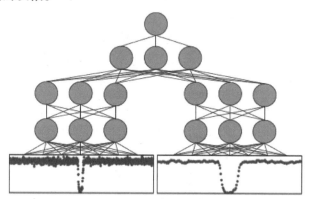

图 8-22　研究人员训练的深度卷积神经网络

该模型在对单个候选者进行行星判定时非常有效,在所采用的测试集中,有98.8%的时间对行星信号的判定高于误报信号[44]。他们统计验证了两个被该模型高度确定的新行星。其中,一颗行星是围绕开普勒-80的行星共振链的一部分,其轨道周期与三体拉普拉斯关系的预测非常匹配。另一颗行星围绕开普勒-90运行,这颗恒星以前被认为拥有7颗凌日行星,拥有这么多已知行星的行星系统非常罕见,根据NASA系外行星档案,已知只有开普勒-90和TRAPPIST-1拥有这么多行星。他们使用深度卷积神经网络对第八颗行星的发现使开普勒-90与太阳一样成为已知拥有最多行星的恒星。

另外,2017年12月14日,NASA采用Google提供的人工智能模型对开普勒太空望远镜所拍摄的天文图像进行分析,发现了第二个和太阳系一样拥有8颗行星的星系,这是人工智能在系外行星发现中的一个典型应用[44]。

8.4.2　智能图像识别与行星探测

在地外行星探测过程中,为了着陆器的安全着陆,着陆器的自主障碍识别和避障是必不可少的,需要着陆器具备从光学图像序列中提取自身状态的相对地形导航（Relative Terrain Navigation，RTN）功能。中国的嫦娥三号就是采用自主障碍识别和规避的典型案例。嫦娥三号的目标是登陆月球表面，并开展一系列实验，在下降到100m的高度时，着陆器开始悬停并使用避障算法来选择最佳着陆点。在悬停阶段，着陆器采用了基于图像识别的算法进行障碍物识别，主要包括以下5个步骤：图像直方图分析、K均值聚类图像分割、基于明暗纹理的障碍物识别、障碍物分布与边缘检测、障碍物分布和危险区域边缘闭合。危险区域地图建立后，采用螺旋搜索策略选择最近的安全着陆点。与嫦娥三号"经典"的边缘检测算法不同，Scorsoglio等[45]利用计算机视觉和卷积神经网络进行障碍识别和规避，提出了一种基于深度学习的新方法，该方法集成了导航和制导功能，为月面着陆问题提供了有效的解决方案。

在行星探索中，最具挑战性的工作就是在外星地表环境中寻找生命或生物信号，探测与水有关的结构，以及潜在可居住环境的证据。其中，行星表面的裂谷作为沉积特征，提供了沉积物与水相互作用的证据，并且很容易被勘探发现。随着"机智"（Ingenuity）号火星直升机的成功飞行，利用无人机拍摄的图像，在更大的行星表面区域进行更仔细的检查已成为可能。Galvez等[46]找到了一种基于CNN的干燥裂谷识别方法，该方法开发、测试和部署了三种不同的网络构型，使用PyTorch进行在线和离线数据增强训练，之后将其导出到ONNX，然后通过Intel、Luxonis和OpenCV工具进行验证，成功识别出了5~20m不同高度的干燥裂谷，表明图像识别应用在行星探索领域的巨大潜力。

行星表面有趣的区域通常被危险的地形所包围，这使得目前的着陆器无法安全接近这些区域。由于探测器与地面控制部分之间的距离，不可能对突发事件和不确定因素做出反应，探测器与地面控制部分之间的距离也要求很大程度上的自主。然而，在探测器接近之前，着陆点区域往往不够详细，这危及了该任务可以实现的科学或商业目标。基于视觉的方法是实现危险自主探测的最有前途的一种方法。意大利米兰理工大学航空航天科学与技术部建立了一个实验设施[47]，利用月面真实图像，验证和测试了其研制的基于视觉的危险探测器的性能。在该危险探测系统中，深度学习神经网络用于处理来自单摄像机的可见光谱图像，经过适当训练之后生成一个合成图像，神经网络的输出代表了危险度图，其中每个像素代表了图像中对应地形表面的危险度。目标着陆点选择子程序计算在危险地图上出现的所有合适的着陆点。然后根据任务设定的着陆点距离、危险程度和着陆面，对以上这些地点进行排名，排名第一的是指定的目标着陆地点，第二是备用着陆地点。实验证明利用单相机的可见光谱图像，基于深度学习的神经网络将其处理为合成图像，可以实现危险探测，并对目标着陆点进行最优选择。

Rongier 和 Pankratius[48]提出了一个人工智能决策支持系统,引入了一个基于模糊逻辑的系统,可以计算整个星球的有利度地图,以方便科学家、任务设计师和工程师基于数据库进行备选着陆点的选择,同时使得研究相关参数对着陆点的影响成为可能。Tomita 等[49]提出了一种基于学习的危险检测和着陆地点选择方法,利用贝叶斯深度学习和语义分割,过滤掉预测图中的不确定像素,实现了可靠、安全的着陆点选择。

另外,新型仪器在小行星探测中的使用,使得大量探测数据成为可能,也使数据驱动方法在深空探测中的应用成为可能。Furfaro 等[50]提出了一种数据驱动的方法,利用单层前馈网络和极端学习机理论方法计算和预测不规则小物体周围的重力加速度,实现了引力场的快速和精确建模,可用于未来的制导、导航和控制(Guidance Navigation and Control, GNC)操作。Wang 等[51]提出了一种混合方法,通过将 SVM 与 CNN 相结合,用于在有限的计算资源下对移动机器人遇到的地形进行可视化分类,实现了较高的分类精度,提高了工作效率,研究表明,该方法可以帮助机器人准确、高效地分类地形。

8.4.3 智能图像识别的其他航天应用

随着计算机技术和信息技术的不断发展,图像识别技术因提取特征能力强、识别精度高、实时性快等优点被广泛应用于各个领域,如人脸识别、车牌识别、医学图像识别、农作物长势识别等。在航天领域,图像识别技术也发挥了显著的作用,主要包括以下几方面:

1. 航天器故障检测

航天器部件的无损检测对航天工业非常重要,如果航天器部件的焊缝中含有气孔或其他缺陷,会降低部件的疲劳寿命。如果最终被安装于航天器上,可能会导致灾难性事故。针对这一问题,Dong 等[52]提出了一种基于视觉的航天器部件焊缝缺陷自动检测系统。该系统首先对构件 X 射线图像中的焊缝进行精确定位,然后对提取的焊缝进行分析,以确定焊缝中是否含有缺陷。他们在工厂测试了该系统,从异常焊缝图像中正确检测出 83% 的缺陷,验证了该系统的可靠性。除了地面组装前的部件检测,对于在轨运行的航天器,也需要进行故障诊断,而且现有的大多数基于学习的故障诊断方法适用于标记数据丰富的诊断任务,然而对于在轨航天器执行器的实时故障诊断问题,原始遥测数据量小且故障数据未标记。为此,Tang 等[53]将航天器多维时域信号转换为二维图像信号,搭建了基于残差网络的故障诊断深度学习框架,提出了一种基于深度迁移学习的航天器故障诊断方法,该方法可以快速准确地诊断出在轨航天器故障。

2. 航天器姿态估计

2019年1月,日本宇宙航空研究开发机构(Japan Aerospace Exploration Ageney,JAXA)发射了"创新卫星1号",该卫星携带了一颗采用实时图像识别技术的多功能姿态传感器,名为"深度学习姿态传感器"(Deep Learning Attitude Sensor,DLAS)[54],包含Star Tracker(STT)和Earth Camera(ECAM)两种类型。如图8-23和图8-24所示,DLAS通过姿态轴确定之后,利用神经网络模型通过图像识别算法对地球表面进行识别和分类,将相机拍摄图片与预加载在DLAS上的地图数据进行比较,进而确定卫星姿态。

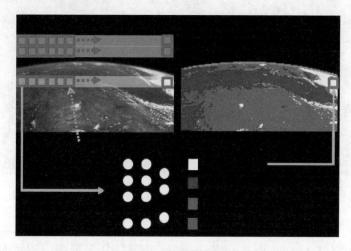

图8-23 图像识别序列

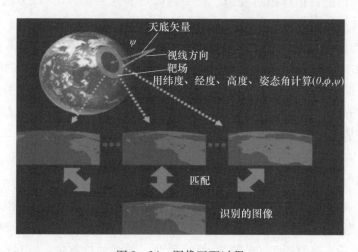

图8-24 图像匹配过程

除了对航天器自身的姿态估计解算,图像识别也用于非合作目标航天器姿态的在线估计。非合作目标姿态估计的难点在于缺乏可靠的视觉特征,缺乏训练和基准测试所需的图像数据集,受光照条件影响较大。为了解决这些问题,Sharma 等[55]引入了一种基于卷积神经网络(CNN)的新型姿态确定方法。该方法采用离散姿态空间并使用与生成的姿态标签相对应的图像训练 CNN,CNN 训练的数据集中考虑了在轨航天器的噪声、颜色和光照特性,并引入了生成任何航天器三维模型的图像合成方法(图 8 – 25)。因此,该方法可扩展到具有不同结构和物理特性的航天器,并且对空间的动态光照条件具有鲁棒性。

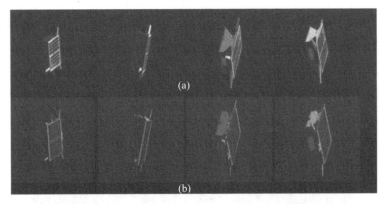

图 8 – 25　(图(a))合成生成的图像(a)与实际空间图像(b)的对比

针对非合作目标姿态估计的难点,Zhang 等[56]也做了相关研究。他们使用高斯过程回归(Gaussian Process Regression,GPR),从多视图中识别非合作目标并使用成像传感器估计相对姿态。在不同噪声和光照条件下,该方法都具有一定的有效性和稳健性。

针对利用单目视觉图像的位姿确定问题,Sharma 等[55]提出了一种基于 CNN 的方法,通过对位姿空间进行离散化,提供实时星上位姿的初始猜测,此外,他们还提出了一个图像合成方法,以生成具有任意结构和物理特性的三维航天器模型的高保真图像,这使得在任务期间可以适当地考虑到噪声、颜色和照明特性,并增加算法的鲁棒性。

3. 空间目标识别

在航天器巡航阶段和行星跟踪阶段,空间目标识别对于航天器的在轨运行安全和自主导航提供了一定的技术支撑。Shi[57]针对光学自主导航中图像处理的实时性需求,提出了一种空间目标的质心提取算法和一种优化 Canny 边缘检测算法,在保证目标质心提取精度的前提下,极大简化了算法的计算量。针对空间卫星和核心部件的上层识别,Liu[58]设计了基于 YOLOv3 的卷积神经网络模型,基于 STK 工具包和 SolidWorks 构建了 7 个卫星模型,并以发动机喷管、星敏感器和太阳能帆等多目标作为识别对象,如图 8-26 所示,提出了一种基于深度学习的空间多目标识别方法。但该方法只考虑了理想模拟条件下的空间多目标识别,而没有充分考虑在更复杂的空间光照环境、章动、进动、滚动等运动规律下的空间多目标识别。

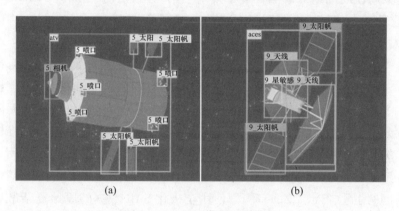

图 8-26 卫星模型识别结果

尽管深度学习现在是基于图像的识别最成功的解决方案,但它需要大量的训练数据,而这些数据不适用于大多数实际应用,尤其是空间目标这样的小样本数量,实际应用还存在一定困难。2021 年,IEEE 图像处理国际会议和 SnT 中心联合举办了 SPARK 空间环境知识竞赛,该竞赛提取了 15 万张带标签的多模态图像组成的数据集(图 8-27),设计了空间目标分类和检测两个项目[59]。在该比赛中,共收到了 5 个参赛团队的 17 份参赛作品,推动了图像识别在空间探测领域中的应用。

 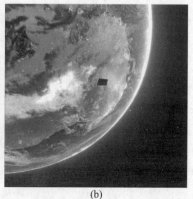

图 8-27 SPARK 数据集的样本

4. 对地观测

对地观测的工作范围很广，包括目标侦测及定位、数据融合、数据及资讯管理、环境监测、绘图、变化侦测及交通测量等，涉及许多不同的研究领域。对地观测任务大多基于图像数据，人工智能技术已经在此领域得到了应用。2020年，欧洲航天局在欧洲地球观测任务中发射了第一颗包含人工智能的 Phi-sat-1 卫星，它的高光谱照相机拍摄了大量的地球图像，为了减少下行过程中的数据流，用人工智能芯片预先过滤掉无用数据[60]。

另外，在对地观测图像处理方面，不少基于人工智能的图像识别和数据处理方法被提出。例如，Schmitt 等[61]利用单道多基线 InSAR 数据，提出了一种从多个角度定位和重建单株树的方法，首先利用 InSAR 数据生成无阴影的三维点云，其次使用无监督均值漂移聚类算法进行分割，最后拟合三维椭球包含相关的几何树参数。Hughes 等[62]提出了一种伪纤状结构的 CNN，用于在非常高分辨率的光学和 SAR 图像中识别相应的斑块，能够以非常高的精度实现二进制（热编码）指示。Zhao 等[63]使用全极化 SAR 数据的原始复杂散射矩阵作为输入，使用来自 Cloude 和 Pottier[64]的 H-A-α 分割定义的散射模式作为输出，证明了利用复值 CNN 可以从具有灵活极化的 SAR 图像中提取物理散射模式。

8.5 本章小结

未来深空探测将开展火星采样返回、小行星探测、木星系及行星穿越探测、月球驻留科学探测与资源开发等任务，后续探测任务将面临未知和极端的环境，带来一系列全新挑战，探测器需要具备更高的自主性能和更强的适应能力[65]，采用传统的技术已远远无法满足任务要求，亟须技术创新和技术突破。

人工智能作为近年来蓬勃发展的技术手段，在计算机视觉、地形感知、环境监测、路径规划与避障等方面取得了众多突破。如果应用人工智能技术，不仅可以极大地提高单个探测器的智能，更能实现多个探测器间的协同控制与信息融合能力。因此，后续对更深更广阔的空间进行探测，对人工智能技术提出了更迫切的需求，深空探测中的智能技术体现在以下几个方面：

(1) 智能感知与信息融合技术。深空星球表面环境复杂，很多地形未知，探测器需要依赖于计算机视觉，进行环境自主感知、视觉地形分类，并对地形的危险程度和特征进行智能评估。另外，随着任务复杂度的增加，需要多类智能机器人协同感知和信息融合技术,包括基于多类传感器的环境感知、定位、自主导航能力,以及基于人工智能的环境自主识别与分类方法,能够辨别环境和资源特征,确保探测器在不同类型环境下能够安全运行[66]。

(2)机器学习技术。未来深空探测任务中,环境更加复杂和未知,机器学习技术能够充分利用多学科融合、自主学习、人机结合和协同共融等理念,使得探测器和机器人具有极强的环境认知能力、自主规划能力、任务适应能力、异常处置能力和高效协同能力等,非常适合于在未来深空探测任务中大量应用。

(3)智能规划与决策控制技术。深空与地面通信延时大,信息传输率低,在多目标复杂飞行任务规划、精确着陆任务规划、深空轨道规划等方面,需要探测器根据当前状态和目标任务做出实时自主的规划调整与决策。智能规划与决策控制技术综合考虑深空探测器飞行过程中需要满足的各种约束,引入深度学习、强化学习等技术,使探测器适应不同场景、不同环境,以完成各种复杂任务的决策与控制。

(4)智能虚拟现实技术。深空环境的不确定性与未知性,使得无法提前在真实物理世界中进行精确模拟,智能虚拟现实技术通过探测器探测、感知并返回地面的信息,以数字孪生技术等,在计算机中模拟复杂、多变的深空环境,作为天地交互的媒介,使地面人员全面直观地了解探测器、深空机器人等自身运行状态,方便及时地做出任务部署和调整,可以实现以虚控实、虚实融合的天地一体控制。

(5)快速准确提取有用可靠信息的大数据处理。一方面,深空探测器需要具有对所获取图像信息的自主处理能力,从中发现和识别一系列特定的静态地质特征,如火山、撞击坑、湖泊等地形地貌,需要通过模式识别、数据统计、计算机视觉技术等实现,也需要对着陆和操作过程中的动态目标进行特征识别和自主处理。另一方面,天文观测的大量数据,需要通过大数据处理技术,进行基于学习的智能处理,以便寻找其中潜在的规律,及时发现宇宙空间存在的物体及其物理特征和规律。

可以预见,在人工智能的加持下,未来深空探测的格局有可能彻底改变,人工智能的优势在深空探测极端环境的一系列特殊挑战中可以得到充分运用与发挥,将成为未来深空探测任务的研究重点。

参考文献

[1] WALKER R, KOSCHNY D, BRAMANTI C, et al. Miniaturised Asteroid Remote

Geophysical Observer(M - ARGO):A Stand - Alone Deep Space CubeSat System for Low - Cost Science and Exploration Missions [C]. 6th Interplanetary CubeSat Workshop, Cambridge, UK. 2017.

[2] BOSANAC N, COX A D, HOWELL K C, et al. Trajectory Design for a Cislunar CubeSat Leveraging Dynamical Systems Techniques: The Lunar IceCube Mission [J]. Acta Astronautica, 2018, 144:283 - 296.

[3] ZAVOLI A, FEDERICI L. Reinforcement Learning for Robust Trajectory Design of Interplanetary Missions [J]. Journal of Guidance, Control, and Dynamics, 2021, 44(8):1440 - 1453.

[4] SULLIVAN C J, BOSANAC N. Using Reinforcement Learning to Design a Low - Thrust Approach into a Periodic Orbit in a Multi - Body System [C]//AIAA Scitech 2020 Forum. 2020:1914.

[5] MILLER D, ENGLANDER J A, LINARES R. Interplanetary Low - Thrust Design Using Proximal Policy Optimization [C]//Proceedings of 2019 AAS/AIAA Astrodynamics Specialist Conference: Advances in the Astronautical Sciences. Portland: Univelt Inc., 2020, 171:1575 - 1592.

[6] ELKINS J G, SOOD R, RUMPF C. Autonomous Spacecraft Attitude Control Using Deep Reinforcement Learning [C]//Proceedings of the 71st international astronautical congress(IAC). IAF, 2020, 2020:1 - 13.

[7] VEDANT V, ALLISON J T, WEST M, et al. Reinforcement Learning for Spacecraft Attitude Control [C]//IAF, Astrodynamics Symposium 2019, 2019:1 - 10.

[8] YADAVA D, HOSANGADI R, KRISHNA S, et al. Attitude Control of a Nanosatellite System Using Reinforcement Learning and Neural Networks [C]//Proceedings of the 2018 IEEE Aerospace Conference. IEEE, 2018:1 - 8.

[9] DONG H Y, ZHAO X W, YANG H Y. Reinforcement Learning - Based Approximate Optimal Control for Attitude Reorientation Under State Constraints [J]. IEEE Transactions on Control Systems Technology, 2020, 29(4), 1664 - 1673.

[10] GAUDET B, LINARES R, FURFARO R. Adaptive Guidance and Integrated Navigation with Reinforcement Meta - Learning [J]. Acta Astronautica, 2020, 169:180 - 190.

[11] SHIROBOKOV M, TROFIMOV S, OVCHINNIKOV M. Survey of Machine Learning Echniques in Spacecraft Control Design [J]. Acta Astronautica, 2021, 186:87 - 97.

[12] GAUDET B, LINARES R, FURFARO R. Integrated Guidance and Control for Pinpoint Mars Landing Using Reinforcement Learning [C]//Proceedings of 2018 AAS/AIAA astrodynamics specialist conference: Advances in the Astronautical Sciences. Snowbird: Univelt Inc.. 2018, 167: 3135 – 3154.

[13] GAUDET B, LINARES R, FURFARO R. Terminal Adaptive Guidance Via Reinforcement Meta – Learning: Applications to Autonomous Asteroid Close – Proximity Operations [J]. Acta Astronautica, 2020, 171: 1 – 13.

[14] TIPALDI M, IERVOLINO R, MASSENIO P R. Reinforcement Learning in Spacecraft Control Applications: Advances, Prospects, and Challenges [J]. Annual Reviews in Control, 2022, 54: 1 – 23.

[15] FURFARO R, SCORSOGLIO A, LINARES R, et al. Adaptive Generalized ZEM – ZEV Feedback Guidance for Planetary Landing via a Deep Reinforcement Learning Approach [J]. Acta Astronautica, 2020, 171: 156 – 171.

[16] 崔平远,徐瑞,朱圣英,等. 深空探测器自主技术发展现状与趋势[J]. 航空学报, 2014, 35(1): 13 – 28.

[17] ZHANG Q, ZHANG R M, CHEN B. Research Review of Image Recognition Technology Based on Deep Learning [J]. Journal of the Hebei Academy of Sciences, 2019, 36(3): 28 – 36.

[18] HE S F, YANG Q X, LAU R W H, et al. Visual Tracking via Locality Sensitive Histograms [C]//Proceedings of the IEEE Conference on Computer Vision and Pattern Recognition (CVPR). 2013: 2427 – 2434.

[19] 韦越. 基于无人机平台的地面弱小目标检测与跟踪[D]. 西安:西北工业大学, 2021.

[20] KRIZHEVSKY A, SUTSKEVER I, HINTON G E. ImageNet Classification with Deep Convolutional Neural Networks[J]. Communications of the ACM, 2017, 6(6): 84 – 90.

[21] JIA X. Image Recognition Method Based on Deep Learning [C]//2017 29th Chinese Control and Decision Conference (CCDC). IEEE, 2017: 4730 – 4735.

[22] CHENG F C, ZHANG H, FAN W J, et al. Image Recognition Technology Based on Deep Learning [J]. Wireless Personal Communications, 2018, 102(2): 1917 – 1933.

[23] ZHOU K L. Research on Deep Learning Based Image Recognition Application [D]. Beijing: Beijing University of Technology, 2016.

[24] MIRZA A H, COSAN S. Computer Network Intrusion Detection using Sequential LSTM Neural Networks Autoencoders [C]//2018 26th Signal Processing and Communications Applications Conference(SIU). IEEE, 2018:1-4.

[25] THOMAS J J, PILLAI N. A Deep Learning Framework on Generation of Image Descriptions with Bidirectional Recurrent Neural Networks [C]//International Conference on Intelligent Computing & Optimization: Advances in Intelligent Systems and Computing. Springer Verlag, Cham, 2019, 866:219-230.

[26] GOODFELLOW I, POUGET-ABADIE J, MIRZA M, et al. Generative Adversarial Nets [C]//Proceedings of the 27th International Conference on Neural Information Processing Systems, 2014, 2:2672-2680.

[27] LIANG J J, WEI J J, JIANG Z F. Generative Adversarial Networks GAN Overview [J]. Journal of Frontiers of Computer Science and Technology, 2020, 14(1):1-17.

[28] REDMON J, DIVVALA S, GIRSHICK R, et al. You Only Look Once: Unified, Real-Time Object Detection [C]//Proceedings of the IEEE Conference on Computer Vision and Pattern Recognition. 2016:779-788.

[29] WANG Z P, JIN L Y, WANG S, et al. Apple Stem/Calyx Real-Time Recognition using YOLO-v5 Algorithm for Fruit Automatic Loading System [J]. Postharvest Biology and Technology, 2022, 185:111808.

[30] MA L L, MA J X, HAN J F, et al. Research on Object Detection Algorithm Based on YOLOv5s [J]. Computer Knowledge and Technology, 2021, 17(23):100-103.

[31] YANG G H, FENG W, JIN J T, et al. Face Mask Recognition System with YOLOv5 Based on Image Recognition [C]//2020 IEEE 6th International Conference on Computer and Communications(ICCC). IEEE, 2020:1398-1404.

[32] SABOUR S, FROSST N, HINTON G E. Dynamic Routing Between Capsules [C]//Advances in Neural Information Processing Systems, 2017:3857-3867.

[33] ZHENG Y P, LI G Y, LI Y. Survey of Application of Deep Learning in Image Recognition [J]. Computer Engineering and Applications, 2019, 55(12):20-36.

[34] 百度百科. R-CNN [EB/OL]. (2022-06-13)[2023-02-13] https://baike.baidu.com/item/R-CNN.

[35] 贤集网. 大数据处理方法、流程及分析方法是怎样? [EB/OL]. (2018-08-

06)[2023-02-13]. https://www.xianjichina.com/news/details_80014.html.

[36] CSDN. 如何进行大数据处理?大数据处理的方法步骤[EB/OL].(2019-04-27)[2023-02-13]. https://blog.csdn.net/haboop/article/details/89599134.

[37] 刘军,阎芳,杨玺. 物联网与物流管控一体化[M]. 北京:中国财富出版社,2017:431.

[38] 百度百科. 数据挖掘[EB/OL].(2023-02-12)[2023-02-13]. https://baike.baidu.com/item/数据挖掘/216477?fr=ge_ala.

[39] 王建新. 基于人工智能的生物医学组学大数据处理初探[C]. 第十七次中国暨国际生物物理大会摘要集,中国生物理事会,2019:198.

[40] 冷迪. 基于人工智能的海量数据处理技术研究[J]. 电子世界,2020(4):15-16.

[41] 张彦霞,赵永恒. 数据挖掘技术在天文学中的应用[J]. 科研信息化技术与应用,2011,2(3):13-27.

[42] 王奇勋,基于深度学习的天体光谱分类和确定恒星大气参数的研究[D]. 北京:中国科学院大学,2020.

[43] 李德仁. 论时空大数据的智能处理与服务[J]. 地球信息科学学报,2019,21(12):1825-1831.

[44] SHALLUE C J, VANDERBURG A. Identifying Exoplanets with Deep Learning: A Five-Planet Resonant Chain around Kepler-80 and an Eighth Planet around Kepler-90 [J]. Astronomical Journal,2018,155(2):94-98.

[45] SCORSOGLIO A, D'AMBROSIO A, GHILARDI L, et al. Safe Lunar Landing via Images: A Reinforcement Meta-Learning Application to Autonomous Hazard Avoidance and Landing [C]//Proceedings of the 2020 AAS/AIAA Astrodynamics Specialist Conference, Virtual,2021,175:91-110.

[46] GALVEZ-SERNA J, MANDEL N, SANDINO J, et al. Real-Time Segmentation of Desiccation Cracks Onboard UAVs for Planetary Exploration [C]//2022 IEEE Aerospace Conference(AERO). IEEE,2022:2800-2811.

[47] LUNGHI P, CIARAMBINO M, LAVAGNA M. A multilayer Perceptron Hazard Detector for Vision-Based Autonomous Planetary Landing[J]. Advances in Space Research,2016,58(1):131-144.

[48] RONGIER G, PANKRATIUS V. Artificial Intelligence Support for Landing Site Selection on Mars [C]. AGU Fall Meeting Abstracts. 2017,2017:P13G-08.

[49] TOMITA K, SKINNER K, HO K. Uncertainty-Aware Deep Learning for Auton-

omous Safe Landing Site Selection [J/OL]. arXiv e – prints. (2021 – 02 – 21) [2023 – 02 – 13]. https://arxiv.org/pdf/2102.10545v1.pdf. DOI: 10.13140/RG.2.2.15224.98564.

[50] FURFARO, BAROCCO R, LINARES R, et al. Modeling Irregular Small Bodies Gravity Field via Extreme Learning Machines and Bayesian Optimization [J]. Advances in Space Research, 2021, 67(1): 617 – 638.

[51] WANG W L, ZHANG B T, WU K Q, et al. A Visual Terrain Classification Method for Mobile Robots' Navigation Based on Convolutional Neural Network and Support Vector Machine [J]. Transactions of the Institute of Measurement and Control, 2022, 44(4): 744 – 753.

[52] DONG X H, TAYLOR C J, COOTES T F. Automatic Inspection of Aerospace Welds using X – Ray Images [C]//2018 24th International Conference on Pattern Recognition (ICPR). IEEE, 2018: 2002 – 2007.

[53] TANG Y F, DOU L Q, JI C H, et al. Deep Transfer Learning – Based Fault Diagnosis of Spacecraft Attitude System [J]. Aerospace Control and Application, 2021, 47(3): 57 – 63.

[54] IWASAKI Y, KIKUYA Y, SASAKI K, et al. Development and Initial On – Orbit Performance of Multi – Functional Attitude Sensor Using Image Recognition [C]//Proceedings of the 33nd Annual AIAA/USU Conference on Small Satellites. USU, 2019: 1 – 9.

[55] SHARMA S, BEIERLE C, D'AMICO S. Pose Estimation for Non – Cooperative Spacecraft Rendezvous Using Convolutional Neural Networks [C]//2018 IEEE Aerospace Conference. IEEE, 2018: 1 – 12.

[56] ZHANG H P, ZHANG C, JIANG Z G, et al. Vision – Based Satellite Recognition and Pose Estimation Using Gaussian Process Regression [J]. International Journal of Aerospace Engineering, 2019, 2019: 5921246.1 – 5921246.20.

[57] SHI W Z. Research on Deep Space – Based Image Processing Algorithms and Their Embedded Implementation [D]. Nanjing: Nanjing University of Aeronautics and Astronautics, 2019.

[58] LIU X, WU J H, MAN Y Y, et al. Multi – Objective Recognition Based on Deep Learning [J]. Aircraft Engineering and Aerospace Technology, 2020, 92(8): 1185 – 1193.

[59] MUSALLAM M A, GAUDILLIERE V, GHORBEL E, et al. Spacecraft Recogni-

tion Leveraging Knowledge of Space Environment: Simulator, Dataset, Competition Design, and Analysis [C]//2021 IEEE International Conference on Image Processing Challenges(ICIPC). IEEE, 2021: 11-15.

[60] HÜLSMANN M, HASER B, FÖRSTNER R. Artificial Intelligence in Space: Current Status and Future Challenges - A Review [C]//72nd International Astronautical Congress(IAC), Dubai, United Arab Emirates, 25-29 October 2021, IAC-21-B6.2.6-62369.

[61] SCHMITT M, SHAHZAD M, ZHU X X. Reconstruction of Individual Trees from Multi-Aspect TomoSAR Data [J]. Remote Sensing of Environment, 2015, 165: 175-185.

[62] HUGHES L H, SCHMITT M, MOU L C, et al. Identifying Corresponding Patches in SAR and Optical Images with a Pseudo-Siamese CNN [J]. IEEE Geoscience and Remote Sensing Letters, 2018, 15(5): 784-788.

[63] ZHAO J P, DATCU M H, ZHANG Z H, et al. Learning Physical Scattering Patterns from Polsar Images by Using Complex-Valued CNN [C]//2019 IEEE International Geoscience and Remote Sensing Symposium: IGARSS 2019, IEEE, 2019: 10019-10022.

[64] CLOUDE S R, POTTIER E. An Entropy Based Classification Scheme for Land Applications of Polarimetric SAR [J]. IEEE Transactions on Geoscience and Remote Sensing, 1997, 35(1): 68-78.

[65] 叶培建,邹乐洋,王大轶,等. 中国深空探测领域发展及展望[J]. 国际太空,2018(10):4-10.

[66] 于登云,张哲,泮斌峰,等. 深空探测人工智能技术研究与展望[J]. 深空探测学报,2020,7(1):11-23.

第 9 章
空间智能操控发展趋势

航空航天是高新技术聚集的领域,从基础学科到理、工、医、哲,再到社会发展、生产生活、宇宙起源、国家安全,它吸引并集成了众多学科的最新成果,又推动了这些学科的进一步发展,一直处于科学技术的前沿、国家战略的前沿、社会发展的前沿。人工智能与航空航天的结合无疑是二者互动的最好契机:由于航空航天学科具有专业独特的时空无限性、环境复杂性、任务多变性等,因此它不仅是人工智能赋能的极大吸附体,也是其深度广度发展的强力牵引载体。本书之前的章节仅综合了人工智能在航天领域应用的已有尝试,随着人工智能理论和技术的发展,将进一步满足航天领域不断增长的需求。

本书并未全面覆盖人工智能在航天领域的运用,如宇宙学、空间科学、应用基础、设计制造、用户部分等,而是聚焦在空间操控(Space Operation)。之前所叙述的人工智能在航天中的应用尽管是初步的、探索性的,与其他行业的应用相比是更为稚嫩的,但仍然展示了不可估量的前景。目前的应用都是以人工智能方法的不断进步推动航天技术的提升,带给人类利益增量或释放了人的劳动束缚。如图9-1所示,从技术的维度,以其发展的脉络观察,人工智能方法可以归纳如下:①基于逻辑的工具;②基于知识的工具;③概率工具;④机器学习;⑤嵌入式智能工具;⑥搜索和优化工具;⑦决策辅助。

相信新的方法还会层出不穷,由此可以形成解决问题的能力:①感知,即将物理量转化为数学量;②推理,即按逻辑解决问题的能力;③知识,即理解目标、队友和环境的能力;④计划,即实现目标的自主规划能力;⑤沟通,即理解语言或符号的能力;⑥协作,即在沟通的基础上判断、预测并做出反应的能力。

目前,在空间领域已形成的应用已于本书之前的章节进行了叙述,总结如下:①天文观测、星空判读、深空探索;②航天器故障检测、隔离与重构;③航天器任务规划、碰撞规避与交会;④航天系统智能测控与智能靶场;⑤空间非合作目标发现、识别与抓捕;⑥群体智能与多航天器编队;⑦载人航天与月面作业。

人类向地球以外的星体发射探测器已有60多年的历史,主要以发现、认知

第9章 空间智能操控发展趋势

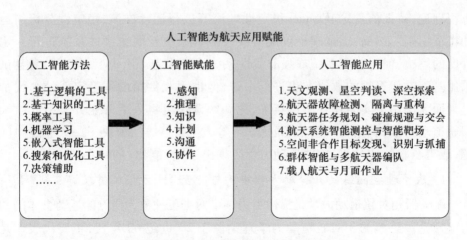

图 9-1 人工智能的航天应用

为目的。而新一代深空探测则是以对外星球开发利用为目的。将人工智能方法整合到空间探测工程中当然是一个有利因素。例如,未来的火星任务。这可能由大量异构的空间代理(包括卫星、人类、机器人、模块、传感器等)组成。在这种情况下,根据火星和地球的相对位置,往返的通信延迟时间在 6.5~44min。此外,在每一次火星相合周期(约 2.1 年)的 14 天内,与地球的通信是不可能的。显然,要实现这一任务,只凭空间代理必须能够作出自主决定,彼此和谐地相互配合,并能够确定自己的健康状况,以便适当地计划其行动。不幸的是,纵观人工智能在空间工程中的应用现状,可发现仍有未解决的问题。事实上,智能化似乎离理想的情况还很远。

在空间领域使用或替代人工智能代理的工作任重道远。国内外同行们在研究中都倾注了大量心血。本章仅介绍西北工业大学航天飞行动力学技术重点实验室部分研究工作进展,包括基于神经网络的空间非合作目标运动推演与特征识别方法(党朝辉)、人工智能在空间机器人装配任务中的应用(岳晓奎)、基于机器学习的柔顺消旋动力学模型简化方法(代洪华)、基于新型自适应动态规划方法的航天器强化学习控制(刘闯)、基于机器学习的空间翻滚目标运动预测与抓捕规划(罗建军)等几个主要方向。

9.1 基于神经网络的空间非合作目标运动推演与特征识别方法

经典轨道动力学,尤其是航天器相对轨道动力学,传统上主要通过常微分方程理论、特征值理论、Floquet 稳定性理论等进行运动推演、稳定性分析与运动特征识别。然而，上述理论仅能对线性定常系统及弱非线性系统进行一定程度的解决，而对时变系统或强非线性系统无能为力。历史上，很多学者尝试采用基于迭代思想的数值方法进行求解，但也因收敛精度不稳定或计算代价过大而无法用于实时任务。近年来，党朝辉课题组将人工智能方法引入航天器轨道动力学，利用神经网络、强化学习等人工智能方法解决了一大类经典问题，取得了较好的效果，使轨道动力学表现出了"智能化"的特点。

1. 基于神经网络的开普勒方程重构与时变 TH 方程解析求解

航天器相对轨道动力学是描述引力场中两个可抽象为质点的运动个体的动力学理论。经典的相对轨道动力学理论源于 20 世纪 60 年代，主要代表作是 Clohessy 和 Wilthsire 所建立的适用于圆参考轨道的 CW 方程[1]，以及以 Tschauner 和 Hempel 为主建立的适用于任意开普勒轨道类型的 TH 方程[2]。其中，CW 方程为线性定常微分方程组，可采用特征值理论或常微分方程定理获得以时间为自变量的显式解析解。相比 CW 方程的简洁性而言，TH 方程相对复杂，表现为一组时变耦合的线性微分方程组，由此导致其解析求解异常困难。历史上，美国学者 Carter[3]、日本学者 Yamanaka 和 Ankersen[4]，以及党朝辉[5]等先后采用积分拆解方法得到了三个不同版本的解析解。然而上述三组关于 TH 方程的解均采用了混合自变量的表示方式，即方程中同时包含真近点角和时间，而无法以时间作为唯一自变量表征运动，这限制了此类方程在椭圆/双曲轨道交会及编队飞行实践中的应用。除了 TH 方程，传统上轨道递推与轨道机动控制等问题同样涉及真近点角的计算问题。从原理上讲，真近点角的计算方法有两种：一是积分角速度，二是求解开普勒方程。积分过程计算量较大，且随着积分区间的增加，计算量线性增加。开普勒方程为一个超越方程，不存在解析解，需要通过数值迭代方法求解，其收敛精度及计算时长与偏心率及时间变量的取值有关，无法解析控制。考虑到全连接神经网络具有对任意非线性函数（包括开普勒方程这种超越函数）的无限拟合能力，党朝辉课题组提出[6]，可以将真近点角求解问题转化为监督学习问题，使用神经网络重构开普勒方程的映射关系，使得求解任意偏心率及时间变量对应下的真近点角成为近似解析过程，其计算精度高达 10^{-10}，且计算时长不超过 1ms。不仅如此，将真近点角与时间的解析函数代入 TH 方程后，可进一步获得以时间为自变量的 TH 方程解析解，从而彻底解决具有半个世纪历史的 TH 方程求解问题，为椭圆/双曲轨道交会对接与编队飞行问题奠定理论基础。

2. 基于神经网络的非合作目标相对运动行为表征与识别

传统上基于 CW 方程或 TH 方程的编队构型设计问题，往往以"正问题"的形式出现，即给定编队构型的几何要求确定所需要的初始状态条件。Sabol 等[7]、蒋方华等[8]对此均有详细的研究成果。然而，近年来以空间非合作目标交会、监视等为主题的研究需求日渐增多，针对非合作目标运动特征识别的问题成为空间操作与在轨服务领域的瓶颈问题。这种特征识别问题是编队构形设计的"逆问题"，即如何通过测量到的相对运动数据，快速确定目标相对参考星的运动构形及其关键特征，进而确定目标意图与威胁程度。基于多源空间信息对非合作目标进行意图识别和态势感知，现有研究主要基于模板匹配[9]、专家系统[10]、贝叶斯网络[11]等方法。这些方法虽在一定程度上解决了目标意图识别问题，但均需要大量领域专家先验知识对意图识别特征权重、先验概率等进行量化。由于近年来人工智能领域的创新与应用，使得人工智能技术在目标检测、分类识别等方面的应用日益广泛。而针对于非合作目标的意图识别，其本质上即为运动特征分类问题。党朝辉课题组[12]将非合作目标意图采用相对轨道运动特征来表征，进而采用神经网络模型构造出了运动行为与意图的快速识别方法。通过对相对运动方程分析，定义出 5 种相对轨道特征，分别为"周期绕飞""椭圆抵近""定点跟踪""撞击"和"掠飞"。利用每种轨道行为对应的构型初始条件，生成轨道行为数据集合。神经网络模型采用由相对运动方程生成的数据集进行训练，达到最佳训练效果之后固化网络参数。利用固化参数的网络模型进行非合作航天器的相对轨道行为识别。选择非合作航天器的状态信息（位置、速度信息）作为神经网络模型的输入节点；输出节点为航天器当前状态对应的 5 种轨道行为的概率；根据经验公式和实际训练效果进行调整，以确定最佳隐含层的数量和每层节点数量。随着迭代次数的增加，神经网络模型的轨道行为（即相对运动特征）识别率达到 94% 左右，具有较高的可靠性和稳定性。该方法将为空间轨道博弈决策与控制奠定理论基础。

9.2 人工智能在空间机器人装配任务中的应用

随着智能制造业和"工业4.0"的不断发展，机器人正逐渐拓展应用于复杂的装配任务，然而传统机器人技术难以满足在轨装配任务的应用需求。近年来，在人工智能技术取得不断突破的前提下，业界和学界均在探索如何通过人工智能技术实现机器人自主装配作业。目前，人工智能在空间装配任务中的应用主要分为以下 4 个层面。

1. 智能感知层面

在轨装配过程中空间机器人系统对环境的感知与测量,将作为后续任务的规划与控制的输入信息,具有决定性作用。目前,人工智能算法在感知领域的应用主要包括两方面。

一方面,多传感器的信息融合与特征提取。人工智能算法通过将视觉、触觉、听觉、力觉等多种传感器的信息进行融合处理,完成多类型感知信息的内在关联特征提取,突破了单一类型感知信息的限制,提高了机器人感知的可靠性、鲁棒性以及可信度,进而提升机器人获取装配策略的效率。典型的算法有人工神经网络法、模糊逻辑推理等。

另一方面,非结构化环境下的目标检测与装配位姿估计。传统的装配位姿视觉检测算法因其与识别目标的结构、颜色等相关,往往鲁棒性不足,方法的普适性、泛化能力相对较低。此外,空间装配环境的背景复杂且光照情况多变,难以实现对特征的准确提取。因此,以深度学习等为代表的算法因其数据驱动、鲁棒性较强、拟合能力强大、适用场景多样的特点,在装配过程中的感知识别领域的应用愈加广泛。基于深度学习的视觉算法模型可以提取图像中高层次的语义特征,受物体遮挡或光照等情况的影响较小,更适用于复杂装配场景中待装配目标的特征提取。深度学习算法应用于目标检测的思路可以分为两大类:一类是两阶段的方法,也就是把整个检测过程分为两部分,生成候选框和识别框内物体,主要有 Faster R-CNN、Fast R-CNN、R-CNN 等;另一类是单阶段的方法,把整个流程统一在一起,直接给出检测结果,主要有 SSD、YOLO 系列。

2. 任务规划层面

机器人在轨装配任务规划是一个典型的知识处理过程,其中涉及较为复杂的逻辑推理和众多的约束条件。研究人员通过利用人工智能算法极强的数据分析与表达能力,将知识图谱与智能学习算法相结合,充分利用知识图谱提供的常识信息和显性语义信息,通过统计学习把隐含语义表达出来,形成可解释性的表征,易于被人接受和理解,提高了任务描述的准确性以及规划的效率。此外,人工智能还应用于多机器人的装配任务规划中,克服了现有的多机器人任务分配方法适合于特定的环境,通用性差的问题。通过将任务分配问题转化为对状态动作价值 Q 的求解及机器人与任务的一对一分配,然后采用改进的深度强化学习算法对历史任务数据进行离线学习,构建关于 Q 值的预测模型,实现全局累积收益的最优分配。

3. 运动规划层面

由于基于机器人运动学与动力学模型的传统装配运动规划方法存在装配成功率低、任务泛化性不足和环境适应性差等瓶颈问题。近年来,随着人工智能算法的发展,研究人员开始将深度学习、强化学习等人工智能算法运用到机器人的运动规划过程中,典型的应用包括技能迁移学习与动态环境的避碰两方面。

基于模仿学习的装配动作规划方法,通过从少量装配演示任务中自主获取装配经验知识来引导机器人完成装配动作,回避了空间机器人的运动学和动力学建模,从而提高机器人装配的效率以及泛化能力。具体而言,基于动态系统的操作技能模仿学习方法通过利用一系列线性可微方程对人类示教的机器人运动进行建模,该方法继承了非线性动态系统的条件收敛、对外界扰动的鲁棒性和时间独立性等优点,无论受到何种外界干扰,模型都将收敛于目标点。在此基础上,研究人员还采用概率非线性回归方法从多次演示轨迹中进行操作技能模仿学习,构建了多运动特征融合的机器人操作技能模仿学习框架。此外,为了解决动态环境下装配机器人避碰运动规划问题,提出了基于深度确定性策略梯度算法,通过在各种类型的环境下离线学习,训练好的模型应用到装配环境中获得最终无碰路径。

4. 智能控制层面

在控制层面根据所执行的装配任务类型不同,智能控制层面可分为轨迹跟踪控制和柔顺力控制两个方面。当实现无接触装配任务的轨迹跟踪控制时,传统控制方法由于过于依赖机器人的精确数学模型和跟踪精度低等问题,通过与人工智能算法结合来解决自适应算法计算复杂、收敛速度慢和鲁棒控制算法精度低的问题。在轨迹跟踪控制中,限制空间机器人轨迹跟踪精度的因素主要有两个方面:一方面是机械臂动力学模型中的不确定项,另一方面是太空环境干扰所带来的不确定因素。人工智能算法可以通过神经网络的在线学习能力使实际控制输出量越来越接近目标输出,并对太空中不定项进行拟合,提高轨迹跟踪控制的精度和鲁棒性,且控制器的控制参数会随环境改变而变化,以提高空间机械臂对环境的适应性。此外,为了适应太空中的不确定因素,提出了基于强化学习的机械臂输入饱和固定时间轨迹跟踪控制方法,赋予控制器对模型不确定性的在线学习能力。在模型未知、没有先验经验的条件下,通过神经网络结合的自适应控制方法,快速适应对象动态特性的变化,并通过神经网络调整控制策略,由此提高轴孔装配任务执行的可靠性。

当控制空间机器人执行接触型装配任务时,为了避免机械臂末端与装配对象之间的接触力过大,需要满足柔顺性要求。虽然基于视觉和柔顺力控制的方法能初步实现装配要求,但是当装配任务的目标或者环境发生变化时,该方法表现出较差的适应能力、装配效率低等问题。为解决这一问题,研究人员开始将人工智能算法应用于机器人的柔顺控制,通过利用智能算法高度非线性逼近映射的能力,解决了装配过程中的动力学模型难以精确描述的问题。在柔顺控制中的不确定因素主要来源于两个方面:一方面是装配时零部件的几何约束关系、接触状态多变、接触点多等复杂的接触动力学特性往往难以建模,另一方面是接触状态等环境信息难以测量和辨识。具体而言,通过使用神经网络调节机械臂末端执行器阻抗参数,有效地逼近真实的碰撞模型,对模型中的未知项进行描述,提高控制模型的精度,从而提升柔顺控制的效果。

9.3 基于机器学习的柔顺消旋动力学模型简化方法

近年来,遗留在太空中的失效卫星数量与日俱增,对在轨正常运行卫星的安全产生巨大威胁,失效卫星捕获技术成为航天领域研究热点。其众多失效卫星捕获技术中,柔性毛刷消旋方案(图 9-2)具有既可以产生足够的作用力,又能降低刚性碰撞风险的特点,因此有较高的研究价值。但柔性毛刷操作过程中动力学系统呈现接触碰撞、柔性体大变形、动力学强时变等特征,因此如何在在轨操控实时性要求和星载计算资源受限的情况下,对柔顺消旋动力学模型进行高效实时仿真计算是一个严峻挑战。

图 9-2 毛刷消旋示意图

在工程应用中,往往借助商业软件 Adams 进行多体动力学仿真估算。但完整的 Adams 模型计算速度缓慢,单次仿真需要半小时甚至数小时的时间,无法满足柔性消旋动力学模型在轨实时解算的需求。因此,杨森等提出了使用机器学习的方法来预测消旋过程中接触力的变化,从而缩短仿真时间,以实现对太空任务的实时指导作用。该工作是将毛刷的复杂动力学过程通过合理的分析假设进行了简化,使用了接触点位置、角度、目标速度作为特征输入,以消旋过程中接触碰撞力为特征输出,利用机器学习的方法建立起输入和输出的非线性映射关系[13],如图9-3所示。

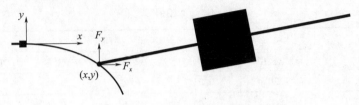

图9-3 简化方法示意图

该工作使用SVR方法、BP、RBF、RNN神经网络作为训练模型,利用35万个采样点作为训练样本,得到的训练效果如图9-4和图9-5所示。

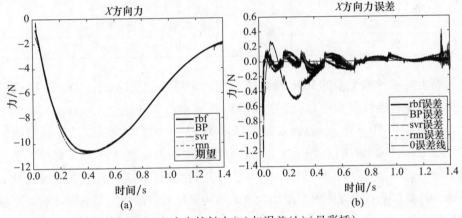

图9-4 X方向接触力(a)与误差(b)(见彩插)

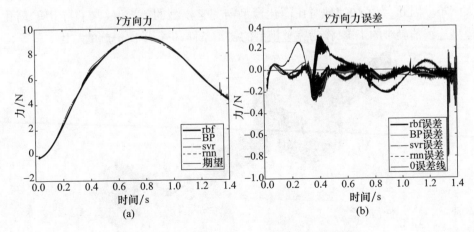

图9-5 Y方向接触力(a)与误差(b)(见彩插)

从图 9-4 和图 9-5 中可知,4 种机器学习的模型经过合适的训练与调试后都能取得较好的结果。其中,RBF 网络结果优于其他三种网络,平均误差为 3%,最大误差为 11%,且单次消旋仿真时间大大缩短。其对比如表 9-1 所列。

表 9-1 仿真时间对比

算例	仿真时间/s	实际运行时间/s				
		理论模型	RBF 网络	BP 网络	SVR 方法	RNN 网络
1	0.36	1320	0.03	0.03	0.04	0.04
2	0.7	1860	0.06	0.6	0.06	0.06
3	1.1	2340	0.21	0.21	0.21	0.21
4	1.2	2700	0.21	0.21	0.21	0.21
5	1	1920	0.20	0.20	0.20	0.20
6	1.4	2580	0.23	0.23	0.23	0.23
7	0.95	4080	0.10	0.10	0.10	0.10
8	0.79	12540	0.06	0.06	0.06	0.06

将上述 4 种模型中的 RBF 网络模型加入柔顺消旋的 Adams/Matlab 联合仿真模型中进行连续消旋仿真,结果如图 9-6 ~ 图 9-8 所示。

从图 9-7 中可知,对初始主轴角速度为 12°/s 的自旋目标,设计的消旋策略经过 15 次接触碰撞,在经历 420s 后,目标的主轴角速度降低为 1.1°/s。在连续消旋仿真中,对于含柔性体的 Adams 模型中,存在接触结束后毛刷持续振动的问题。需要对毛刷柔性体模型添加较大的结构阻尼并且等待毛刷的振动衰减至相对稳定,以便进行下一次消旋。该过程需要较长时间,这给连续仿真工作带来了巨大困难。因此,为了快速地对比简化模型与完整模型的差异,截取了与 RBF 简化模型连续消旋中的工况,作为完整模型的初始条件,进行单次消旋的对比。

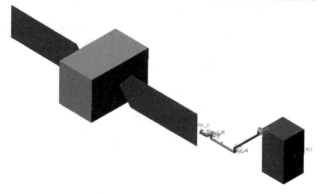

图 9-6 联合仿真中 Adams 模型示意图

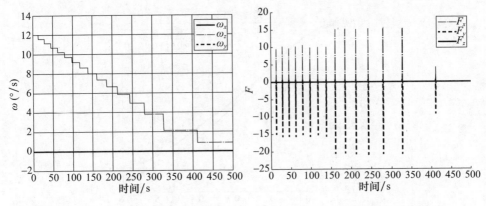

图9-7 目标角速度变化(见彩插)   图9-8 接触力变化(见彩插)

取图9-7中第9次接触时的工况,此时目标质心以角速度$[8.02,0,0]((°)/s)$、线速度$[0.14,0.21,0](m/s)$进行自由漂移。结果如图9-9~图9-11所示。

从接触力和角速度减少量图中的对比可知,RBF简化模型在受控条件下,可以取得与Adams完整模型近似的消旋效果。接触力在单次消旋的后半阶段出现较为明显的误差,但误差绝对值小于2%,角速度在单次消旋的中段开始出现误差,最终误差仅为0.07°/s,相比实际消旋任务的精度要求,该误差可以接受。

上述工作说明了人工智能可以协助地面仿真对太空任务进行实时快速模拟预测,以达到减少失误的目的。该工作探索了4种机器学习方法在柔顺消旋中的应用对比以及RBF网络在连续消旋中的表现,显示出机器学习在航天器在轨操作中的优势。

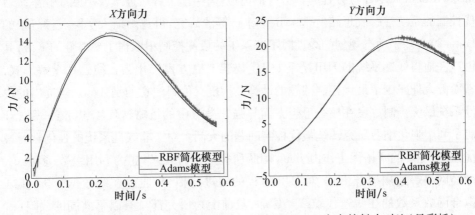

图9-9 X方向接触力对比(见彩插)   图9-10 Y方向接触力对比(见彩插)

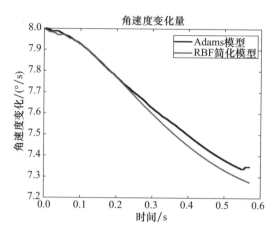

图 9-11 角速度变化量对比（见彩插）

9.4 基于新型自适应动态规划方法的航天器强化学习控制

基于强化学习的最优控制技术作为人工智能及智能控制理论的重要组成部分，目前得到了航天控制领域的关注。为推进强化学习在控制乃至航天控制领域的应用，众多学者对此进行了深入研究。麻省理工学院（Massachusetts Institute of Technology，MIT）的 Bertsekas 等率先开展了现代的近似动态规划（Approximate Dynamic Programming，ADP）研究，其通过对哈密顿-雅可比-贝尔曼（Hamilton-Jacobi-Bellman，HJB）方程的解进行最优拟合，给出了针对连续及离散线性系统最优控制的系统性解决思路。基于 Bertsekas 等的研究，得克萨斯大学阿灵顿分校的 Lewis 等在基于动态规划的线性时不变系统的最优控制中取得了奠基性的突破，其创造性地将线性系统的 HJB 方程，即代数黎卡提方程转化为在线迭代求解形式，从而极大地减少了最优控制问题的计算复杂度。值得注意的是，Lewis 等提出的线性系统最优控制方案在核心思想方面与强化学习中的策略迭代思想完全一致，开启了利用强化学习研究传统最优控制问题的大门。对于非线性系统的强化学习最优控制，主要的开拓性工作由 Jiang 团队所完成，其核心思想为利用级数、多项式、神经网络等通用拟合工具，对 HJB 方程的解进行拟合，通过在线数据分析，实现拟合函数系数的在线迭代求解。然而，目前上述研究都具有以下共同的缺陷：

（1）拟合函数系数的迭代逼近依赖于类持续激励（Persistence of Excitation，PE）条件，若该条件不满足，则系统闭环性能将无法得到保证。其原因在于，基于 ADP 的最优控制依赖于参数回归方程的解收敛于参数真值,而 PE 条件则是保证此结果成立的充分条件。然而,PE 条件通常与实际系统的在线运行状态有关,无法事先保证其被满足。

(2) ADP 方法鲁棒性较差,无法有效保证系统在扰动及未建模动态下的稳定性。理论研究中所采用 ISS(Input – to – state stability)假设较强,在实际航天控制任务中并不合理。其原因在于,虽然所研究的物理量对任意外界输入有界,但其界大小通常无法事先确定。因此,系统实际状态可能在未达到 ISS 所给出的上界之前任务就会失败,如太阳帆板在角速度超过 15°/s 的情况下即会断裂,造成无法修复的损失,此时 ISS 特性将失去意义。

结合以上分析可知,当前的强化学习控制理论尚不符合实际航天控制要求,需研究新型的基于强化学习的航天器控制方法。对此,本团队采用理论研究、数字仿真与实物模拟相结合的研究方案,以所提出的新型自适应控制理论作为理论研究出发点,针对航天器的强化学习控制进行深入研究,并在理论研究基础上,结合地面模拟平台和配套硬件设备完成相关的仿真和实物模拟验证。

1. 基于新型自适应控制理论的航天器强化学习控制方法

本团队所提出的新型强化学习控制器的核心设计方法(图 9 – 12)可分为以下三步:

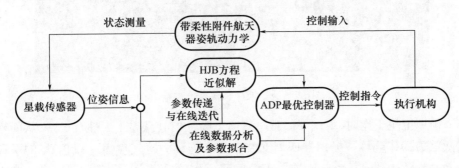

图 9 – 12 基于强化学习的挠性航天器姿态控制流程

(1)基于强化学习中的数据拟合方法,建立的新型、高效的挠性航天器动力学模型。受控航天器本体模型为刚体航天器 + 挠性附件(太阳帆) + 大柔度附件(天线等柔顺装置),在建模时以刚体动力学为主、使用数据驱动的强化拟合挠性动力学为辅,设计了同时考虑挠性部件小幅度形变和大幅度形变的强化学习动力学建模方法。

(2)将基于传统动态规划的最优控制器方法拓展为新型自适应动态规划最优控制方法。首先,基于对各数值拟合 HJB 方程解的方法进行深入分析,选出最符合所建立动力学模型的数值拟合方法,并基于此数值拟合方法,对相关 HJB 方程进行数值拟合,确定相关基函数和拟合阶数,构建参数辨识回归方程。在此过程中,采用了新型皮卡(Picard)迭代的快速数值求解方法,其计算效率相比传统的参数回归方法高出一个数量级。

(3) 使用所提出的新型鲁棒自适应控制理论,对上述强化学习过程提供新型抗扰动设计。基于所建立的参数辨识回归方程,利用所提出的新型自适应控制中的鲁棒参数辨识方法,根据系统当前运行数据,求解回归方程,对回归方程中的待定参数进行实时辨识,并同时保证闭环系统能够对外界扰动和未建模动态实现鲁棒化。

2. 地面实验验证

在实验验证部分,基于气浮模拟卫星实验平台,结合空间柔性消旋任务,对所提出的算法进行验证,如图 9-13 所示。

图 9-13　气浮实验系统示意图

模拟卫星工作时,由气浮装置垂直向下喷气使其悬浮于大理石平台,从而模拟微重力操作环境。模拟器四周安装有 8 个连续力冷气喷嘴,控制卫星的平移运动和旋转运动。柔性毛刷连接于机械臂,固定在服务卫星;目标卫星模拟绕主惯量轴旋转的平面自由运动状态,由此模拟柔顺消旋过程。位置和姿态信息的测量以视觉系统为主,辅以星载传感器,应用信息融合技术,确保实验测量数据的实时性和准确性,以满足控制系统需求;由地面监控端作为控制核心进行导航、相对运动路径、位置和姿态及毛刷的控制。

在实验中,模拟目标星仅作为目标物,给定绕主惯量轴的初始角速度后,便不进行主动控制;模拟服务卫星搭载柔性毛刷,通过主动控制进行消旋操作。视觉测量系统实时获取图像数据,获取卫星模拟器上的标识点位置信息,并结合传感器获得的数据,由地面计算机解算卫星模拟器的姿态和运动参数信息;根据规划的轨迹,通过导航和控制系统生成实时控制信号,并由星载工控机控制推力器,执行控制指令。在此基础上,对前述理论算法进行实物验证,取得了良好的实验效果。

9.5 基于机器学习的空间翻滚目标运动预测与抓捕规划

9.5.1 空间非合作目标智能抓捕框架

利用空间机器人抓捕具有不确定运动意图的空间翻滚目标是一个包含观测、判断、决策与控制等过程的具有挑战性的在轨操控任务。如图9-14所示,空间翻滚目标同时存在轨道平移运动和姿态旋转运动,考虑到机器人执行抓捕目标任务时二者质心的相对距离略大于机械臂完全展开的长度,而且任务执行时间较短,本节主要考虑目标的姿态旋转运动,介绍本团队在空间机器人抓捕翻滚目标过程中的智能预测、决策与规划方面的研究进展[14-15]。

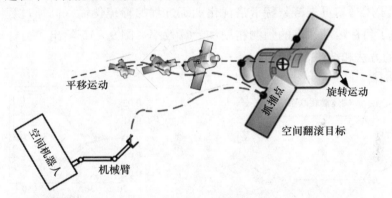

图9-14 空间机器人抓捕空间翻滚目标的示意图

受美国空军上校 John Boyd 提出的 OODA(Observation – Orientation – Decision – Action)环作战思想的启发,为实现空间机器人对空间翻滚目标的成功抓捕,研究团队提出了一种基于机器学习的空间机器人抓捕翻滚目标的智能"预测-决策-规划-抓捕"的框架,引入监督式和非监督式机器学习方法分别对目标的运动状态和运动意图进行预测,避免了传统预测方法中烦琐的目标动力学建模过程;引入强化学习方法,根据目标运动意图预测结果,快速在线决策空间机器人抓捕目标的最优动作序列;引入模仿学习方法,综合考虑目标运动预测结果、抓捕动作决策结果、空间机械臂操作能力约束等因素,规划机械臂的抓捕运动轨迹,并将示教轨迹学习结果以相对直接的方式迁移泛化到抓捕轨迹规划中。该框架在预测-决策-规划的过程中,实时考虑了动态空间环境和目标更新观测数据,在 OODA 环中自前向后传递指导信息,自后向前传递反馈信息,可以智能自主地确保空间翻滚目标抓捕任务的可靠性和鲁棒性。

9.5.2 目标运动状态和运动意图预测

由于空间翻滚目标的精确动力学模型难以获得,且目标可能存在不确定的姿态机动等运动意图,相比传统的基于动力学模型的目标运动预测方法,基于机器学习的方法对目标运动状态和运动意图预测的普适性更高,且基于机器学习的预测方法采用数据驱动模式,应用灵活性更高,也更智能。

1. 基于监督式机器学习的目标运动状态预测

当目标运动意图稳定时,由于其观测序列和对应的隐含序列都已知,可基于监督式机器学习方法中的高斯过程回归研究目标运动状态(如目标上抓捕点的位置、姿态等)预测问题。针对空间翻滚目标的姿态非线性运动、快速预测需求等难点,采用马尔可夫链蒙特卡洛优化训练过程的稀疏伪输入高斯过程回归方法,兼顾了目标运动状态的预测精度和计算效率。图 9-15 给出了目标运动状态预测的方法和结果。

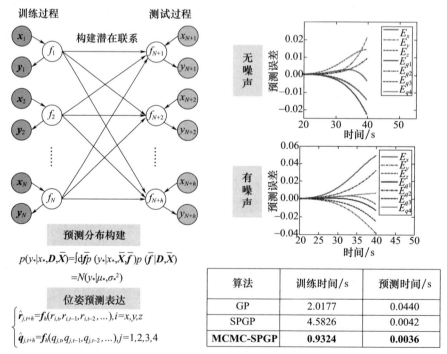

图 9-15 目标运动状态预测的方法和结果(见彩插)

假设目标运动状态变化服从高斯分布规律,基于任意有限数量联合高斯分布集合的非线性概率建模方法能够应对目标姿态旋转运动的复杂非线性运动特征。在训练过程中,假设伪数据的先验分布为高斯分布,利用启发式马尔可夫链蒙特卡洛优化算法连续优化目标运动状态相关的真实历史观测数据,联合优化伪数据和高斯过程中的超参数,克服由于随机初始值造成的优化过程陷入局部极小值的问题,进而更新修正伪数据的后验分布,得到稀疏的伪训练数据集;在预测过程中,给定目标运动状态相关的新预测输入数据(如时间序列),利用稀疏的伪数据和优化的超参数可以快速地构建目标未来有限时域内运动状态(位置、姿态等)的预测分布信息。研究结果表明,基于监督式机器学习方法对空间翻滚目标未来 20s 运动状态的预测耗时为毫秒级,当观测数据无噪声时目标位姿预测精度的最大误差分别约为 0.02m 和 0.03(姿态采用四元数表示方法)。

2. 基于无监督式机器学习的目标运动意图预测

当目标运动意图不稳定时,此时目标的观测序列已知,但其对应的隐含序列未知,研究团队基于无监督式机器学习方法中的隐马尔可夫模型(HMM)研究了目标运动意图(姿态机动等不可直接观测状态)预测问题。目标运动意图预测的方法和结果如图 9-16 所示。

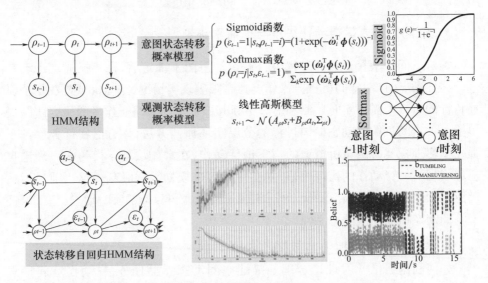

图 9-16 目标运动意图预测的方法和结果(见彩插)

参考 HMM 的显-隐双层链式结构,可以直接获得的目标实时观测状态 s_t(如位置、姿态等运动状态)对应 HMM 中的显式链,然而目标观测状态的改变实质上由目标当前隐含的运动意图ρ_t（如自由翻滚、有限姿态机动等）决定，对应 HMM 中的隐式链。由于传统 HMM 的观测独立性假设难以符合真实观测状态规律，且该假设造成模型过于简化导致预测精度较差，研究团队提出了状态转移自回归 HMM 方法研究目标运动意图预测问题，建立了更符合空间翻滚目标运动意图相关的非线性概率模型。

在建模过程中，考虑观测状态和意图状态的相互影响关系，分别设计了目标观测状态和目标意图状态转移概率模型，构建了空间翻滚目标运动意图相关特征观测状态函数 $\phi(s_t)$，意图状态的转移根据特征观测状态函数变化作为判断依据（如目标角速度的显著改变可能意味着其运动意图将转移到姿态机动运动模式），对特征状态权重 ω 进行分配，分析特征状态对意图转移的影响大小，进而分析和预测目标意图的起止、转移概率；其次，对建立的概率模型进行无监督式机器学习，给定空间翻滚目标的示教轨迹，利用期望–极大化算法学习概率模型的相关参数；最后，结合设计模型和模型学习结果，进行新抓捕场景下的目标运动意图概率分布预测。研究结果表明，所提出的基于无监督式机器学习的目标运动意图预测方法能够在空间翻滚目标运动意图不确定的情形下，及时结合目标更新观测数据修正目标运动意图的概率分布结果，快速有效地判断和预测目标的运动意图，相比于传统 HMM 结构，显著地提高了目标隐含运动意图状态的预测精度。

9.5.3 空间机器人抓捕动作决策与抓捕轨迹规划

针对空间翻滚目标抓捕过程中目标运动意图不确定、目标上抓捕点运动轨迹非线性动态时变、空间机械臂操作能力有限等现实情况，空间机械臂在整个抓捕目标的过程中需要实时监测和适时更新其抓捕动作策略。作者的研究团队提出了一种空间机械臂动态抓捕目标的分层闭环抓捕方法，该方法在任务层基于强化学习理论实时决策机械臂的当下最优动作，在动作层基于模仿学习理论自适应规划机械臂动作的执行轨迹，并在每一轨迹规划采样时刻根据当前目标运动意图预测结果评估当下最优动作，实现了机械臂与目标的实时动态交互，保证了空间动态抓捕任务的可靠性。

1. 基于强化学习的抓捕动作决策

如何利用强化学习理论合理地描述空间动态抓捕任务，在动作空间探索 (exploration) 和价值评估利用 (exploitation) 二者之间进行合理的权衡，并求得实时可行解是实际应用强化学习理论的研究重点。考虑到强化学习理论中的部分可观察马尔可夫决策过程 (Partially Observable Markov Decision Process, POMDP) 模型被广泛应用于不确定性环境下的自主决策问题，研究团队提出 POMDP 模型实时决策空间机械臂的抓捕动作。基于 POMDP 的机械臂抓捕动作决策方法和结果如图 9-17 所示。

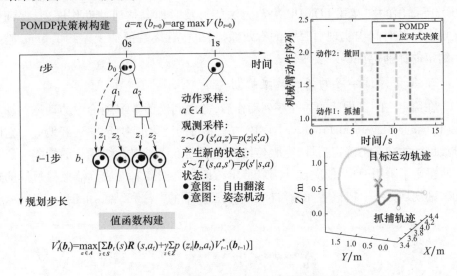

图 9-17 机械臂抓捕动作决策的方法和结果

针对目标运动意图不确定、POMDP 求解属于 NP-hard 问题等难点,利用 POMDP 的部分可观测性对应目标运动意图的不确定性,结合对目标运动意图的思考,对当前动作的价值评估不断迭代学习,并根据实时更新的目标观测数据对自身动作决策及时反馈,从而构建鲁棒性较强的抓捕动作策略。此外,所提机械臂分层规划思想通过减小 POMDP 模型中状态空间、动作空间等维度,保证求解 POMDP 问题的快速性,进而保证实时决策的可实现性。

首先利用 POMDP 模型对抓捕任务进行建模描述,标签化机械臂的抓捕动作策略(如抓捕、撤回等动作指令)和目标的运动意图(对应 POMDP 模型的状态),结合目标运动意图预测内容,将目标运动意图相关特征观测状态作为 POMDP 模型的观测,状态转移函数和观测转移函数可以通过目标运动意图预测模型结构和训练结果直接计算得到,此外,在 POMDP 探索阶段设置抓捕任务相关的收益函数,保证机械臂动作规划的高效、安全和平滑特性;其次,利用目标运动意图预测结果,推演未来多步目标运动意图的置信状态,构建置信状态决策树,考虑机械臂动作对目标意图推演的长期影响,根据贝尔曼最优策略公式,在动作与收益之间构建推演至未来多步的值函数 $V(\boldsymbol{b}_t)$,其中步长表征当前决策的思考深度,取决于模型收敛精度;最后,遍历机械臂动作空间和目标观测空间,利用值函数迭代算法决策,生成当前目标运动意图置信状态下机械臂的近似最优抓捕动作策略。研究结果表明,通过分层规划降低了 POMDP 模型的维度,实现了决策时间为毫秒级的机械臂单次决策,单次决策的决策树节点量级达到 10^{22},所提出的交互式 POMDP 决策方法能够及时地调整抓捕动作序列,保证了在规定任务时间内实现对目标的有效抓捕,机械臂终端抓捕误差约 1.6 cm,满足了约定的抓捕容许误差要求。

2. 基于模仿学习的抓捕轨迹规划

在给定空间机械臂的抓捕序列动作后,考虑到模仿学习理论中的动态运动基元(Dynamic Movement Primitive,DMP)方法具备的泛化能力,能够更好地应对空间翻滚目标的动态不确定特性,克服传统轨迹规划方法难以在线调整的缺陷。研究团队提出了采用 DMP 依次设计满足特定约束的机械臂末端执行器抓捕目标的运动轨迹规划方法。机械臂抓捕目标运动轨迹规划的方法和结果如图 9-18 所示。

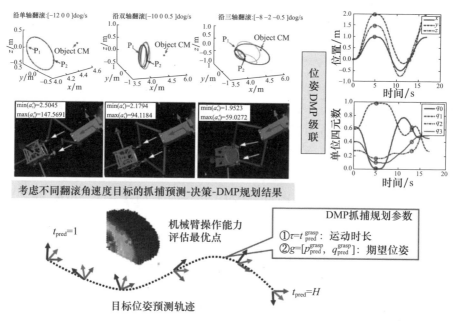

图 9-18 机械臂抓捕目标运动轨迹规划方法和结果(见彩插)

基于 DMP 分别设计末端执行器在笛卡儿空间下的三维位置和姿态轨迹,通过设计相变量相关的前因子,降低 DMP 转换系统的驱动速度,抑制传统 DMP 设计中对机器人系统不利的初始加速度跳变现象。通过设计线性时变目标位置和姿态,克服了传统 DMP 以零速度收敛到期望目标的局限性,使得末端执行器能最终以任意速度、任意角速度达到期望的抓捕位姿。给定未来有限时域内目标上抓捕点的位姿实时预测轨迹,结合机械臂操作能力评估方法,以抓捕接触后机械臂速度方向可操作度为评价指标,对预测轨迹每一采样时刻的位姿状态进行评估,最后确定机械臂的最佳抓捕时机和抓捕终端位姿状态,作为末端执行器位姿 DMP 的最优终端期望位姿。值得注意的是,以目标运动轨迹作为 DMP 示教轨迹,机械臂的实际抓捕轨迹将实时模仿目标运动轨迹,可以实现机械臂对目标的跟踪和软抓捕,并减小终端抓捕误差。研究结果表明,所提出的位姿 DMP 规划的计算时间为几十毫秒级,最终末端执行器的抓捕误差小于 1.5cm。同时,该方法能够有效地泛化到抓捕不同翻滚角速度的空间翻滚目标任务中,并且保证机械臂抓捕时具有良好的操作能力,进而保证了抓捕目标后对目标进一步操控的剩余操作裕度,也能够实现对不确定姿态机动目标的自适应抓捕规划。

考虑到空间翻滚目标的动态不确定性,作者研究团队后续研究将关注如何将复杂动态抓捕任务分解为多个子任务,结合机器学习理论在动作序列决策中的应用,自主序列化各子任务的位姿 DMP,通过多个位姿 DMP 级联设计自主完成空间动态抓捕任务,该方案同样可以扩展应用到空间机器人在轨装配等自主操控任务。由于 DMP 具有容易泛化到新目标位姿点的优势,对于相似抓捕轨迹的规划,通过实时调整期望的终端抓捕位姿参数,即能实现对动态不确定目标抓捕轨迹的泛化,无须重复进行学习,也避免了传统运动规划方法需要根据不同位姿参数重新设计具体抓捕轨迹的繁杂计算过程。此外,通过设计 DMP 的扩展耦合项可以满足特定的冗余任务,如避障任务等,能够在保证轨迹优化的同时满足其他任务约束和安全抓捕。

参考文献

[1] CLOHESSY W H, WILTSHIRE R S. Terminal Guidance System for Satellite Rendezvous [J]. Journal of the Aerospace Sciences, 1960, 27(9):653 – 658.

[2] TSCHAUNER J, HEMPEL P. Rendezvous Zu Einem in Elliptischer Bahn Umlaufenden Ziel [J]. Astronautica Acta, 1965, 11(2):104 – 109.

[3] CARTER T E. State Transition Matrices for Terminal Rendezvous Studies: Brief Survey and New Example [J]. Journal of Guidance, Control, and Dynamics, 1998, 21(1):148 – 155.

[4] YAMANAKA K, ANKERSEN F. New State Transition Matrix for Relative Motion on an Arbitrary Elliptical Orbit [J]. Journal of Guidance, Control, and Dynamics, 2002, 25(1):60 – 66.

[5] DANG Z H. Solutions of Tschauner – Hempel Equations [J]. Journal of Guidance Control and Dynamics,2017,40(11):2953 – 2957.

[6] ZHENG M Z,LUO J J,DANG Z H. Feedforward Neural Network Based Time – Varying State – Transition – Matrix of Tschauner – Hempel Equations [J]. Advances in Space Research,2022,69(2):1000 – 1011.

[7] SABOL C,BURNS R,MCLAUGHLIN C A. Satellite Formation Flying Design and Evolution [J]. Journal of Spacecraft and Rockets,2001,38(2):270 – 278.

[8] JIANG F H,LI J F,BAOYIN H X,et al. Study on Relative Orbit Geometry of Spacecraft Formations in Elliptical Reference Orbits [J]. Journal of Guidance Control and Dynamics,2008,31(1):123 – 134.

[9] MENG G L,ZHANG C,LIU S Y,et al. UAV Attack and Defense Optimization Guidance Method Based on Target Trajectory Prediction [C]. 2019 IEEE International Conferences on Ubiquitous Computing & Communications(IUCC) and Data Science and Computational Intelligence(DSCI) and Smart Computing, Networking and Services(SmartCNS). IEEE,2019:495 – 499.

[10] JIN Q,GOU X T,JIN W D,et al. Intention Recognition of Aerial Targets Based on Bayesian Optimization Algorithm [C]//2017 2nd IEEE International Conference on Intelligent Transportation Engineering(ICITE). IEEE,2017:356 – 359.

[11] LIU X L,JIN G,WANG Y F,et al. A Deep Learning – Based Approach to Line Crossing Prediction for Lane Change Maneuver of Adjacent Target Vehicles [C]//2021 IEEE International Conference on Mechatronics(ICM). IEEE,2021:1 – 6.

[12] 孙钦伯,党朝辉. 基于神经网络的空间威胁目标控制策略识别[C]. 第三届中国空天安全会议,珠海,2021.

[13] 杨淼. 基于机器学习的旋转非合作目标柔顺消旋动力学仿真[D]. 西安:西北工业大学,2022.

[14] 罗建军,宗立军,王明明,等. 空间机器人捕获翻滚目标的动力学与控制[M]. 北京:国防工业出版社,2022.

[15] 余敏. 空间机械臂抓捕翻滚目标智能预测与决策规划研究[D]. 西安:西北工业大学博士学位论文,2023.

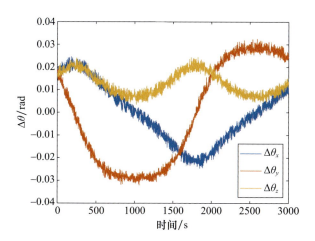

图 2-14 基于三视点观测的解算姿态角变化量

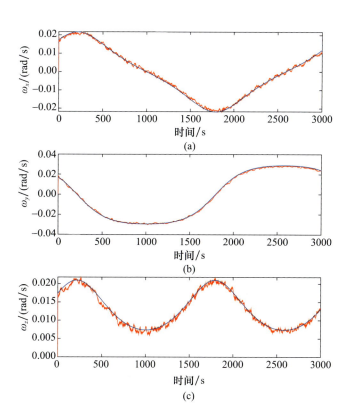

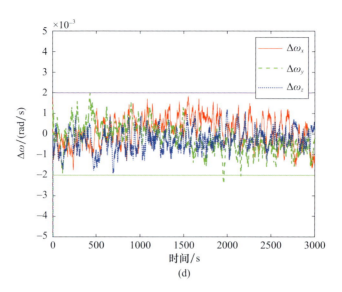

图 2-15 基于协同观测解算姿态角变化量的 EKF 滤波结果

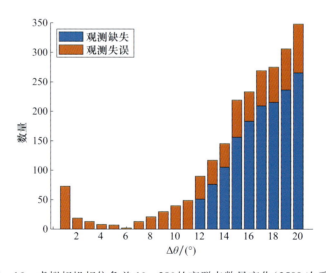

图 2-16 虚拟相机相位角差 1°~20°的离群点数量变化（2500 次采样）

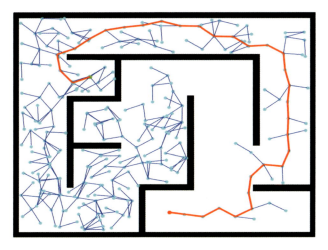

图 7-5　GB-RRT 路径规划示意图

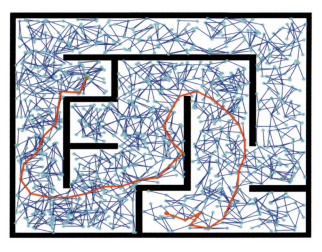

图 7-6　RRT 路径规划示意图

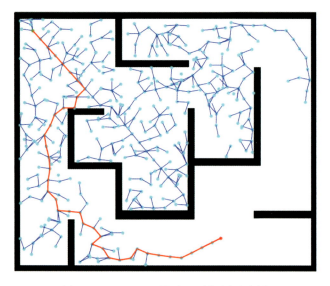

图 7-7　DP-SST 算法运动规划示意图

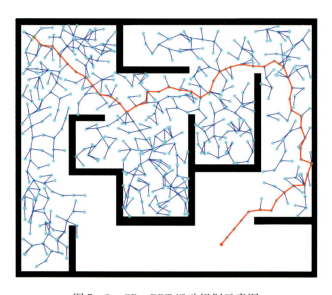

图 7-8　GB-RRT 运动规划示意图

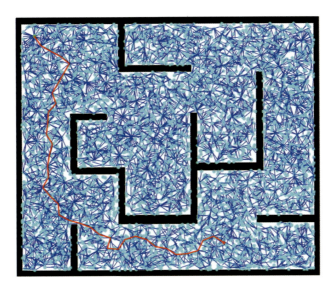

图 7-9 SST 运动规划算法示意图

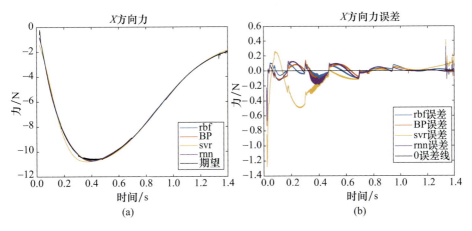

图 9-4 X 方向接触力(a)与误差(b)

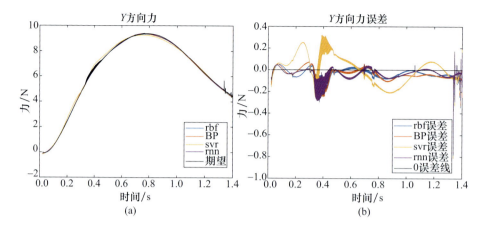

图 9-5　Y 方向接触力(a)与误差(b)

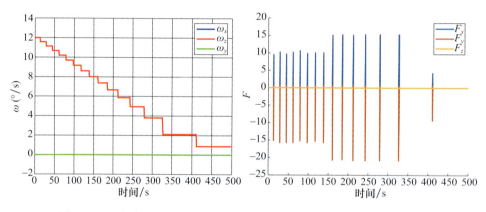

图 9-7　目标角速度变化　　　　　　图 9-8　接触力变化

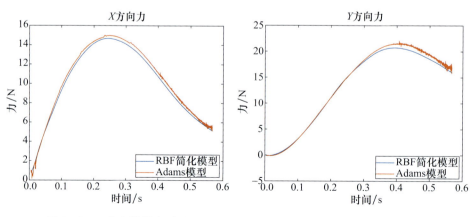

图 9-9　X 方向接触力对比　　　　　图 9-10　Y 方向接触力对比

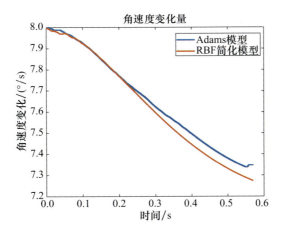

图 9-11 角速度变化量对比

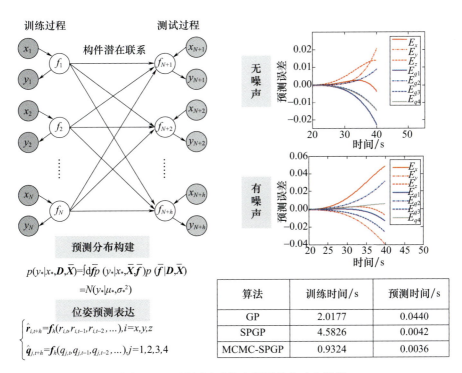

图 9-15 目标运动状态预测的方法和结果

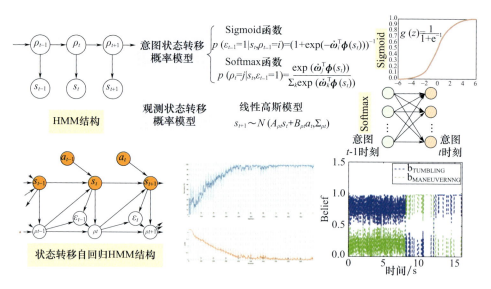

图 9-16 目标运动意图预测的方法和结果

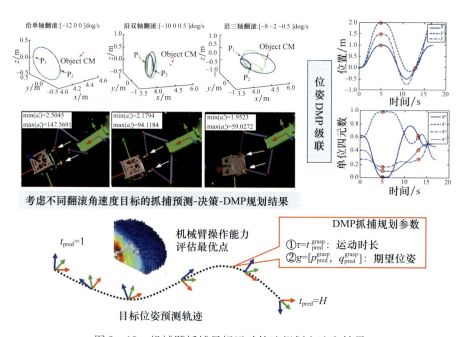

图 9-18 机械臂抓捕目标运动轨迹规划方法和结果